中等职业学校教学用书

中文 Word 2007 案例教程

（第 2 版）

段 标 胡刚强 主编

電子工業出版社
Publishing House of Electronics Industry
北京 · BEIJING

内 容 简 介

本书基于 Word 2007 的典型案例来讲解各种应用技术，内容包括格式处理、表格处理、图文混排、长文档处理等，从而使学习者掌握 Word 2007 的综合应用方法，提高办公效率。

本书以典型实际应用为背景，精选实用知识点，特别是针对 Word 2007 独特的知识点进行了全面而深入的解析，使学习者即学即会，学有所用，以提高实际应用水平。

本书针对职业学校学生的学习特点，突出基础性、操作性，注重对操作技能、操作能力的培养。本书适合中等职业学校计算机应用专业、文秘专业及相近专业使用，也可作为各类培训的教学用书，还可作为广大办公人员的参考用书。

图书在版编目 (CIP) 数据

中文 Word 2007 案例教程/段标，胡刚强主编．—2 版．—北京：电子工业出版社，2019.4
ISBN 978-7-121-24883-2

Ⅰ．①中…　Ⅱ．①段…　②胡…　Ⅲ．①办公自动化－应用软件－中等专业学校－教材　②文字处理系统－中等专业学校－教材　Ⅳ．①TP317.1　②TP391.12

中国版本图书馆 CIP 数据核字（2014）第 274696 号

策划编辑：关雅莉
责任编辑：关雅莉
印　　刷：北京虎彩文化传播有限公司
装　　订：北京虎彩文化传播有限公司
出版发行：电子工业出版社
　　　　　北京市海淀区万寿路 173 信箱　　邮编：100036
开　　本：787×1092　1/16　印张：16.25　字数：416 千字
版　　次：2011 年 3 月第 1 版
　　　　　2019 年 4 月第 2 版
印　　次：2019 年 4 月第 1 次印刷
定　　价：35.00 元

凡所购买电子工业出版社图书有缺损问题，请向购买书店调换。若书店售缺，请与本社发行部联系，联系及邮购电话：（010）88254888，88258888。

质量投诉请发邮件至zlts@phei.com.cn，盗版侵权举报请发邮件至dbqq@phei.com.cn。

本书咨询联系方式：（010）88254617，luomn@phei.comcn。

前　言

Word 2007是Microsoft公司推出的办公软件Office 2007套装软件中最重要的软件之一，该软件一经推出便以强大的功能、体贴入微的设计、便捷的使用方法受到广大用户的欢迎。Word 2007坚持了Microsoft公司为广大用户考虑的方便性和高效性的一贯原则，为用户提供了更为舒适的人性化操作界面。与之前的版本相比，Word 2007在性能和功能两方面都有了较大的增强和改善。

本书以翔实的案例介绍了Word 2007的知识点和技能点。全书共分10章，每一章围绕一个典型的案例进行介绍，并将知识点贯穿到案例中，方便学生的理解与掌握。第1章通过利用模板创建个人简历介绍了Word 2007的入门知识及工作窗口；第2章通过对“师说”文档的编辑介绍了文档的基本编辑技术；第3章围绕会议通知的制作介绍了文档格式的设置技术；第4章通过精美杂志页的制作介绍了在Word 2007中图形对象的操作技术；第5章介绍了工作流程图，围绕该流程图介绍了SmartArt图形的制作技术与技巧；第6章在介绍工资统计表制作的同时介绍了Word 2007中表格的制作技术；第7章通过产品销售图的制作介绍了Word 2007中图表的制作技术；第8章通过对一个长文档的处理介绍了目录抽取技术与文档审阅技术；第9章介绍了邮件合并技术的应用；第10章通过三个案例对Word 2007的知识进行了综合应用，以培养学生综合运用知识的能力。

本书在编写过程中注重借鉴国内外相关书籍的优点，充分考虑中等职业学校学生的现状，突出实用性，强调对操作技能的培养，在题材的选择上考虑了学生实际工作需要。

教学参考学时分配如下：

序　号	课程内容	学时数			
		合　计	讲　授	实　践	机　动
1	制作个人简历——Word 2007入门	5	1	3	1
2	编辑网络文章——文档的基本编辑	5	2	2	1
3	制作会议通知——文档格式编排	8	2	4	2
4	制作精美杂志页——图形对象	10	2	6	2
5	设计管理结构图——SmartArt图形	8	2	4	2
6	制作工资统计表——表格的应用	8	2	4	2

续表

序　　号	课 程 内 容	学 时 数			
		合　　计	讲　　授	实　　践	机　　动
7	制作产品销售图——图表的应用	5	1	3	1
8	长文档的处理——目录与审阅	5	2	2	1
9	制作信函与信封——邮件合并	5	1	3	1
10	Word 2007 综合实训	5	1	3	1
总　　计		64	16	34	14

本书由段标、胡刚强担任主编并编写了第 1、2、7、8、9、10 章，陈华编写了第 3、4 章，顾云编写了第 5、6 章。姜军、唐运韬、范加泽、严终敏、虞丽艳、戴春燕为本书提供了大量的案例资料。

限于编者的水平，时间仓促，同时一些新的编写思路尚在探索、尝试中，有待于教学实践的检验，书中难免存在一些错误。恳请广大读者、教师和计算机教学专家批评指正。电子邮箱：duanbiao67@163.com。本书涉及的素材可以到电子工业出版社或华信教育资源网（http://www.hxedu.com.cn）下载。

编　者

2018 年 10 月

目　录

第1章
制作个人简历——Word 2007入门

中文 Word 2007 是美国微软公司推出的 Office 2007 中文版的一个重要组成部分，是目前 Windows 环境下最受欢迎的文字处理软件之一。它适用于制作各种文档，如公文、信函、传真、书刊和报纸等。Word 2007 通过一系列的新增功能和更加友好的用户界面，为用户提供了一个智能化的工作环境。

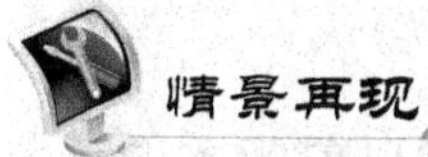

张小晗是南方中等专业学校文秘专业三年级的学生，即将走向实习与工作岗位，为了早一点了解自己的就业前景，她瞒着家长与同学，走进了南方市人才市场。进了人才市场，张小晗才发现自己对职场的了解太少了，连自己的个人简历都没有做，面对招聘人员的询问，只好以自己忘记带为由推脱，在人才市场成了一个看客。回到学校后，便忙起了自己的个人简历。

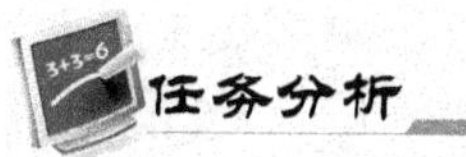

小张需要设计制作一个自己的简历，而个人简历就是一份简要的自我介绍，包含自己的基本信息：姓名、性别、年龄、民族、籍贯、政治面貌、学历、联系方式、自我评价、工作经历、学习经历及工作学习阶段的主要成绩等内容。通常使用 Word 软件来设计和制作个人简历，可以使用表格来对内容进行组织，也可以使用 Word 2007 自带的个人简历模板来设计。对于初学者而言，使用模板来创建个人简历不失为一种简单易行的方法。

任务1　制作简历前的准备工作

1．启动 Word 2007 程序

Word 2007 的启动方式有多种，最常用的启动方式是：在 Windows 桌面左下角执行“开始”→“程序”→“所有程序”→“Microsoft Office”→“Microsoft Office Word 2007”命

令。启动后的 Word 2007 工作窗口如图 1-1 所示。

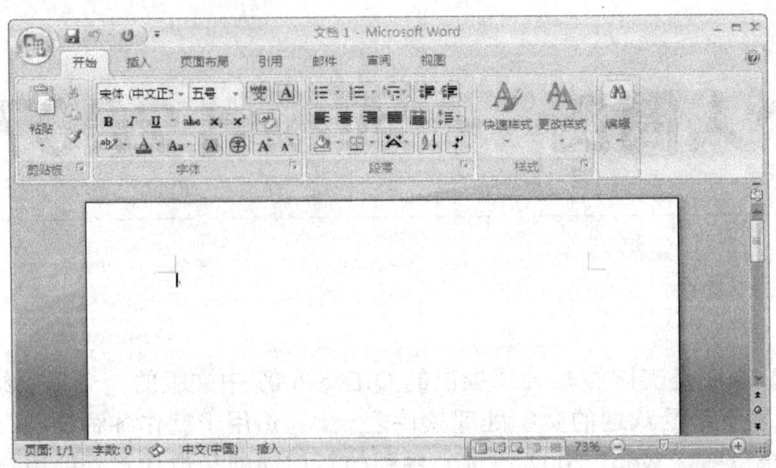

图 1-1　Word 2007 工作窗口

2. 认识 Word 2007 工作窗口

Word 2007 的工作窗口与它以前的版本有了很大的不同。Word 2007 把以前版本的菜单栏改成了现在的智能功能区，以选项卡的方式代替了传统的下拉式菜单，并且把绝大多数操作命令以按钮的形式统一放在功能区中显示出来，如图 1-2 所示。

图 1-2　Word 2007 功能区

Word 2007 工作窗口主要由标题栏、快速访问工具栏、功能区、“Office”按钮、文本编辑区、标尺和滚动条等组成，如图 1-3 所示。

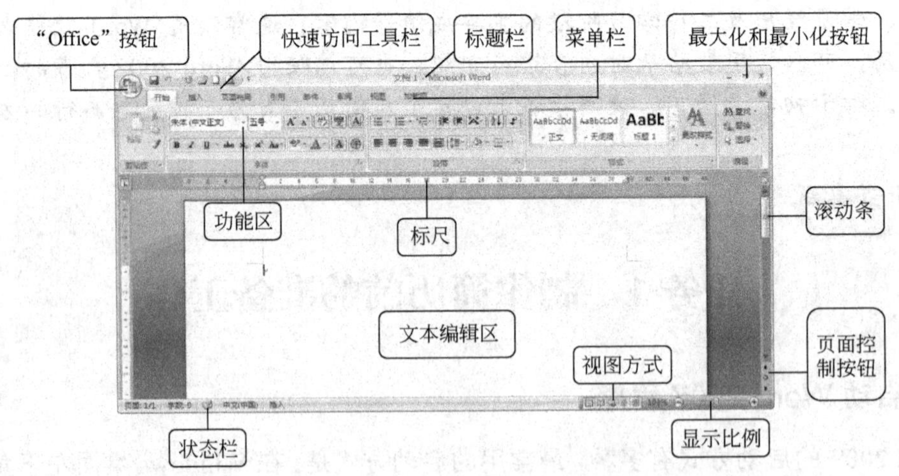

图 1-3　Word 2007 工作窗口的组成

（1）标题栏

标题栏用来显示当前正在编辑的文档名称，此外还包括最右端的“最小化”、“最大化/还原”和“关闭”等按钮。

（2）快速访问工具栏

为了方便用户的快速操作，Word 2007 将最常用到的命令从选项卡中挑选出来以小图标的形式排列在一起，形成了标题栏前面的快速访问工具栏，这是 Word 2007 应用程序新增的功能。默认情况下，快速访问工具栏上有 3 个操作按钮：“保存”按钮、“撤销”按钮和“恢复”按钮。用户可以通过单击这些命令按钮来快速实现命令。

（3）功能区

功能区代替了传统的下拉式菜单和工具条界面，用选项卡代替了下拉菜单，并将命令项排列在选项卡的各个对应组中。选项卡包含了可用于文档编辑排版的所有命令，在默认状态下，Word 2007 中主要显示了“开始”、“插入”、“页面布局”、“引用”、“邮件”、“审阅”、“视图”和“加载项”8 个选项卡。

（4）“Office”按钮

“Office”按钮是 Word 2007 应用程序新增的功能按钮，位于工作窗口的左上角，类似于一个下拉菜单。这个菜单分两个部分，左边是一些常用命令，如“新建”“打开”“保存”等。右边显示“最近使用的文档”列表，如果上面有需要的文档就可以直接单击将其打开。

（5）文本编辑区

文本编辑区是用于输入与编辑文本的区域。在此区域内有一个闪烁的短竖线称为插入点，用来显示输入字符、插入图形和表格的位置。

（6）标尺和滚动条

标尺用于确定文本在文本区的位置，分为水平标尺和垂直标尺。滚动条用于移动文档，包括水平滚动条和垂直滚动条。

1．添加与删除快速访问工具栏按钮

快速访问工具栏是一个可以自定义的工具栏，它包含一组独立于当前所显示的选项卡的命令，用户可以根据自己的需要在快速访问工具栏中添加命令按钮。

启动 Word 2007 应用程序后，将鼠标指针移动到功能区中的任意一个按钮上，单击鼠标右键，在弹出的快捷菜单中选择“添加到快速访问工具栏”命令，如图 1-4 所示。被单击的按钮即被添加到左上角的快速访问工具栏中，如图 1-5 所示。

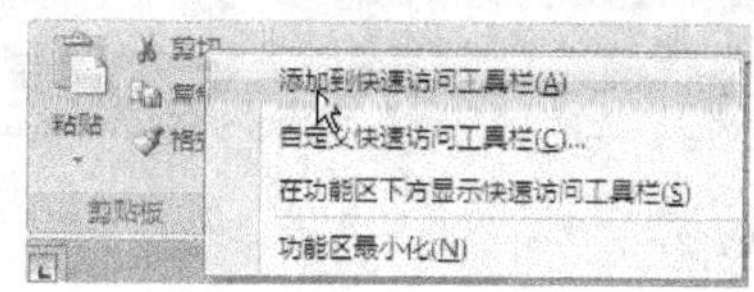

图 1-4 “添加到快速访问工具栏”命令

图 1-5 按钮被添加到快速访问工具栏中

如果想删除快速访问工具栏中的某个按钮，只需要把鼠标指针移动到该按钮上，单击鼠标右键，在弹出的快捷菜单中选择“从快速访问工具栏删除”命令即可。

2. 隐藏功能区

功能区的内容比较多，有时可能会占据比较大的编辑区域，影响用户的使用，此时可以将功能区隐藏起来。在功能区单击鼠标右键，在弹出的快捷菜单中选择“功能区最小化”命令，功能区将全部隐藏起来，如图 1-6 所示。

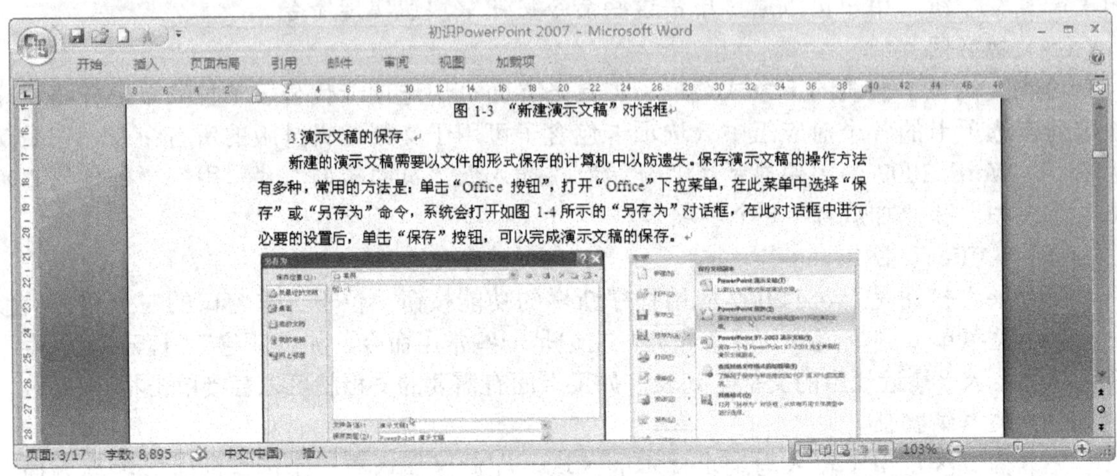

图 1-6　功能区最小化后的效果

功能区最小化后，只要单击任一选项卡按钮，就可以像菜单一样将功能区调出，再次单击其他区域后功能区又自动隐藏。如单击“页面布局”选项卡按钮时，调出功能区的效果如图 1-7 所示。

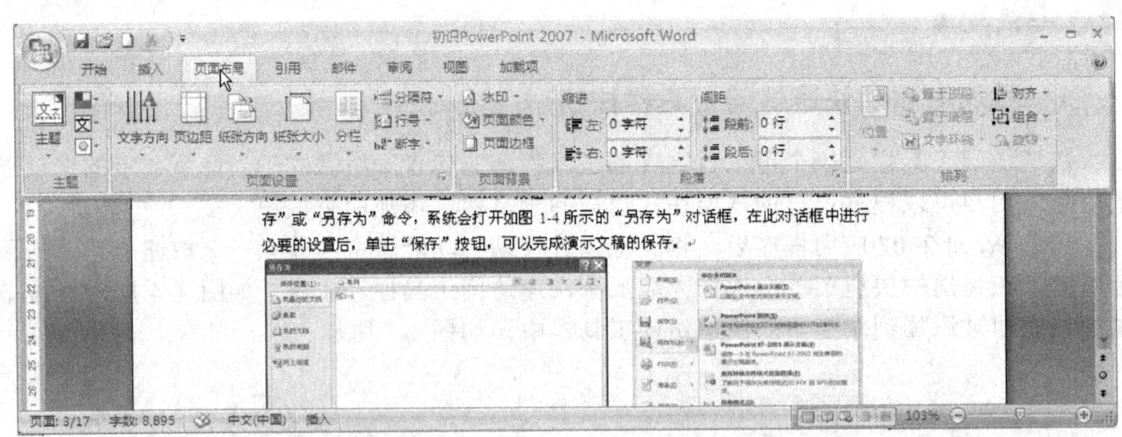

图 1-7　调出隐藏的功能区

如果想恢复功能区的原始展开方式，只需要在菜单栏中单击鼠标右键，在弹出的快捷菜单中选择“功能区最小化”命令即可。

3. 隐藏标尺

单击水平标尺最右边的“标尺”按钮，即可隐藏（或显示）标尺，再次单击该按钮即可显示标尺。

4. 更改状态栏

如果想更改状态栏中显示的项目，只需在状态栏上单击鼠标右键，在弹出的快捷菜单中选择相应的项目即可。如要显示行号，就在菜单中选择“行号”命令，行号前则打上一个钩，此时状态栏中出现行号。

任务 2　应用模板创建个人简历

Word 中的“模板”，实际上是“模板文件”的简称，是一种特殊的文件，每个模板都提供了一个样式集合，供格式化文档使用。除了样式外，模板还包含其他元素，如宏、自动图文集、自定义的工具栏等。因此可以把模板形象地理解成一个容器，它包含上面提到的各种元素。不同功能的模板包含的元素当然也不尽相同，而一个模板中的这些元素，在处理同一类型的文档时是可以重复使用的。

1. 新建文档

文档是文本等对象的载体。在对文档进行各种操作之前，首先要新建文档，系统会依照默认的文档名称“文档 1”“文档 2”……的顺序为用户新建的文档命名。

常用的新建文档的方法有以下两种：启动系统时创建文档和使用菜单创建文档。

（1）*启动 Word 2007 时创建文档*

这是新建文档最直接的方法，与一般的应用软件的启动方式一样，单击“开始”→“程序”→“所有程序”→“Microsoft Office”→“Microsoft Office Word 2007”命令，这样在启动 Word 2007 的同时也新建一个文档，系统自动命名为“文档 1”。

（2）*使用菜单创建新文档*

如果在使用 Word 2007 编辑文档时需要创建一个新文档，此时可以使用菜单来新建文档。

单击“Office”按钮，在打开的菜单中选择“新建”命令，系统会打开“新建文档”对话框，在“空白文档和最近使用的文档”选项区域中选择“空白文档”选项，此时可以在对话框的最右边的“空白文档”下方看到预览效果，如图 1-8 所示。

单击“创建”按钮，即可新建一个空白文档，系统会自动命名为“文档 2”。

（3）*使用模板创建简历*

单击“Office”按钮，在打开的菜单中选择“新建”命令，系统会打开“新建文档”对话框，在“模板”选项区域中选择“简历”选项，在“简历”选项中选择“基本”选项，此时，各种“简历”模板会在“简历”项中出现，如图 1-9 所示。

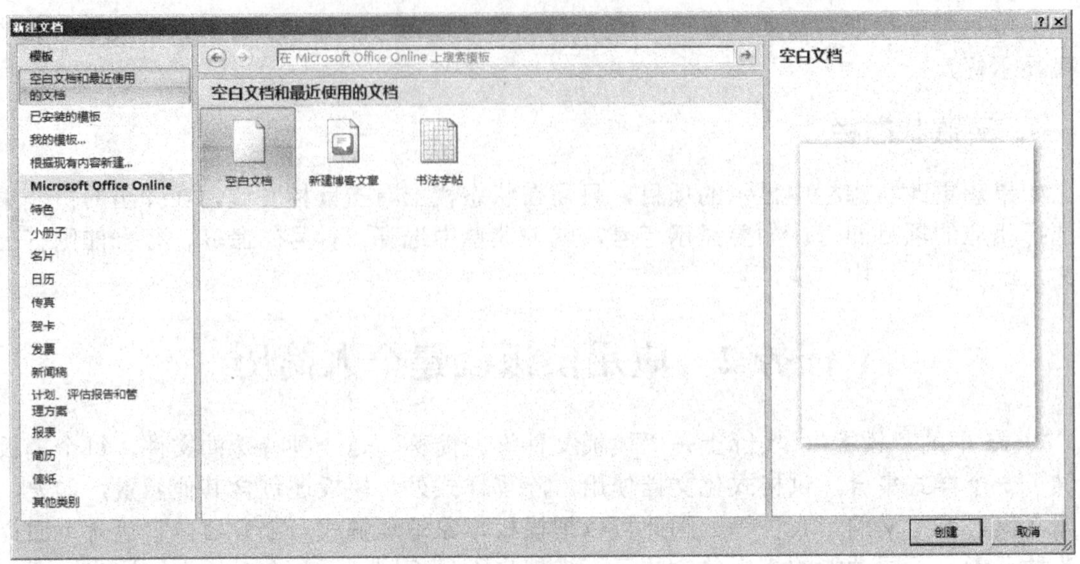

图 1-8 “新建文档”窗口

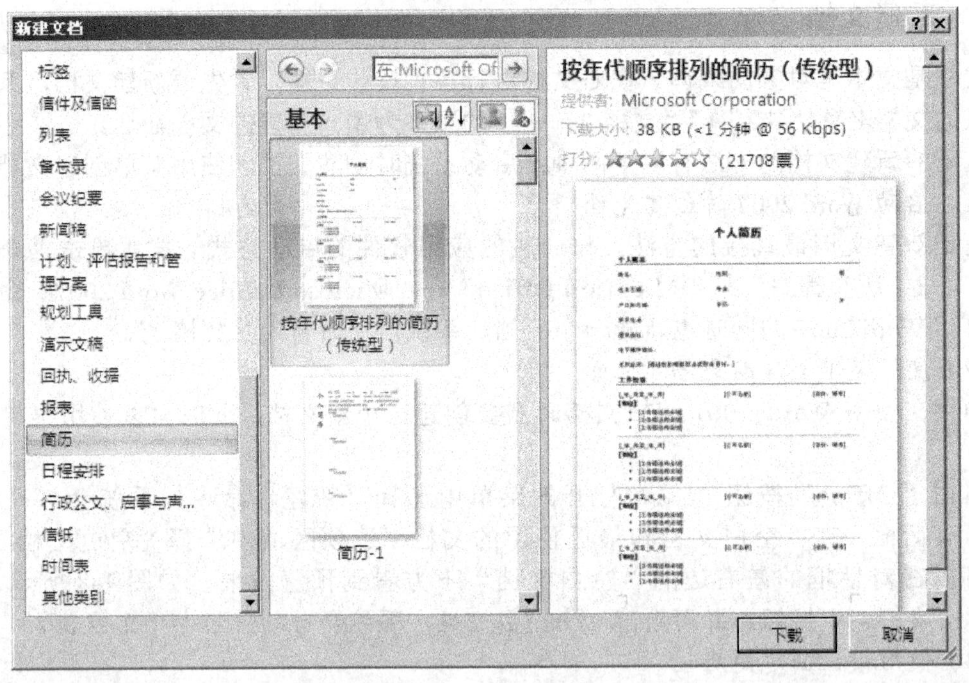

图 1-9 “简历”模板

选择“简历-3”模板，在预览窗口会出现该模板的预览效果，单击“下载”按钮，系统会从微软公司的网站上将该模块下载到本地计算机上，下载完成后简历模板在新的文档中出现，效果如图 1-10 所示。

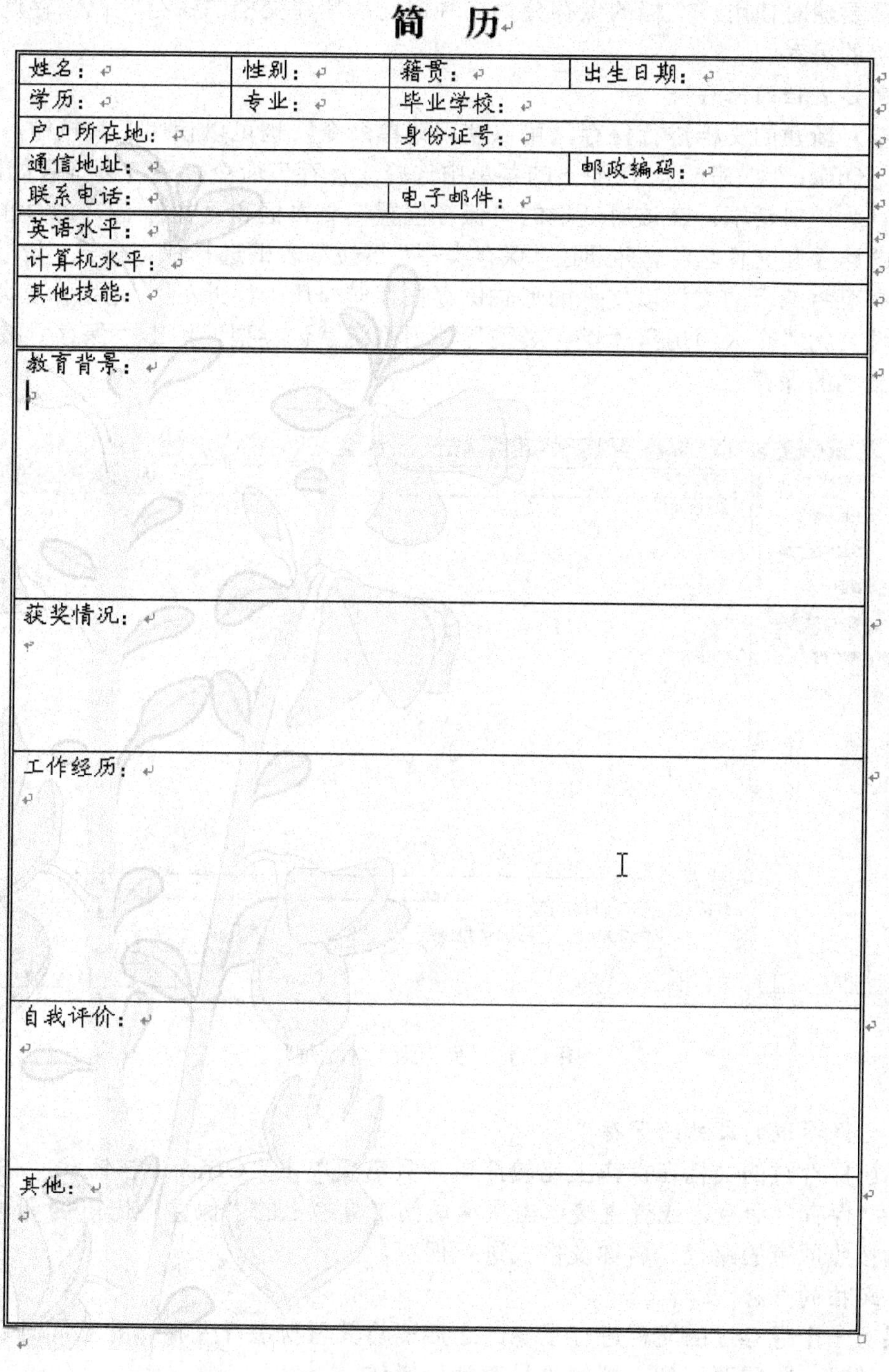

简　历

姓名：	性别：	籍贯：	出生日期：
学历：	专业：	毕业学校：	
户口所在地：		身份证号：	
通信地址：			邮政编码：
联系电话：		电子邮件：	
英语水平：			
计算机水平：			
其他技能：			
教育背景：			
获奖情况：			
工作经历：			
自我评价：			
其他：			

图 1-10　使用模板创建的个人简历

2．保存文档

对于新建文档或编辑完成的某些文档，要及时保存，以防止计算机出现意外导致文档丢失。文档的保存是将编辑的内容以文件的形式保存在存储介质中。文档保存以后，用户可以根据需要随时使用。文档的保存分为 3 种情况：新建文档的保存、已保存过的文档的保存和文档的另存。

（1）新建文档的保存

如果要对新建的文档进行保存，可以使用菜单命令，也可以使用工具按钮。

单击“Office”按钮，在弹出的菜单中选择“保存”命令，系统会打开如图 1-11 所示的“另存为”对话框。在该对话框的“保存位置”文本框和“文件名”文本框中分别设置要保存的路径和文件名称，并通过“保存类型”下拉列表框选择保存格式，最后单击“保存”按钮即可将编辑的文档以文件的形式保存在存储介质上。此处，使用系统默认的保存位置，文件名为“个人简历”，“保存类型”使用系统默认类型，单击“保存”按钮，完成个人简历文档的保存。

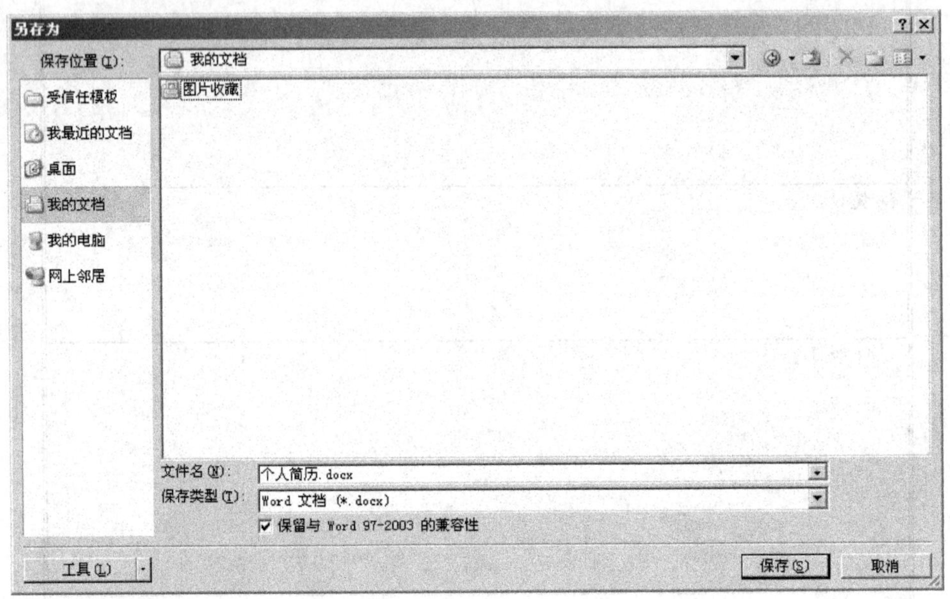

图 1-11 “另存为”对话框

（2）已保存过的文档的保存

保存已保存过的文档在操作上比较简单，只需要单击“Office”按钮，在弹出的菜单中选择“保存”命令，或者直接单击快速访问工具栏上的“保存”按钮即可，此时文档会自动按照原有的路径、名称及格式进行保存。

（3）文档的另存

如果对一个保存过的文档进行了修改之后要将其再次进行保存，并且同时还希望保留原来的文档时，就需要用到文档的“另存为”操作。

单击“Office”按钮，然后在弹出的菜单中选择“另存为”命令，打开“另存为”对话框，在该对话框的“保存位置”文本框和“文件名”文本框中分别设置要保存的路径和名称，并在“保存类型”下拉列表中选择另外一种保存格式（当然也可以不改），最后单击“保存”按钮即可。

3．关闭文档

关闭文档是指不关闭 Word，而只是把当前激活的 Word 文档关闭。单击“Office”按钮，选择菜单中的“关闭”命令，如果当前文档没有保存，系统会弹出提示用户是否保存文件的对话框，如图 1-12 所示。单击“是”按钮，则保存对文档的修改；单击“否”按钮，不保存对文档的修改；单击“取消”按钮，不关闭文档，继续保留在文档的编辑窗口。

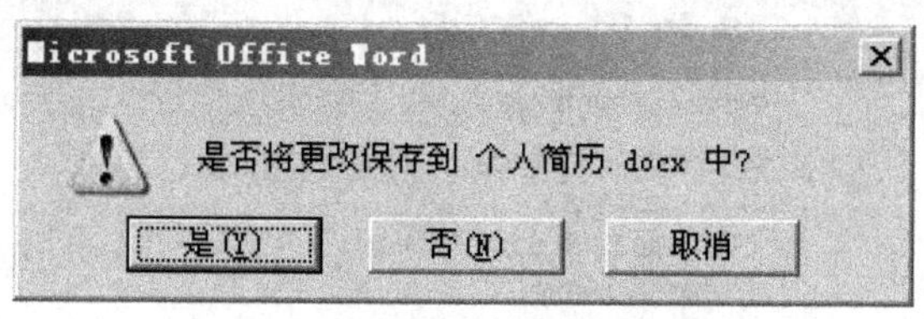

图 1-12　系统提示框

1．将文档保存为 Word 2003 格式

Word 2007 默认保存的文件格式是.docx 文件，这种文件格式对于低版本的 Office 软件在没有安装 Office 2007 兼容包的情况下是不能识别的。Word 2007 提供了将文档保存为 Word 2003 格式的功能。

单击“Office”按钮，然后在弹出的菜单中选择“另存为”→“Word 97-2003 文档”命令，如图 1-13 所示，在“另存为”对话框中设置相应参数即可。

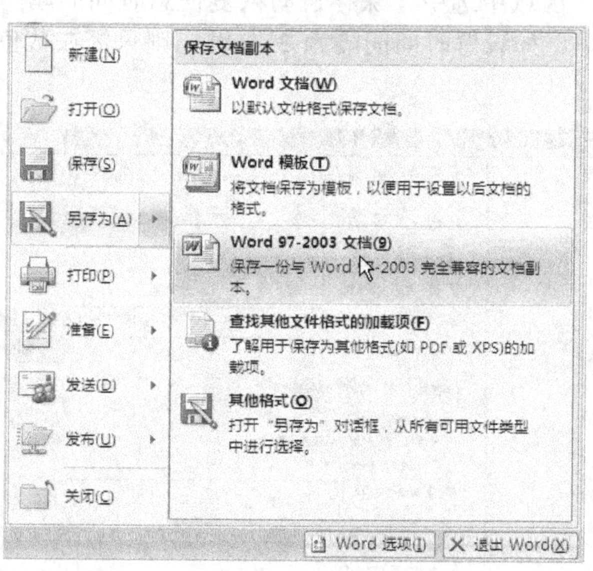

图 1-13　文档保存为 Word 2003 格式

2．自动保存文档

在实际应用中，如果对一个文档的操作时间比较长，常常会忘记在中途对文档进行保

存，此时一旦出现意外的情况，就很有可能使所做的工作付诸流水，因此在 Word 2007 中可以通过设置自动保存的方式以避免这种情况，使损失降到最低。

启动 Word 2007 后，单击“Office”按钮，在弹出的菜单中单击“Word 选项”按钮，打开如图 1-14 所示的“Word 选项”对话框。

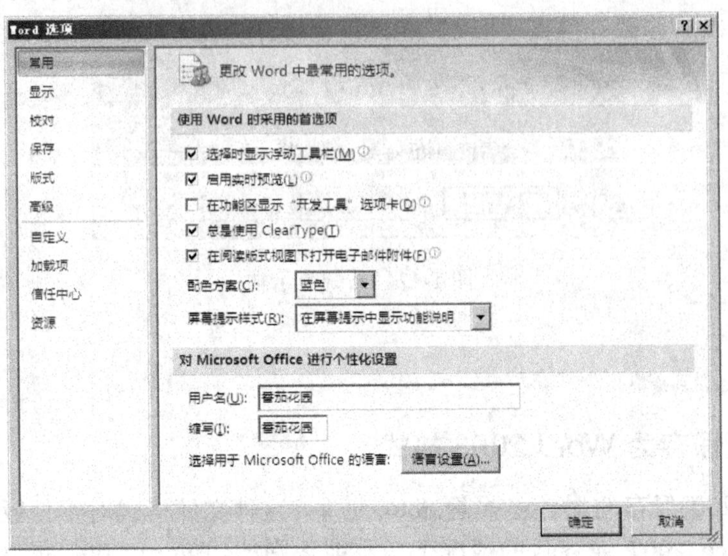

图 1-14 “Word 选项”对话框

在对话框左侧的列表框中选择“保存”选项，然后在打开的“自定义文档保存方式”界面中的“保存文档”区域中选中“保存自动恢复信息时间间隔”复选框，并在其后的数值框中设置时间间隔，如设置时间间隔为 3 分钟，则只需在数值框中输入数字“3”，如图 1-15 所示。

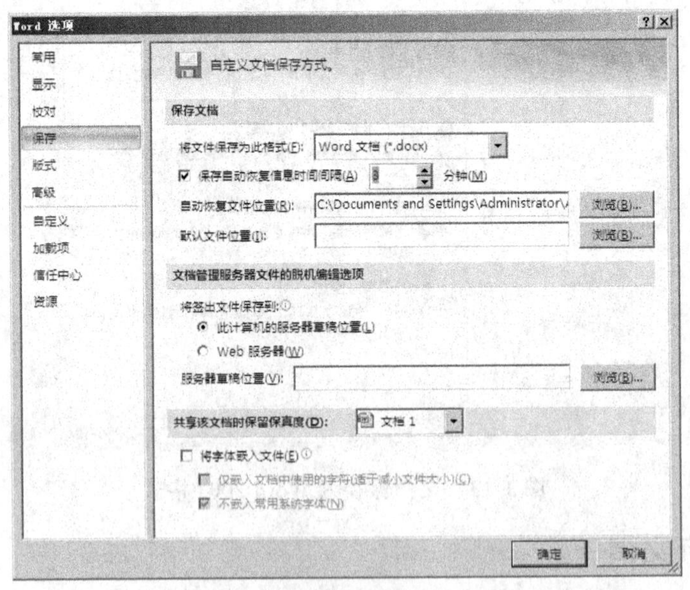

图 1-15 设置自定义文档保存方式

单击“确定”按钮返回原文档中，此时文档的自动保存方式设置完毕，每隔 3 分钟系统将对文件进行一次保存。

3．设置 Word 2007 默认保存格式为 Word 2003 的 DOC 文件

默认情况下，使用 Word 2007 编辑的 Word 文档会保存为.docx 格式。如果使用 Word 2007 的用户经常需要跟 Word 2003 用户交换 Word 文档，而 Word 2003 用户在未安装文件格式兼容包的情况下无法直接打开.docx 文档，那么使用 Word 2007 的用户可以将其默认的保存格式设置为.doc 格式文件。

启动 Word 2007 后，单击“Office”按钮，然后在弹出的菜单中单击“Word 选项”按钮，在打开的“Word 选项”对话框中切换到“保存”选项卡，在“保存文档”区域单击“将文件保存为此格式”下拉三角按钮，并在打开的下拉菜单中选择“Word 97-2003 文档（*.doc）”选项，最后单击“确定”按钮，如图 1-16 所示。

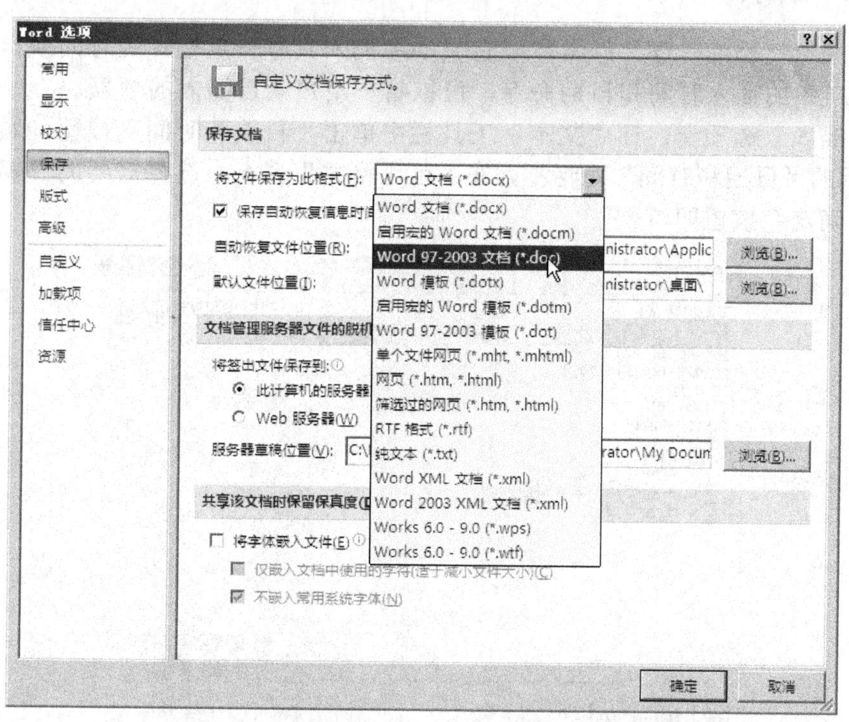

图 1-16　选择“Word 97-2003 文档（*.doc）”选项

任务 3　输入简历内容

创建 Word 文档后的第一步，通常是在文档中输入文本。在文档中添加文本的最简单方式是直接在占位符中输入文本。占位符就是在文档编辑过程中出现的一条闪烁的短竖线，也称为插入点，表示可以在该处输入文本。文本的内容可以分为文字、符号、编号，以及日期和时间等多种类型。

1．输入汉字

首先将光标移动到指定的位置，也可以使用鼠标单击指定位置，这时在指定位置处会出现一个占位符，在插入点处即可以输入文字，输入的内容如图 1-17 所示。

简　历

姓名：王红	性别：女	籍贯：镇江	出生日期：1989.8.28.
学历：研究生	专业：计算机	毕业学校：东方大学	
户口所在地：南京市花园路 6 号		身份证号：320102198908282818	
通信地址：南京市花园路 6 号			邮政编码：210042
联系电话：88667986		电子邮件：Wangh@126.com	

图 1-17　文字的输入

2．输入日期和时间

用户在编辑文档的时候，经常需要在文档中插入具有一定格式的时间或日期字段，采用 Word 2007 中的插入时间和日期命令，可以省去用户亲自输入的烦琐。

选择“插入”选项卡，在“文本”工具栏中单击“日期和时间”按钮，系统会打开如图 1-18 所示的“日期和时间”对话框，在“可用格式”列表中选择需要的日期或时间的格式，单击“确定”按钮即可。

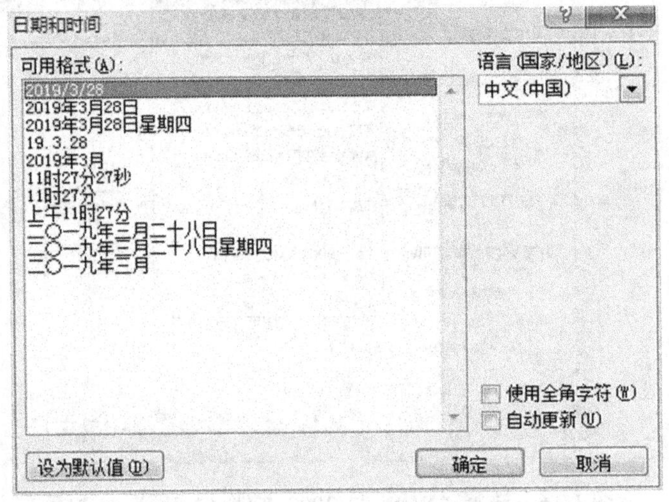

图 1-18　“日期和时间”对话框

如果勾选了“自动更新”选项，则文档中的时间会随着用户计算机系统时间的变化而变化。如今天打开文档时显示的时间为 2019 年 3 月 28 日，而明天打开该文档时，则时间会变成 2019 年 3 月 29 日。

3．输入特殊字符

在编辑文档的过程中，不可避免会使用些常见的符号，但是在键盘上又找不到这些符号，这时可以选择“插入”选项卡，在“符号”工具栏中单击“符号”按钮，打开如图 1-19

所示的下拉列表，选择需要的符号。也可以单击“其他符号”选项，打开“符号”对话框，如图 1-20 所示，浏览并选择所需要的符号，单击“插入”按钮即可将所选符号插入到文档中。

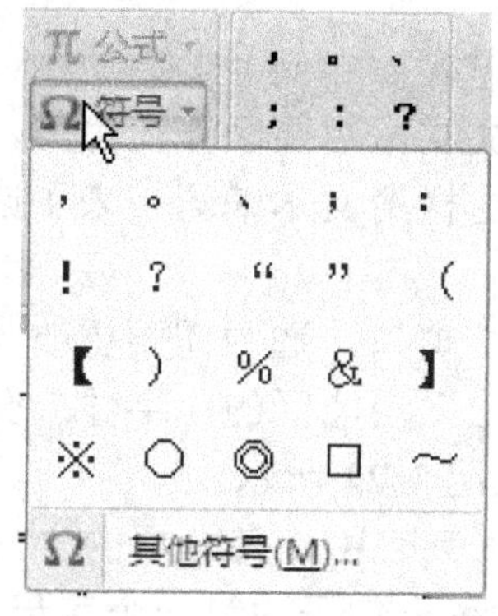

图 1-19 “符号”下拉列表

图 1-20 “符号”对话框

4．编号的输入

在编辑文档时，有时需要对内容进行编号，这时可以选择“插入”选项卡，在“符号”工具栏中单击“编号”按钮，打开 “编号”对话框，在“编号类型”列表中选择编号形式，单击“确定”按钮即可插入编号。

简历内容输入完成后的效果如图 1-21 所示。

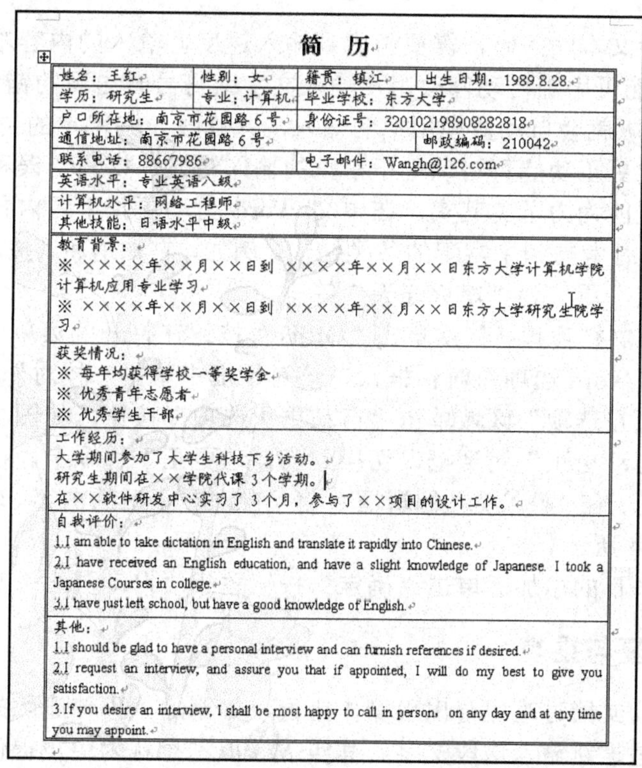

简　历

姓名：王红	性别：女	籍贯：镇江	出生日期：1989.8.28.
学历：研究生	专业：计算机	毕业学校：东方大学	
户口所在地：南京市花园路 6 号		身份证号：320102198908282818	
通信地址：南京市花园路 6 号			邮政编码：210042
联系电话：88667986		电子邮件：Wangh@126.com	

英语水平：专业英语八级

计算机水平：网络工程师

其他技能：日语水平中级

教育背景：
※ ××××年××月××日到 ××××年××月××日东方大学计算机学院计算机应用专业学习
※ ××××年××月××日到 ××××年××月××日东方大学研究生院学习

获奖情况：
※ 每年均获得学校一等奖学金
※ 优秀青年志愿者
※ 优秀学生干部

工作经历：
大学期间参加了大学生科技下乡活动。
研究生期间在××学院代课 3 个学期。
在××软件研发中心实习了 3 个月，参与了××项目的设计工作。

自我评价：
1.I am able to take dictation in English and translate it rapidly into Chinese.
2.I have received an English education, and have a slight knowledge of Japanese. I took a Japanese Courses in college.
3.I have just left school, but have a good knowledge of English.

其他：
1.I should be glad to have a personal interview and can furnish references if desired.
2.I request an interview, and assure you that if appointed, I will do my best to give you satisfaction.
3.If you desire an interview, I shall be most happy to call in person, on any day and at any time you may appoint.

图 1-21 简历内容输入完成后的效果

1. 快速更改大小写

在文档编辑时，有时需要编辑全英文的内容，而英文文本需要区分大小写，文档中有些地方可能全部要大写，而有些地方可能要全部小写，这样给文本编辑带来了诸多不便，Word 2007 提供了快速更改大小写的功能。

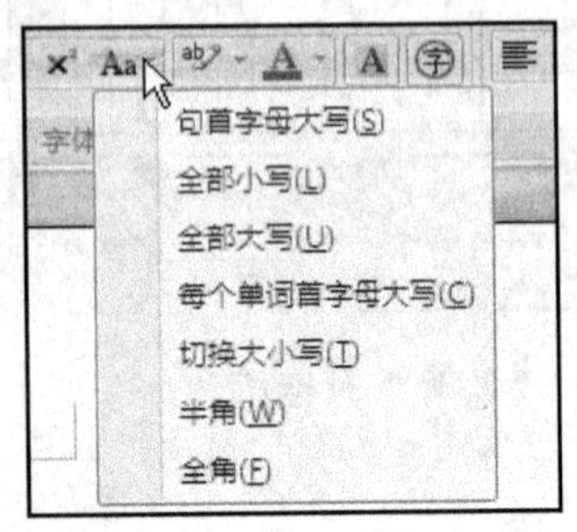

图 1-22　单击“更改大小写”按钮

打开 Word 2007 文档窗口，选中需要更改大小写的英文字符文本块。在“开始”功能区的“字体”分组中单击“更改大小写”按钮，如图 1-22 所示。

打开的更改大写选项列表中，每一项的含义如下：

① 句首字母大写：每个句子的第一个字母大写；

② 全部小写：将所选文本块的英文字符全部改为小写；

③ 全部大写：将所选文本块的英文字符全部改为大写；

④ 每个单词首字母大写：将所选文本块中每个单词的首字母改为大写；

⑤ 切换大小写：将所选文本块中的英文字符在大写和小写两种状态间切换，用鼠标单击合适的选项即可。

2. 自动更正功能

由于人们在进行文本输入时，需要考虑到输入速度，输入的内容难免出现一些错误。Word 的自动更正功能可用于自动修改用户输入文字或符号时出现的错误。通过设置一些选项，Word 2007 中文版就会自动监视用户的输入，并修改一些特定的错误。

对于英文，自动更正功能可自动更正常见的输入错误、拼写错误和语法错误。但不要以为对于中文它就无能为力了。其实，在中文 Word 自动更正中还内置了相当多的中文词语，在选择这些词条时考虑到了常犯的各类错误。例如，它知道将“按步就班”更正为“按部就班”，“风火连天”更正为“烽火连天”等。

打开 Word 2007 文档窗口，依次单击“Office”按钮在打开的菜单中选择“Word 选项”按钮。系统会打开“Word 选项”对话框，在该对话框中单击“校对”选项切换到“校对”选项卡，在“自动更正选项”区域单击“自动更正选项”按钮，如图 1-23 所示。

系统会打开“自动更正”对话框，切换到“自动更正”选项卡。在“替换”编辑框中输入实际输入的字符，在“替换为”编辑框中输入自动更正后的内容。输入完毕后单击“添加”按钮，如图 1-24 所示。

完成自动更正条目的添加后单击“确定”按钮关闭“自动更正”对话框即可。

3. 撤销、恢复与重复

在用 Word 编辑文档时难免会出现操作错误，如删除了不该删除的文本段落，一般用户最先想到的方法是重新输入这段文字。其实 Word 本身就为用户提供了撤销、恢复和重复操作功能。Word 的“恢复”功能倍受用户的喜爱，这个功能确实方便了用户，用户在排版文档时再也不必战战兢兢生怕犯错误，即使是进行了错误操作，也只需单击以下“撤销”按钮，就可以恢复到错误操作前的状态。

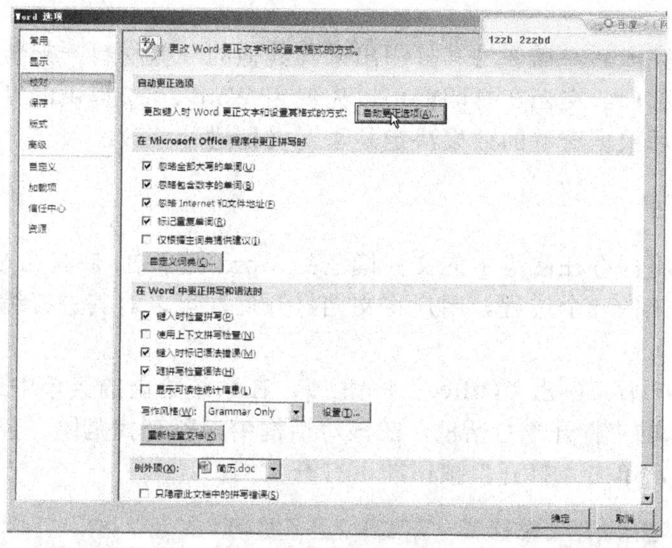

图 1-23　单击“自动更正选项”按钮

但是恢复功能并非“万能复原”，如用“另存为”命令覆盖了另一个文件，“撤销”命令就无能为力了；此外，当文档被保存并关闭后，如果再次打开该文档，也不能进行恢复和重复操作。

如果要一次撤销多个步骤的操作，可以单击快速访问工具栏中“撤销”按钮右边的下三角按钮，出现如图 1-25 所示的下拉列表。从“撤销”下拉列表中单击要撤销的操作，所有此操作之后的操作同时撤销。

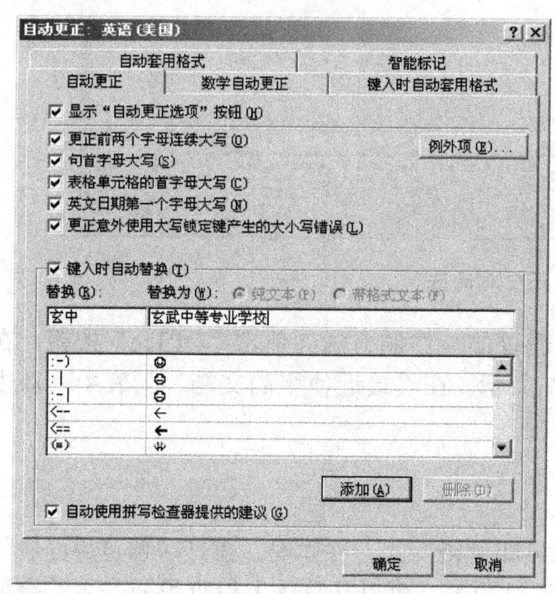

图 1-24　添加自动更正条目

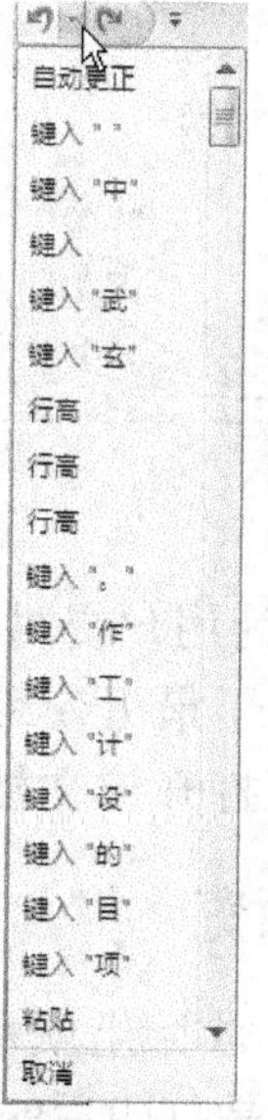

图 1-25　“撤销”下拉列表

任务 4　打 印 简 历

个人简历编辑完成后，需要将其打印出来与其他的一些材料一起装订成册，投送给用人单位的人力资源部门。文档在打印前可以先使用 Word 2007 提供的打印预览功能查看一下文档的效果，然后根据查看的效果决定是否对文档进行修改。

1．文档的打开

文档的打开是将保存在磁盘中的文件读取到 Word 程序中，使其在 Word 编辑窗口中将文档的内容呈现出来的一个过程。用户将文档打开后，可以对其进行编辑、打印、重新设置等操作。

启动 Word 2007 后，单击“Office”按钮，在系统给出的菜单中选择“打开”命令，打开如图 1-26 所示的“打开”对话框，在该对话框中调整查找范围，查找到需要打开的文件后，选中该文件，单击“打开”按钮即可打开文档。

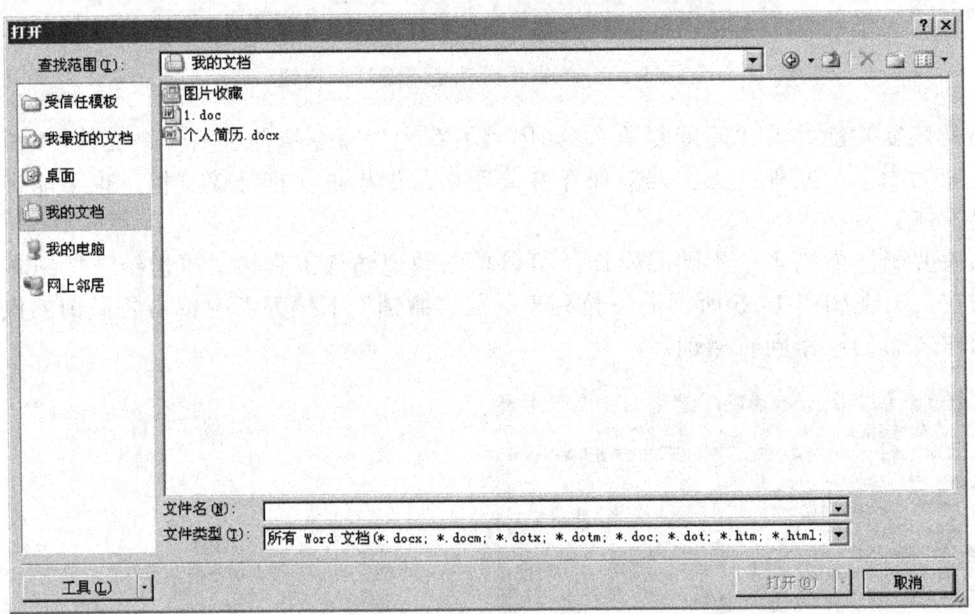

图 1-26 “打开”对话框

Word 2007 为用户提供了快速打开最近处理过的文件的方法。单击“Office”按钮，在下拉菜单中列出了最近使用的文档，如图 1-27 所示。在“最近使用的文档”列表中，双击某一个文档即可打开该文档。

2．打印预览

“打印预览”实际上就是 Word 功能中“所见即所得”的一种体现。在打印预览界面看到的版面效果，就是打印后的实际效果；因此，通过预览，可以从总体上检查版面是否符合要求，如果不够理想，可以返回重新编辑，直到满意再正式打印，这样就避免了纸张的浪费。

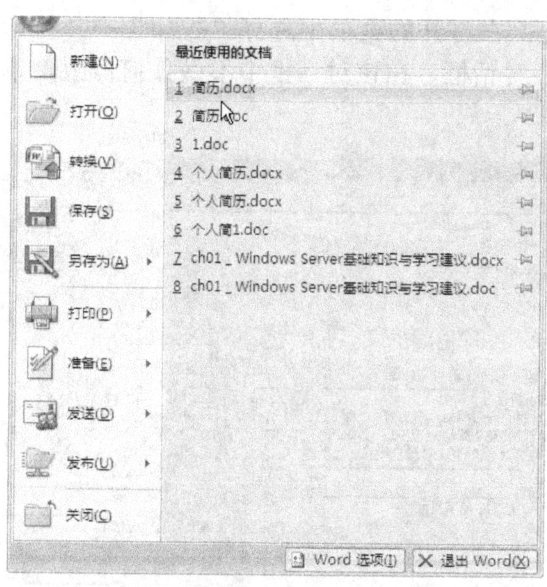

图 1-27　显示“最近使用的文档”

单击“Office”按钮，在打开的菜单中选择“打印”→“打印预览”命令，文档在打印预览中显示出来，如图 1-28 所示。

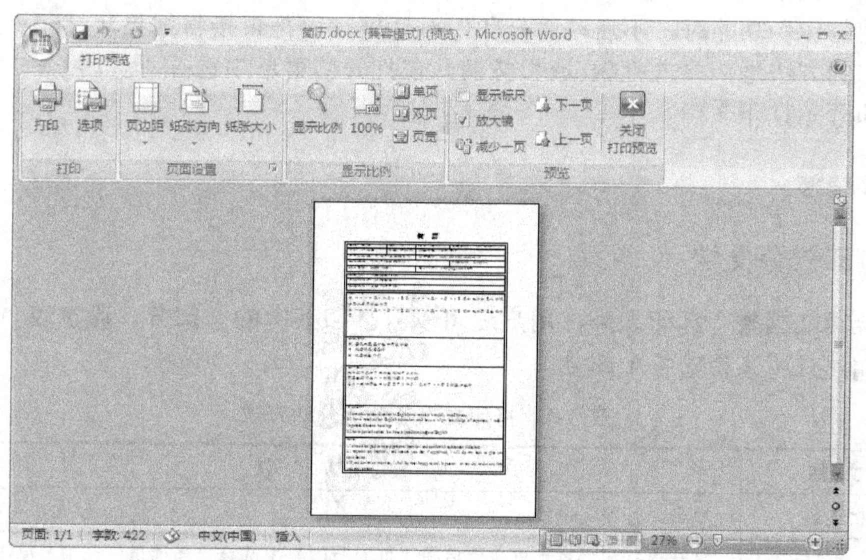

图 1-28　打印预览效果

3. 打印文档

文档编辑完成后，通常需要将其打印出来，为了取得理想的打印效果，在打印之前用户要对需要打印的文档进行页面设置。

（1）使用默认设置打印

使用默认设置打印是非常简单的，这意味着在默认的打印机上打印一份整篇文档。

单击“Office”按钮，在打开的菜单中选择“打印”→“打印”命令，系统会弹出如图 1-29 所示的“打印”对话框，在该对话框中不做任何修改，单击“确定”按钮，Word 开始打印文档。

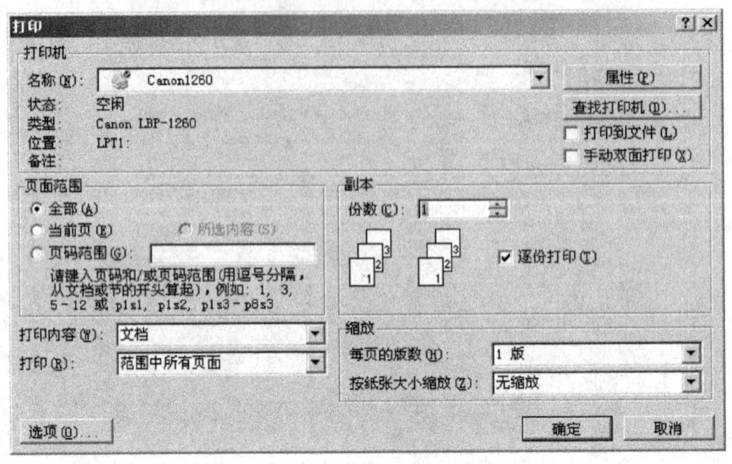

图 1-29 “打印”对话框

（2）快速打印

在 Word 中完成打印内容的设置后，可直接将文档传送到打印机打印即“快速打印”。使用“快速打印”功能时，不启动“打印”对话框，而是直接将结果从打印机上输出。实现快速打印的方法是：单击“Office”按钮，在打开的菜单中选择“打印”→“快速打印”命令，立即开始打印文档。

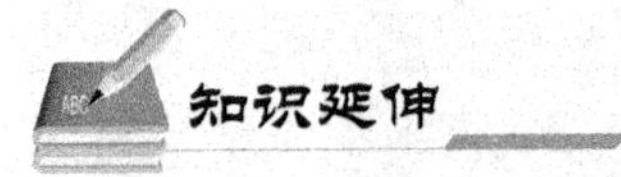

1. 打印部分文档

除了全篇文档整个打印之外，用户还可以只打印其中的一部分。通过表 1-1，可以清楚地知道如何打印文档的各个部分。

表 1-1 打印文档各个部分的方法

打印文档	方法
全部文档内容	单击“打印”按钮
当前页面	打开“打印”对话框，然后在“页面范围”中选择“当前页”选项，单击“确定”按钮开始打印
选择的部分文本块	首先在文档中选择文本块。打开“打印”对话框，在“页面范围”部分选择“所选内容”，单击“确定”按钮开始打印
某些页码	在“打印”对话框的“页码范围”文本框中输入页码范围（如 1-5）、页面列表（页码之间使用逗号隔开，如 1，3，4，6）或者使用这两种方式的组合形式（如 1，4，9-12）。单击“确定”按钮开始打印
所有奇数/偶数页	在“打印”对话框左下角的“打印”下拉列表中，单击下三角按钮，从弹出的下拉列表中根据自己的需要选择“奇数页”/“偶数页”

2. 双面打印

某些打印机提供了在一张纸的双面上自动打印的选项（自动双面打印）。而无法进行自动双面打印的打印机则提供了相应的说明，解释如何手动将打印纸进行翻面，以便在另一面上打印（手动双面打印）。不过，绝大多数打印机均不支持自动双面打印。如果打印机不支持自动双面打印，可以按下列方法进行操作。

（1）奇数页和偶数页

执行“文件”→“打印”命令，出现“打印”对话框，选择“打印”下拉列表中的“奇数页”选项即可，如图 1-30 所示。连续打印整篇文档的奇数页，等奇数页打印完毕后，把打完的文档按顺序排好，翻过来按同样的方法选择“偶数页”选项，完成偶数页的打印。这样就可以实现正反面打印的效果。但要注意的一点是，双面打印时，往往会因为首次打印时的纸张静电造成纸张粘连，甚至卡纸，所以，如果把握不准或为保险起见，反面打印时最好能一页一页地手动放纸打印。

（2）手动双面打印

如果用户的打印机不支持自动双面打印，可以在“打印”对话框中选中“手动双面打印”复选框，如图 1-31 所示。Word 2007 将打印出现在纸张正面上的所有页面，然后提示用户将纸翻过来，再重新装入打印机中进行打印。

图 1-30　“奇数页/偶数页”选项

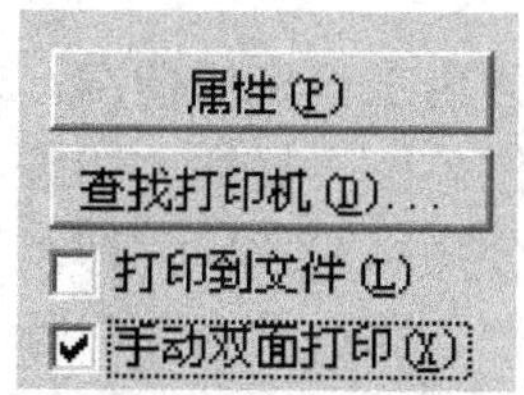

图 1-31　手动双面打印

3. 多版打印

Word 2007 可以在一张纸上打印多页文档内容，通过设置可以在一张纸上打印 2、4、6、8、16 个页面。在“打印”对话框的“缩放”栏中的“每页的版数”下拉列表中，选择每页纸上要打印的页数，如图 1-33 所示。如要将两页文档打印在一张纸上可选择“2 版”选项。

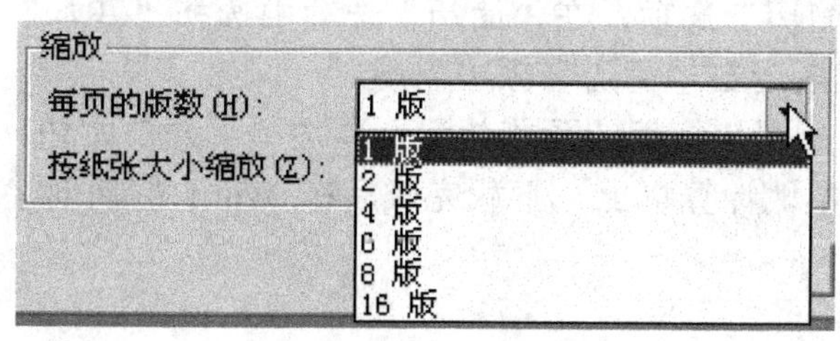

图 1-32　多版打印

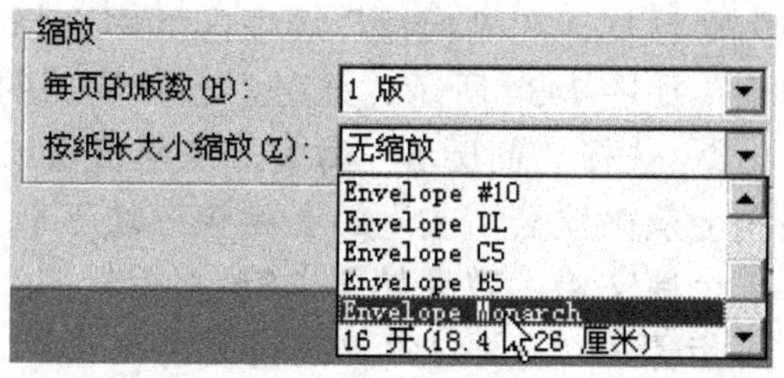

图 1-33　缩放打印

4．缩放打印

如果文档按一种纸张尺寸生成了文档，但是想使用另外一种尺寸不同的纸张打印它，这时就可以使用 Word 2007 的“按纸张大小缩放”功能。该功能和许多复印机提供的缩小/放大功能类似。

在“打印”对话框的“缩放”组框中有一个“按纸张大小缩放”下拉列表框，如图 1-33 所示，单击该框右侧的下三角按钮，从弹出的下拉列表中选择打印当前文档要使用的纸张大小即可。

综合实例 1　个人简历的制作

个人简历是求职者或求学者向企业或学校展示自己基本情况的一种文本，一般由 4 个部分组成。

第 1 部分为个人基本情况，应列出自己的姓名、性别、年龄、籍贯、政治面貌、学校、专业、婚姻状况、健康状况、家庭住址、通信方式等。

第 2 部分为学历情况，应写明曾在某某学校、某某专业或学科学习，以及起止时间，并列出所学主要课程及学习成绩，在学校和班级所担任的职务，在校期间所获得的各种奖励和荣誉。

第 3 部分为工作资历情况。若有工作经验，最好详细列明，首先列出最近的资料，然后详述曾工作单位、日期、职位、工作性质。

第 4 部分为求职意向，即求职目标或个人期望的工作职位，表明你通过求职希望得到什么样的工种、职位及奋斗目标，可以和个人特长等合写在一起。

对于中职学生来说由于社会经历与学习经历比较少，个人简历重点要介绍自己的专业学习情况、对待工作的态度、专业技能掌握情况，以及专业技能证书获取的情况等。

步骤 1：启动 Word 2007

选择 Windows 桌面左下角的“开始”→“程序”→“所有程序”→“Microsoft Office”→“Microsoft Office Word 2007”命令，启动 Word 2007。

步骤 2：新建文档

① 单击“Office”按钮，在打开的菜单中选择“新建”命令，系统会打开“新建文档”对话框，在“模板”选项区域中选择“简历”选项，在“简历”选项中选择“基本”选项，如图 1-34 所示，此时，各种简历的模板会在“简历”项中出现。

② 选择“简历 6”模板，在预览窗口会出现该模板的预览效果，单击“下载”按钮，系统会从微软公司的网站上将该模块下载到本地计算机上，下载完成后在 Word 中就创建了一个新文档，效果如图 1-35 所示。

步骤 3：输入内容、编辑文档

简历文档建立后，可以根据自己的情况输入必要的内容。如果模板中有一些不合适的地方可以对其进行适当的修改。输入内容与文档编辑之后的效果如图 1-36 所示。

图 1-34　选择简历模板的“基本”选项

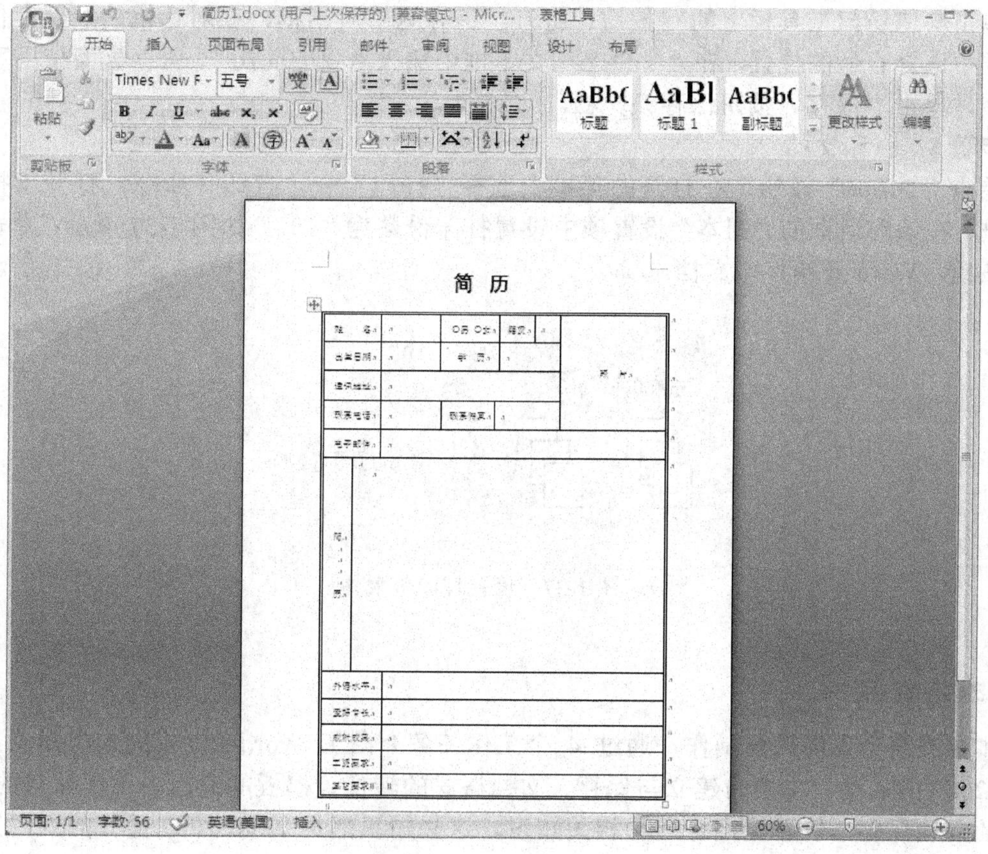

图 1-35　新建的简历文档

简 历

姓　　名	李兵	男	籍贯	苏州	
出生日期	1996.11.1	学　历	中专		
通信地址	天目路 11 号				
联系电话	13003401370	QQ 号	781909303		
电子邮件	Llbin@126.com				

图 1-36　输入内容与文档编辑之后的效果

步骤 4：保存文档

单击快速访问工具栏上的按钮，打开“另存为”对话框，在对话框的“保存位置”文本框中选择合适的位置，在“文件名”文本框中输入“我的简历”，保存类型使用系统默认类型，单击“保存”按钮保存该文档。

步骤 5：打印文档

单击“Office”按钮，在打开的菜单中选择“打印”→“打印”命令，打开“打印”对话框，在该对话框的“副本”设置项中设置打印份数为“10”，如图 1-37 所示，单击“确定”按钮，Word 开始打印文档。

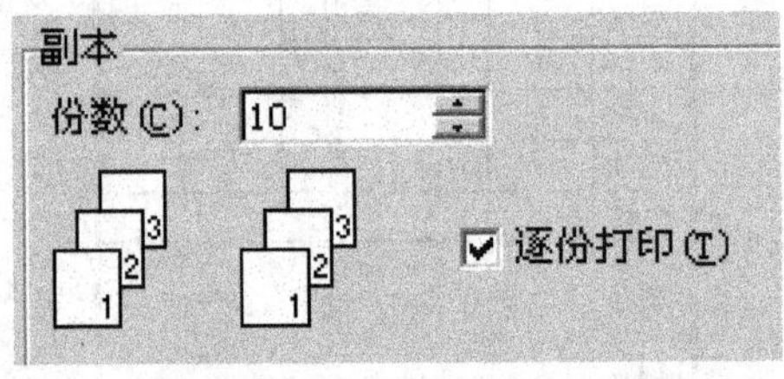

图 1-37　设置打印份数

知识盘点

本章围绕个人简历的制作，通过 4 个工作任务介绍了 Word 2007 的入门知识，包括 Word 2007 的启动、文档的建立与保存、文档格式的转换、模板的应用、工作窗口的设置、文档的自动保存，以及文档打印的相关知识。这些知识都是 Word 2007 操作的入门知识，需要很好地掌握。

成果验收

制作如下的个人简历。

<table>
<tr><td colspan="7">个人简历</td></tr>
<tr><td rowspan="7">个人概况</td><td colspan="6">求职意向：</td></tr>
<tr><td>姓名：</td><td colspan="2"></td><td>出生日期：</td><td></td><td rowspan="3">照
片</td></tr>
<tr><td>性别：</td><td colspan="2"></td><td>户口所在地：</td><td></td></tr>
<tr><td>民族：</td><td colspan="2"></td><td>专业和学历：</td><td></td></tr>
<tr><td colspan="2">联系电话：</td><td colspan="4"></td></tr>
<tr><td colspan="2">通信地址：</td><td colspan="4"></td></tr>
<tr><td colspan="2">电子邮件地址：</td><td colspan="4"></td></tr>
<tr><td rowspan="2">工作经验</td><td colspan="4">______年____月至______年____月</td><td>[公司名称]</td><td>[省份，城市]</td></tr>
<tr><td colspan="6">[职位]
[工作描述和业绩]
[工作描述和业绩]
[工作描述和业绩]</td></tr>
<tr><td rowspan="2">教育背景</td><td colspan="4">______年____月至______年____月</td><td>[学校名称]</td><td>[专业]</td></tr>
<tr><td colspan="6">[学位]
[特殊奖励/学术成就或第二学历]</td></tr>
<tr><td>外语水平</td><td colspan="6"></td></tr>
<tr><td>计算机水平</td><td colspan="6"></td></tr>
<tr><td>性格特点</td><td colspan="6"></td></tr>
<tr><td>业余爱好</td><td colspan="6"></td></tr>
<tr><td>其他说明</td><td colspan="6"></td></tr>
</table>

第 2 章
编辑网络文章——文档的基本编辑

Word 文档的基本元素就是文本信息，文本编辑技术是 Word 中使用的最基本的技术。伴随着互联网的普及，日常处理的文本不一定需要自己逐字逐句的输入到文档中，可以充分利用网络资源将网页的文本内容复制到 Word 文档中，再对其进行修改、编辑，形成自己的文档。

情景再现

张莉的语文老师布置了一个拓展作业，要求同学们搜集与“老师”有关的古文，并将文章内容全文抄写下来，在拓展训练课上进行交流。张莉心想，老师真是“Out”了，这都什么年代啦，还用抄写吗？用“度娘”找一下，选一篇合适的文章，复制、排版、打印，不就搞定了吗？回到家，她打开了计算机……

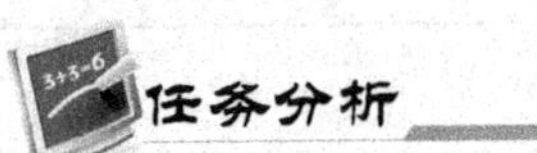

任务分析

小张需要查找与“老师”相关的古文，可以是赞美老师的，也可以是介绍老师的，范围很广。在古文当中最著名的与老师相关的文章就是“师说”，小张可以使用搜索引擎查找到文章，将其复制下来，粘贴到 Word 中进行排版并打印出来，这样就完成老师的拓展作业了。

任务实现

任务 1　网络内容为我所用

1．使用网络查找需要的内容

互联网的发展给人们带来了方便，也提供了人们获取信息、资源的一种新的渠道。据统计调查，当前人们获取的知识有 90%来自互联网。而在网络中获取知识通常是使用搜索引擎来查找所需要的资源。

① 打开浏览器，在地址栏中输入“www.baidu.com”，打开百度的搜索主页，在搜索栏中输入想要查找的内容，如“韩愈 师说”。搜索引擎会将相关的内容以网页的形式呈现

在你的计算机上，如图 2-1 所示。

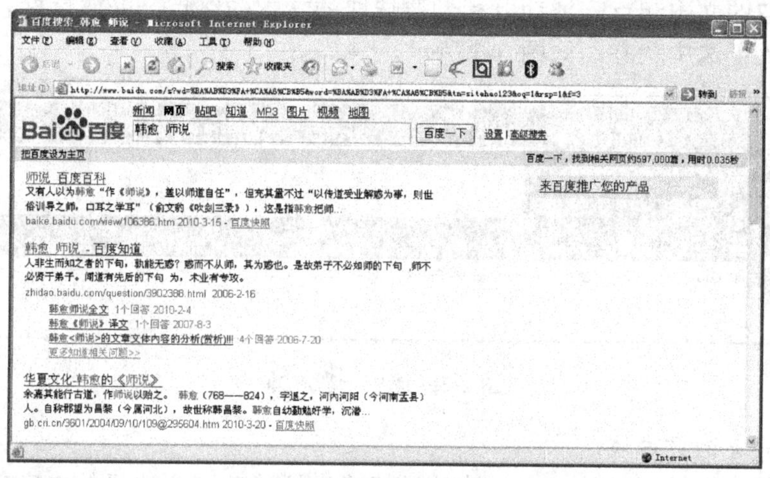

图 2-1　搜索到的资源链接

② 单击相关链接，打开网页，在网页中使用鼠标选择自己需要的内容，此时网页中选中的内容会以蓝色的底纹出现，单击鼠标右键，在弹出的快捷菜单中选择“复制”命令，将选择的内容全部复制到剪贴板中。

③ 启动 Word 2007，在系统自动建立的“新建文档 1”中单击鼠标右键，在弹出的快捷菜单中选择“粘贴”命令，将剪贴板上的内容粘贴到“新建文档 1”中，如图 2-2 所示。

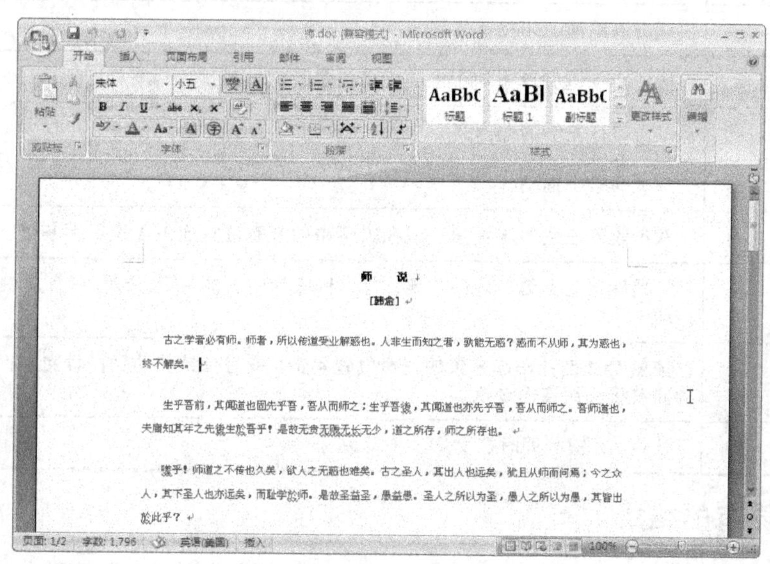

图 2-2　将网页上的内容粘贴到 Word 文档中

2. 文本的选择

Word 中的许多操作是建立在操作对象被选中的基础上的，如果操作对象不被选中，很多设置将不起作用。对文档中内容的选择通常是使用鼠标进行操作的。

（1）选择一段文字

单击要选取的文本起点，拖动鼠标到要选取的文本的终点，释放鼠标。这样鼠标拖动经过的文本均处于选中状态，如图 2-3 所示。

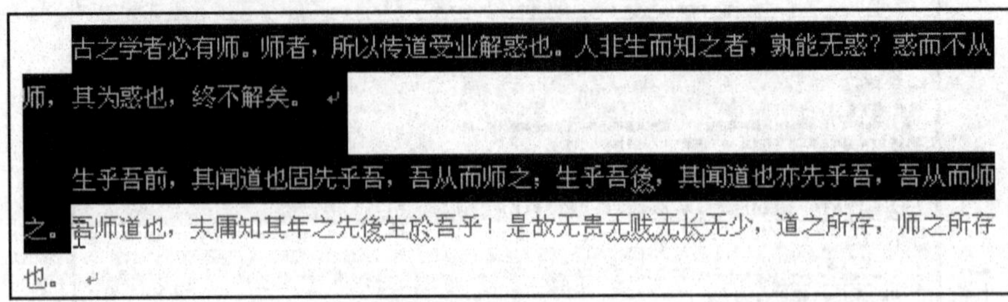

图 2-3　选中一段文本

（2）选择较大的文本块

在要选择的内容的开始处单击，滚动鼠标将光标移动到要选择的内容的结尾处，按住 Shift 键的同时单击鼠标左键。

使用鼠标选择文档内容的方法见表 2-1。

表 2-1　用鼠标选择文档内容的方法

选　择	执行动作方法
任何数量的文本	单击要选取的文本起点拖动鼠标到要选取的文本的终点
一个单词	双击该单词上的任意位置
一个句子	按住 Ctrl 键并单击句子上的任何位置
一行	单击该行左侧的选择条
多行	在选择条中拖动
一个段落	双击段落左侧的选择条，或在段落中的任意位置连击 3 次鼠标左健
多个段落	将鼠标移动到第一段的左侧，等指针变为向右箭头后，按住鼠标左键，同时向上或向下拖动
整篇文档	按住 Ctrl 键并在选择条的任意位置单击，或将指针移动到任意文本行的左侧，等指针变为向右箭头后连击 3 次
垂直文本块	按住 Alt 键，同时在文本上拖动鼠标

3. 清除原有的格式

文档中的文本默认的格式是“宋体”“五号字”，从其他文档或网页中粘贴过来的文本通常会带有一定的文本格式，这种格式可能不符合要求，需要用户将原有的格式删除，以方便自己使用。

选中需要清除格式的文本，单击“字体”功能区的“清除格式”按钮，如图 2-4 所示。这样所选中的文本的原有格式将被全部清除，取而代之的是 Word 文档的默认格式。

4．文本的移动

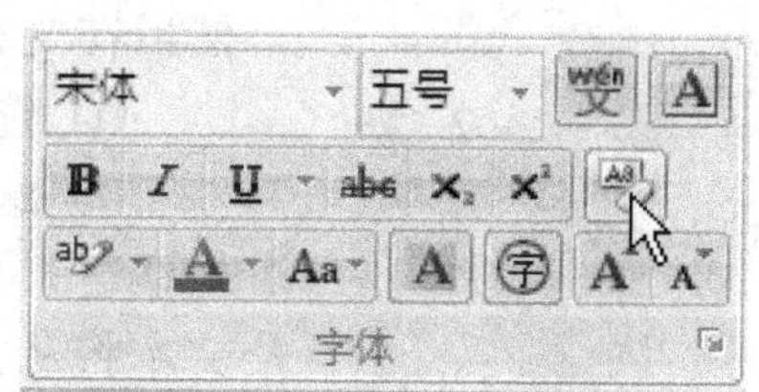

图 2-4 “字体”功能区

在对文档的编辑过程中，经常需要将某些部分的文本移动到其他部分，这时就需要对文本进行移动。移动文本的操作方法是：

① 选中需要移动的文本，使其反白显示；

② 将鼠标移动到选择的文本上，按住鼠标左键，这时插入点会变成虚线，同时在鼠标的下方会出现一个虚线框，如图 2-5 所示。

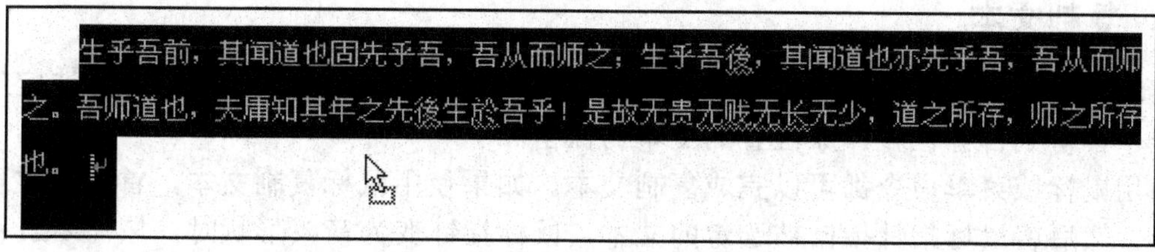

图 2-5　移动文本

③ 将鼠标移动到指定的位置上，释放鼠标左键，这时选定的文本就被移动到相应的位置处。

1．剪贴板

剪贴板是 Windows 程序提供的临时存储位置。可以将正文文档的内容复制到剪贴板，然后再将它从剪贴板粘贴到文档中的新位置。

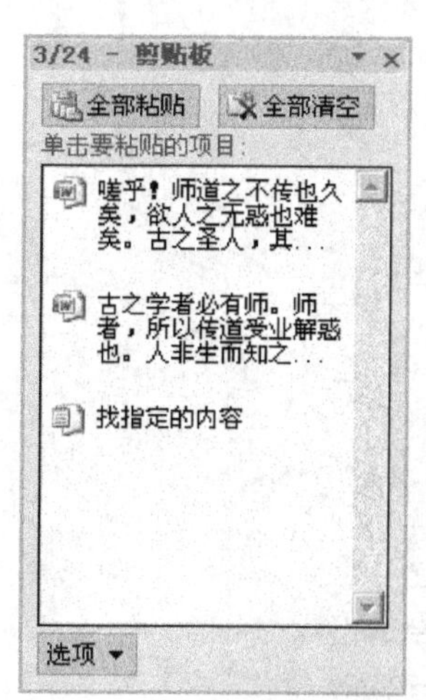

图 2-6 “剪贴板”任务窗格

Word 剪贴板能存放多个复制内容，最多可达 24 项。使用时可以有选择地粘贴文本或图片等。单击“开始”选项卡→“剪贴板”组→“剪贴板”对话框启动器，打开“剪贴板”任务窗格，如图 2-6 所示。

在如图 2-6 所示的“剪贴板”任务窗格中，有 3 个复制操作。当经过 24 次复制操作后，剪贴板被放满，这时再进行复制操作时 Word 将复制此项内容，并删除第一次复制的内容。

用户可以根据需要单击“全部粘贴”按钮，将剪贴板中的所有内容全部粘贴到指定的位置；如果要粘贴某项复制内容，选择相应的项即可；要清空“剪贴板”中的内容，可以单击“全部清空”按钮。

2．使用剪贴板移动文本

使用剪贴板移动文本是将文本的内容剪切复制到剪贴板上，

图 2-7 剪贴板选项组

然后在文档需要的位置再粘贴出来。操作方法如下：

① 选中需要移动的文本，使其反白显示；

② 选择“开始”选项卡，单击“剪贴板”选项组中的“剪切”按钮，如图 2-7 所示，将所选的内容剪切到剪贴板中，此时选中的文本将从文档中消失；

③ 将插入点移动到需要粘贴的位置，单击剪贴板选项组中的“粘贴”按钮，剪切到剪贴板上的文本的内容将会出现在光标所指的位置。

3．复制文本

移动操作是将选定的文本从一个位置移动到另一个位置，而复制操作是将选定的文本复制一个备份到目标位置，原位置的文本仍保留。

使用鼠标或菜单命令都可以完成复制文本。如果使用鼠标复制文本，首先选定要复制的文本，然后将鼠标指针指向被选定的文本，鼠标指针变为箭头形状时，按住 Ctrl 键，并拖动鼠标到要复制的位置，到达目标位置后，先松开鼠标，再松开 Ctrl 键。

如果使用“复制”和“粘贴”命令复制文本，首先选定要复制的文本，然后选择“开始”选项卡，单击“剪贴板”选项组中的“复制”按钮复制选定的文本，然后将插入点移动到要粘贴的位置，单击“剪贴板”选项组中的“粘贴”按钮。也可以将鼠标放在被选定的文本上，单击鼠标右键，在弹出的如图 2-8 所示的快捷菜单中选择“复制”命令和“粘贴”命令来完成对文本的复制和粘贴。

4．粘贴的形式

Word 2007 中的粘贴形式有 3 种：粘贴、选择性粘贴和粘贴为超链接。单击“粘贴”按钮的下三角，可以看到这 3 个选项，如图 2-9 所示。

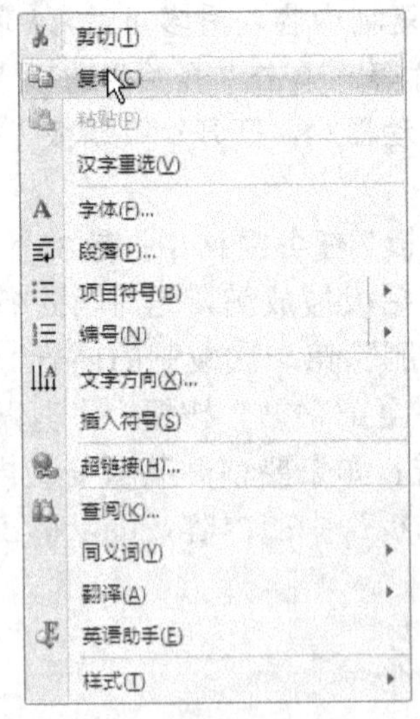

图 2-8 快捷菜单

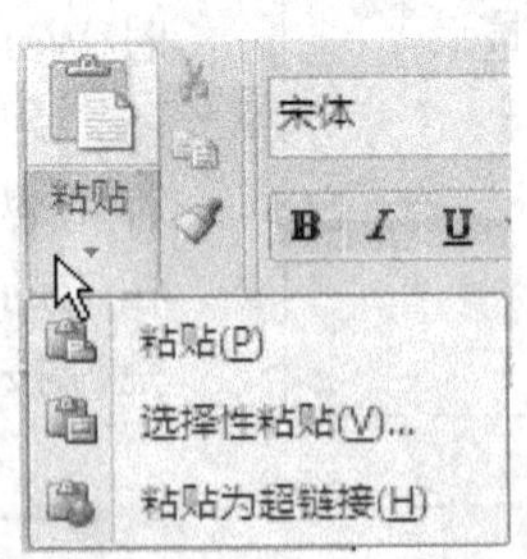

图 2-9 “粘贴”命令

（1）粘贴

“粘贴”是将剪贴板上存放的内容原封不动地在文档中重现出来，这种粘贴方式会保存原有的格式，如字体、字号等，是人们使用最多的一种粘贴方式，操作方法参照前面的介绍。

（2）选择性粘贴

如果只需要复制选中文本的内容，而不需要其格式，可以使用选择性粘贴。通过此种方式可以将选中的文本的原来的格式清除。操作方法如下：

用鼠标单击“开始”选项卡中“剪贴板”选项组中“粘贴”按钮下方的三角按钮，选择其中的“选择性粘贴”命令。系统会打开如图 2-10 所示的对话框。

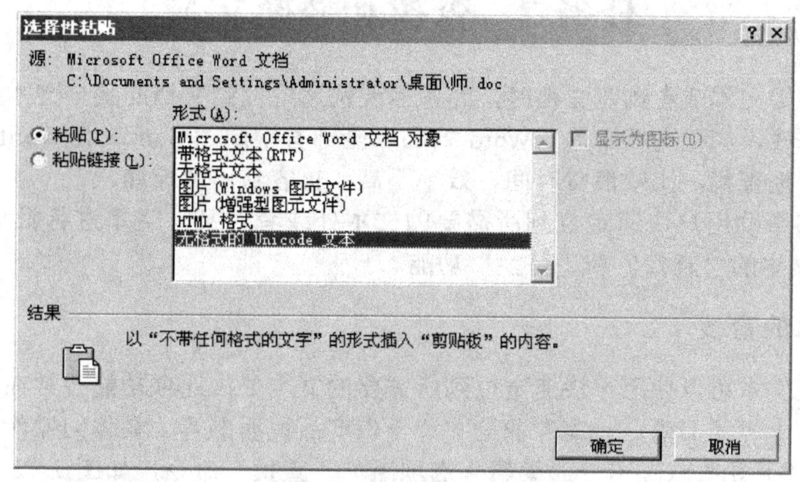

图 2-10　“选择性粘贴”对话框

在此对话框中，如果用户要粘贴剪贴板中内容的纯文本格式或某一指定格式，就可以在“形式”列表框中选择某一种形式，如选择“带格式文本”选项，则表示以“带有字体和表格格式的文字”形式插入剪贴板的内容，而一般选择“无格式文本”或者“无格式的 Unicode 文本”选项，这时只粘贴为纯文本格式。

（3）粘贴为超链接

此项功能是将剪贴板上的内容粘贴到文档中，并将此内容设置成为一个超链接点，按住 Ctrl 键再单击该链接点可以将光标定位到原来的位置处，此项功能可以跨文档实现。跨文档实现是指两篇不同的文档，将一篇文档中的内容复制到另一篇文档中并成为一个链接点，单击该链接点，光标可以从本文档转到另一篇文档中，另一篇文档可以不处于打开状态。

在文档中选中作为超链接的文本，执行“复制”操作。将插入点置于放置超链接的位置，用鼠标单击“开始”选项卡中“剪贴板”选项组中“粘贴”按钮下方的三角按钮，选择其中的“粘贴为超链接”命令，则复制的对象以超链接的方式粘贴到光标所在位置，被创建超链接的文本将变成有颜色的、加下画线的文字，如图 2-11 所示。

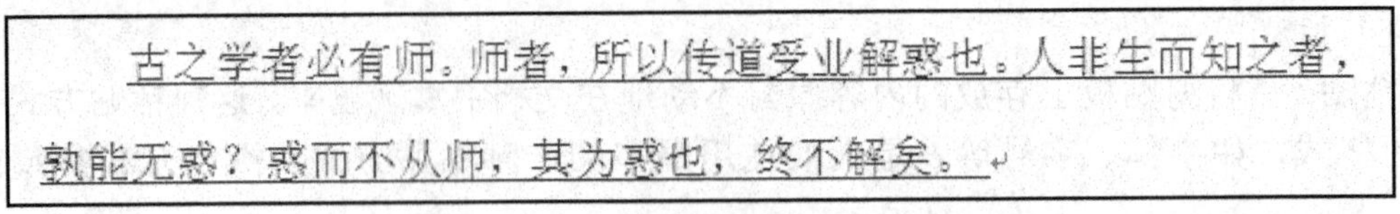

古之学者必有师。师者，所以传道受业解惑也。人非生而知之者，孰能无惑？惑而不从师，其为惑也，终不解矣。

图 2-11　粘贴为超链接

创建超链接后，用户可以向超链接的源文本进行跳转。需要跳转的时候，可按住 Ctrl 键（此时用鼠标指针指向粘贴对象时，鼠标指针变为手形），单击链接文本，即可跳转到所链接的源文本。

任务 2　查找和替换文本

用户在编辑文本或者浏览文档时，经常需要快速定位到文档的某一文本处，或者对某些文字进行修改，如把文档中的“Word 2007”全部替换成“Microsoft Word 2007”，如果只是一行一行地查找，比较浪费时间，效率不高，也容易出现疏漏。

为了能够帮助用户快速定位到所需要的文本处或者对某一文本进行批量修改，Word 2007 提供了文本的“查找”和“替换”功能。

1. 文本的查找

通过查找文本可以使用户快速定位到所需要的文本处，此项功能通常在长文档的情况下使用，如一本电子书稿、一篇专业论文、一份产品说明书等，具体的操作方法如下。

① 选择“开始”选项卡→“编辑”选项组→“查找”命令，如图 2-12 所示，系统会打开“查找与替换”对话框，如图 2-13 所示。

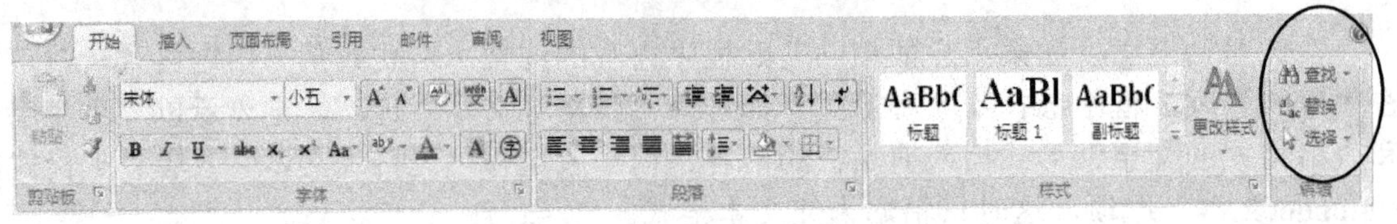

图 2-12　“编辑”选项组

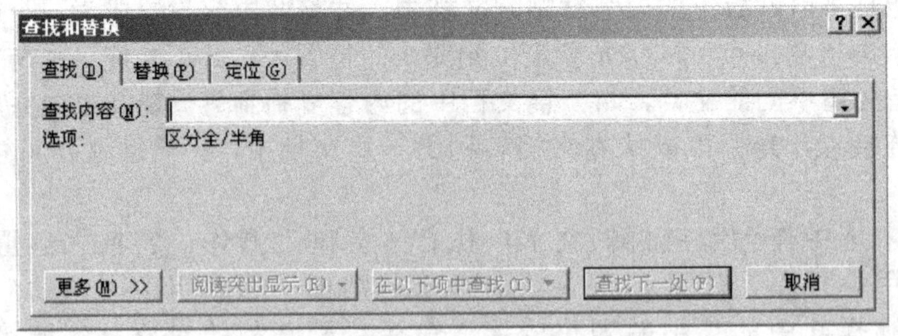

图 2-13　“查找与替换”对话框

② 在“查找内容”文本框中，输入要查找的内容。为了更准确地查找，单击“更多”

按钮，打开如图 2-14 所示的“搜索选项”栏。在栏中选择相应的复选框，如“区分大小写”“区分全/半角”“全字匹配”等。

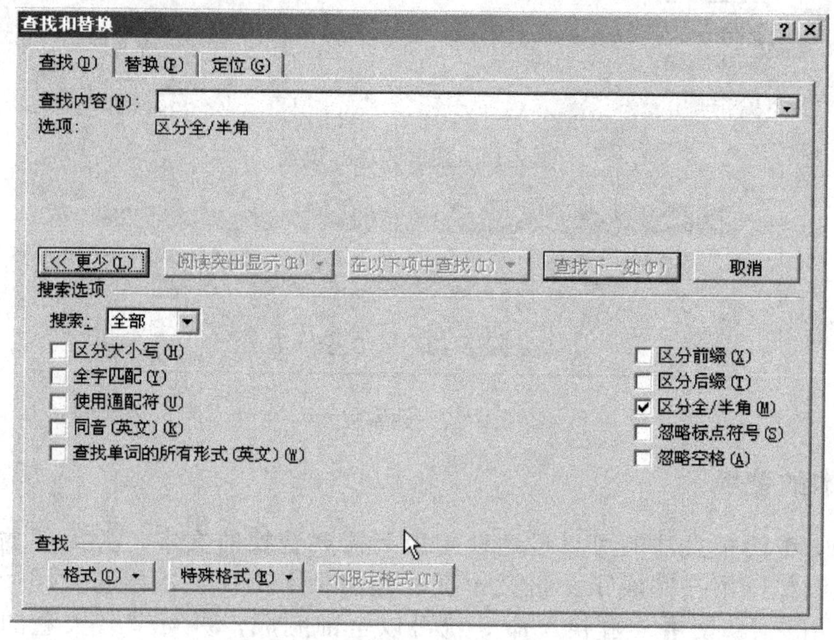

图 2-14 更多选项的“查找与替换”对话框

③ 单击“查找下一处”按钮。Word 开始查找文档中匹配的文本，如果发现匹配的内容，将其反白显示并停下来，而“查找和替换”对话框仍然显示，如图 2-15 所示。单击“查找下一处”按钮，继续查找。按 Esc 键或单击“取消”按钮，可关闭对话框并回到文档中，这时找到的文本仍然被选中。

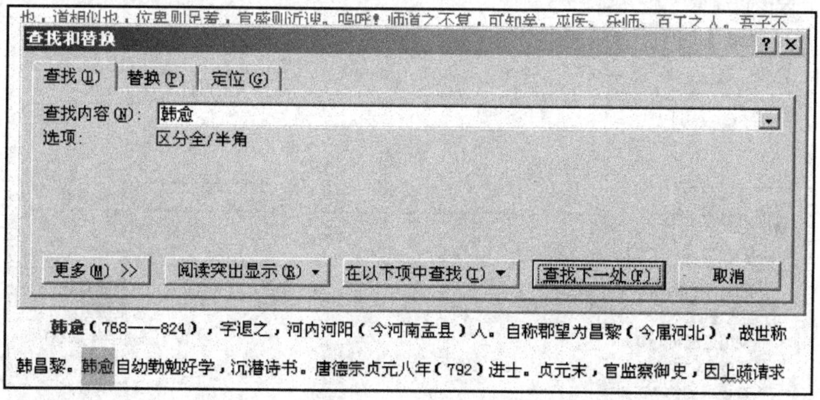

图 2-15 查找功能

如果在“搜索选项”的“搜索”下拉列表中选择了“向上”或“向下”选项，如图 2-16 所示，Word 在查找了文档的一部分之后，到达文档的起点（向上查找）或文档的结尾（向下查找），就会弹出是否继续从文档另一端查找的提示对话框，如图 2-17 所示。

图 2-16　搜索选项的设置

图 2-17　搜索提示

2．文本的替换

使用 Word 的替换功能可以迅速地定位到需要查找的文本，并用新的文本替换查找的内容。例如，用户完成了一份几十页文档的录入工作，决定将文档中的“读者”全部改为“用户”。使用“替换”命令就可以全部完成，并可节省大量的时间。文本替换的操作方法如下。

① 选择“开始”选项卡→“编辑”选项组→“替换”命令，系统会打开“查找与替换”对话框，此时该对话框打开的是“替换”选项卡。如果有需要可以单击“更多”按钮，在“搜索选项”栏中选择各种选项，如图 2-18 所示。

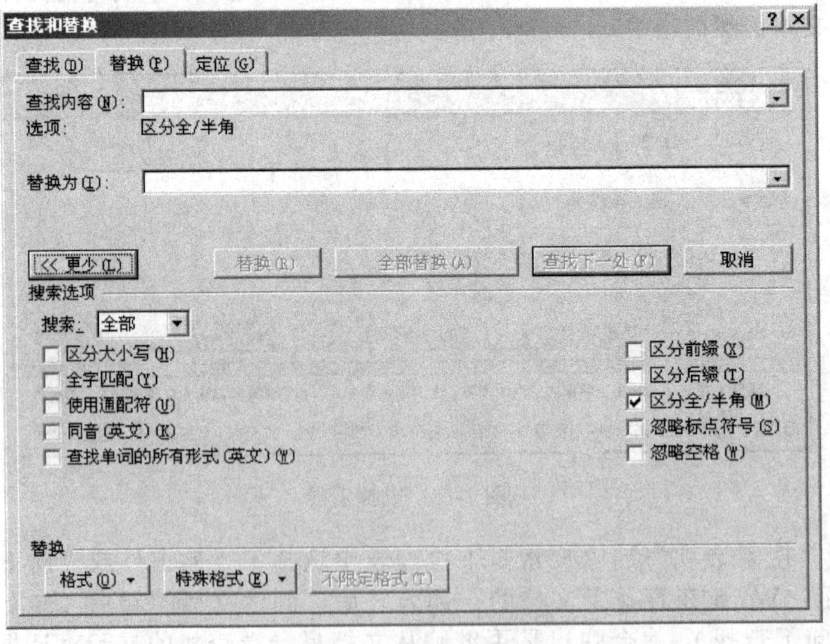

图 2-18　“替换”选项卡

② 在“查找内容”文本框中，输入被替换的内容；在“替换为”文本框中，输入替换的内容。

③ 单击“全部替换”按钮，让 Word 查找整个文档，用“替换为”文本框中的内容替换“查找内容”文本框中的内容。用户也可以单击“查找下一处”按钮，将被替换的内容反白显示。

④ 查找一个替换一个，这种替换方法更安全。单击“查找下一处”按钮，文档中要被替换的内容反白显示，确认替换后单击“替换”按钮，则将当前查找到的内容进行替换。

如果用户想删除被替换的内容，可以在“替换为”文本框中不输入任何内容。

替换操作结束后，系统会给用户一个提示信息，告诉用户此次操作共替换了多少处，如图 2-19 所示。

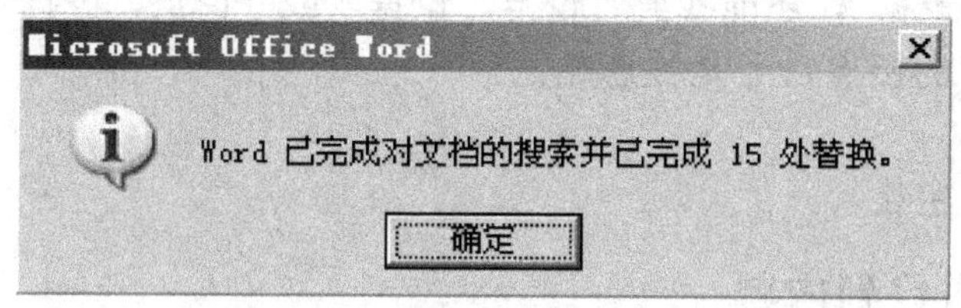

图 2-19 替换完成的提示信息

1. “查找和替换”对话框中的扩展选项

默认的查找操作是不考虑字母的大小写的，或者它是整个字还是单词的一部分。如果输入查找内容为“Computer”，Word 会查找出“computer”、“COMPUTER”和“Computer”等。为了更精确地查找到某个内容，可以使用 Word 的“搜索选项”限制查找，单击“查找和替换”对话框中的“更多”按钮，扩展选项如图 2-14 所示，选项中的各选项含义如下。

（1）区分大小写

要求大小写字母精确匹配。选择该复选框，“Computer”只匹配“Computer”，而不匹配“computer”或“COMPUTER”。

（2）全字匹配

只匹配整字。选择该复选框，“an”只匹配“an”，不匹配“another”“than”等。

（3）使用通配符

允许在查找模式中使用“*”和“？”通配符。“*”代表任何顺序的 0 个或多个未知字符，“？”代表任何单个未知字符，因此，“th?n”匹配“thin”和“then”，但不匹配“thrown”或“thn”；“th*n”匹配“thin”、“thn”和“thrown”等。

（4）同音（英文）

选择该复选框，查找发音类似的单词，例如，“their”将匹配“there”。

（5）查找单词的所有形式（英文）

找到“查找内容”的替代形式。如“sit”不仅匹配“sit”，而且匹配“sat”和“sitting”。如果用户选择了“使用通配符”复选框，该复选框是不可用的。

（6）区分前缀

不能找到具有不同前缀的英文单词。

（7）区分后缀

不能找到具有不同后缀的英文单词。

（8）区分全/半角

要求全角和半角精确地匹配。

（9）忽略标点符号

忽略正文中的标点符号，如“查找内容”为“论点论据”，若选中该复选框，则在正文中不仅能找到“论点论据”，还能找到“论点、论据”或“论点，论据”等，即“论点”“论据”这两个词组之间的标点符号是被忽略的。

（10）忽略空格

在查找中不考虑空格。

2. 突出显示查找到内容

在 Word 2007 文档中可以突出显示查找到的内容，并为这些内容标识永久性标记。即使关闭“查找和替换”对话框，或针对 Word 2007 文档进行其他编辑操作，这些标记将持续存在。在 Word 2007 中突出显示查找到的内容的步骤如下。

① 打开 Word 2007 文档窗口，选择“开始”选项卡→“编辑”选项组→“查找”命令，系统会打开“查找与替换”对话框。

② 在“查找内容”编辑框中输入要查找的内容。单击“阅读突出显示”按钮，在打开的菜单中选择“全部突出显示”命令，如图 2-20 所示。

图 2-20 选择“全部突出显示”命令

③ 可以看到所有查找到的内容都被标识以黄色矩形底色，并且在关闭“查找和替换”对话框或对 Word 2007 文档进行编辑时，该标识不会取消。如果需要取消这些标识，可以选择“阅读突出显示”菜单中的“清除突出显示”命令。

3. 定位

“查找/替换”对话框中有一个“定位”选项卡，使用该选项卡的定位功能可以快速地将鼠标定位到文档的某一个位置。定位操作方法如下。

① 选择“开始”选项卡→“编辑”选项组→“查找”命令，系统会打开“查找与替换”对话框，选择“定位”选项卡，如图 2-21 所示。

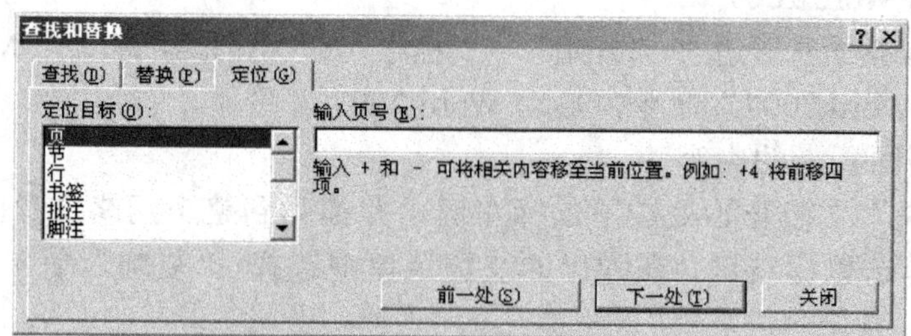

图 2-21 “定位”选项卡

② 在“定位目标”列表框中，选择“页”“节”“行”“书签”等项目。在“输入页号”文本框中，输入要定位到的页码、节号或行号等。

③ 单击“定位”按钮，光标将定位到指定的位置。

“定位”选项卡右侧的输入内容会根据左侧选择的不同有所变化，如果选择“节”，则右侧显示“输入节号”文本框，用来输入要定位到的节号；如果选择“行”，则右侧显示“输入行号”文本框，用来输入要定位到的行号。

综合实例 2 编辑“师说”

“古之学者必有师。师者，所以传道受业解惑也。人非生而知之者，孰能无惑？惑而不从师，其为惑也，终不解矣。”这是唐宋八大家之首的韩愈在唐贞元十八年（802 年）任四门博士时所撰写的“师说”中的开篇内容，说明教师的重要作用，从师学习的必要性，以及择师的原则。

步骤 1：搜索“师说”

启动浏览器，在浏览器的地址栏输入：www.baidu.com，打开百度的主页，在其主页上输入：韩愈 师说，并启动搜索。在搜索到的结果中选择自己满意的内容并打开页面，如图 2-22 所示。

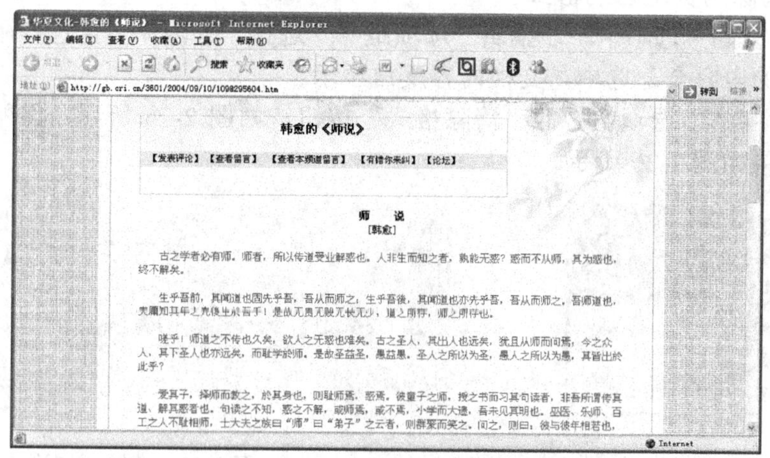

图 2-22 打开的页面

步骤 2：启动 Word 2007

选择 Windows 桌面左下角的 “开始”→“程序”→“所有程序”→“Microsoft Office”→“Microsoft Office Word 2007”命令，启动 Word 2007。

步骤 3：复制网页上的内容

在网页“师说”文档开始处按下鼠标左键，并拖动到整个网络文章的结尾，使其文本内容反白显示。单击鼠标右键，在弹出的快捷菜单中选择 “复制”命令，将内容复制到剪贴板上。

步骤 4：将内容粘贴到新建的 Word 文档中

切换工作窗口到 Word 窗口，在文档编辑区单击鼠标右键，在弹出的快捷菜单中选择“粘贴”命令，将在网页上复制的内容粘贴到 Word 编辑窗口，效果如图 2-23 所示。

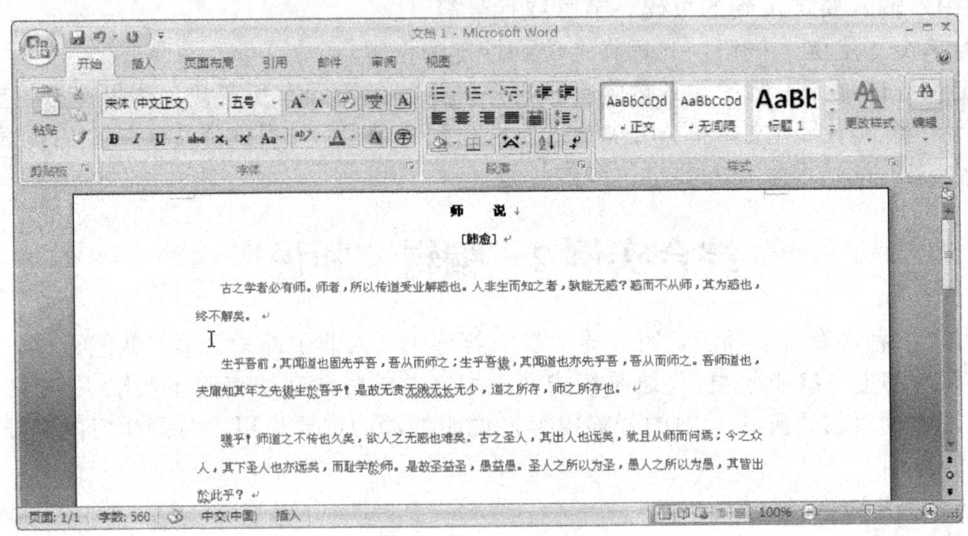

图 2-23　将网页内容粘贴到 Word 中

步骤 5：清除网页文档的格式

① 选择“开始”选项卡→“编辑”选项组→“选择”选项→“全选”命令，如图 2-24 所示，将文档的内容全部选中，文档内容反白显示。

② 单击“字体”选项组中的“清除格式”按钮，如图 2-25 所示，将网页文本的格式全部清除，效果如图 2-26 所示。

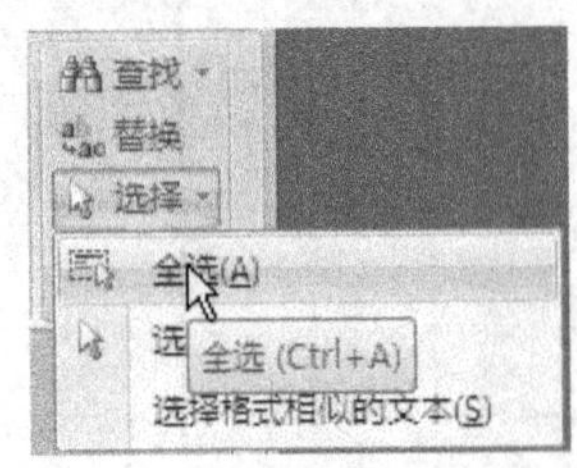

图 2-24　选中全部文本

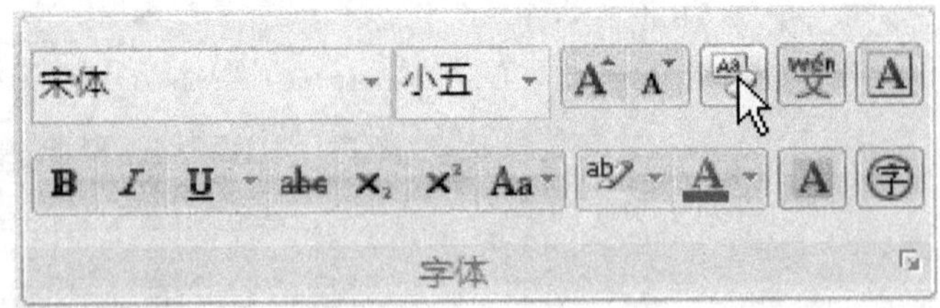

图 2-25　清除原有格式

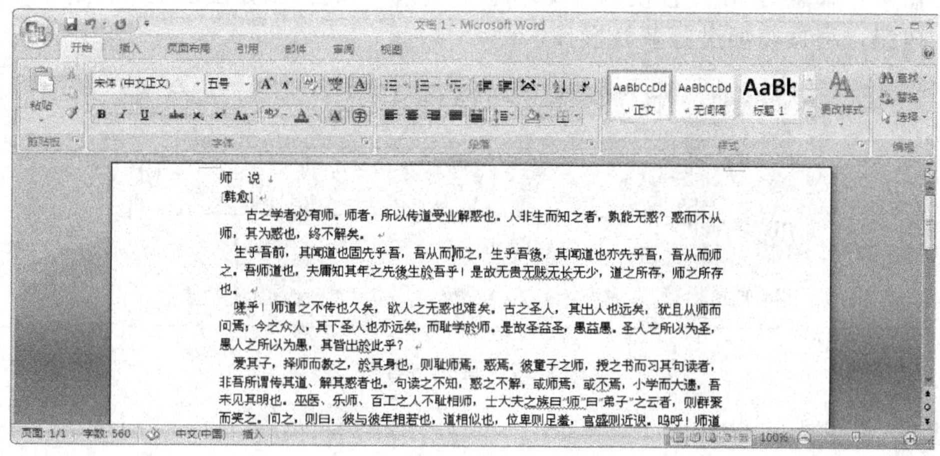

图 2-26　清除格式后的文档

步骤 6：编辑文档

① 单击“快速访问工具栏”按钮，从下拉菜单中勾选“新建”选项，如图 2-27 所示，将“新建”按钮添加到快速访问工具栏中，如图 2-28 所示。

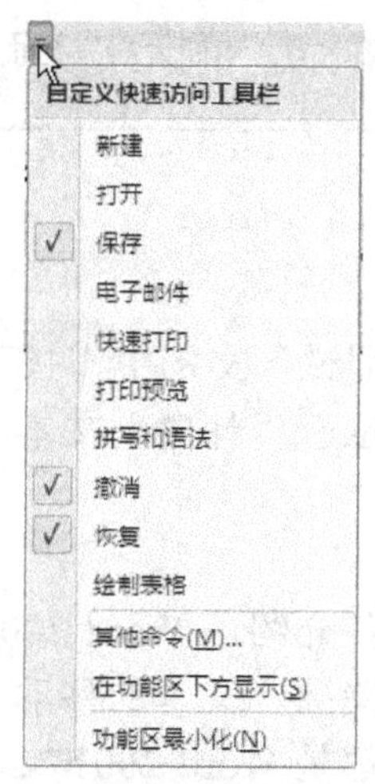

图 2-27　自定义快速访问工具栏

图 2-28　添加“新建”按钮

② 单击“新建”按钮，新建文档 2。将编辑窗口切换到文档 1 中，选中文档中介绍韩愈的内容，单击“剪贴板”选项组中的“剪切”按钮，将所选内容剪切到系统的剪贴板中。将编辑窗口切换到文档 2 中，单击“粘贴”按钮，将文档 1 中关于韩愈的介绍内容复制到文档 2 中，分别以“师说”和“韩愈”为文件名保存 2 个文档。

步骤 7：查找与替换

将“韩愈”文档中的所有“韩愈”文本除第一个保留外，其他的全部使用“韩公”替换。单击“编辑”选项组的“替换”按钮，打开“查找与替换”对话框，在“查找内容”

文本框中输入“韩愈”，在“替换为”文本框中输入“韩公”，如图 2-29 所示，单击“查找下一处”按钮，根据需要进行替换操作。

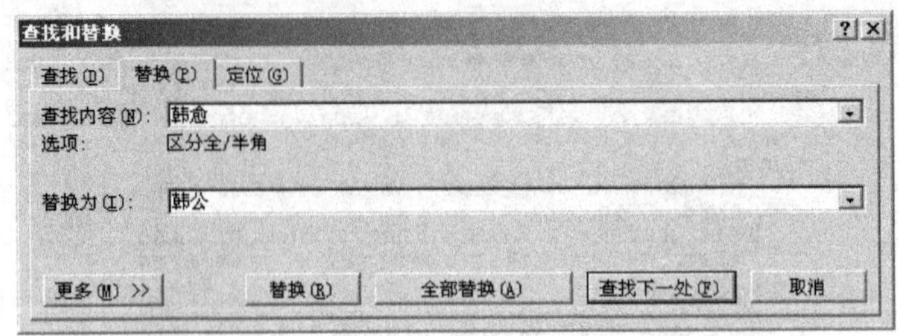

图 2-29　查找与替换

步骤 8：粘贴为超链接

选中“韩愈”文档中的第一个“韩愈”文本，单击鼠标右键，在弹出的快捷菜单中选择“复制”命令，将该文本复制到剪贴板中。将工作窗口切换到“师说”文档中，将光标定位于第二行的韩愈处，并选中此处的“韩愈”文本，单击“剪贴板”选项组中的“粘贴”按钮的下三角，选择“粘贴为超链接”选项，完成后的效果如图 2-30 所示。

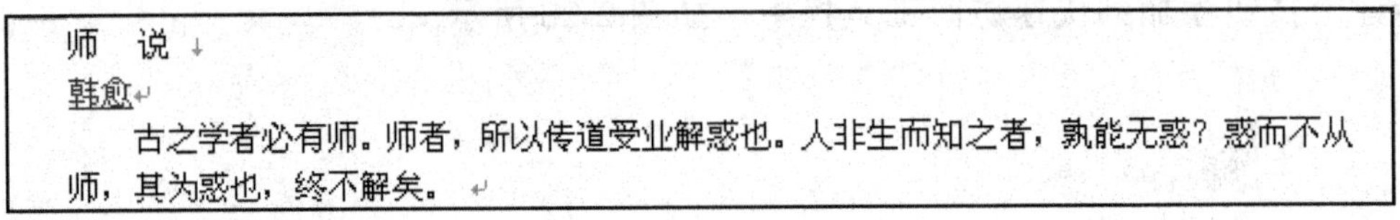

师　说↓
韩愈↵
　　古之学者必有师。师者，所以传道受业解惑也。人非生而知之者，孰能无惑？惑而不从师，其为惑也，终不解矣。↵

图 2-30　粘贴为超链接

步骤 9：保存文档并测试效果

保存 2 篇编辑过的文档，并关闭“韩愈”文档。在“师说”文档中，按下 Ctrl 键并单击“韩愈”超链接，系统会打开“韩愈”文档并将光标定位于“韩愈”文本处。

知识盘点

本章围绕“师说”文档的编辑制作，通过 2 个工作任务介绍了 Word 2007 的文本编辑的基本操作技能与技巧，包括：文本的选择、文本格式的清除、文本的移动、剪贴板的应用、文本的查找与替换，以及不同形式的粘贴。这些知识都是 Word 2007 文本操作的基本的知识，是 Word 操作的基础知识，是学习其他 Word 知识与技能的基础。

成果验收

1．通过网络查找《爱莲说》及其作者周敦颐的相关内容及知识。将《爱莲说》的内容复制到 Word 文档中并编辑保存。将周敦颐的生平简介复制到 Word 文档中并保存。在“爱莲说”Word 文档中设置周敦颐的超链接，链接到其生平简介的 Word 文档。

2．通过网络查找“陋室铭”及其作者刘禹锡的相关内容及知识。将《陋室铭》的内容复制到 Word 文档中并编辑保存。将刘禹锡的生平简介复制到 Word 文档中并保存。在《陋室铭》Word 文档中设置刘禹锡的超链接，链接到其生平简介的 Word 文档。

3．通过网络查找《劝学》及其作者荀况的相关内容及知识。将《劝学》的内容复制到 Word 文档中并编辑保存。将荀况的生平简介复制到 Word 文档中并保存。在《劝学》Word 文档中设置荀况的超链接，链接到其生平简介的 Word 文档。

4．通过网络查找《问说》及其作者刘开的相关内容及知识。将《问说》的内容复制到 Word 文档中并编辑保存。将刘开的生平情况复制到 Word 文档中并保存。在《问说》Word 文档中设置刘开的超链接，链接到其生平简介的 Word 文档。

第3章
制作会议通知——文档格式编排

当一个文档建立完成之后，如果不做任何设置，则采用的是文档模板的默认设置。但事实是用户常常要根据需要，对文档做一些设置，如改变文档中字符的大小、颜色、加下画线、设置上标、设置下标等。在文档中根据不同的内容使用不同的字体格式，不仅可以使文档的层次分明，而且可以使文档的内容一目了然。

情景再现

张小涵有了第一次参加人才招聘会失败的经历后，回到学校设计制作了精美的个人简历，并向学校的就业指导教师请教了面试技巧，之后又参加了几次学校组织的招聘会，经过多方比较，选择了一家规模中等的科技公司，并获得了实习的机会。上班的第一天，部门主管便要他拟定一份会议通知，通知公司各部门主管参加会议。

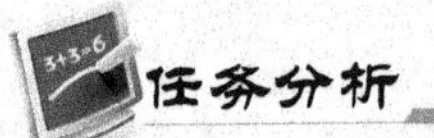

任务分析

小张需要设计制作的是一个公司的会议通知，会议通知需要将几个事情说明清楚：会议时间、会议地点、会议参加人员、会议的主题等，否则会引起一些误会。

会议通知的内容录入计算机后，通常要对其进行格式化的设置。格式化是指改变文档的外观。如给单词加下画线，让段落文本为斜体，将列表显示为表格或改变页边距时，就是在对文档进行格式化操作。

任务实现

任务1　设置会议通知的字符格式

1. 会议通知的内容

按通知的内容、性质，通知一般可以分为以下几种。

① 指示性通知。又称为“布置工作的通知”，是上级机关对下级机关就某项工作交代任务、发出指示、做出安排、提出要求时使用的一种通知。

② 印发、批转、转发性通知。这是印发本机关，批转下级机关、转发下级机关、同级

机关和不相隶属机关的公文及发布某些行政法规时使用的一种通知。

③ 会议通知。用于会议召开之前，把会议的有关事项预先告知与会单位及与会者的一种通知。通知的主要内容是讲清楚会议时间、地点、参加人员、主要会议内容，以及发布通知的部门等。会议通知示例如下。

关于召开各部门负责人会议的通知

公司各部门：

总经理室决定于×年×月（星期五）14：00 在本公司三楼会议室召开公司各部门负责人会议，会议主要议题是：1．各部门负责人汇报各部门的工作情况及下阶段的工作思路；2．总公司布置下一阶段的工作安排及工作重点。望各部门负责人做好准备，准时出席，不得请假。

总经理室

××××年×月×日

2．格式化

格式化是指改变文档的外观。如给单词加下画线、让段落文本为斜体、将列表显示为表格或改变页边距就是对文档进行格式化操作。Word 提供了 4 个级别的格式化，分别应用于有较多章节的文本。

（1）字符格式化

字符格式化是对选中的文本进行格式设置。可对被选择的字符进行设置，或在建立了格式后再输入字符。如把某个字变成粗体或斜体，将其字体由宋体改变为楷体，这些就是对字符进行格式化。

（2）段落格式化

段落格式化是对文档的各个段落进行格式设置，主要应用于两个段落标记之间的文字，段落标记在按下 Enter 键时被输入。此处有许多格式选项与应用于字符的格式选项相同，如斜体、粗体。此外还有关于间距、对齐和缩进等选项。

（3）页面格式化

页面格式化是指对文档的每一页的格式进行设置，包括页面大小、制表位和页边距等的设置。

（4）节格式化

节格式化对于在同一个文档内需要设置几个不同类型的格式时是非常有用的，可以将一个文档分成几节，然后分别对每一节用不同的方式进行格式化。

3．设置字体格式

在 Word 2007 文档中输入文字时默认的字体格式是“宋体”，字号为“五号”，为了使文档更加美观、条理更加清晰，通常需要对文本进行格式化操作，这种操作通常用两种方法来实现。

（1）在“开始”选项卡中设置字体格式

① 设置字体。

字体就是字符的形状，字体分英文字体和中文字体，用户可以利用“字体”下拉列表来改变文本的字体。

要改变文本的字体，首先需要选定要改变字体的文本，然后在“开始”选项卡的“字体”组中单击“字体”下拉列表框右侧的下三角按钮，从打开的字体列表中选择所需要的字体即可，如图 3-1 所示。

② 设置字号。

字号就是字符的大小。要改变字号，首先选定需要改变字号的文本部分，然后在“开始”选项卡的“字体”组中单击“字号”下拉列表框右侧的下三角按钮，从打开的字号列表中选择所需要的字号即可，如图 3-2 所示。

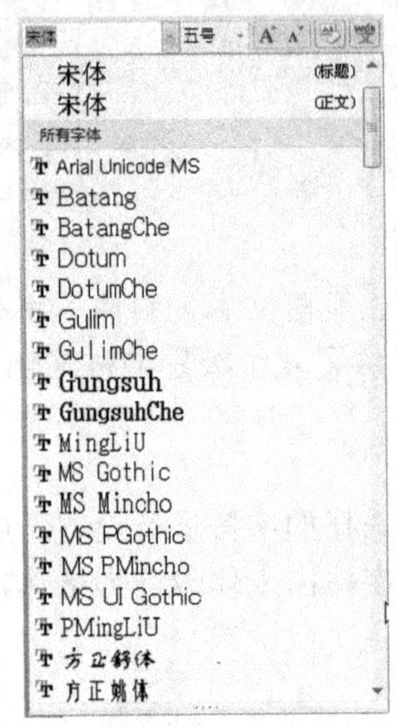

图 3-1　改变字体

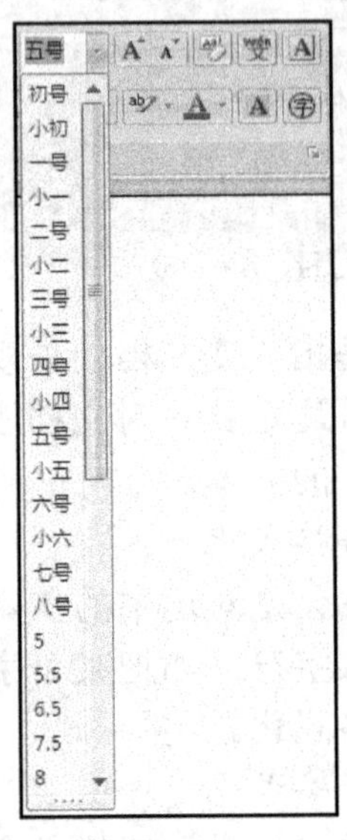

图 3-2　改变字号

③ 设置字形。

字形是指附加于文本的属性，包括常规、加粗、倾斜和下画线等。Word 默认设置的文本为常规字形；在“开始”选项卡的“字体”组中单击“加粗”按钮，选定的文本将变成加粗格式；单击“倾斜”按钮，选定的文本变成倾斜格式；单击“下画线”按钮，选定的文本的下方会出现单线形式的下画线。四种字形的效果如图 3-3 所示。

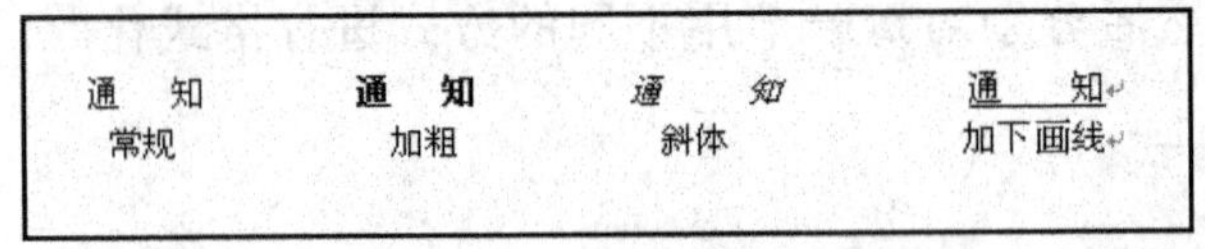

图 3-3　四种字形的效果

在默认情况下，添加的下画线是单线。如果需要添加其他类型的下画线，可在“开始”选项卡的“字体”选项组中单击“下画线”按钮右侧的下三角按钮，从打开的列表中选择所需的下画线即可，如图 3-4 所示。

④ 设置字符颜色和缩放比例。

为了使某段文字区别于其他文本，方便查看或者用来突出显示这段文字的重要性，可以通过给这段文字添加颜色或调整缩放比例来达到目的。

选定文本，在“开始”选项卡的“字体”选项组中单击“字体颜色”按钮 右侧的下三角按钮，在打开的列表中单击所需要的字体颜色，即可将选中的文本改变颜色，如图 3-5 所示。

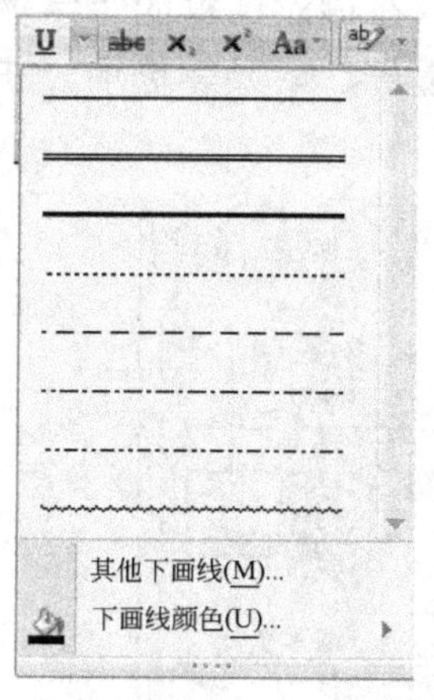

图 3-4 “下画线”列表

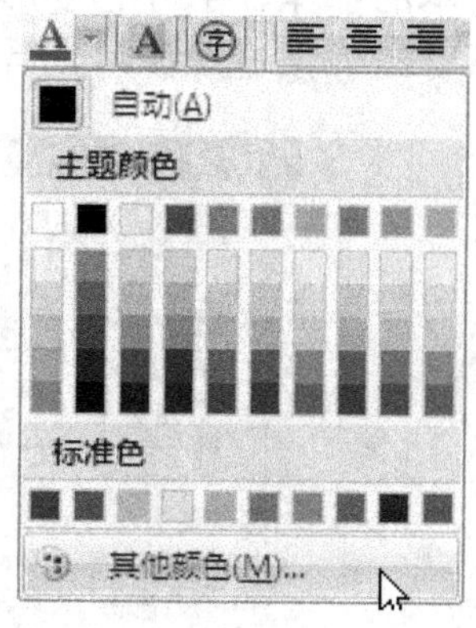

图 3-5 选择文本颜色

字符缩放就是把字符的宽度放大或缩小，而字符的高度不变，经过缩放的字符看上去像是被压扁或是被拉伸了，文本的字号没有发生改变。

选定文本，在“开始”选项卡的“段落”组中单击“字符缩放”按钮 ，从弹出的菜单中选择“字符缩放”命令，然后再从其子菜单中选择缩放比例值，即可将文本字符放大或缩小，如图 3-6 所示。设置了缩放效果的文本如图 3-7 所示。

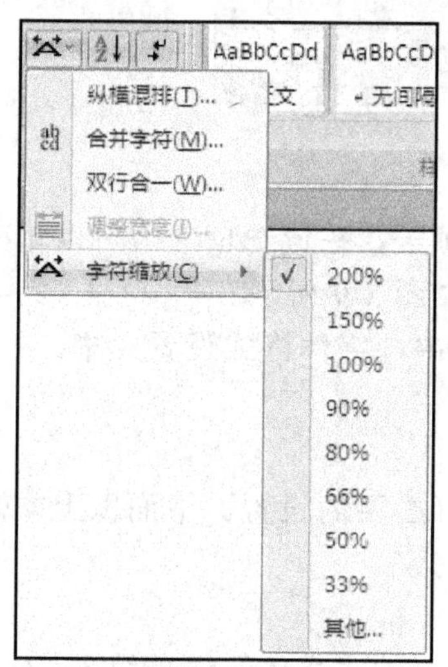

图 3-6 选择文本缩放比例

通　知	通　知
正常情况	缩放 200%时的效果

图 3-7 正常文本与缩放文本对比

（2）使用对话框设置字体格式

在 Word 2007 中，对字体格式的设置还可以通过“字体”对话框对文本进行综合样式的设置，除了可以设置文本的字体、字号、字形和颜色外，还可以给文本设置上标、下标、阴影等特殊效果，具体的设置方法如下。

① 选定要设置字符格式的文本，然后在“开始”选项卡的“字体”选项组中单击对话框启动器按钮，打开如图 3-8 所示的“字体”对话框。在该对话框的“字体”选项卡中可以设置文本的字体、字号、字形、颜色、下画线、着重号、效果等选项，在设置过程中可以通过下方的“预览”窗口查看效果。

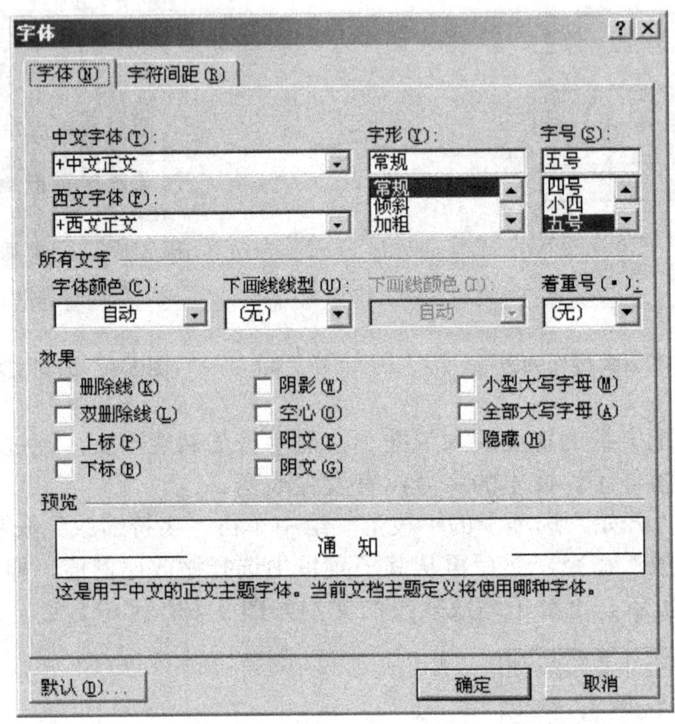

图 3-8 “字体”对话框

② 单击“字符间距”标签，切换到“字符间距”选项卡，在该选项卡中可以精确设置字符的缩放比例，包括缩放、间距和文字位置等参数，如图 3-9 所示。

③ 设置完成后，单击“确定”按钮即可返回主文档中，字体格式设置完毕。

4. 设置会议通知的字符格式

会议通知的内容输入完成后，需要对其中的文本进行必要的设置。下面以上文介绍的会议通知的内容为例说明字符格式的设置过程。

① 输入会议通知的内容（略）。

② 选中会议通知的第一行文本，单击“开始”选项卡的“字体”选项组中 “字体”下拉列表框右侧的下三角按钮，打开“字体”列表，选择“字体”列表中的“黑体”字体，效果如图 3-10 所示。

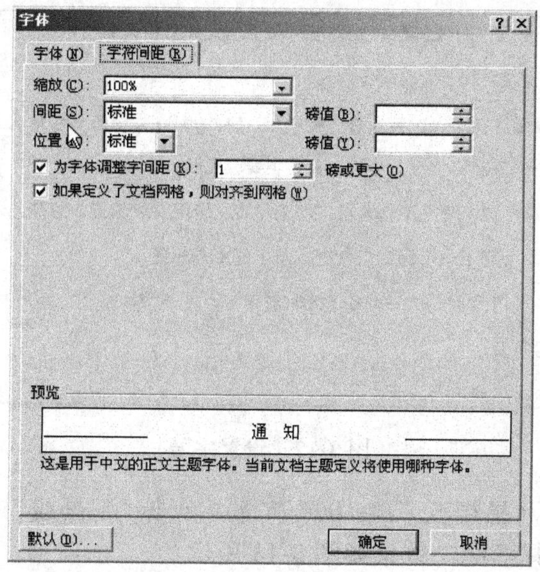

图 3-9 “字符间距”选项卡

关于召开各部门负责人会议的通知
公司各部门：
总经理室决定于×年×月（星期五）14：00 在本公司三楼会议室召开公司各部门负责人会议，会议主要议题是：
1．各部门负责人汇报各部门的工作情况及下阶段的工作思路；
2．总公司下一阶段的工作安排及工作重点布置。
望各部门负责人做好准备，准时出席，不得请假。
总经理室
××××年×月×日

图 3-10　设置字体

③ 单击“开始”选项卡的“段落”选项组中的“字符缩放”按钮，从弹出的菜单中选择“字符缩放”命令，然后再从其子菜单中选择缩放比例值为 150%，效果如图 3-11 所示。

关于召开各部门负责人会议的通知
公司各部门：
总经理室决定于×年×月（星期五）14：00 在本公司三楼会议室召开公司各部门负责人会议，会议主要议题是：
1. 各部门负责人汇报各部门的工作情况及下阶段的工作思路；
2. 总公司下一阶段的工作安排及工作重点布置。
望各部门负责人做好准备，准时出席，不得请假。
总经理室
××××年×月×日

图 3-11　字符缩放效果

④ 选中通知的全部文本，单击“开始”选项卡的“字体”选项组中的“字号”下拉列表框右侧的下三角按钮，从打开的“字号”列表中选择“四号”，效果如图 3-12 所示。

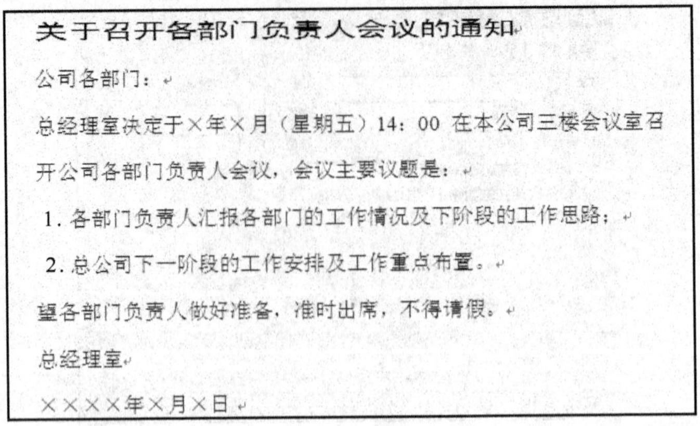

关于召开各部门负责人会议的通知

公司各部门：

总经理室决定于×年×月（星期五）14：00 在本公司三楼会议室召开公司各部门负责人会议，会议主要议题是：

1. 各部门负责人汇报各部门的工作情况及下阶段的工作思路；

2. 总公司下一阶段的工作安排及工作重点布置。

望各部门负责人做好准备，准时出席，不得请假。

总经理室

××××年×月×日

图 3-12　设置字号

⑤ 选中"×年×月（星期五）14：00"文本，单击"下画线"按钮旁的下三角按钮，从"下画线"列表中选择双线，效果如图 3-13 所示。

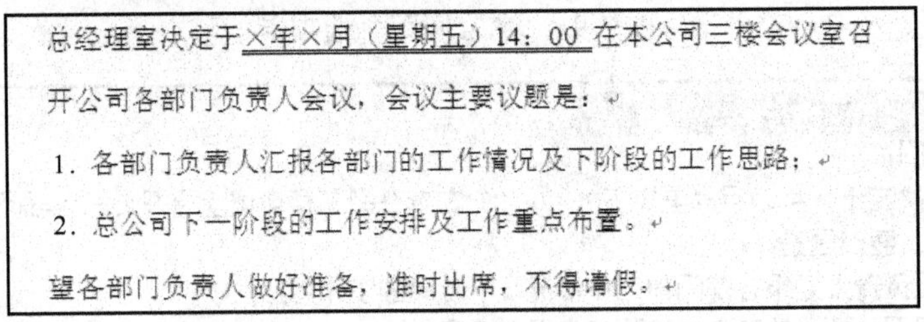

总经理室决定于×年×月（星期五）14：00 在本公司三楼会议室召开公司各部门负责人会议，会议主要议题是：

1. 各部门负责人汇报各部门的工作情况及下阶段的工作思路；

2. 总公司下一阶段的工作安排及工作重点布置。

望各部门负责人做好准备，准时出席，不得请假。

图 3-13　设置下画线

1．纵横混排

纵横混排是指文中部分文字纵向排列，部分文字横向排列。例如，在文字纵向排版时，一般数字也会向左旋转，如图 3-14 所示，这样并不符合中国人的阅读习惯。而此时如果使用纵横混排功能，则可以让数字正常显示，如图 3-15 所示。

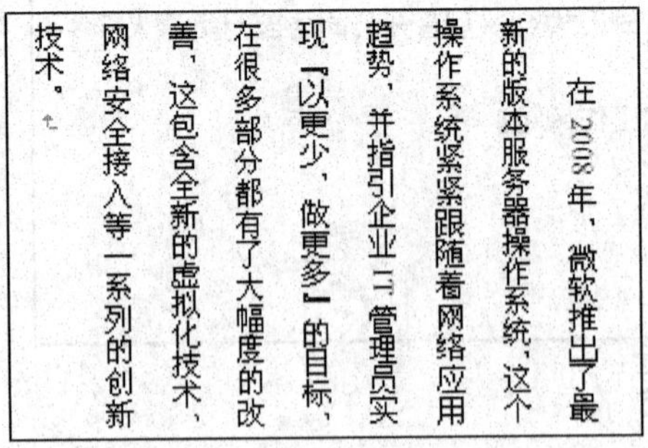

在 2008 年，微软推出了最新的版本服务器操作系统，这个操作系统紧紧跟随着网络应用趋势，并指引企业 IT 管理员实现『以更少，做更多』的目标，在很多部分都有了大幅度的改善，这包含全新的虚拟化技术、网络安全接入等一系列的创新技术。

图 3-14　文字纵向排版

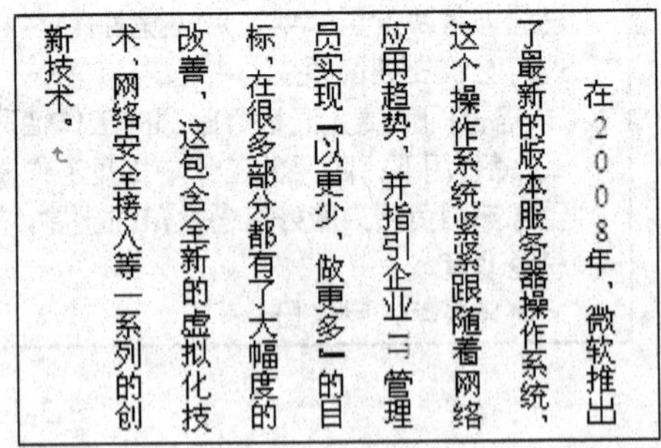
在2008年，微软推出了最新的版本服务器操作系统，这个操作系统紧紧跟随着网络应用趋势，并指引企业IT管理员实现『以更少，做更多』的目标，在很多部分都有了大幅度的改善，这包含全新的虚拟化技术、网络安全接入等一系列的创新技术。

图 3-15　纵横混排

使用纵横混排的方法如下。

① 选定需要改变排列方式的文本。

② 单击“开始”选项卡的“段落”组中的“字符缩放”按钮，从弹出的菜单中选择 “纵横混排”命令，如图 3-16 所示，系统会弹出如图 3-17 所示的“纵横混排”对话框，不要勾选“适应行宽”选择项，单击“确定”按钮即可。

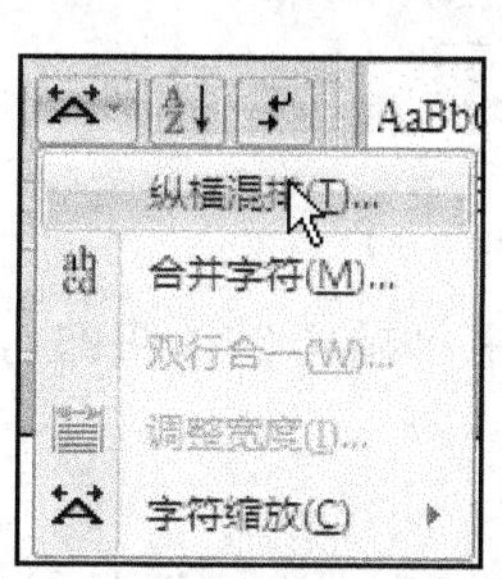

图 3-16　选择“纵横混排”命令

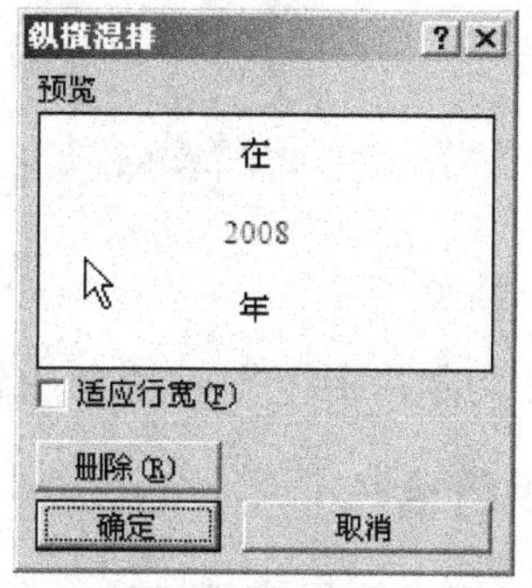

图 3-17　“纵横混排”对话框

需要提醒的是，如果需要改变方向的文字是连续的多个，在设置时，需要一个文字一个文字地设置，不能将连续的几个文字全部选中进行设置，否则会出现如图 3-18 所示的效果。

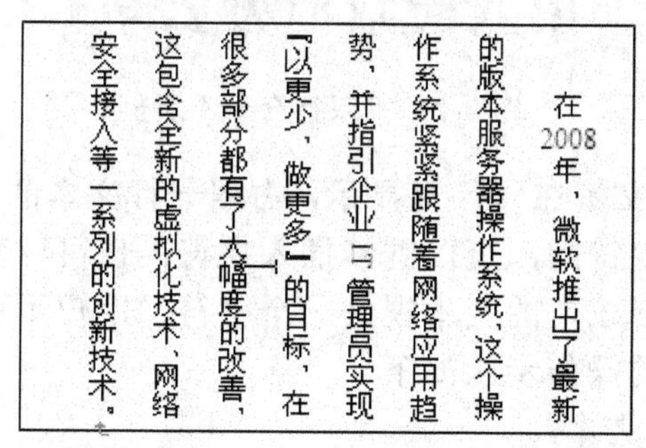

图 3-18　选中一排文字进行设置的效果

2. 合并字符

合并字符就是将一行字符折成两行，并显示在一行中。这个功能在名片制作、出版书籍或发表文章时，可以发挥重要作用。Word 2007 规定一次参加合并的字符最多只能是 6 个中文字符。合并字符的效果如图 3-19 所示。

段　标 董事长 总经理

图 3-19　合并字符的效果

合并字符的操作方法如下。

① 选定要进行合并字符的文本。

② 单击“开始”选项卡的“段落”组中的“字符缩放”按钮，在下拉菜单中选择“合并字符”命令，系统会打开如图 3-20 所示的“合并字符”对话框。

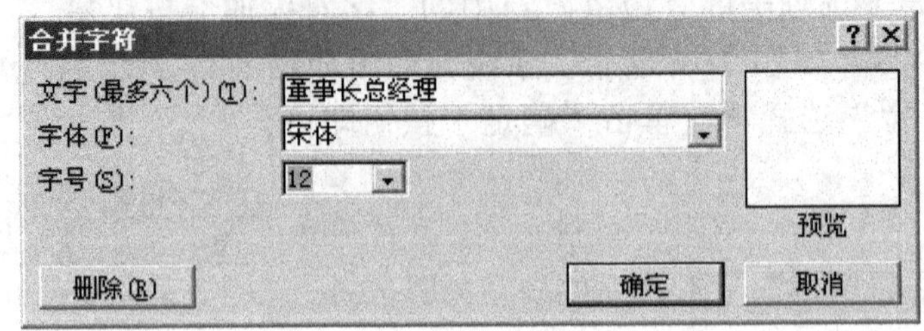

图 3-20 “合并字符”对话框

③ 在“合并字符”对话框中设置字体、字号后，单击“确定”按钮即可。

3．双行合一

在政府部门的日常工作中，往往会接触到联合发文的红头文件，而且很多时候联合发文的单位都是两个，如图 3-21 所示，这样的文件怎样制作呢？

图 3-21 “双行合一”示例

“双行合一”是将两行文本在一行里显示，占据一行文本的高度。双行合一后，可以把光标插入点置于合并后的字符间，可以继续插入字符，也可以对双行合一中的文本进行修改；而合并字符则会把“合一”的文本视为一个字符，用户不可以继续编辑。

双行合一或合并字符的操作步骤如下。

① 选定要双行排列的文本。

② 单击“开始”选项卡的“段落”选项组中的“字符缩放”按钮，在下拉菜单中选择“双行合一”命令，系统会打开如图 3-22 所示的“双行合一”对话框。

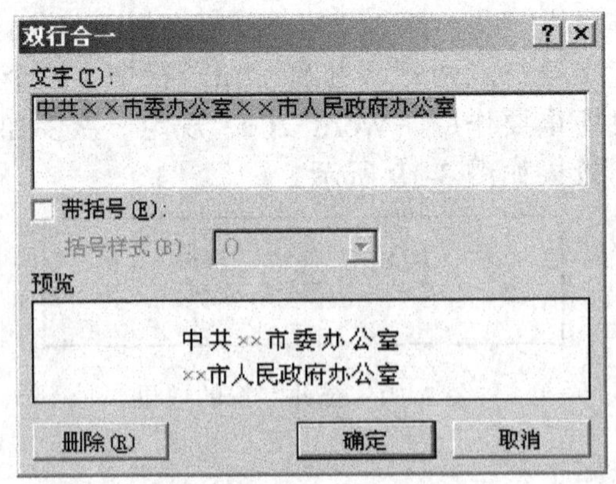

图 3-22 “双行合一”对话框

③ 在“双行合一”对话框中可以看到预览效果，如果选中“带括号”并在“括号样式”中选择一种括号后，可以把双行合一的字符用括号括起来。设置完毕，单击“确定”按钮即可，设置完成后的效果如图 3-23 所示。

中共□□市委办公室
□□市人民政府办公室 文件

图 3-23 “双行合一”的效果

使用双行合一后，为了适应文档，双行合一的文本的字号会自动缩小，用户可以设置双行合一的文本的字体格式，设置方法与普通文本一样。

4．为中文字符添加拼音

带有拼音的中文文本通常出现在小学、幼儿园的课本上，由于学生年龄小，认识的汉字不多，课本上的每个汉字都会标注上拼音，如图 3-24 所示。

图 3-24 为中文字符添加拼音示例

给中文字符添加拼音使用的是 Word 2007 中“拼音指南”功能，具体的使用方法如下。

① 在文档中输入汉字，设置字体、字号。

② 选中文字后，单击“开始”选项卡的“字体”选项组中的“拼音指南”按钮，打开“拼音指南”对话框，如图 3-25 所示。

③ 在“基准文字”文本框中显示的是要添加拼音的单个汉字，“拼音文字”文本框中是文字的注音，对于多音字，用户可以在这里进行修改。

④ 如果要为选定的文字整体添加注音，可以单击“组合”按钮。组合后也可以单击“单字”按钮进行拆分。

⑤ 在“对齐方式”中可以设置拼音与汉字的对齐方式。用“居中”“左对齐”“右对齐”表示拼音紧密排列后与文字是水平居中、左对齐还是右对齐；而“0-1-0”、“1-2-1”这两种对齐方式差别不大，都是把拼音散开，宽度与基准文字一致。

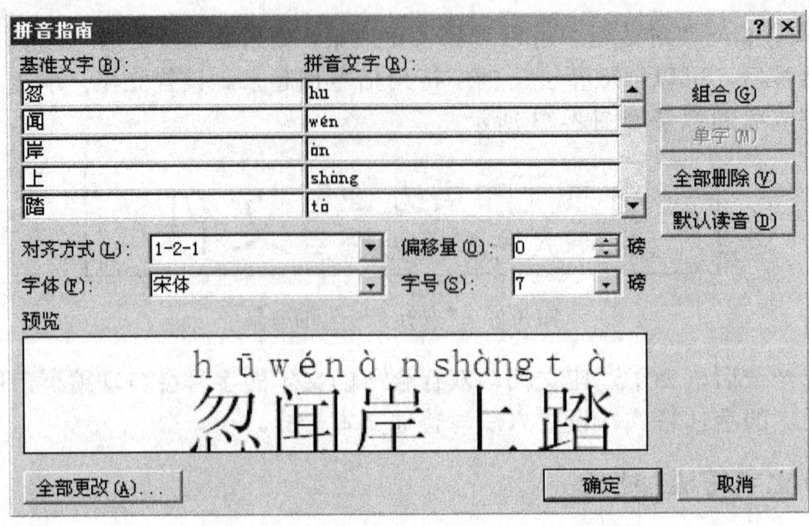

图 3-25 “拼音指南”对话框

⑥ 单击“偏移量”微调框，设置拼音与文字之间的距离。

⑦ 在“字号”下拉列表框中，设置拼音的字号。

⑧ 设置完毕，单击“确定”按钮即可，完成后的效果如图 3-26 所示。

图 3-26 添加拼音后的效果

5. 带圈字符

带圈字符一般用于给文档内容编号，Word 系统自带的序号符号通常到 20，如果文档的项目比较多，或者操作步骤较多，自带的序号会有不够用的现象。此时，用户可以使用带圈字符来给文档编号。使用“开始”选项卡“字体”选项组中的“带圈字符”按钮，可以给选中的字符添加外圈。

① 选中需要添加外圈的字符，单击“开始”选项卡“字体”选项组中的“带圈字符”按钮，打开如图 3-27 所示的“带圈字符”对话框。

② 在“样式”选项区选中“增大圈号”选项，在“圈号”选项区中的“圈号”选项栏中选择圆形圈号，单击“确定”按钮，可以给选中的文本添加圆圈，效果如图 3-28 所示。

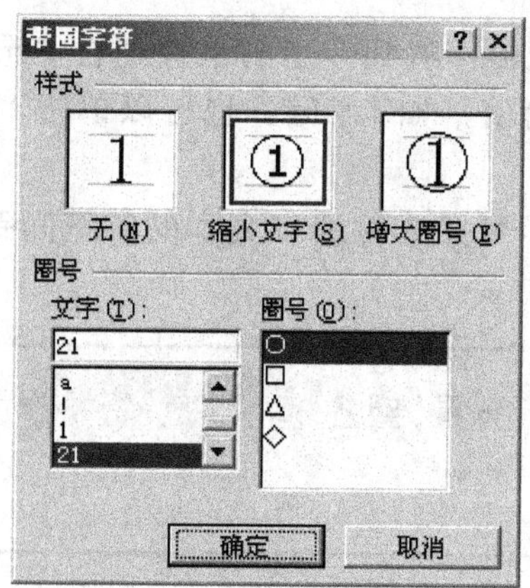

图 3-27 “带圈字符”对话框

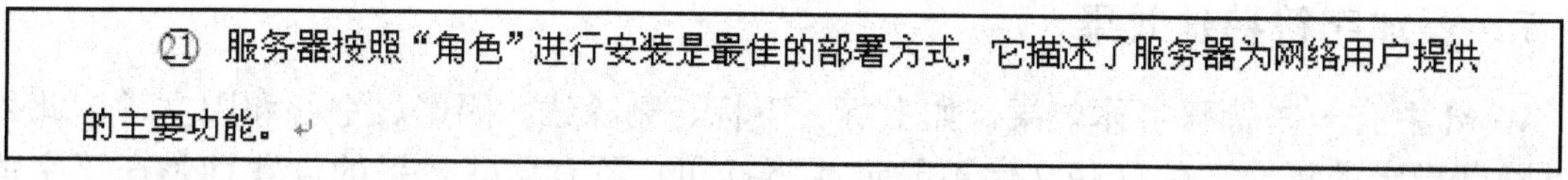

㉑ 服务器按照“角色”进行安装是最佳的部署方式，它描述了服务器为网络用户提供的主要功能。

图 3-28　带圈字符示例

③ 用户也可以直接向“带圈字符”对话框“文字”文本框中输入需要添加圆圈的字符。如果要取消带圈的字符，可以选中需要取消的带圈字符，打开“带圈字符”对话框，在“样式”选项区中选中“无”，单击“确定”按钮即可。

6. 设置字符间距

字符间距是字符之间的距离。在正常情况下，Word 文档中都采用系统默认的字符间距，一般不做调整。如果需要调整，可以在“字体”对话框中的“字符间距”选项卡中进行设置，具体的设置方法如下。

① 选中需要重新设置字符间距的文本，单击“开始”选项卡“字体”选项组中对话框启动器按钮，打开“字体”对话框，单击“字符间距”选项卡，如图 3-29 所示。

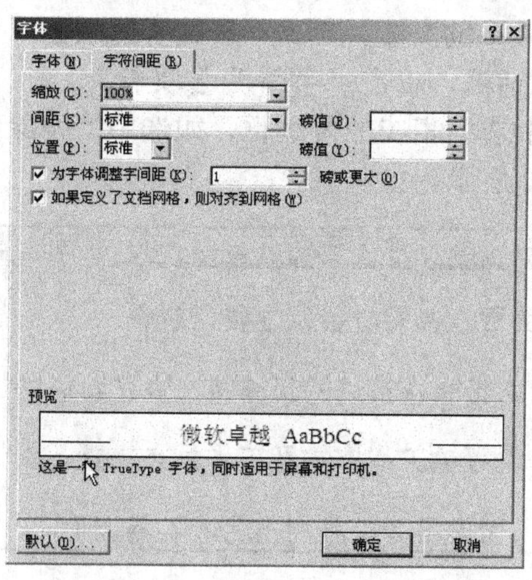

图 3-29 “字符间距”选项卡

② 单击“间距”下拉列表框，从其弹出的下拉列表中选中“加宽”选项，并在其后的“磅值”数值框中输入需要的磅值，如 1.5 磅。也可以单击“磅值”数值框中的箭头，来选择磅值。

③ 单击“确定”按钮，即可完成对选中文本的字符间距的设置。如图 3-30 所示为字符间距设置为“3 磅”时的效果。

工作安排及工作重点布置。望各部 门 负 责 人 做好准备，准时出席，

不得请假。

图 3-30　设置字符间距后的效果

7. 添加字符特殊效果

Word 中有一些特殊字体效果，如上标、下标、删除线、阴影、空心和阳文等，此外也可以隐藏指定的正文，使这些文字不显示或不打印。所有这些效果的设置均是在“字体”对话框中的“字体”选项卡中的“效果”选项区中进行设置，如图 3-31 所示。

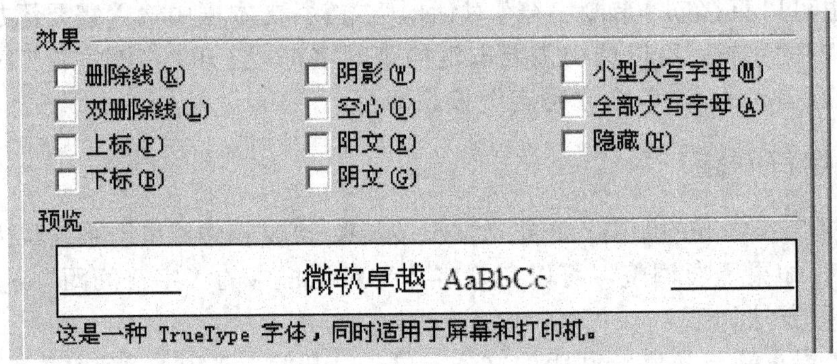

图 3-31　字符特殊效果设置选项

① 选中需要设置特殊效果的文本，单击“开始”选项卡“字体”选项组中对话框启动器按钮，打开“字体”对话框，单击“字体”选项卡。

② 在“效果”选项区中选中相应的复选框，如选中“删除线”复选框，可以给选中的文本添加删除线，如图 3-32 所示。

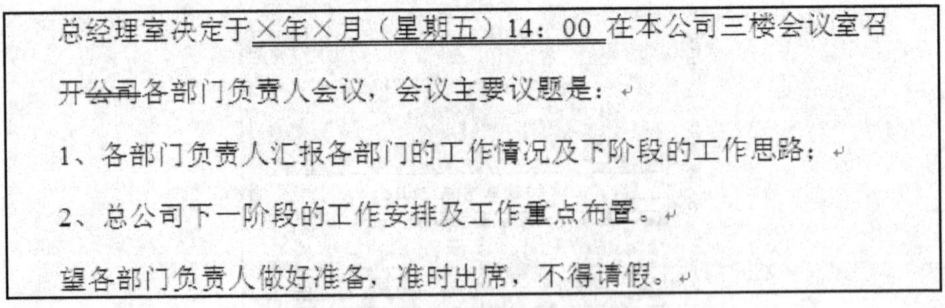

总经理室决定于×年×月（星期五）14：00 在本公司三楼会议室召

~~开公司~~各部门负责人会议，会议主要议题是：

1、各部门负责人汇报各部门的工作情况及下阶段的工作思路；

2、总公司下一阶段的工作安排及工作重点布置。

望各部门负责人做好准备，准时出席，不得请假。

图 3-32　添加删除线的效果

③ 单击“确定”按钮完成特殊效果的设置。如果要取消已经设置的特殊效果，只需要将“效果”选项区中相应效果的复选框前的 “√”取消即可。

任务 2　设置会议通知的段落格式

段落是指两个段落标记之间的文本内容，是独立的信息单位，具有自身的格式特征。在文档的编辑中经常会用到大量的段落，为了使整个文档的布局规划一致，设置段落格式是一种很重要的方法，段落格式对整个段落起作用。如果设定了一个段落的格式，那么其他新的段落的格式就会和这一段落的格式完全一样，除非重新设置段落格式，否则这种段落格式会一直保持到文档结束。

1. 设置段落缩进

段落缩进是指段落中的文本与页边距之间的距离。在 Word 2007 中共有 4 种段落缩进格式：左缩进、右缩进、悬挂缩进和首行缩进。

- 左缩进：设置整个段落左边界的缩进位置。
- 右缩进：设置整个段落右边界的缩进位置。
- 悬挂缩进：设置段落中除首行以外的其他行的起始位置。
- 首行缩进：设置段落中首行的起始位置。

段落缩进的设置方法有多种，可以选用精确的菜单方式、快捷的标尺方式，也可以使用快捷按钮。常用的方式为菜单方式或标尺方式。

（1）使用菜单命令设置段落缩进

① 将光标定位于需要设置段落格式的段落单击“开始”选项卡中的“段落”选项组中的对话框启动器按钮，打开“段落”对话框。在对话框的“缩进和间距”选项卡的选项“缩进”选项区中的“特殊格式”下拉列表框中选择“首行缩进”选项，系统默认磅值为“2 字符”，如图 3-33 所示。单击“磅值”文本框的微调按钮可以精确地设置缩进量。

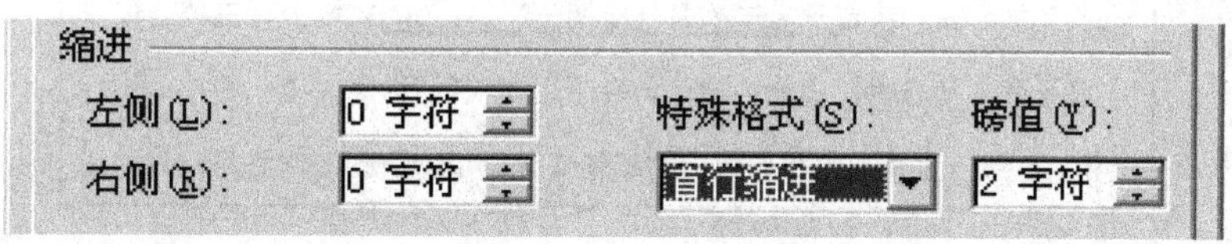

图 3-33　设置“特殊格式”

② 单击“确定”按钮即可完成光标所在段落的格式设置，效果如图 3-34 所示。

（2）使用标尺进行段落缩进

通过标尺可以快速设置段落的缩进方式及缩进量。在水平标尺中包括首行缩进标尺、悬挂缩进、左缩进和右缩进 4 个标记，如图 3-35 所示。拖动各个标记就可以设置相应的段落缩进方式。如果要精确缩进，可在拖动的同时按住 Alt 键，此时标尺上会出现刻度。

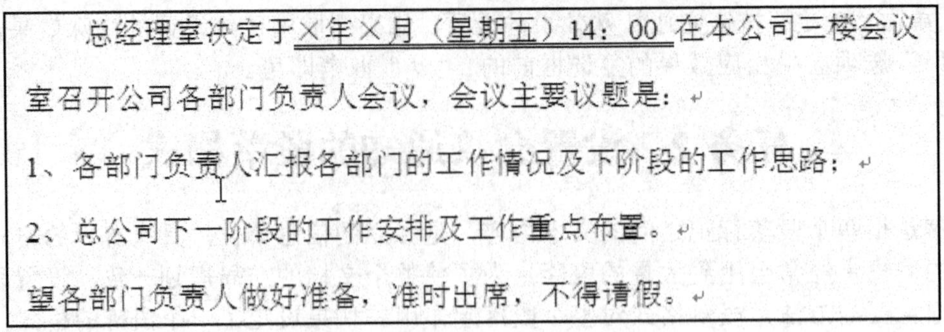

总经理室决定于×年×月（星期五）14：00 在本公司三楼会议

室召开公司各部门负责人会议，会议主要议题是：

1、各部门负责人汇报各部门的工作情况及下阶段的工作思路；

2、总公司下一阶段的工作安排及工作重点布置。

望各部门负责人做好准备，准时出席，不得请假。

图 3-34　段落格式设置效果

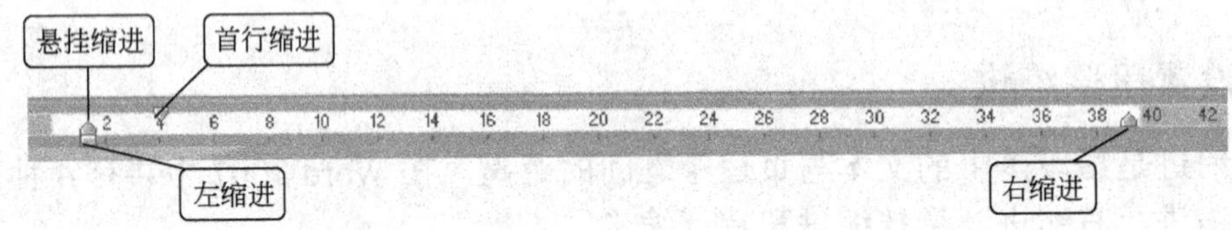

图 3-35　水平标尺

使用标尺设置段落的操作方法是：将光标定位于需要设置段落缩进的文档的段落中，用鼠标拖曳首行缩进游标向右缩进两个字，如图 3-36 所示，将游标拖曳到要缩进的位置，然后松开鼠标即可完成段落的首行缩进操作。

关于召开各部门负责人会议的通知

公司各部门：

总经理室决定于×年×月（星期五）14：00 在本公司三楼会议

室召开公司各部门负责人会议，会议主要议题是：

1、各部门负责人汇报各部门的工作情况及下阶段的工作思路：

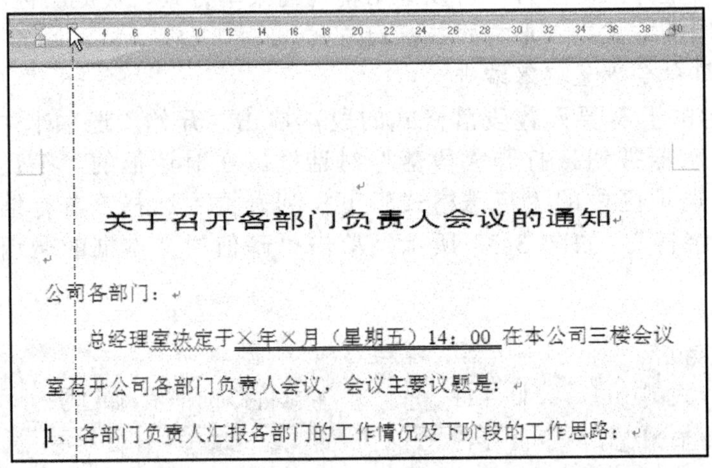

图 3-36　手动游标

2. 设置段落对齐方式

段落对齐是指文本相对于文档边缘的对齐方式，包括两端对齐、居中、左对齐、右对齐和分散对齐。

要设置段落对齐方式，可以通过单击“段落”选项组中的相应按钮来实现，也可以通过“段落”对话框来实现。

① 将光标定位于需要设置对齐的段落中，如果几个段落需要设置相同的对齐方式，可以将几个段落全部选中再进行设置。

② 单击“开始”选项卡的“段落”选项组中的对话框启动器按钮，打开“段落”对话框。在“缩进和间距”选项卡的“常规”选项区中选择“对齐方式”为“右对齐”，如图 3-37 所示。

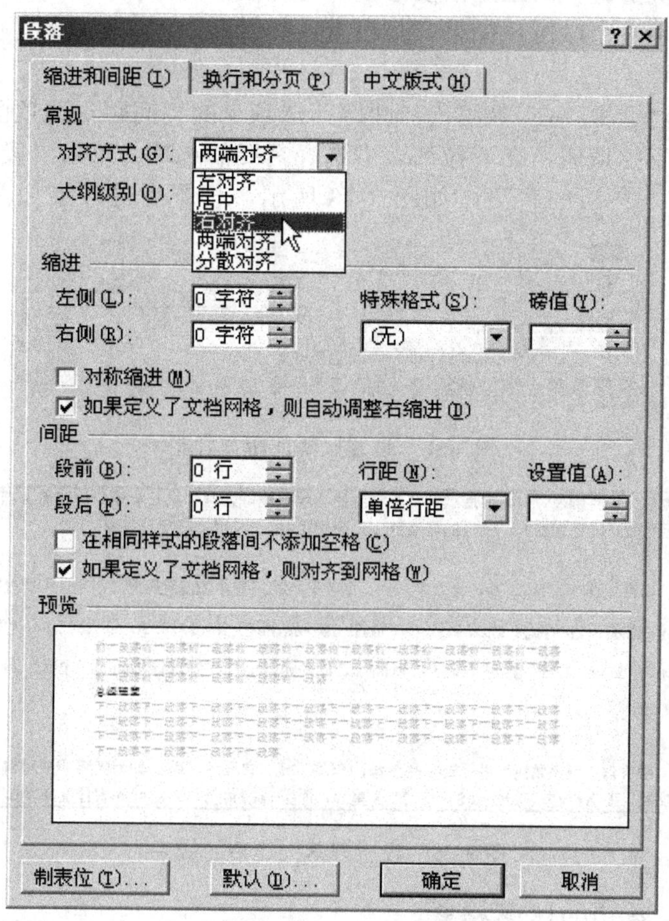

图 3-37　选择对齐方式

③ 单击“确定”按钮，完成对文本段落对齐方式的设置。

对齐方式的设置还可以使用“段落”选项组中的对齐按钮来实现，用此种方式更加便捷。

- 左对齐按钮：将所选段落的所有行向文档的左侧对齐。
- 居中对齐按钮：将所选段落的所有行在页面居中。
- 右对齐按钮：将所选段落的所有行与右边界对齐。
- 两端对齐：增加文本之间的间距，以使段落文字左右两端同时对齐（段落的最后一行除外），这样可以在页面两侧形成整齐的外观。
- 分散对齐：使段落两端同时对齐，并根据需要增加字符间距。

使用“段落”选项组中的对齐按钮设置文本的对齐方式非常简单，只要将光标定位于需要设置对齐方式的段落中，单击相应的对齐按钮即可完成段落的对齐方式的设置。

3．设置段落间距与行间距

段落间距是前后相邻的段落之间的距离，Word 中段落之间的距离是通过段前距离和段后距离的设置来实现的。行间距是指段落中行与行之间的距离。如果要设置多个段落的间距或行间距可以选中多个段落，如果只是设置某个段落的间距或行距，只需要将光标定位于该段落就可以设置了。

打开“段落”对话框，在 “缩进和间距”选项卡的“间距”选项区中，单击“行距”下拉列表框右侧的下拉按钮，在下拉列表中选择需要的选项，单击“段前”和“段后”微调按钮，设置段前、段后的距离，如图 3-38 所示，设置后的效果如图 3-39 所示。

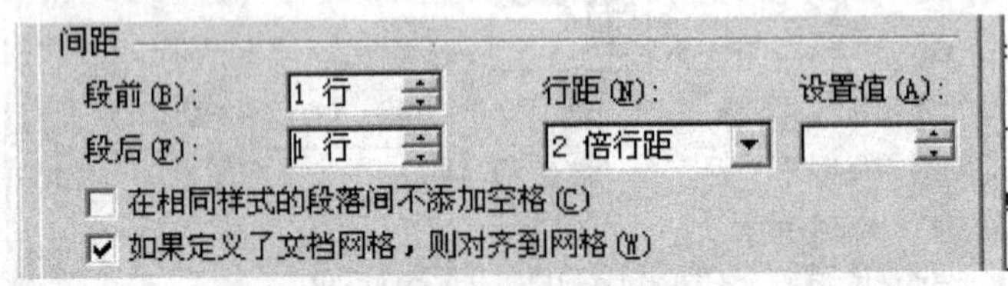

图 3-38　设置段落间距与行间距

需要时才进行部署，如本书后续章节将介绍的为用户能够发送和接收电子邮件的服务器；提供远程用户能够加密的、安全的连接到总公司网络的 VPN 网关服务器等等。

以前，在 Windows Server 2000/2003 系统中，我们要增加或删除像 DNS 服务器这样的功能，需要用过“添加/删除 Widnows 组件”实现。而在 Windows Server 2008 中，“添加/删除 Widnows 组件”再也不见了，取而代之的是通过服务器管理器里面的“角色”和“功能”实现。

服务器按照“角色”进行安装是最佳的部署方式，它描述了服务器为网络用户提供的主要功能。那么，在 Windows Server 2008 里面，服务器的角色与功能到底有什么不同呢？你

图 3-39　设置段落间距后的效果

4．设置会议通知的段落格式

前面对会议通知的文本进行了字体格式的设置，下面将对会议通知的段落格式进行设置。

① 将光标定位于文档的“关于召开各部门负责人会议的通知”这一段，单击“开始”选项卡的“段落”选项组中的“居中对齐”按钮，设置本段落文本居中对齐，效果如图 3-40 所示。

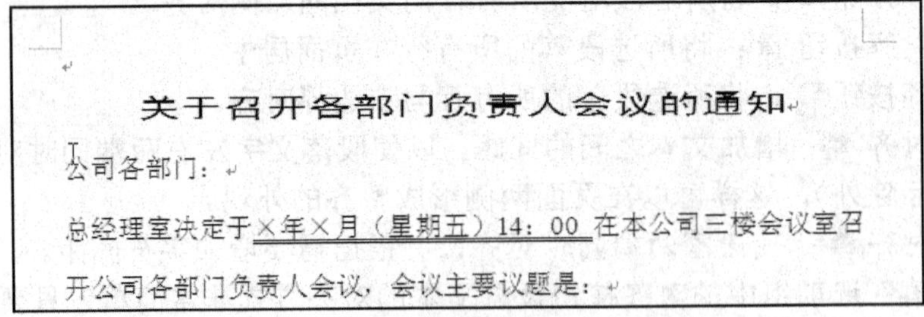

关于召开各部门负责人会议的通知

公司各部门：

总经理室决定于×年×月（星期五）14：00 在本公司三楼会议室召开公司各部门负责人会议，会议主要议题是：

图 3-40　段落文本居中对齐

② 将光标定位于“公司各部门”：这一段，单击“开始”选项卡的“段落”选项组中的对话框启动器按钮，打开“段落”对话框，设置此段文本格式为首行缩进“2 字符”，段前间距为“2 行”，段后间距为“1 行”，如图 3-41 所示，设置后的效果如图 3-42 所示。

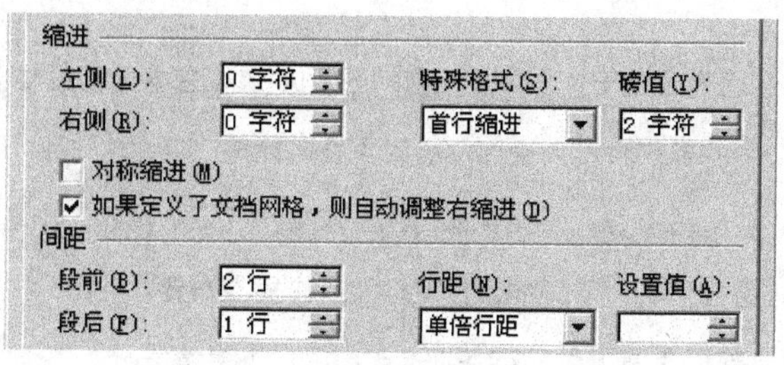

图 3-41　设置段落格式

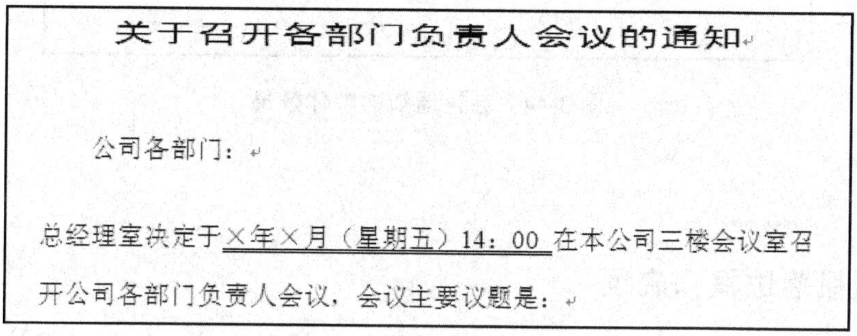

关于召开各部门负责人会议的通知

公司各部门：

总经理室决定于×年×月（星期五）14：00 在本公司三楼会议室召开公司各部门负责人会议，会议主要议题是：

图 3-42　设置段落间距后的效果

③ 选中文档中的四个段落，按住 Alt 键的同时用鼠标拖动“首行缩进”标尺，显示 2 个字符时，松开鼠标，将选中的四个段落设置成首行缩进“2 字符”，效果如图 3-43 所示。

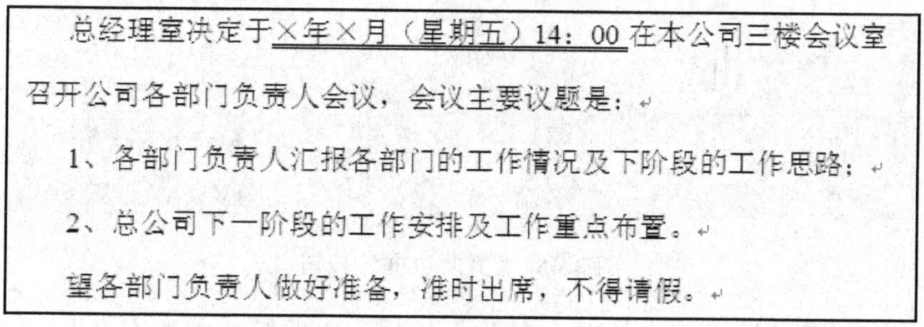

总经理室决定于×年×月（星期五）14：00 在本公司三楼会议室召开公司各部门负责人会议，会议主要议题是：

1、各部门负责人汇报各部门的工作情况及下阶段的工作思路；

2、总公司下一阶段的工作安排及工作重点布置。

望各部门负责人做好准备，准时出席，不得请假。

图 3-43　设置段落首行缩进

④ 设置“总经理室”这一段为“右对齐”。在段落对话框中设置其右缩进“8 字符”，段前间距为“1 行”。设置“××××年×月×日”这一段为“右对齐”、右缩进“4 字符”。设置完成后，会议通知的整体效果如图 3-44 所示。

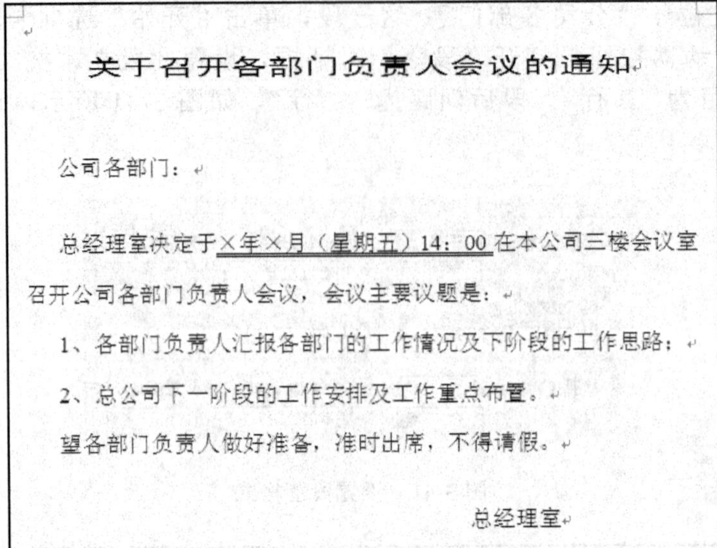

关于召开各部门负责人会议的通知

公司各部门：

总经理室决定于×年×月（星期五）14：00 在本公司三楼会议室召开公司各部门负责人会议，会议主要议题是：

1、各部门负责人汇报各部门的工作情况及下阶段的工作思路；

2、总公司下一阶段的工作安排及工作重点布置。

望各部门负责人做好准备，准时出席，不得请假。

总经理室

××××年×月×日

图 3-44　会议通知的整体效果

1. 设置段落边框和底纹

为了突出文档中的某段文字，可以为段落增加边框和底纹，这样既能达到突出文字的效果，又可以美化文档和页面。设置段落边框的方法如下。

① 单击“页面布局”选项卡的“页面背景”选项组中的“页面边框”按钮，如图 3-45 所示，打开“边框和底纹”对话框，在“边框和底纹”对话框中单击“边框”标签，如图 3-46 所示。

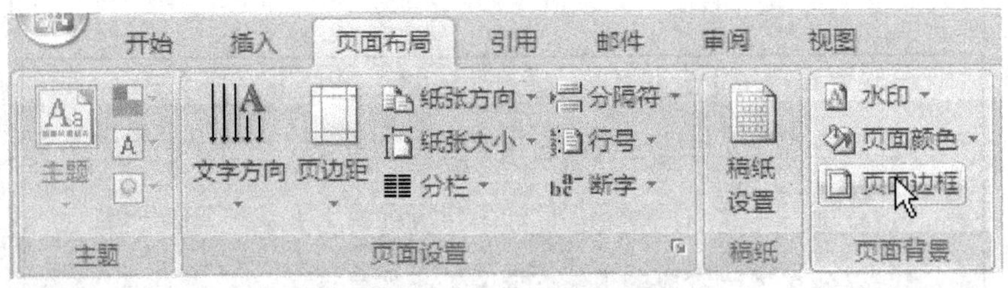

图 3-45　“页面边框”按钮

② 在左侧“设置”选项组中选择一种边框模式。边框模式主要有“无”“方框”“阴影”“三维”“自定义”5 种选项，根据自己的需要进行选择。

③ 在“样式”列表中选择一种边框线的样式，表中有实线、虚线、双线、波浪线等 24 种样式供选择。

④ 单击“颜色”下拉列表框，从中选择段落框线的颜色。单击“宽度”下拉列表框，从中选择框线的宽度，从 0.25 磅到 6 磅共 9 种规格可供选择。

⑤ 单击“应用于”下拉列表框，从中选择“段落”或者“文字”选项。两者的差别如图 3-47 和图 3-48 所示。

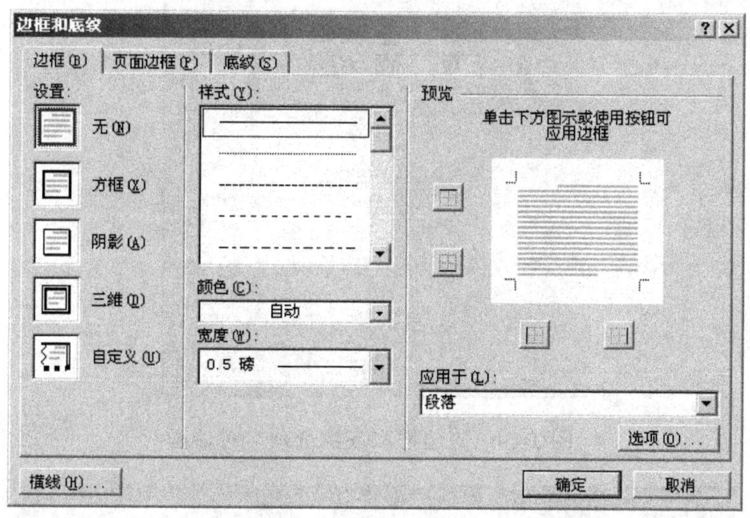

图 3-46 “边框和底纹”对话框

那么，服务器又在资源子网中充当了什么角色呢？以前面举例的这家公司为例，它需要提供的最核心的基础网络服务分为：客户端 IP 分配服务（DHCP）、客户端内部相互解析计算机名称的服务（WINS）和域名系统（DNS）、统一管理客户端身份和密码的目录服务（Active Directory）、文件共享和打印服务等，表 1-1 列出了核心基础结构必须提供的服务信息。

图 3-47　边框应用于段落

那么，服务器又在资源子网中充当了什么角色呢？以前面举例的这家公司为例，它需要提供的最核心的基础网络服务分为：客户端 IP 分配服务（DHCP）、客户端内部相互解析计算机名称的服务（WINS）和域名系统（DNS）、统一管理客户端身份和密码的目录服务（Active Directory）、文件共享和打印服务等，表 1-1 列出了核心基础结构必须提供的服务信息。

图 3-48　边框应用于文字

⑥ 单击“选项”按钮，打开“边框和底纹选项”对话框，如图 3-49 所示，在“上”“下”“左”“右”4 个微调框中设置边框线与段落文字之间的距离，设置完毕后单击“确定”按钮，回到“边框和底纹选项”对话框。在“边框和底纹选项”对话框中，单击“确定”按钮完成对段落边框的设置。

设置段落底纹的方法如下。

➢ 打开“边框和底纹”对话框，单击“底纹”选项卡，如图 3-50 所示。单击“填充”下拉列表框，选择一种填充颜色。

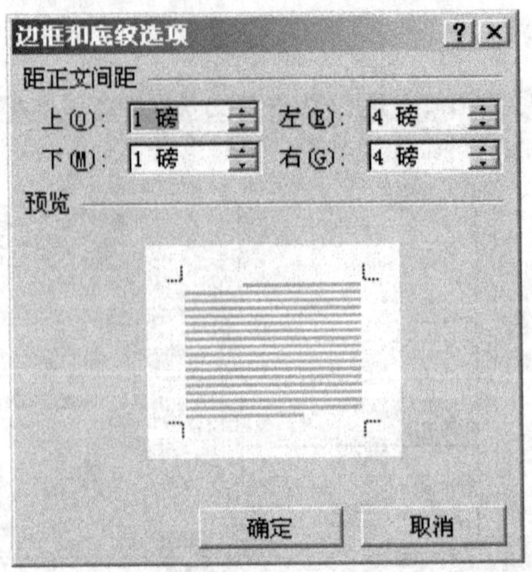

图 3-49　“边框和底纹选项”对话框

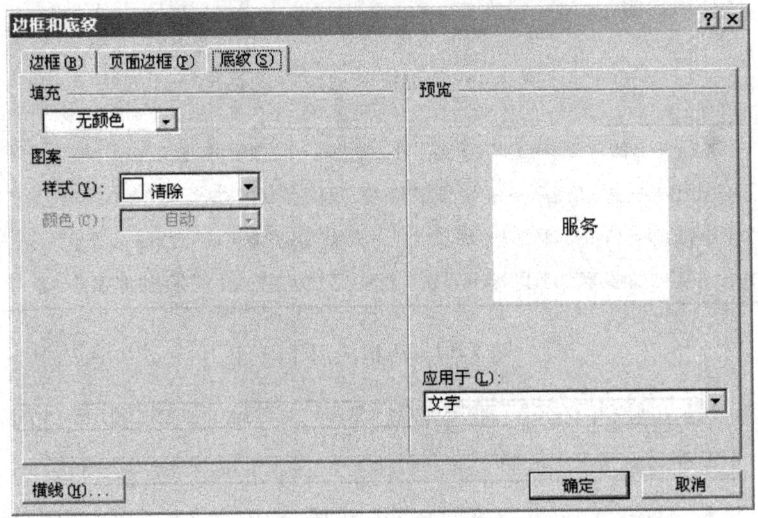

图 3-50　“底纹”选项卡

- 单击“图案”选项区的“样式”下拉列表框，选择一种填充样式，在“颜色”下拉列表框中可以选择一种颜色作为填充样式使用的颜色。
- 单击“应用于”下拉列表框，从中选择“段落”或者“文字”选项。两者的差别如图 3-51 和图 3-52 所示。

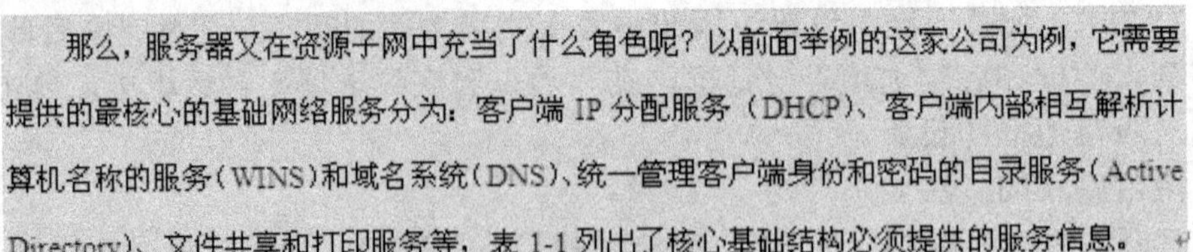

那么，服务器又在资源子网中充当了什么角色呢？以前面举例的这家公司为例，它需要提供的最核心的基础网络服务分为：客户端 IP 分配服务（DHCP）、客户端内部相互解析计算机名称的服务（WINS）和域名系统（DNS）、统一管理客户端身份和密码的目录服务（Active Directory）、文件共享和打印服务等，表 1-1 列出了核心基础结构必须提供的服务信息。

图 3-51　为段落设置底纹的效果

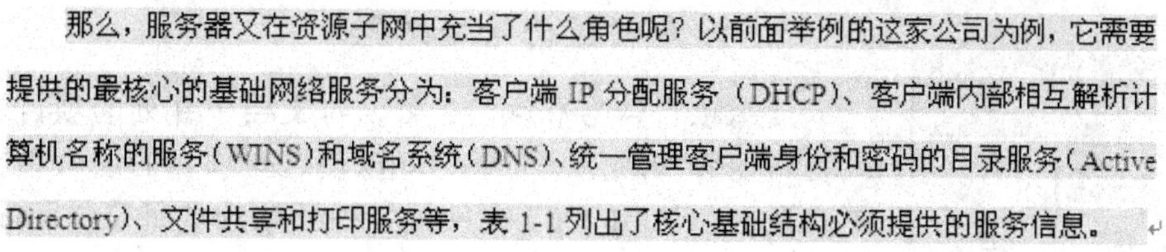

那么，服务器又在资源子网中充当了什么角色呢？以前面举例的这家公司为例，它需要提供的最核心的基础网络服务分为：客户端 IP 分配服务（DHCP）、客户端内部相互解析计算机名称的服务（WINS）和域名系统（DNS）、统一管理客户端身份和密码的目录服务（Active Directory）、文件共享和打印服务等，表 1-1 列出了核心基础结构必须提供的服务信息。

图 3-52　为文字设置底纹的效果

2. 设置段落首字下沉

首字下沉是指将 Word 文档中段首的一个文字放大，并进行下沉或悬挂设置，以凸显段落或整篇文档的开始位置，此种设置技术常用于期刊的文档排版中。在 Word 2007 中设置首字下沉或悬挂的方法如下。

① 将插入点光标定位到需要设置首字下沉的段落中。单击“插入”选项卡切换到“插入”功能区，在“文本”选项组中单击“首字下沉”按钮，如图 3-53 所示。

图 3-53　“首字下沉”按钮

② 在打开的“首字下沉”菜单中选择“下沉”或“悬挂”选项设置首字下沉或首字悬挂效果，如图 3-54 所示。

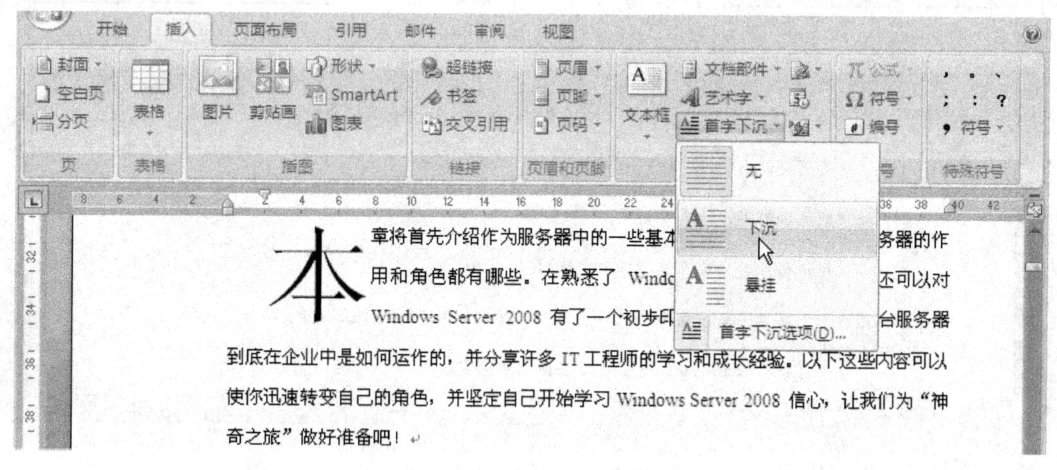

图 3-54　设置首字下沉效果

③ 如果需要设置下沉文字的字体或下沉行数等选项，可以在菜单中选择“首字下沉”选项，打开“首字下沉”对话框。选中“下沉”或“悬挂”选项，并选择字体及设置下沉行数，如图 3-55 所示。设置完成后单击“确定”按钮即可。

3. 设置项目符号与编号

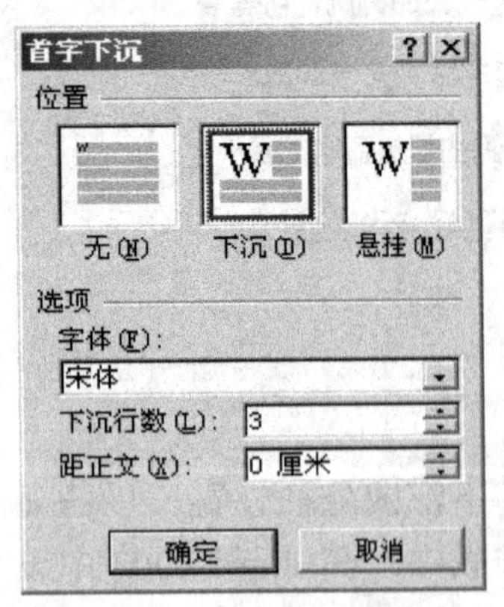

图 3-55 “首字下沉”对话框

使用项目符号和编号，可以对文档中并列的项目进行组织，或者将内容的顺序进行编号，以使这些项目的层次结构更清晰、更有条理。Word 2007 提供了 7 种标准的项目符号和编号，并且允许用户自定义项目符号和编号。

（1）添加项目符号和编号

Word 2007 提供了自动添加项目符号和编号的功能。在以“1.”“(1)”“a”等字符开始的段落中按“Enter”键，下一段会自动出现“2.”“(2)”“b”等字符。利用“开始”选项卡的“段落”组中的“项目符号”按钮或“编号”按钮可以添加项目符号或编号，并且可以选择不同的编号格式。

① 插入符号

打开一个文档，将光标定位于需要插入项目符号的位置，然后在“开始”选项卡的“段落”选项组中单击“项目符号”按钮旁的下三角按钮，在展开的样式列表中，当鼠标指针指向默认的项目符号时，在原文档中可预览插入后的效果，如图 3-56 所示。

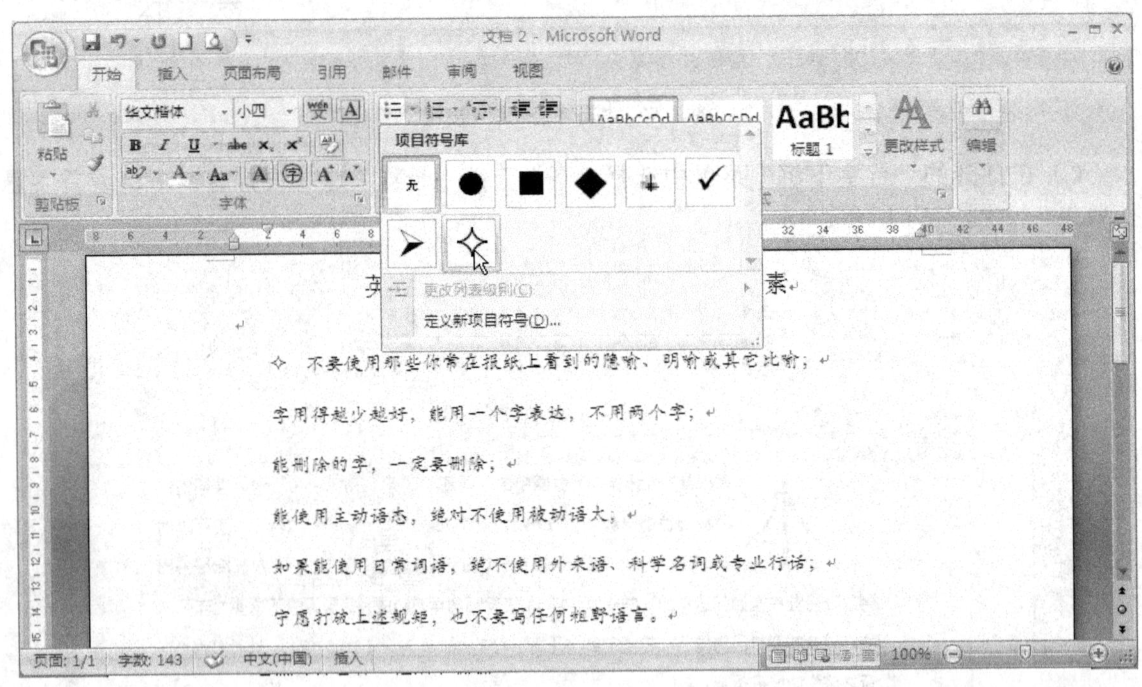

图 3-56 插入项目符号

当选定一个项目符号后，单击该项目符号的图标，返回文档中，此时在光标处即可插入选择的项目符号。如果用户选择多段文本，则多段文本都会被添加上所选择的项目符号，如图 3-57 所示。

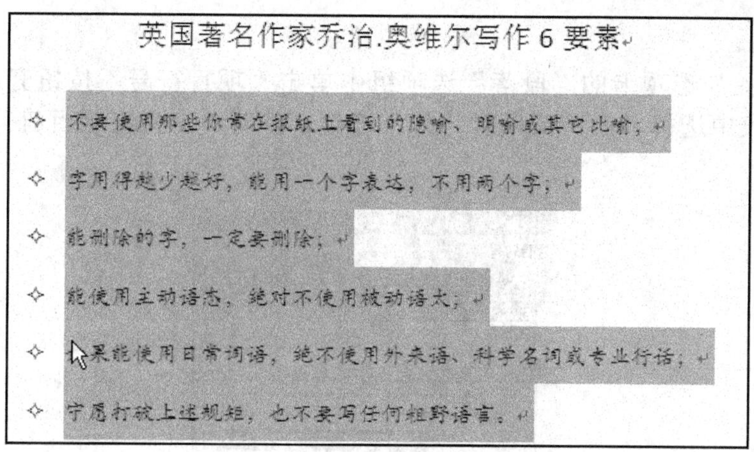

图 3-57　插入项目符号后的效果

② 插入编号

在插入编号时需要同时选定插入编号的几行文本，然后在“开始”选项卡的“段落”选项组中单击“编号”按钮旁的下三角按钮，在展开的样式列表中单击需要插入的编号类型，如图 3-58 所示，此时在原文档中即可预览该编号的效果，直接单击该编号选项即可应用该编号类型。

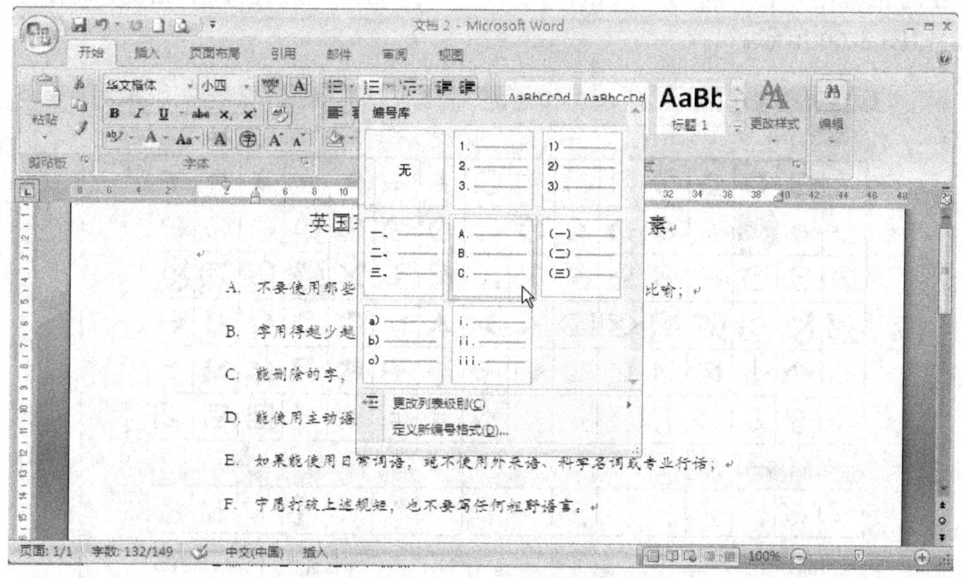

图 3-58　选择编号类型

（2）在列表中添加图片项目符号

图片项目符号或编号可以给列表增添视觉效果。在 Word 2007 中，如果有用户特别喜欢的项目符号样式，则可以将该样式添加到“项目符号库”中，供以后使用。

“项目符号库”中包含多种符号和图片项目符号样式。如果在样式列表中未找到所需要的样式，则可以定义新项目符号样式。下面以添加符号为例介绍在列表中添加图片项目符号或符号的方法。

① 在“开始”选项卡的“段落”选项组中单击“项目符号”按钮旁的下三角按钮，在打开的样式表中选择“定义新项目符号”选项。打开“定义新项目符号”对话框，如图 3-59 所示。

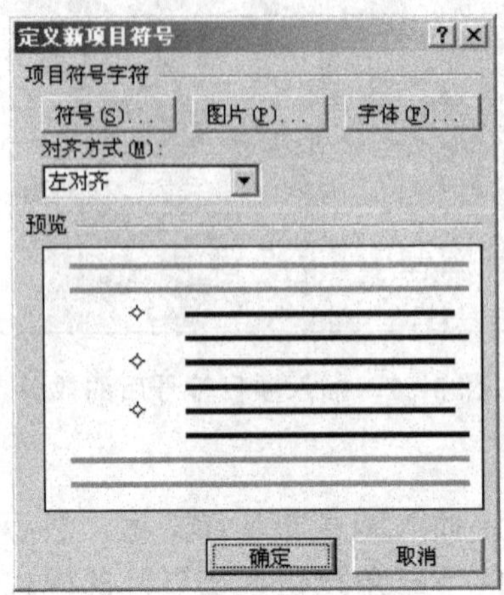

图 3-59 “定义新项目符号”对话框

② 在对话框中单击“符号”按钮，打开“符号”对话框，在该对话框中选择需要定义的符号，如图 3-60 所示。

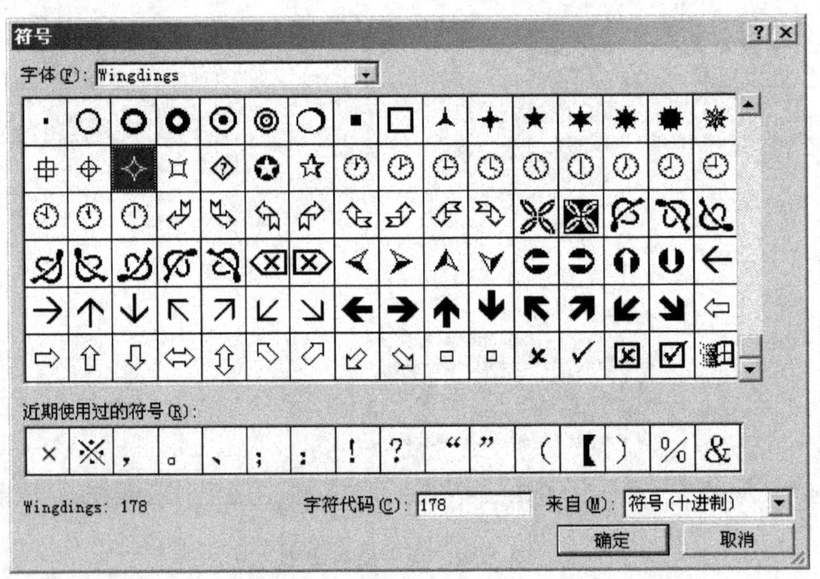

图 3-60 选择需要定义的符号

③ 单击“确定”按钮后，返回到“定义新项目符号”对话框，在“对齐方式”列表中选择新定义符号的对齐方式，此处采用默认的“左对齐”方式。

④ 在“定义新项目符号”对话框中单击“确定”按钮后，返回到原文档中，此时单击“项目符号”按钮旁的下三角按钮，在展开的样式列表中即可查看到刚才新定义的项目符号。

单击该符号即可在当前光标所在处插入该项目符号，如图 3-61 所示。

英国著名作家乔治.奥维尔写作 6 要素

- 不要使用那些你常在报纸上看到的隐喻、明喻或其它比喻；
- 字用得越少越好，能用一个字表达，不用两个字；
- 能删除的字，一定要删除；
- 能使用主动语态，绝对不使用被动语太；
- 如果能使用日常词语，绝不使用外来语、科学名词或专业行话；
- 宁愿打破上述规矩，也不要写任何粗野语言。

图 3-61　插入新项目符号后的效果

任务 3　快速设置会议通知的样式

“样式”就是格式，它是 Word 本身所固有的，或是用户在使用过程中自己设定并保存的一组可以重复使用的格式，是各种排版格式命令的集合，是 Word 所提供的最节省时间的工具。它的优点就是保证所有的文档的外观都非常漂亮，而且使相关文档的外观保持一致。

1．样式及分类

Word 的样式具有灵活性并提供很强的文档格式化功能，是格式化指令的集合，并以文件的形式保存在计算机中。如某一样式可指定 5 号宋体、首行缩进、单行间距，以及两端对齐。在定义了样式之后，可以很快地把它运用于文档中的任何正文。使用样式具有如下优点：

- 可以使文档在编排上更美观、更好统一；
- 可以自动生成文档的目录、大纲和结构图，使文档更加井井有条，使编辑和修改更加快捷；
- 是自动生成文档目录的基础。

Word 2007 中有 5 种类型的样式，分别为段落样式、字符样式、链接段落和字符样式、表格样式、列表样式。

（1）段落样式

段落样式运用于整个段落，包括影响段落外观的格式化的各个方面，如对齐、缩进、上下间距、制表位、边框等，每个段落有一个样式，默认的段落样式是 Normal。

（2）字符样式

字符样式可以适用于正文的任意一节，包括运用于单个字符的任何格式化，如字体、字号、下画线、粗体等。系统没有提供默认的字符样式。

（3）链接段落和字符样式

设置段落和字符之间的链接样式。

（4）表格样式

使用表格样式可使整个文档的表格外观一致。表格样式包括文本格式化、边框和底纹、单元格内垂直和水平对齐等。可以创建表格样式，把它应用于整个表格或表格的一部分，如标题行或第一列。

（5）列表样式

一旦修改过一个列表的外观，就可以把它作为一种样式重复使用。利用列表样式可以选择列表格式，如使用楷体、宋体还是其他字体等，使用数字还是符号，并可以设置缩进和其他格式。与表格样式一样，可以将不同的样式应用于列表的各个部分。

2．快速样式库和“样式”任务窗格

快速样式库位于“开始”选项卡的“样式”选项组中，如图 3-62 所示。

在快速样式库中如果没有看到所需要的样式，可以单击“其他”按钮，展开快速样式库，如图 3-63 所示。

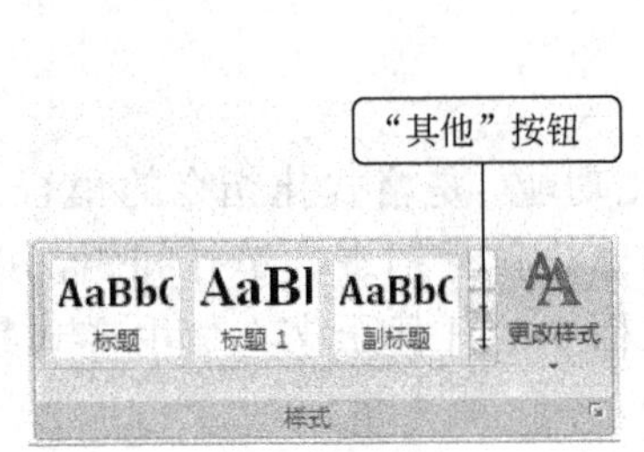

图 3-62　快速样式库

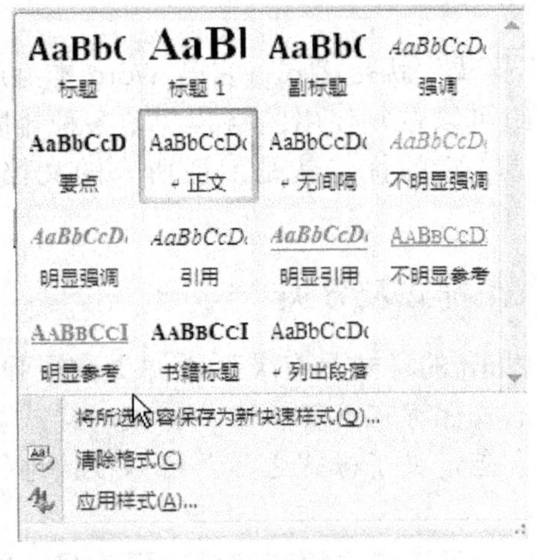

图 3-63　展开的快速样式库

在“开始”选项卡的“样式”选项组中，单击“样式”对话框启动器，系统会打开“样式”窗格，在“样式名”下拉列表中选择所需要的样式，即可应用。

3．应用样式

在 Word 中，系统会给定预先定义的样式，如标题 1、标题 2 等。当建立一个新文档时，要使用系统预先定义的样式，可用快速样式库来实现，实现方法如下。

① 将光标定位于使用样式的插入点，如果要更改整个段落的样式，则将光标定位于段落的任何位置。

② 在快速样式库中，选择所需要的样式。如果所需要的样式没有显示在快速样式库中，可以单击“样式”对话框启动器，打开“样式”窗格，从中选择所需要的

样式。

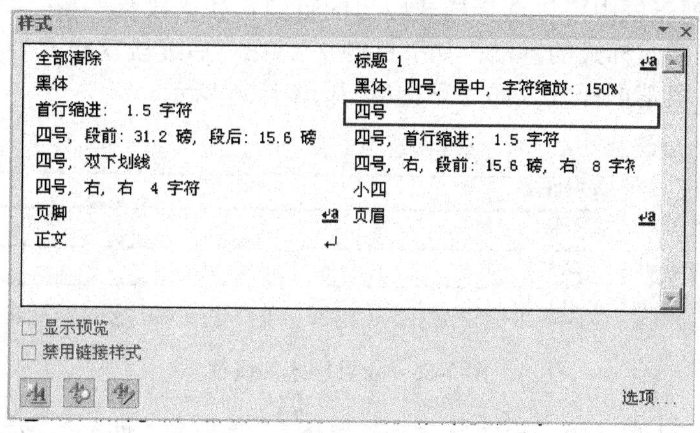

图 3-64 “样式”窗格

4. 自定义样式

快速样式库是为了一起使用某些样式而创建的样式集合。虽然快速样式库可能包含生成文档所需要的所有样式，但有时并不太适用，用户可以根据自己的需要建立不同类型的样式，如通知的样式、论文的样式等。下面以会议通知标题的格式设置说明自定义样式的定义过程。

① 单击“开始”选项卡的“样式”选项组中“样式”对话框启动器，打开“样式”窗格。单击该窗格左下角的“新建样式”按钮，打开“根据格式设置创建新样式”对话框，如图 3-65 所示。

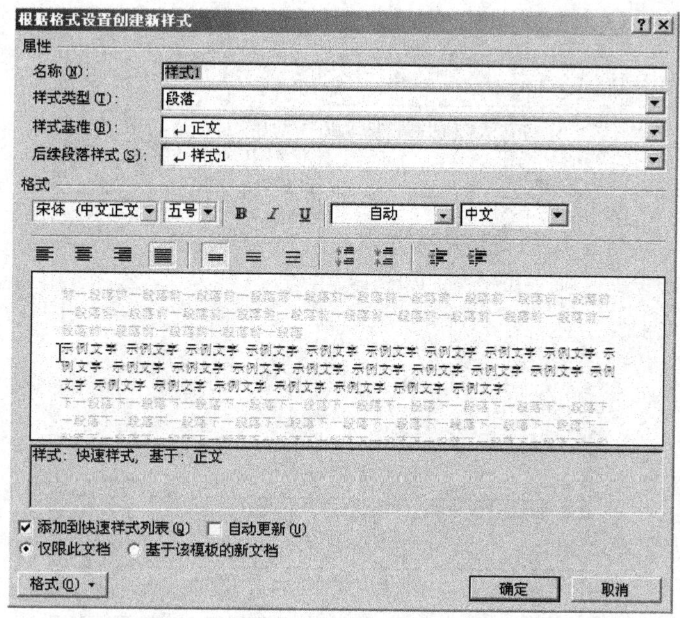

图 3-65 “根据格式设置创建新样式”对话框

② 在“属性”选项区的“名称”文本框中输入新建样式的名称，如“通知标题”。在“样式类型”下拉列表框中可以选择样式应用的范围，如“段落”。在“样式基准”下拉列表框中，可以选择新建样式的基准，如“标题 2”。在“后续段落样式”下拉列表框中，可以选择之后连接的段落的样式，如“正文”，如图 3-66 所示。

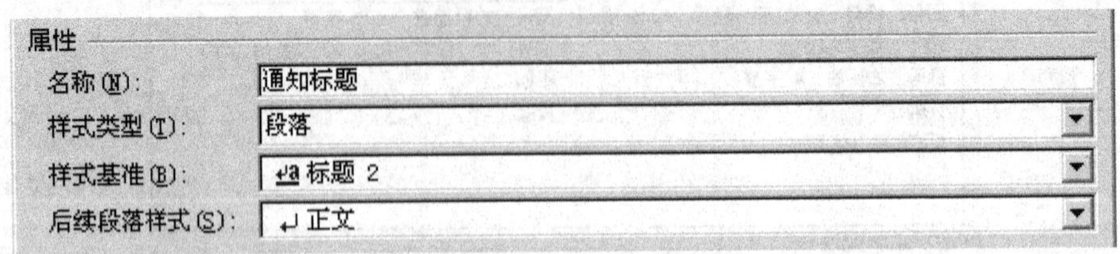

图 3-66　设置样式的属性

③ 在“格式”选项区中，设置字体为“黑体”，字号为“四号”，对齐方式为“居中对齐”，如图 3-67 所示。

图 3-67　设置样式的格式

④ 单击对话框左下角的“格式”按钮，在打开的菜单中选择“字体”选项，打开“字体”对话框，在“字符间距”选项卡中的“缩放”下拉列表框中选择“150%”选项，如图 3-68 所示，单击“确定”按钮返回到原对话框中。

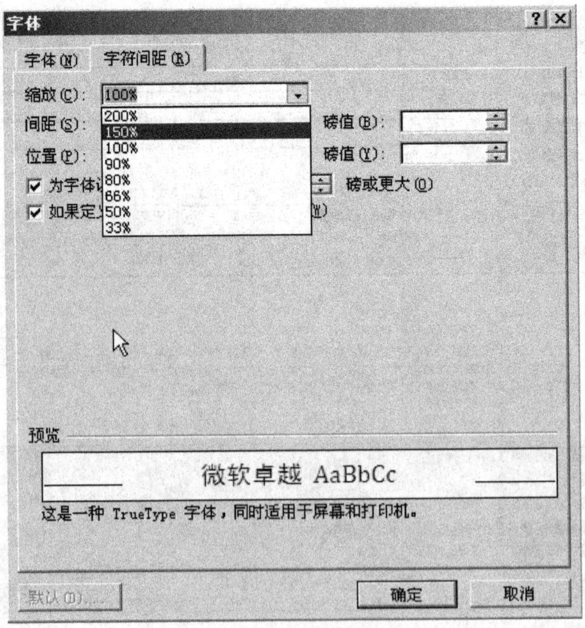

图 3-68　设置字符间距

⑤ 如图 3-69 所示，勾选“添加到快速样式列表”复选框，单击“确定”按钮，完成样式的设置，这样就可以把新建的样式添加到活动文档所用的模板中，方便以后的使用，如图 3-70 所示。

图 3-69 选中“添加到快速样式列表”复选框

5. 样式的修改

对于已经设置好的样式，可以通过“修改样式”对话框对其进行修改。在“样式”组中找到自定义的样式，单击鼠标右键，在弹出的快捷菜单中选择“修改”命令，如图 3-71 所示，系统会打开“修改样式”对话框，在此对话框中可以对自定义的样式进行修改。

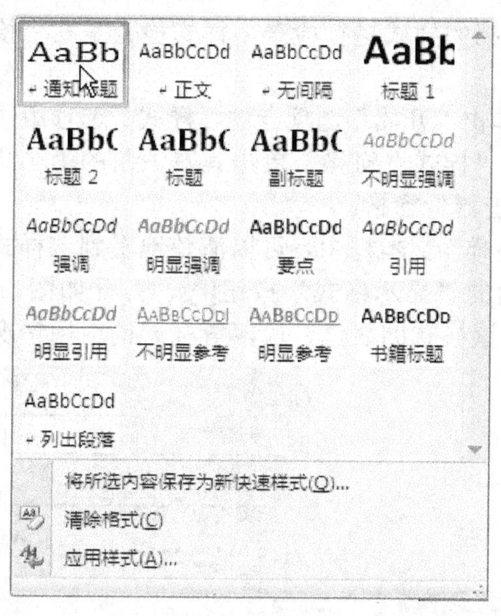

图 3-70 新建样式添加到快速样式列表中

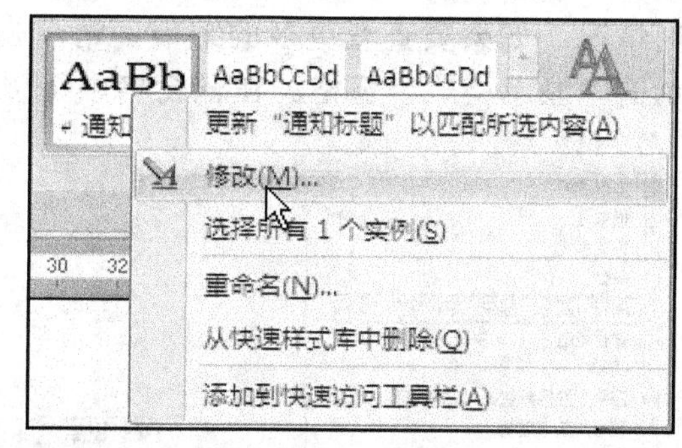

图 3-71 “修改”命令

6. 使用样式设置会议通知

由于只定义了一个会议标题的样式，所以只演示会议标题应用自定义样式的过程，会议通知的其他部分需要重新定义其他样式后才能应用。

将光标定位于会议通知的标题，双击“样式”组中的“通知标题”样式，就可以将自定义的样式应用于光标所在的段落了，如图 3-72 所示。

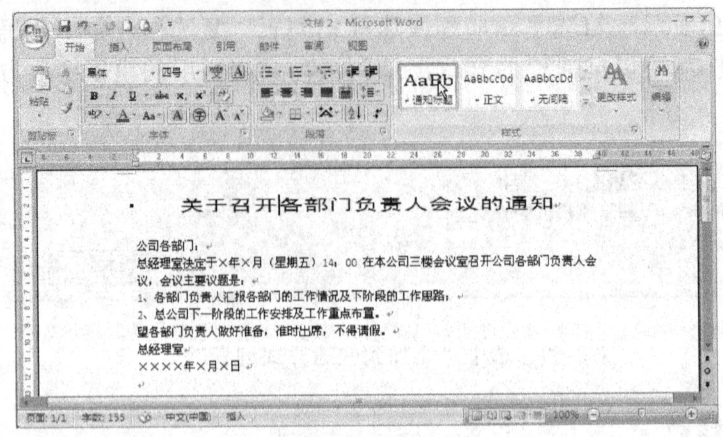

图 3-72　应用自定义样式

1. 检查样式

如果想详细了解文档段落的样式，需要对文档的样式进行检查，样式检查是在“检查样式”窗格中进行的。

① 将光标定位于需要检查样式的段落中，单击“开始”选项卡的“样式”选项组中的“样式”对话框启动器，打开如图 3-73 所示的“样式”窗格，单击其左下角的“样式检查器”按钮，打开如图 3-74 所示的“样式检查器”窗格。

② 在该窗格的“段落格式”和“文字级别格式”文本框中，可以清楚地看到该样式的应用情况。如果要查看更多的细节，请单击其后的“显示格式”按钮，打开如图 3-75 所示的“显示格式”窗格。在该窗格中可以查看该格式的字体、段落等样式的应用情况。

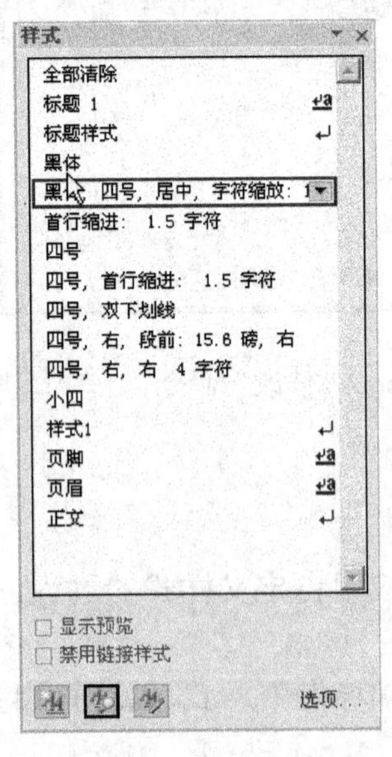

图 3-73　“样式”窗格

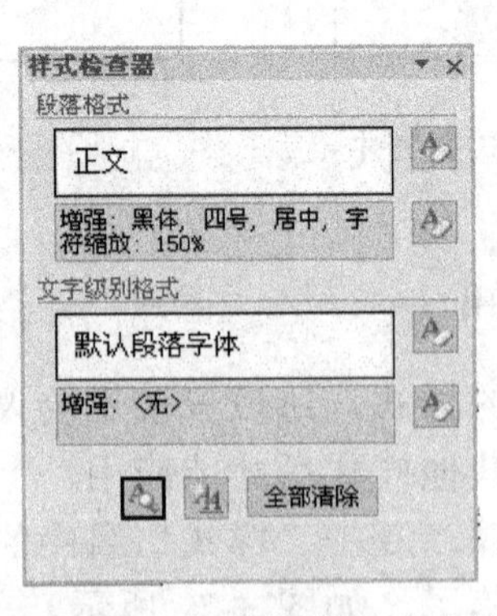

图 3-74　“样式检查器”窗格

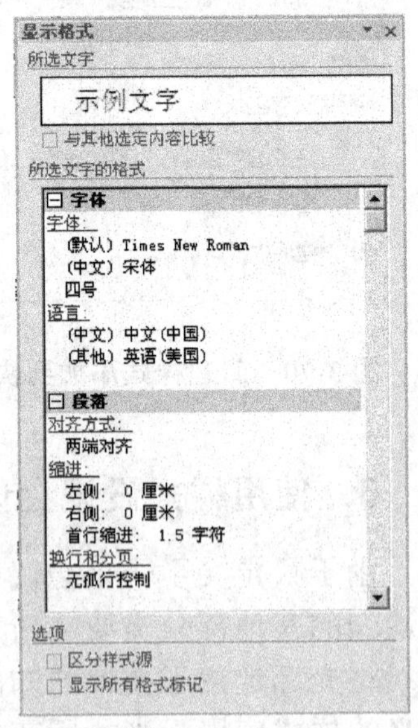

图 3-75　“显示格式”窗格

2．管理样式

在“样式”窗格中，如果新建的样式多了，就会显得比较凌乱，此时可以对样式进行管理，此项操作是在“管理样式”对话框中进行的。

① 单击“样式”窗格左下角的“管理样式”按钮，打开如图 3-76 所示的“管理样式”对话框。

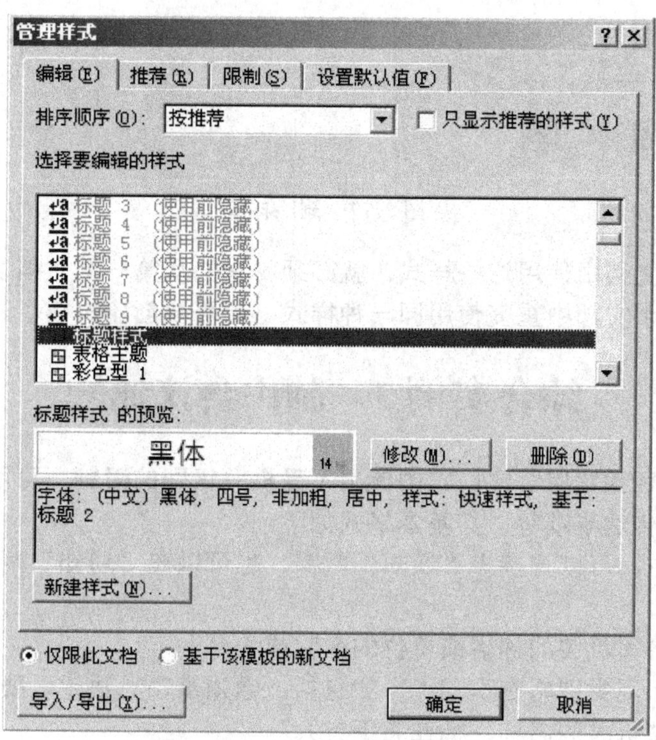

图 3-76　“管理样式”对话框

② 在该对话框中，可以对当前文档中的样式进行修改、排序、删除等多种操作。

3．删除样式

样式可以从快速样式库和“样式”窗格中删除。从快速样式库中删除的样式，只是不显示在快速样式库中，但它仍然存在于“样式”窗格中。从“样式”窗格中删除样式，才是彻底地删除。

要从“样式”窗格中删除样式，可以在打开的“样式”窗格中，用鼠标右键单击要删除的样式，在弹出的快捷菜单中选择“删除”命令，在弹出的对话框中单击“是”按钮即可，如图 3-77 所示。

4．保存样式

当保存文档时，它所使用的样式也同时被保存，所以在下一次编辑时就能自动使用。

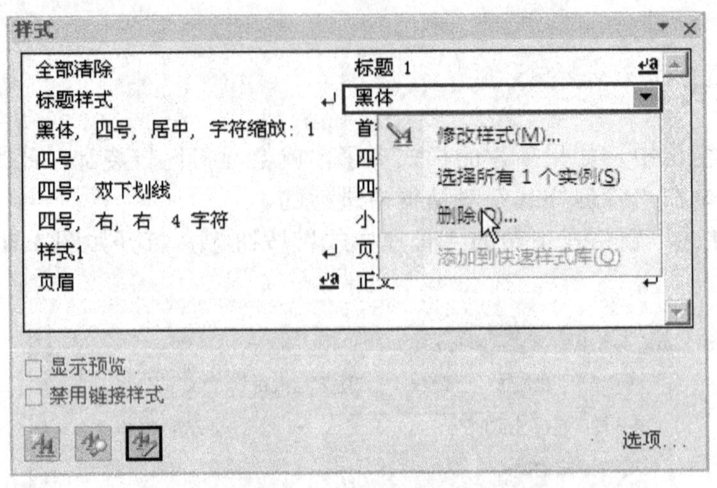

图 3-77　删除样式

不过，要想在其他文档中使用这些样式，就必须将它们从第一个文档复制到第二个文档。如果发现必须在多个文档中重复使用同一种样式，就需要创建模板了。

综合实例 3　制作会议通知

通知是一种下行性常用公文，它的使用不受机关级别的限制，可用于发布规章、转发公文、布置工作、传达事项等，其基本格式如下。

① 标题（居中，可以直接为“通知”两字，也可以在“通知”两字前冠以机关名称、事由等）。

② 上款（顶格写机关的称谓或单位的名称或人名）。

③ 正文（视不同类别略有不同，一般包括：通知事项、决定、要求等）。

④ 下款（发文机关的名称，标在右下方）。

⑤ 时间（在下款的下方）。

⑥ 下面为一个规范的会议通知，本节将以此会议通知为例说明会议通知的制作过程。

关于召开中国计算机学会
职业教育专业委员会第十二届年会会议通知

各团体会员单位及各职业学校：

中国计算机学会职业教育专业委员会第十二届年会将于 2009 年金秋时节在六朝古都——江苏省南京市召开，中国计算机学会职业教育专业委员会热诚欢迎各位领导在伟大的祖国 60 周年大庆、职业教育蓬勃发展之际，前往南京参加本届年会。

本届年会的主题是：**实训共享、校企双赢**

本届年会将紧紧围绕主题，探索职业学校实训空间多校共享、减少投资；引企入校、校企双赢，展现全国各省市职业教育课程改革的成果。会议将安排与会代表到办学有特色、有质量、办学水平较高的国家级重点职业学校及南京市著名的软件企业参观学习。

教育部职成司领导对本届年会非常重视，届时将亲自与会并做专题报告。本届年会还将邀请计算机行业专家做专题技术报告，开阔办学思路、拓展办学视野、把握办学方向、提高专业建设质量与水平。

本届年会由南京市玄武中等专业学校承办。南京玄武中专学校全体师生热诚欢迎“专委会”的各位领导和教师，并将积极努力地为大家提供最优质的服务。

- 会议时间：2009 年 11 月 7 日—9 日（11 月 6 日全天报到）
- 会议地点：南京曙光国际大酒店
- 联系人：×××　　电话：13913900000　E-mail：××××@sohu.com
- 会务费：每位代表人民币 600 元
- 住宿费：300 元/天/房，费用自理
- 团体会员费：每个团体会员单位人民币 200 元（报到时交会务组）

参加会议的学校可提交 2 或 3 份与计算机教育专业相关的论文、课件、软件等材料，每件评审费 30 元，报到时每份论文交电子版一份和纸质稿五份，课件及软件交光盘，以方便交流和评审。

中国计算机学会职业教育专业委员会

2009 年 10 月 9 日

步骤 1： 启动 Word 2007，新建一个文档，输入上述内容并保存。

① 单击桌面“开始”按钮，依次选择“程序”→“Microsoft Office”→“Microsoft Office Word 2007”命令启动 Word 2007，打开 Word 文档的编辑窗口，同时创建了一个名为“文档 1”的空白文档，如图 3-78 所示。

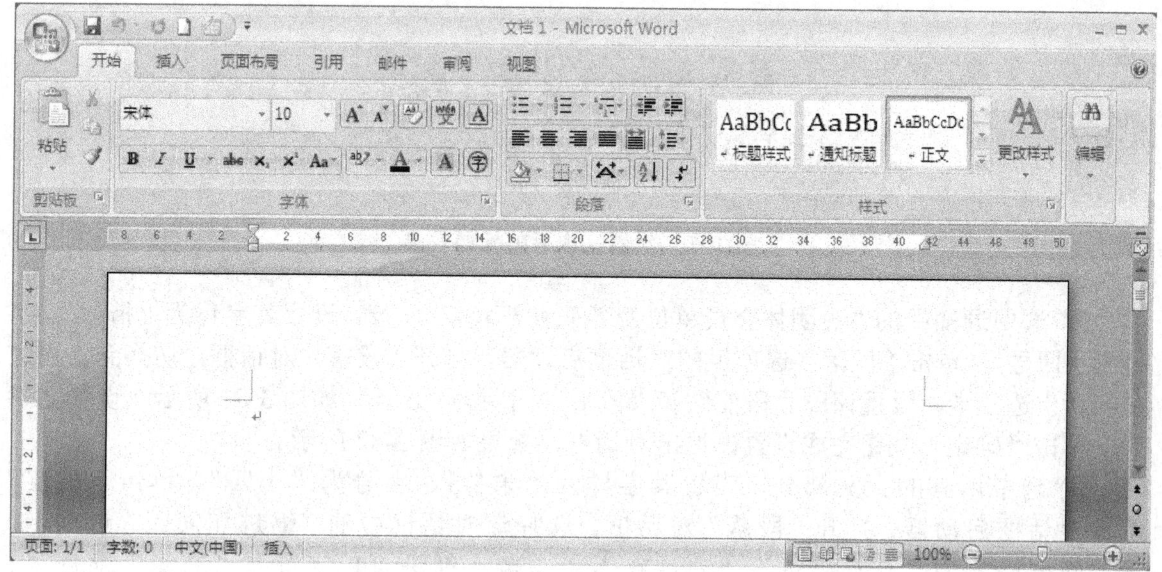

图 3-78　新建文档

② 选择自己熟悉的输入法，从工作区中不停闪烁的光标处（称为“插入点”）开始输入文本，光标随着文本的输入自动右移，当遇到页面的右边界时，系统将自动插入一个“软回车”，光标自动转到下一行的顶端，开始新一行文本的输入。当一段文本输入完毕后，可以按回车键换行。

③ 单击“Office”按钮，在弹出的菜单中选择“保存”命令，系统会打开“另存为”对话框。在该对话框的“保存位置”文本框和“文件名”文本框中分别设置要保存的路径和文件名称，并通过“保存类型”下拉列表框选择保存格式，最后单击“保存”按钮即可。此处，使用系统默认的保存位置，文件名为“十二届年会通知”，“保存类型”使用系统默认类型，单击“保存”按钮，完成“十二届年会通知”文档的保存。

步骤 2：设置标题及正文格式。

① 用鼠标将光标定位于标题的起始处，按下鼠标左键并拖动鼠标到标题的结束处，释放鼠标，此时文档的标题就会被选中，并以反色显示，如图 3-79 所示。

关于召开中国计算机学会
职业教育专业委员会第十二届年会会议通知

图 3-79　选中标题后的效果

② 打开“开始”选项卡的“字体”选项组中的“字体”列表，选择 “华文新魏”字体；打开“字号”下拉列表框，选择 “三号”字号；单击“段落”选项组中的“居中”对齐按钮。设置完成后的标题效果如图 3-80 所示。

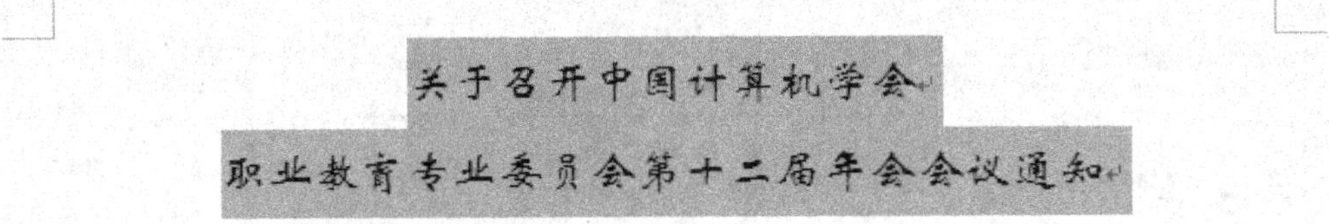

关于召开中国计算机学会
职业教育专业委员会第十二届年会会议通知

图 3-80　设置完成后的标题效果

③ 选中通知中的“各团体会员单位及各职业学校：”一行，设置其字体为“楷体”、字号为“四号”。单击“段落”选项组的对话框启动器，打开“段落”对话框，切换到“缩进和间距”选项卡，设置该段“段前”和“段后”间距为 0.5 行，如图 3-81 所示。设置完成后，单击“确定”按钮完成设置，退出对话框，效果如图 3-82 所示。

④ 选中所有的正文部分。设置其字体为“宋体”、字号为“小四”。单击“段落”组的对话框启动器，打开“段落”对话框，选择该对话框中的“缩进和间距”选项卡，设置特殊格式为“首行缩进”、“2 字符”；“左侧”缩进“1 字符”、“右侧”缩进“1 字符”；“行距”为“固定值”、“20 磅”，如图 3-83 所示。设置完成后，单击“确定”按钮完成设置，退出对话框，效果如图 3-84 所示。

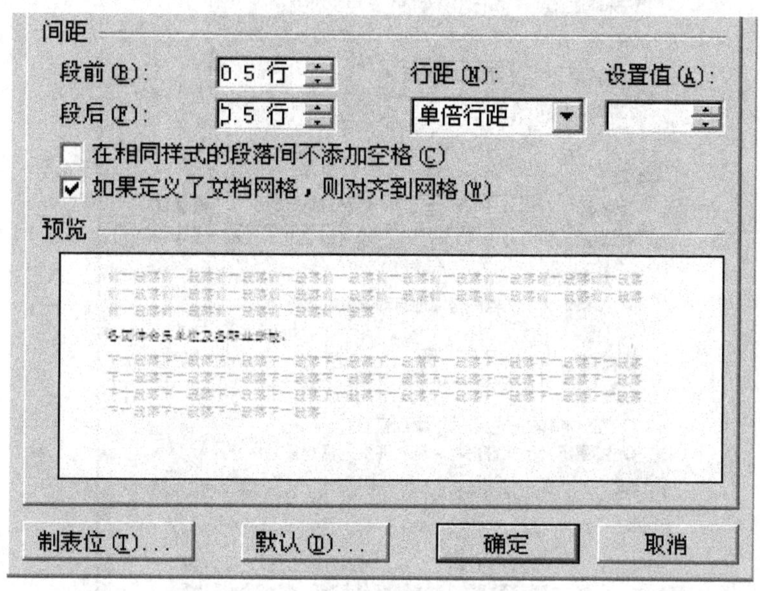

图 3-81　设置段落段前、段后的间距

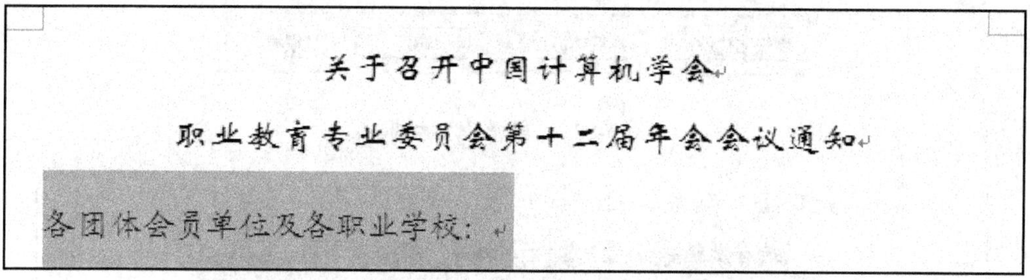

关于召开中国计算机学会

职业教育专业委员会第十二届年会会议通知

各团体会员单位及各职业学校：

图 3-82　段前、段后间距设置完成后的效果

⑤ 选中“中国计算机学会职业教育专业委员会”文本，设置其字体为“华文细黑”，字号为“四号”。

步骤 3： 设置落款格式。

按照通知及公文的格式要求，文本的落款与正文之间要有一定的距离并居右放置。

① 将光标定位于“中国计算机学会职业教育专业委员会”一行，拖动“首行缩进”滑块到适当的位置，再将光标定位于“2009 年 10 月 9 日”一行，拖动“首行缩进”滑块到适当的位置。

② 将光标定位于“中国计算机学会职业教育专业委员会”一行，打开“段落”对话框，设置此行的“段前”间距为“2 行”。设置完成后的效果如图 3-85 所示。

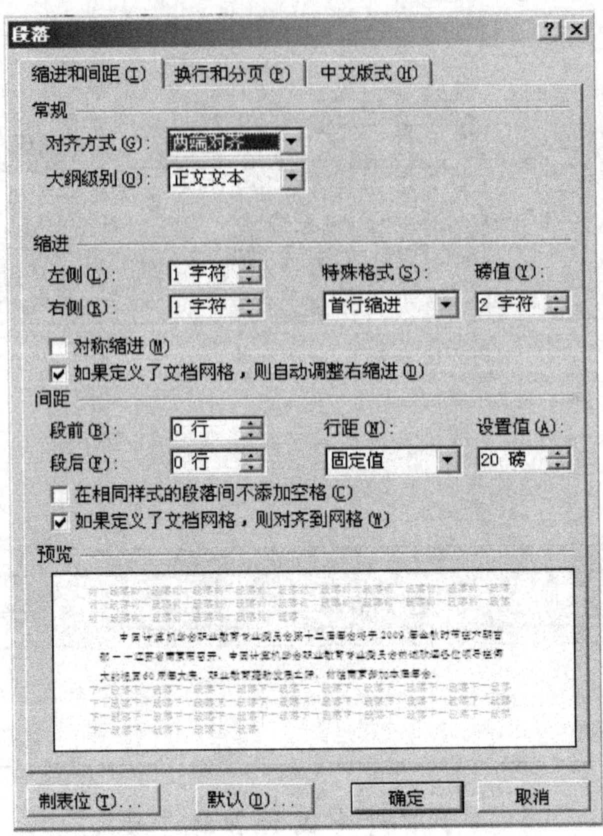

图 3-83 “段落”对话框

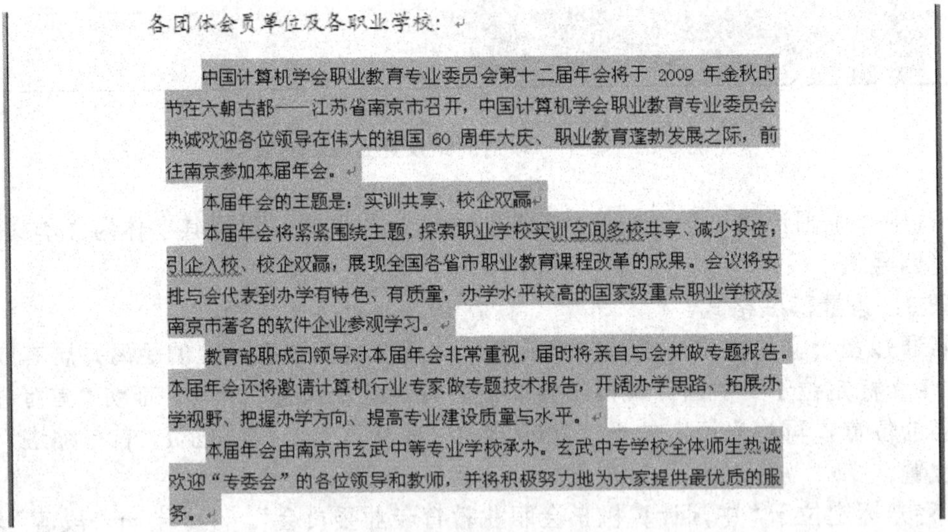

各团体会员单位及各职业学校：

中国计算机学会职业教育专业委员会第十二届年会将于 2009 年金秋时节在六朝古都——江苏省南京市召开，中国计算机学会职业教育专业委员会热诚欢迎各位领导在伟大的祖国 60 周年大庆、职业教育蓬勃发展之际，前往南京参加本届年会。

本届年会的主题是：实训共享、校企双赢。

本届年会将紧紧围绕主题，探索职业学校实训空间多校共享、减少投资，引企入校、校企双赢，展现全国各省市职业教育课程改革的成果。会议将安排与会代表到办学有特色、有质量，办学水平较高的国家级重点职业学校及南京市著名的软件企业参观学习。

教育部职成司领导对本届年会非常重视，届时将亲自与会并做专题报告。本届年会还将邀请计算机行业专家做专题技术报告，开阔办学思路、拓展办学视野、把握办学方向、提高专业建设质量与水平。

本届年会由南京市玄武中等专业学校承办。玄武中专学校全体师生热诚欢迎“专委会”的各位领导和教师，并将积极努力地为大家提供最优质的服务。

图 3-84 正文格式设置完成后的效果

参加会议的学校可提交 2 至 3 份与计算机教育专业相关的论文、课件、软件等材料，每件评审费 30 元，报到时每份论文交电子版一份和纸质稿五份，课件及软件交光盘，以方便交流和评审。

中国计算机学会职业教育专业委员会

2009年10月9日

图 3-85　落款格式设置完成后的效果

步骤 4：设置项目符号。

① 选中会议通知中的“会议时间”到“团体会员费”之间的段落，如图 3-86 所示。

本届年会由南京市玄武中等专业学校承办。玄武中专学校全体师生热诚欢迎“专委会”的各位领导和教师，并将积极努力地为大家提供最优质的服务。

会议时间：2009 年 11 月 7 日～9 日（11 月 6 日全天报到）

会议地点：南京曙光国际大酒店

联系人：×××　　电话：13913900000　E-Mail:××××@sohu.com

会务费：每位代表人民币 600 元

住宿费：300 元/天/房，费用自理

团体会员费：每个团体会员单位人民币 200 元（报到时交会务组）

参加会议的学校可提交 2 至 3 份与计算机教育专业相关的论文、课件、软件等材料，每件评审费 30 元，报到时每份论文交电子版一份和纸质稿五份，课件及软件交光盘，以方便交流和评审。

图 3-86　选中对象

② 单击“段落”选项组中的“项目符号”按钮，为选中的段落设置系统默认的项目符号，效果如图 3-87 所示。

- 会议时间：2009 年 11 月 7 日～9 日（11 月 6 日全天报到）
- 会议地点：南京曙光国际大酒店
- 联系人：×××　　电话：13913900000　E-Mail:××××@sohu.com
- 会务费：每位代表人民币 600 元
- 住宿费：300 元/天/房，费用自理
- 团体会员费：每个团体会员单位人民币 200 元（报到时交会务组）

图 3-87　设置项目符号后的效果

步骤 5：设置下画线。

选中“实训共享、校企双赢”文本，设置其字体为“黑体”、效果为“加粗”。单击“字体”组中“下画线”按钮，在下画线列表中选择粗线为选中的文本添加下画线，效果如图 3-88 所示。

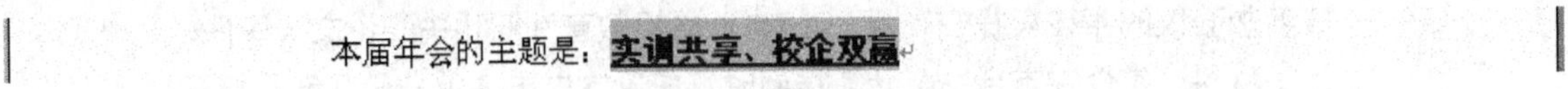

本届年会的主题是：**实训共享、校企双赢**

图 3-88　添加下画线后的效果

文档格式设置完成后的整体效果如图 3-89 所示。

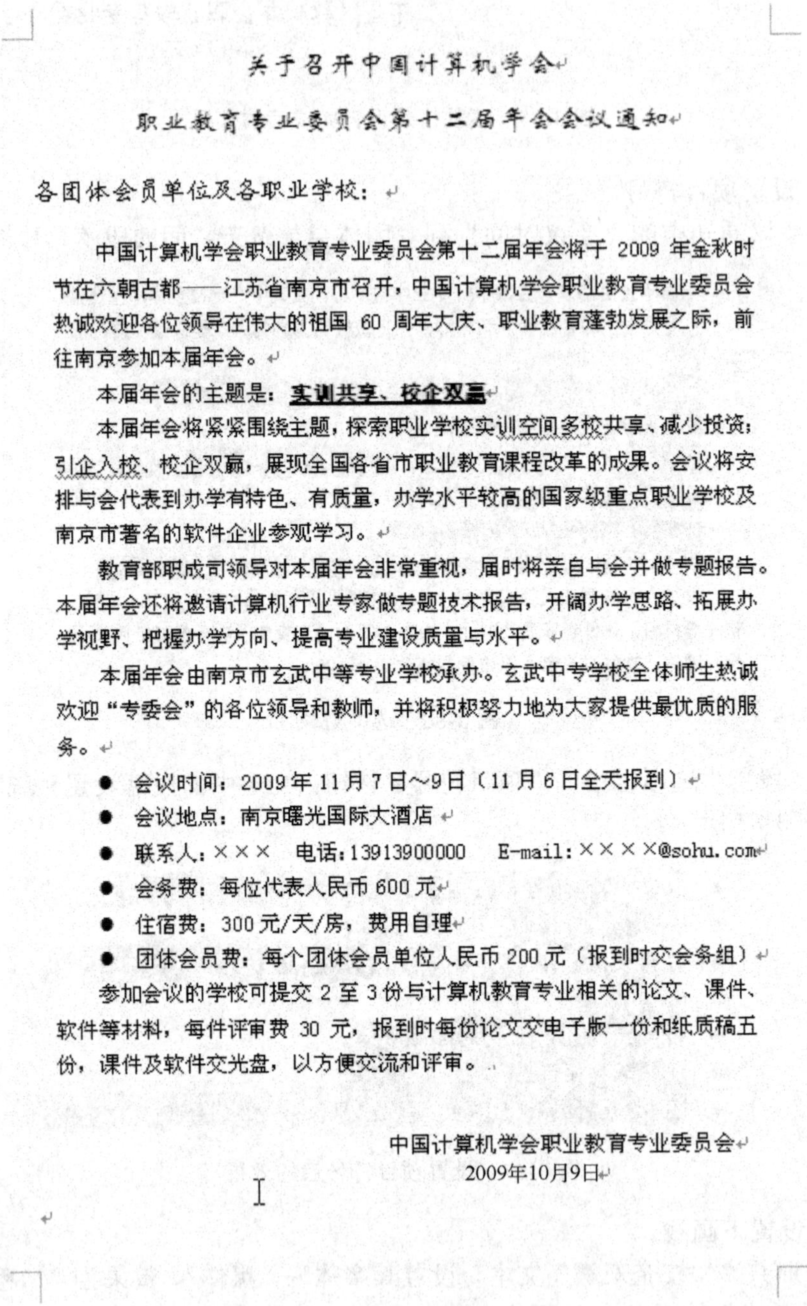

关于召开中国计算机学会

职业教育专业委员会第十二届年会会议通知

各团体会员单位及各职业学校：

中国计算机学会职业教育专业委员会第十二届年会将于 2009 年金秋时节在六朝古都——江苏省南京市召开，中国计算机学会职业教育专业委员会热诚欢迎各位领导在伟大的祖国 60 周年大庆、职业教育蓬勃发展之际，前往南京参加本届年会。

本届年会的主题是：**实训共享、校企双赢**

本届年会将紧紧围绕主题，探索职业学校实训空间多校共享、减少投资；引企入校、校企双赢，展现全国各省市职业教育课程改革的成果。会议将安排与会代表到办学有特色、有质量，办学水平较高的国家级重点职业学校及南京市著名的软件企业参观学习。

教育部职成司领导对本届年会非常重视，届时将亲自与会并做专题报告。本届年会还将邀请计算机行业专家做专题技术报告，开阔办学思路、拓展办学视野、把握办学方向、提高专业建设质量与水平。

本届年会由南京市玄武中等专业学校承办。玄武中专学校全体师生热诚欢迎“专委会”的各位领导和教师，并将积极努力地为大家提供最优质的服务。

- 会议时间：2009 年 11 月 7 日～9 日（11 月 6 日全天报到）
- 会议地点：南京曙光国际大酒店
- 联系人：×××　电话：13913900000　E-mail：××××@sohu.com
- 会务费：每位代表人民币 600 元
- 住宿费：300 元/天/房，费用自理
- 团体会员费：每个团体会员单位人民币 200 元（报到时交会务组）

参加会议的学校可提交 2 至 3 份与计算机教育专业相关的论文、课件、软件等材料，每件评审费 30 元，报到时每份论文交电子版一份和纸质稿五份，课件及软件交光盘，以方便交流和评审。

中国计算机学会职业教育专业委员会
2009年10月9日

图 3-89　文档格式设置完成后的整体效果

知识盘点

本章围绕会议通知文档的编辑制作，通过 3 个工作任务介绍了 Word 2007 的字体格式和段落格式的设置方法与技巧。字体格式的设置包括字体的设置、字号的设置、特殊格式的设置、纵横混排、合并字符、双行合一等；段落格式的设置包括段落的缩进、段落的对齐、段落边框和底纹、首字下沉、项目符号，以及 Word 样式等。这些知识都是 Word 2007 文档排版的基本知识。

成果验收

1．录入下述内容，并按要求进行格式设置。

沙漠的成因

在大陆上干燥少雨的地区，植被稀疏，风力强劲，地表或者是累累粗石，或者是一片黄沙。这种干旱、多风、地面裸露的地区，一般称为荒漠。根据荒漠地区的地面形态及组成物质，可将其划分为岩漠、砾漠、泥漠和沙漠等类型。

岩漠也叫石质荒漠，主要在干燥地区的山地或山麓。

砾漠蒙语称为戈壁。它的特点是地面覆盖着大片砾石，犹如一望无际的石海。

泥漠是一种由粘土物质组成的荒漠。

沙漠是荒漠中最主要的类型，它的特点是地面由沙性物质组成，常常是沙波滚滚、沙峦起伏。在世界范围内，沙漠面积约占陆地总面积的十分之一左右。

干燥少雨是沙漠形成必不可少的条件。从这个意义上讲，沙漠是干燥气候的产物。浩瀚无垠的沙漠中那丰富的沙源又从何而来？一般来说，它们都是松散物质在裸露于地表之后，经长期风力搬运与分选而形成的。

沙漠地区大多是由连绵起伏的沙丘组成的。沙丘形态各异，并且在风力的作用下不断移动，使一些原来不是沙漠的地区沙漠化。沙漠的发展除与气候和地面物质有关之外，在一定程度上还与人类的开发利用有关，土地沙漠化的现象目前已引起全世界的注意。

格式设置要求如下。

（1）设置字体：第一行　黑体；正文第二、三、四、五段　楷体，这四段段首文字“岩漠”、“砾漠”、“泥漠”“沙漠”　宋体。

（2）设置字号：第一行　四号；正文其他段落　小四。

（3）设置字形：第一行　粗体；正文第二、三、四、五段段首文字　“岩漠”、“砾漠”、“泥漠”、“沙漠”　粗体、下划线（波浪线）。

（4）设置对齐方式：第一行　居中，其他段落为两端对齐。

（5）设置段落缩进：正文　左缩进 1 厘米、右缩进 1.2 厘米、首行缩进两个字符。

（6）设置行（段）间距：第一行　段后 12 磅，其他段落　系统默认值。

2．录入下述内容，并按要求进行格式设置。

荀子：

劝学

《劝学》是荀子的代表作之一。在这篇文章里，作者旁征博引，畅论为学的重要性及治学的态度、道路和方法。

积土成山，风雨兴焉；积水成渊，蛟龙生焉；积善成德，而神明自得，圣心备焉。故不积跬步，无以至千里；不积小流，无以成江海。骐骥一跃，不能十步；驽马十驾，功在不舍。锲而舍之，朽木不折；锲而不舍，金石可镂。蚓无爪牙之利，筋骨之强，上食埃土，下饮黄泉，用心一也。蟹六跪而二螯，非蛇鳝之穴，无可寄托者，用心躁也。

格式设置要求如下。

（1）设置字体：第一行 黑体；第二行 宋体；正文第一段 楷体；正文第二段 仿宋。

（2）设置字号：第一行 三号；第二行 小二；正文第一段 小四；正文第二段 小三。

（3）设置字形：第一行 斜体；第二行 粗体；正文第一段 下画线（波浪线）。

（4）设置对齐方式：第一行 左对齐；第二行 居中；正文 两端对齐。

（5）设置段落缩进：第一、二行和正文第二段 左缩进 1.5 厘米、右缩进 2 厘米；正文第一段 左缩进 2.6 厘米，右缩进 3.2 厘米；正文第一段 首行缩进两个汉字。

（6）设置行（段）间距：第一行 段前间距 6 磅；第二行 段前、段后间距各 3 磅；正文第二段 段前间距 12 磅。

第 4 章

制作精美杂志页——图形对象

图形在 Word 文档中占有重要的地位，例如，在表述一件事情时，仅靠文字是无法形象生动地描述清楚的，而在文档中添加图形，可以使文档更加丰富、更能传达意图。在文档中添加图片、艺术字或其他图形，可以突出重点，增大文档的信息量，图文并茂，提升文档的专业性和可读性。

情景再现

小张通过一段时间的实习，对所在公司的企业文化、经营项目、业务流程有了一定的了解，也能够适应公司的快节奏并能胜任自己所担任的工作。恰逢公司将参加本市一年一度的软件博览会，公司需要设计制作一批宣传页，这个任务就落在了小张所在的部门，小张承担的任务是公司介绍彩页的设计。于是，小张便忙碌了起来。

任务分析

小张需要设计制作的是公司介绍彩页。公司介绍彩页作为一种代表公司形象的文档，要突出主题，视觉上应有一定的冲击力，这样可以给受众留下深刻的印象，达到很好的宣传效果。在内容上，公司介绍彩页一般应包括公司的概况、主要业务范围、公司资质、人员结构，以及联系方式和交通方式等。在宣传页中需要适当地插入一些代表公司形象的图像，但要注意图文的协调，不可过于花哨。

任务实现

任务 1　设置杂志页面布局

① 新建文档，单击“页面布局”选项卡的“页面设置”选项组的对话框启动器，打开“页面设置”对话框。在该对话框的“纸张”选项卡中设置纸张类型为“自定义大小”，“宽度”为“21 厘米”，“高度”为“29 厘米”，“纸张来源”为“默认纸盒”，如图 4-1 所示。

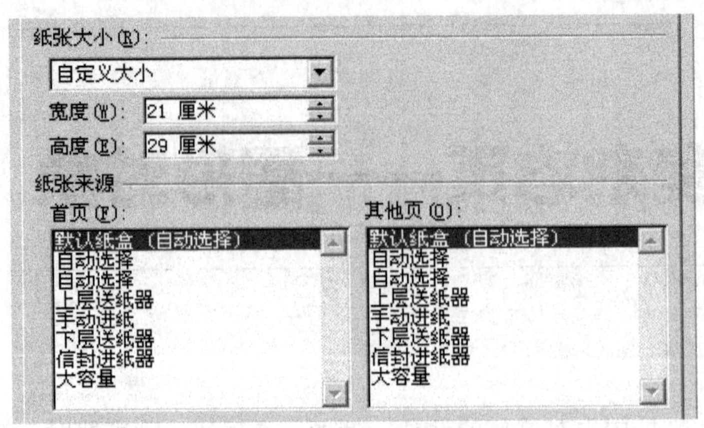

图 4-1　“纸张”选项卡

② 切换到“页边距”选项卡，设置上、下边距各为“2.5 厘米”，左、右边距各为“3 厘米”，装订线为“0 厘米”，“纸张方向”为“纵向”，如图 4-2 所示。单击“确定”按钮完成设置。

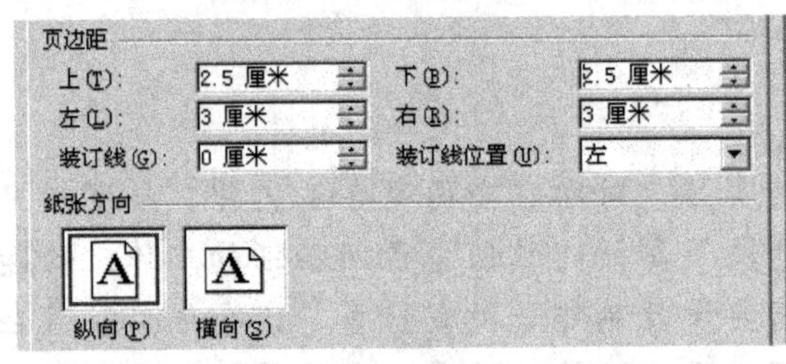

图 4-2　设置页边距

③ 录入相关的文本内容。

④ 选中“自创办以来”到“IT 巨头授予的各项奖励和荣誉”之间的文本，单击“页面设置”选项组中的“分栏”按钮，在打开的菜单中选择“更多分栏”按钮，打开“分栏”对话框。设置分栏效果为“两栏”、“栏宽相等”，单击“确定”按钮，完成分栏的设置，效果如图 4-3 所示。

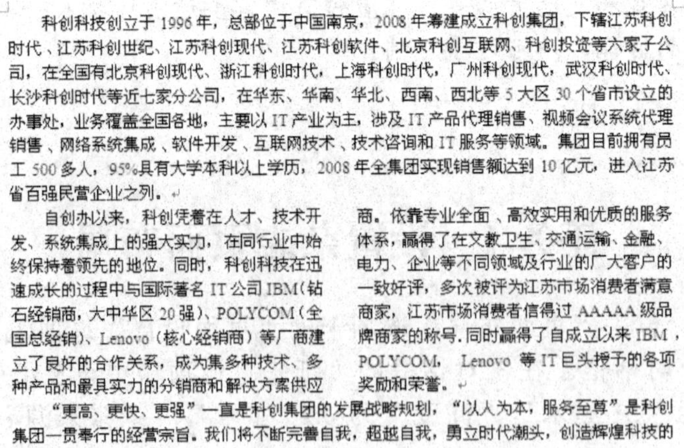

科创科技创立于 1996 年，总部位于中国南京，2008 年筹建成立科创集团，下辖江苏科创时代、江苏科创世纪、江苏科创现代、江苏科创软件、北京科创互联网、科创投资等六家子公司，在全国有北京科创现代、浙江科创时代，上海科创时代，广州科创现代，武汉科创时代、长沙科创时代等近七家分公司，在华东、华南、华北、西南、西北等 5 大区 30 个省市设立的办事处，业务覆盖全国各地，主要以 IT 产业为主，涉及 IT 产品代理销售、视频会议系统代理销售、网络系统集成、软件开发、互联网技术、技术咨询和 IT 服务等领域。集团目前拥有员工 500 多人，95%具有大学本科以上学历，2008 年全集团实现销售额达到 10 亿元，进入江苏省百强民营企业之列。

自创办以来，科创凭着在人才、技术开发、系统集成上的强大实力，在同行业中始终保持着领先的地位。同时，科创科技在迅速成长的过程中与国际著名 IT 公司 IBM（钻石经销商，大中华区 20 强）、POLYCOM（全国总经销）、Lenovo（核心经销商）等厂商建立了良好的合作关系，成为集多种技术、多种产品和最具实力的分销商和解决方案供应商。依靠专业全面、高效实用和优质的服务体系，赢得了在文教卫生、交通运输、金融、电力、企业等不同领域及行业的广大客户的一致好评，多次被评为江苏市场消费者满意商家，江苏市场消费者信得过 AAAAA 级品牌商家的称号.同时赢得了自成立以来 IBM，POLYCOM，Lenovo 等 IT 巨头授予的各项奖励和荣誉。

“更高、更快、更强”一直是科创集团的发展战略规划，“以人为本，服务至尊”是科创集团一贯奉行的经营宗旨。我们将不断完善自我，超越自我，勇立时代潮头，创造辉煌科技的明天！

图 4-3　设置分栏后的效果

1．“页面设置”选项组和“页面设置”对话框

页面设置主要是对“纸张大小”“页边距”“纸张来源”“版面”等参数的设置。这些设置通常是在打印文档之前所做的准备工作，但在实际工作中，页面设置最好是在文档编辑的开始阶段进行，以避免文档在排版布局中由于页面设置而产生变化。

页面格式控制文档内所有页面的外观，页面外观包括“页面大小”“方向”“页边距”等，要设置页面格式，可在“页面布局”选项卡的“页面设置”选项组及“页面设置”对话框中实现。

（1）“页面设置”选项组

“页面设置”选项组在“页面布局”选项卡中，主要由“文字方向”“页边距”“纸张方向”“纸张大小”等命令按钮组成，如图 4-4 所示。

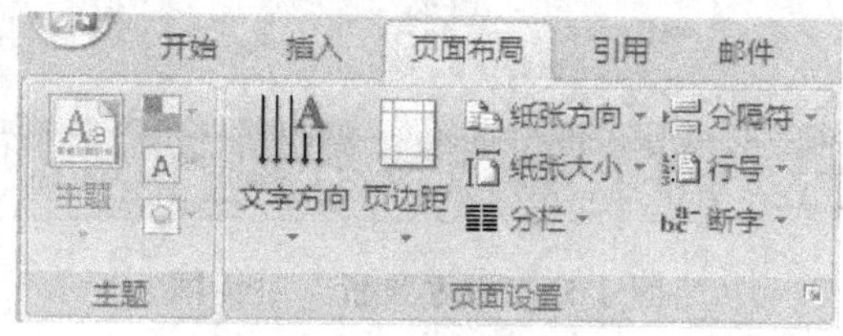

图 4-4 “页面设置”选项组

“页面设置”选项组中的各个按钮的功能如下：

- 文字方向：自定义文档或所选文本框中文字的方向；
- 页边距：设置整个文档或当前段落的文本距纸张边缘的距离；
- 纸张方向：设置正在编辑的文档的页面大小；
- 分栏：设置将文档内容拆分成两栏或更多栏的效果；
- 分隔符：在文档中插入分页符、分节符或分栏符；
- 行号：在文档每一行的左边距内添加行号；
- 断字：启用断字功能，以便 Word 能在单词音节间添加断字符。一般情况下，为保证单词之间间隔的一致性，需要在书籍和杂志中对文字进行断字。

在“页面设置”选项组中的每个命令按钮下面都有一箭头，表示单击此按钮会打开下拉菜单，用户可从下拉菜单中进一步选择命令执行。

（2）“页面设置”对话框

单击“页面布局”选项卡的“页面设置”选项组中的“页面设置”对话框启动器，可以打开“页面设置”对话框，如图 4-5 所示。

“页面设置”对话框中包含 4 个选项卡：“页边距”“纸张”“版式”“文档网络”。

- “页边距”选项卡主要用来设置文档中的文字到页面边缘的距离，也可以设置“装订线”的位置和“纸张方向”等。
- “纸张”选项卡主要用于设置文档所使用纸张的大小及纸张的来源等。
- “版式”选项卡主要用于设置页眉、页脚的位置及页面的对齐方式等。

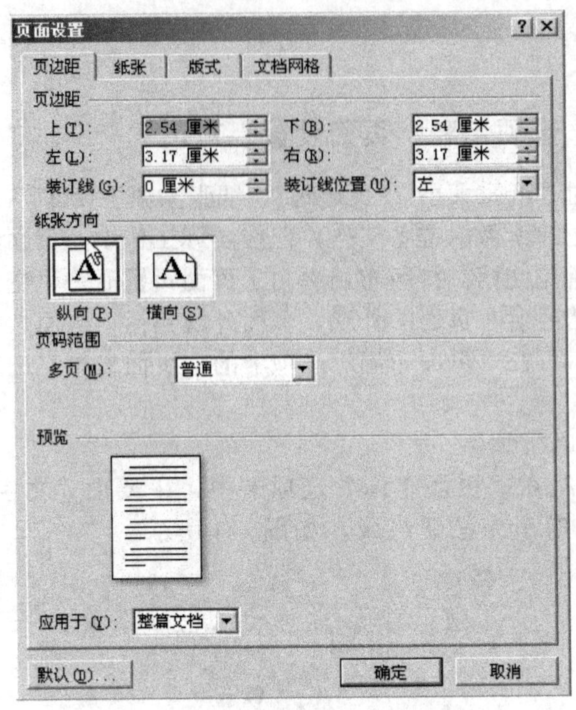

图 4-5 “页面设置”对话框

➢ “文档网格”选项卡主要用于设置文字的排列方向、每行文字的数量及每页文本的行数等。

2. 设置纸张大小

Word 2007 支持的纸张类型有很多，但默认的纸张类型是“A4”。用户可以根据需要进行调整。

单击“页面布局”选项卡的“页面设置”选项组中的“纸张大小”按钮，打开“纸张大小”下拉列表，从中选择合适的纸张类型，如图 4-6 所示。

在“纸张大小”下拉列表中所列的纸张类型中如没有用户需要的纸张类型，可以单击最下端的“其他页面大小”按钮，打开“页面设置”对话框中的“纸张”选项卡，如图 4-7 所示。在“纸张大小”下拉列表框中选择标准的纸张大小，如“16 开”“B5”等，如果用户所用的纸张大小不在这些标准纸张的范围内，可以直接在“高度”和“宽度”文本框中输入纸张的大小。先选择纸张大小为“自定义大小”选项，再设定“高度”和“宽度”值，如图 4-8 所示。

3. 设置页边距

页边距包括文本在纸张中“上”“下”“左”“右”边距和“装订线”的位置，具体的设置方法如下。

单击“页面布局”选项卡的“页面设置”选项组中的“页边距”按钮，弹出“页边距”下拉列表，从中选择合适的页边距类型，如图 4-9 所示。

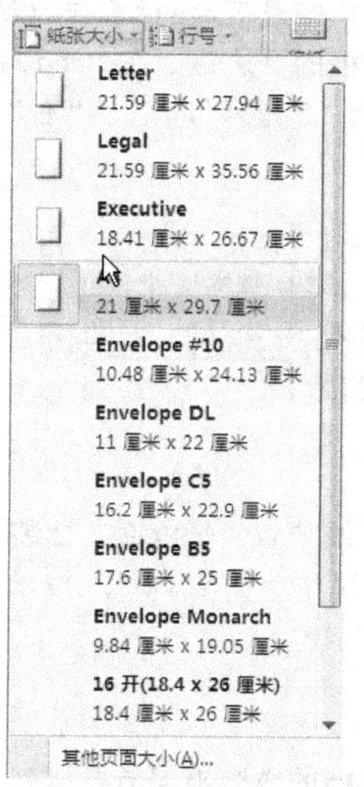

图 4-6　“纸张大小”下拉列表

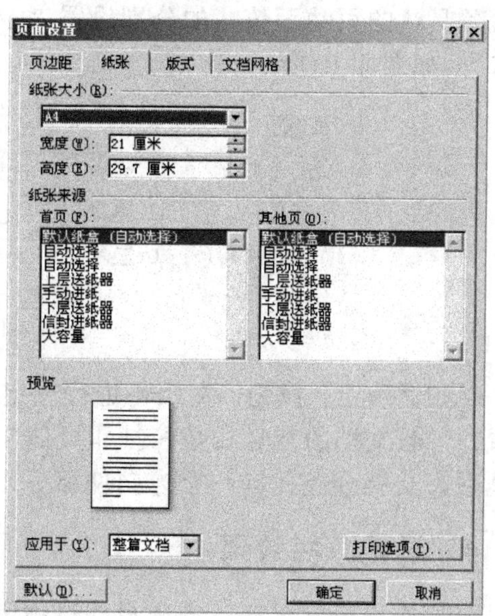

图 4-7　“纸张”选项卡

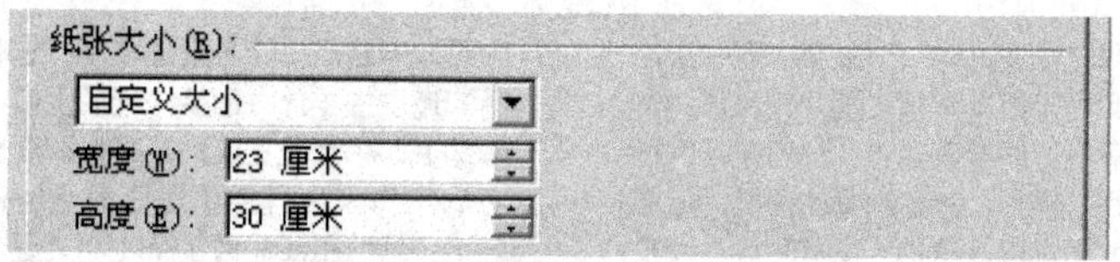

图 4-8　“自定义大小”选项

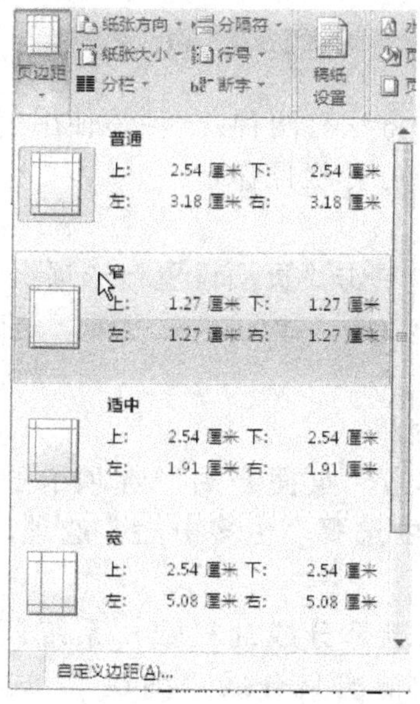

图 4-9　页边距下拉列表

“页边距”下拉列表中如没有用户需要的类型，可以单击最下端的“自定义边距”按钮，打开“页面设置”对话框的“页边距”选项卡，设置文档的页边距。在“页边距”选项区中设置具体的页边距值，如分别设置“上”“下”边距为“2 厘米”，“左”“右”边距为“3 厘米”，如图 4-10 所示。

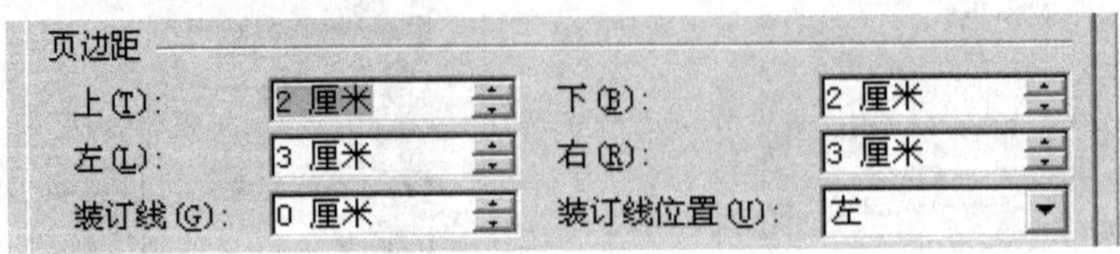

图 4-10　设置页边距

单击“确定”按钮，文档将进行一定的调整。“装订线位置”是留给文档装订时留下的位置，一般文档的装订线是在打印页的左侧。装订线的尺寸一般是 1～1.5 厘米。设置了装订线后，文档会整体向一个方向偏移。

4．设置分栏效果

分栏效果最常用在杂志内页的排版上，通常是将文档的内容根据需要排列成两栏的效果，如图 4-11 所示。

天下谁人不识君

业界流传着这样一个故事，有一次，王江民和几个朋友一起去国外谈合作，在中方边界的边防检查站上，他们进行例行检查。那是冬天，刮着刺骨的冷风，近零下３０℃的温度，冻得大家直发抖，大家都在企盼能尽快通过安检，以少受这天寒地冻之苦。突然，中国边防一位工作人员大声地喊到：“谁是王江民？”王江民也不知道发生了什么事情，走了上前，很镇静地说：“我是王江民，有什么事情？”边防工作人员打量了王江民足足有两分钟，突然给王江民敬了个礼：“王老师，你好！”原来这位边防工作人员也是ＫＶ系列的忠实用户。

图 4-11　分栏效果

在 Word 2007 中设置分栏的方法有两种：一种是使用工具栏按钮对文档进行分栏操作，另一种是使用“分栏”对话框进行分栏操作。

（1）使用工具栏按钮分栏

选中需要分栏的文本内容，单击“页面设置”选项组中的“分栏”按钮 分栏，在弹出的下拉列表中选择“两栏”命令，如图 4-12 所示，这时选中的内容就会按照要求分为两栏，如图 4-13 所示。

（2）使用“分栏”对话框分栏

选中需要分栏的内容，单击“页面布局”选项卡的“页面设置”选项组中的“分栏”按钮，在弹出的下拉列表中选择“更多分栏”选项，打开如图 4-14 所示的“分栏”对话框。

在“分栏”对话框中可以选择分成的栏数，系统默认最多可以分成 8 栏，但这种分栏方式使用得非常少，正常情况是分成“两栏”。选择“两栏”或是将“列数”设置项设置为“2”，选中“分隔线”复选框，在“宽度和间距”选项区域中设置每一栏的宽度和间距。如果用户在排版的过程中需要将两栏的尺寸设置为不相同的，则可以去除“栏宽相等”复选框，并在“宽度和间距”选项区进行设置，如图 4-15 所示。设置完成后，单击“确定”按钮即可。

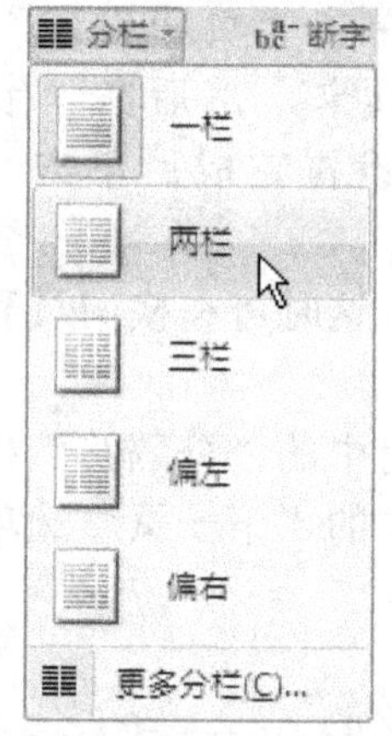

图 4-12　“分栏”下拉列表

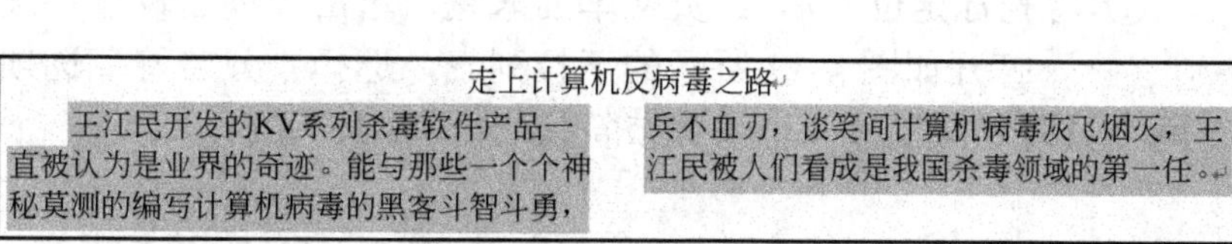

走上计算机反病毒之路

王江民开发的KV系列杀毒软件产品一直被认为是业界的奇迹。能与那些一个个神秘莫测的编写计算机病毒的黑客斗智斗勇，兵不血刃，谈笑间计算机病毒灰飞烟灭，王江民被人们看成是我国杀毒领域的第一任。

图 4-13　分为两栏后的效果

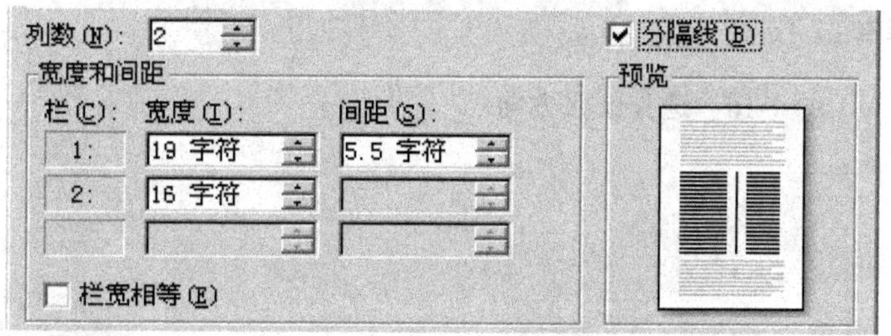

图 4-14　“分栏”对话框

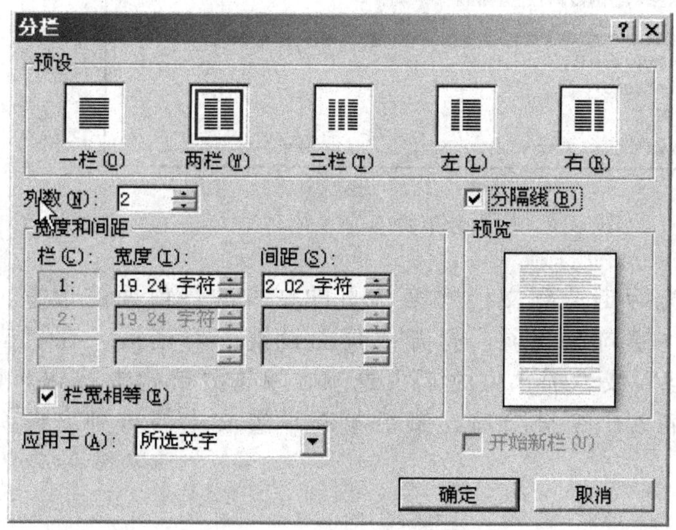

图 4-15　设置栏宽

5. 设置纸张方向

在 Word 2007 文档中，纸张方向包括“纵向”和“横向”两种。用户可以根据页面版式要求选择合适的纸张方向。

打开 Word 2007 文档窗口，切换到“页面布局”功能区。单击“页面设置”对话框启动器，建出“页面设置”对话框。切换到“页边距”选项卡，然后在“纸张方向”选项区中选择“横向”或“纵向”选项，如图 4-16 所示，设置完成后单击“确定”按钮。

如果同一篇 Word 文档在不同的页面中需设置不同的纸张方向，这时可在横向页和纵向页之间插入分隔符。操作方法如下。

① 将光标定位于第 1 页文本的末尾，单击“页面设置”选项组中的“分隔符”按钮 分隔符，打开如图 4-17 所示的下拉列表，选择“分节符”选项区中的“下一页”选项，在两个页面之间插入一个“分节符”，如图 4-18 所示。

图 4-16　选择纸张方向

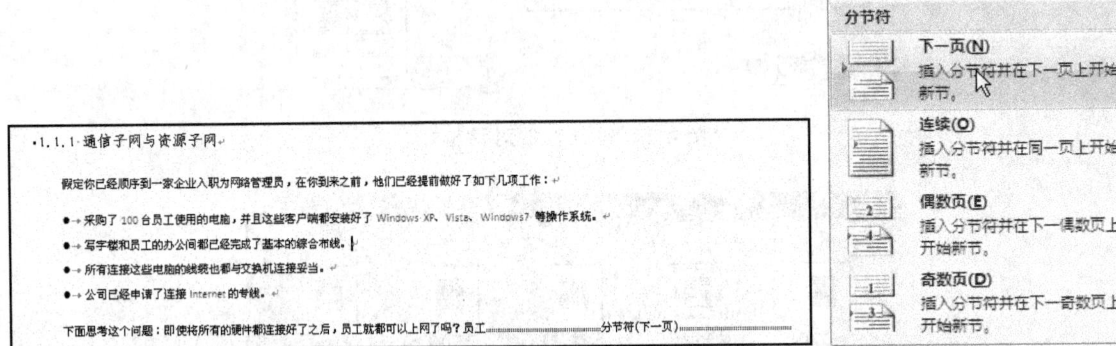

图 4-18　插入分节符

图 4-17　“分隔符”下拉列表

② 将插入点光标定位到文档的第 2 页的文本的最前面的位置，在“纸张方向”下拉列表中选择“横向”选项。打开“页面设置”对话框，在“应用于”下拉列表中选择“整篇文档”或“插入点之后”选项，单击“确定”按钮。再把鼠标移到第 3 页的页首，同时插入一个分节符，最后重新设置文本的排列方向，完成后的效果如图 4-19 所示。

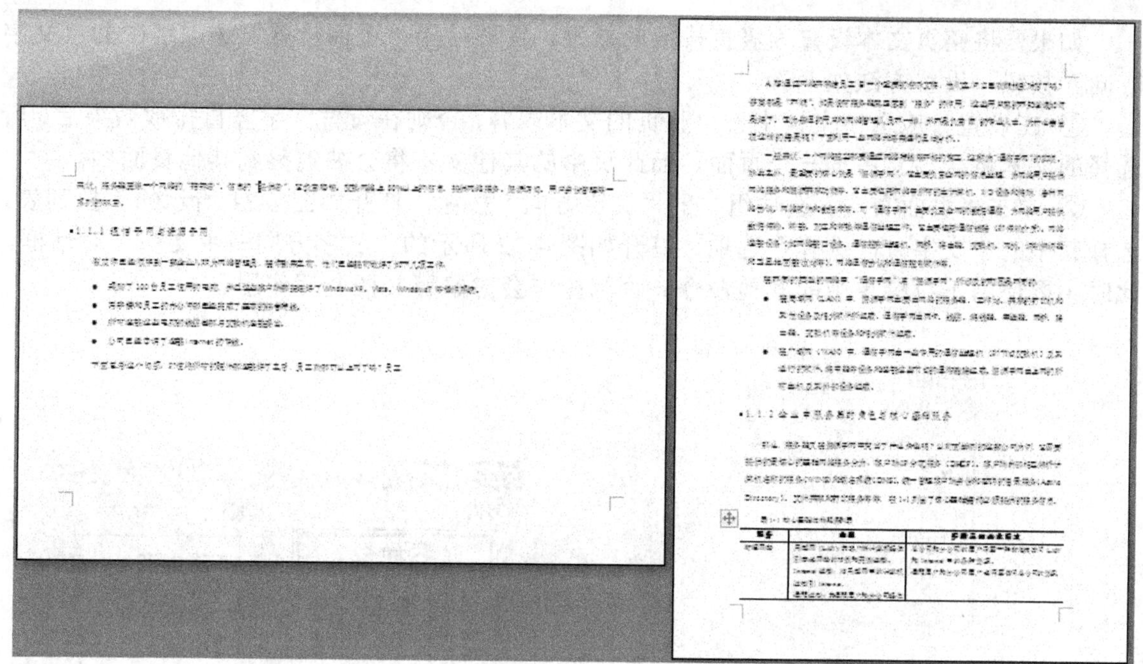

图 4-19 文本的纵、横向排列效果

6. 设置文档文字方向

文档文字方向的调整通常应用于报纸的排版中，在一个版面上同时出现的文字有横排和竖排。在论文、报告、小说等文档中，这样的排版方式比较少。在 Word 2007 中文档的文字方向可以设置为垂直、水平及将文字旋转方向等。

在一个页面中如果要将文本的内容设置为既有横排又有竖排，就需要使用文本框，将文本的内容与文档的内容分割开，否则在设置时不好控制。在一个页面上使用文本框设置文本的横排与竖排的效果如图 4-20 所示。

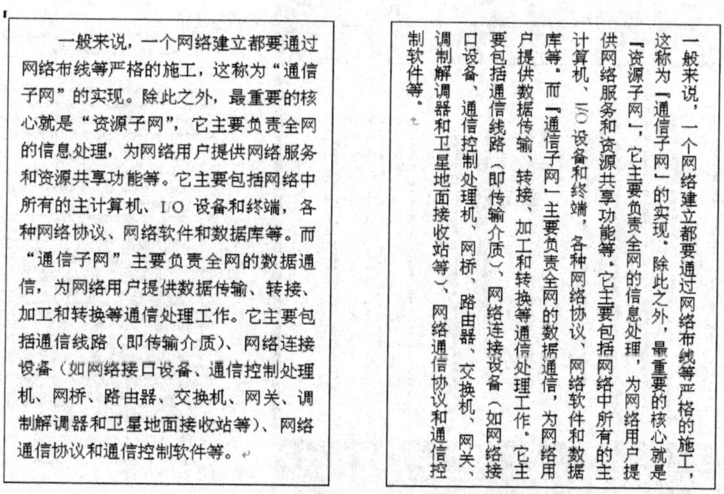

一般来说，一个网络建立都要通过网络布线等严格的施工，这称为“通信子网”的实现。除此之外，最重要的核心就是“资源子网”，它主要负责全网的信息处理，为网络用户提供网络服务和资源共享功能等。它主要包括网络中所有的主计算机、I/O 设备和终端，各种网络协议、网络软件和数据库等。而“通信子网”主要负责全网的数据通信，为网络用户提供数据传输、转接、加工和转换等通信处理工作。它主要包括通信线路（即传输介质）、网络连接设备（如网络接口设备、通信控制处理机、网桥、路由器、交换机、网关、调制解调器和卫星地面接收站等）、网络通信协议和通信控制软件等。

一般来说，一个网络建立都要通过网络布线等严格的施工，这称为『通信子网』的实现。除此之外，最重要的核心就是『资源子网』，它主要负责全网的信息处理，为网络用户提供网络服务和资源共享功能等。它主要包括网络中所有的主计算机、I/O 设备和终端，各种网络协议、网络软件和数据库等。而『通信子网』主要负责全网的数据通信，为网络用户提供数据传输、转接、加工和转换等通信处理工作。它主要包括通信线路（即传输介质）、网络连接设备（如网络接口设备、通信控制处理机、网桥、路由器、交换机、网关、调制解调器和卫星地面接收站等）、网络通信协议和通信控制软件等。

图 4-20 用文本框设置文本的横排与竖排效果

如果要将整页文本设置为竖直排放的效果，需要使用“页面设置”选项组中的“文字方向”按钮。设置方法如下。

① 在设置时应选中文档中一个整页的文本内容，否则在设置文字竖直排放效果后，所选择的文本将会独立占据一个页面，而此页中的其他文本将会被调整到其他页面中。

② 单击“页面布局”选项组中的“文字方向”按钮，打开如图 4-21 所示的下拉列表，选择其中的“文字方向选择”选项，打开如图 4-22 所示的“文字方向—主文档”对话框。此时不要使用下拉菜单中的其他命令，否则操作会对整篇文档发挥作用。

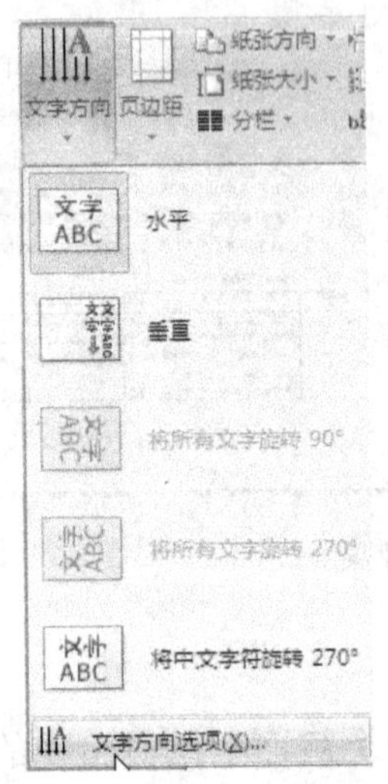

图 4-21 文字方向下拉列表

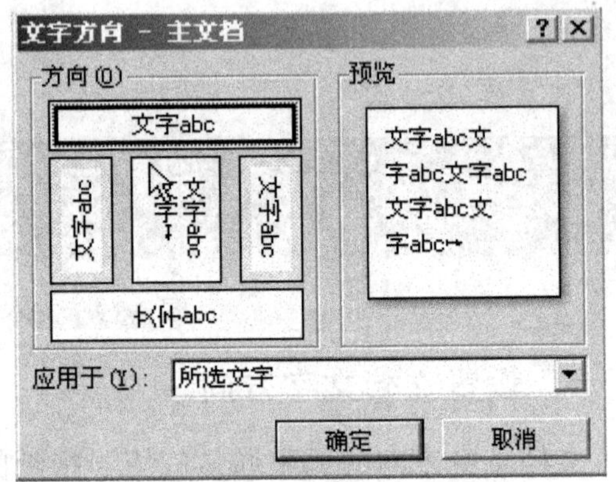

图 4-22 “文字方向”对话框

③ 在“文字方向”对话框的“方向”选项区中选择需要的文字方向，在“应用于”下拉列表中选择“所选文字”选项，单击“确定”按钮。设置后的效果如图 4-23 所示。

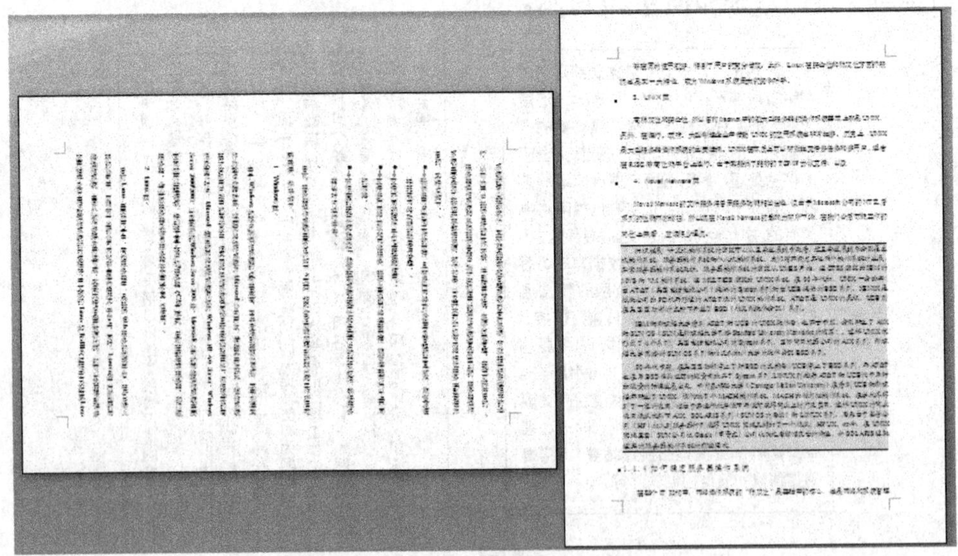

图 4-23 文字竖排的效果

任务 2　插入与编辑图片

Word 文档中的图片主要有两种：Word 程序自带的剪贴画和用户插入的其他图片。用户可以根据需要在 Word 文档中插入种类繁多的图片格式，包括 BMP、JPEG、GIF、PNG、TIF、PCX 等，其中最常见的是 JPEG 格式。

1．插入图片

在 Word 文档中插入图片的方法如下。

① 将光标定位在文档中要插入图片的位置，然后单击“插入”选项卡的“插图”选项组中的“图片”按钮。

② 系统会打开“插入图片”对话框，在“查找范围”下拉列表中选择所要插入的图片的文件路径，选中该路径下的图片文件，如图 4-24 所示，单击“插入”按钮右侧的下拉按钮，从中选择“插入”命令即可将图片插入到文档中。

图 4-24 “插入图片”对话框

“插入”按钮右侧的下拉列表有三个选项，其含义如下。

- 插入：将图片复制到文档中，在保存文档时图片和文档一起保存，当改变图片的源文件时，图片不能自动更新。
- 链接到文件：将图片源文件的位置信息插入到文档中，并保存这两个文件之间的联系。当改变源文件的内容时，文档中的图片内容也将随之更新。
- 插入和链接：既复制了图片，又保存了链接信息。但这样会使文件变大，不过如果源文件不可用或被删除，图片仍然能够在文档中显示。

2. 调整图片大小

在 Word 文档中插入的图片会因为图片自身的大小而在文档中占据不同的空间，Word 文档还可以对插入的图片进行简单编辑，对图片的尺寸进行调整。

选中需要设置的图片，在“图片工具”对话框的“格式”选项卡的“大小”选项组中可改变图片的大小，如图 4-25 所示。调整“高度”或“宽度”的向下或向上的三角按钮，可以等比例调整图片大小。

单击“大小”选项组的对话框启动器，系统会打开“设置图片格式”对话框，切换到“大小”选项卡，在此选项卡中可以对图片的大小进行较精确的调整，如图 4-26 所示。

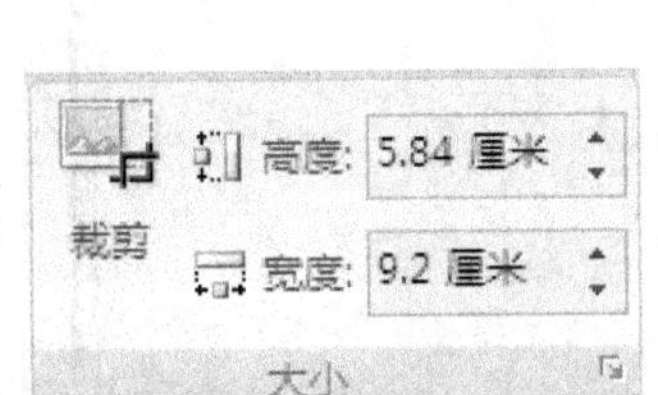

图 4-25 改变图片大小

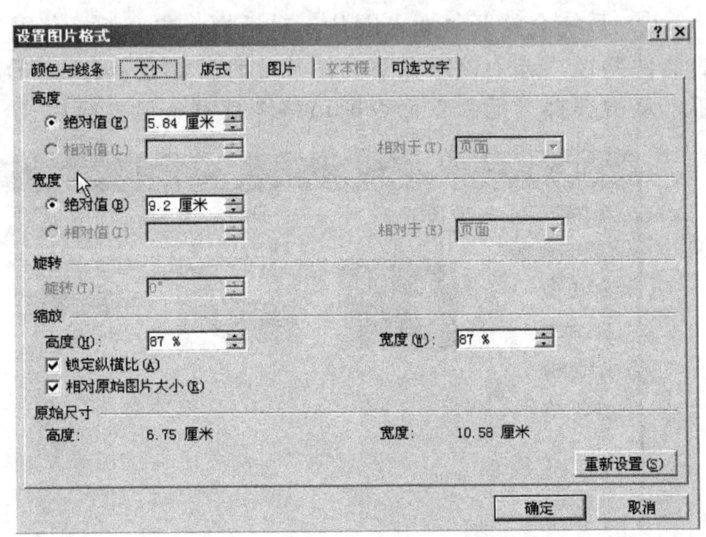

图 4-26 “设置图片格式”对话框

3. 设置图片的环绕方式

在默认情况下，插入到 Word 2007 文档中的图片会作为字符插入到 Word 文档中，图片所在位置随着其他字符的改变而改变，用户不能自由移动图片。而通过为图片设置文字环绕方式，则可以自由移动图片的位置。文字与图片的环绕方式有四周型、紧密型、上下型、穿越型等，不同的环绕方式，图片与文本的排列情况会有不同的变化。

- “嵌入型”方式：通常应用于非常小的图片，图片会像字符一样在一行文本中占据一个位置，并且会随着段落文本的移动而移动。
- “四周型环绕”方式：是比较常用的环绕方式，文字会以矩形方式环绕在图片周围。
- “紧密型环绕”方式：文字紧密环绕在图片的四周。如果图片是矩形，则文字以矩形方式环绕在图片周围；如果图片是不规则图形，则文字将紧密环绕在图片四周。
- “衬于文字下方”方式：图片在下、文字在上分为两层，文字将图片覆盖。
- “浮于文字上方”方式：图片在上、文字在下分为两层，图片将文字覆盖。

- "上下型环绕"方式：文字环绕在图片上方和下方，图片的左、右方将是空白的，此种方式是排版方式中使用最多的方式。
- "穿越型环绕"方式：文字可以穿越不规则图片的空白区域环绕图片。
- "编辑环绕顶点"方式：用户可以编辑文字环绕区域的顶点，实现更个性化的环绕效果。

设置文字环绕方式的方法如下：

① 打开 Word 2007 文档窗口，选中需要设置文字环绕的图片。

② 在打开的"图片工具"功能区的"格式"选项卡中，单击"排列"选项组中的"文字环绕"按钮，系统弹出如图 4-27 所示的"文字环绕"下拉列表，从中选择合适的文字环绕方式即可。

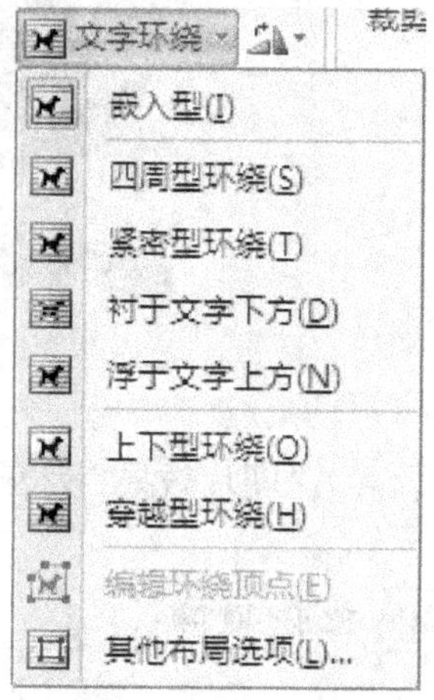

图 4-27　文字环绕菜单

4．设置图片样式

Word 2007 系统中自带了 28 种图片的样式，如图 4-28 所示。用户可以将这些样式应用于图片，将这些样式与图片形状、图片边框和图片效果组合起来设置，给图片添加特殊效果。

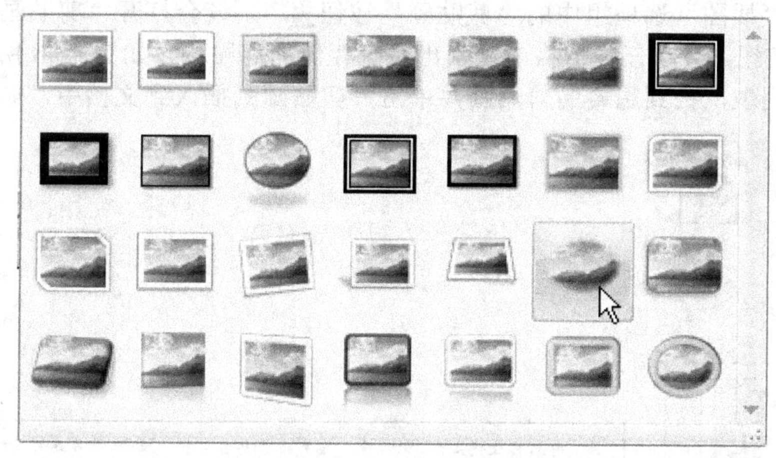

图 4-28　Word 2007 自带的图片样式效果

选中图片，在"格式"选项卡的"图片样式"选项组中单击"其他"按钮，在打开的下拉列表中选择一种图片样式。用户可以先将光标放在一种图片样式上，这时选中的图片就会显示出该样式效果，用户可以根据观察到的效果选择合适的样式。如图 4-29 所示的图片为设置了"柔化边缘矩形"后的效果。

在"图片样式"选项组中还有三个按钮："图片形状"、"图片边框"和"图片效果"。单击每个按钮都可以打开对应的命令列表，这些命令列表可以单独使用，也可以和其他列表中的命令组合使用。

- "图片形状"列表中列出几十种形状可供用户选择。
- "图片边框"列表可以设置图片边框线的形状、颜色、边框线的粗细等。

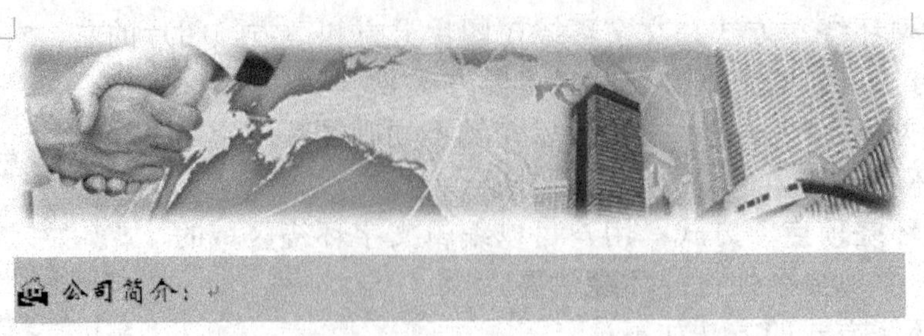

图 4-29　设置了“柔化边缘矩形”效果的图片

➢ “图片效果”列表中系统预设了几十种的效果，包括三维效果、发光效果、倒影效果等。

1. 插入剪贴画

剪贴画是一种特殊类型的图片，通常由小而简单的图像组成，使用剪贴画可以给文档增加外观可视化和趣味性。Word 系统带有许多剪贴画，用户可以根据文档内容的需要使用。

将光标插入点移动至要插入剪贴画的位置，单击“插入”标签切换到“插入”选项卡，单击该选项卡“插图”选项组中的“剪贴画”按钮，系统会打开“剪贴画”任务窗格，单击“搜索”按钮，会在任务窗格中搜索出系统存储的剪贴画，如图 4-30 所示。当出现剪贴画时，滚动列表，找到想要的剪贴画并单击，剪贴画则插入到文档中，如图 4-31 所示。

图 4-30　“剪贴画”任务窗格

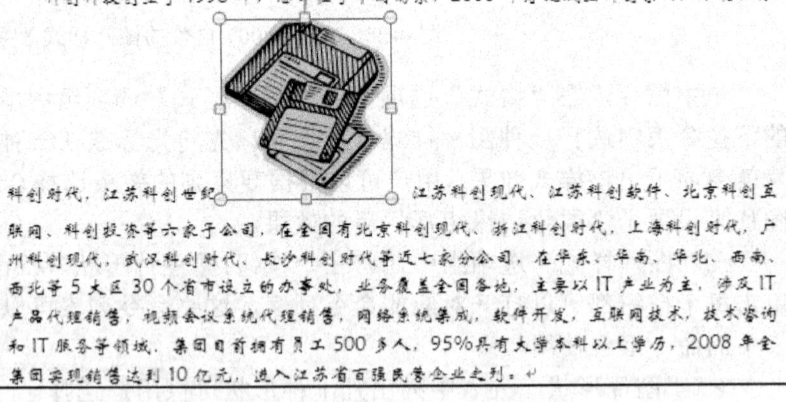
科创科技创立于 1996 年，总部位于中国南京，2008 年筹建成立科创集团，下辖江苏科创时代，江苏科创世纪 江苏科创现代、江苏科创软件、北京科创互联网、科创投资等六家子公司，在全国有北京科创现代、浙江科创时代，上海科创时代，广州科创现代，武汉科创时代、长沙科创时代等近七家分公司，在华东、华南、华北、西南、西北等 5 大区 30 个省市设立的办事处，业务覆盖全国各地，主要以 IT 产业为主，涉及 IT 产品代理销售，视频会议系统代理销售，网络系统集成，软件开发，互联网技术，技术咨询和 IT 服务等领域。集团目前拥有员工 500 多人，95%具有大学本科以上学历，2008 年全集团实现销售达到 10 亿元，进入江苏省百强民营企业之列。

图 4-31　在文档中插入剪贴画

将剪贴画插入到文档中后，其样式的设置与文本的环绕方式的设置及图片设置方法相同，用户可以参照图片的设置方法对剪贴画进行设置。

为了控制“剪贴画”的搜索范围，可使用下拉“搜索范围”列表，如图 4-32 所示。如果只搜索“选定收藏集”，则取消“所有收藏集位置”的勾选，只勾选“我的收藏集”。也可以通过限定仅搜索某一类媒体来进一步缩小搜索范围。默认情况下，Word 系统搜索所有媒体类型，包括电影和音频。

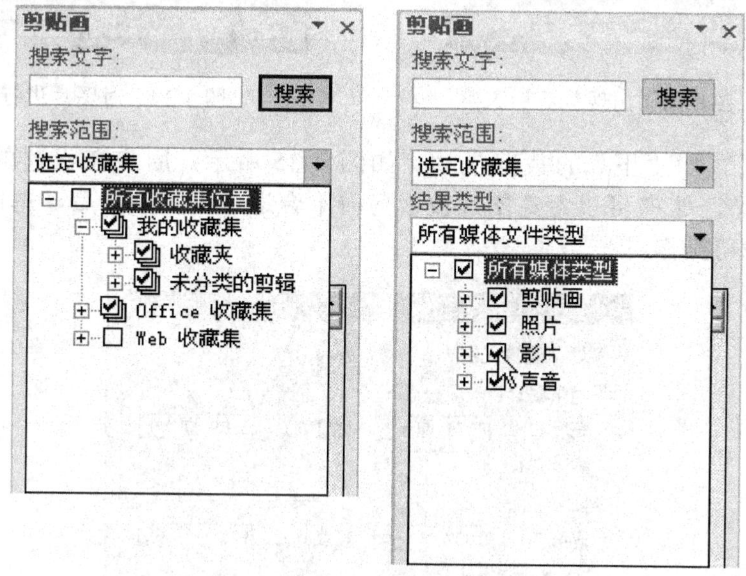

图 4-32 用“搜索范围”下拉列表控制搜索范围

2. 裁剪图片

一张图片可能包含的场景较大，而当用户将其插入到文档中时，图片中的有些内容可能并不适合文档，此时可以使用图片的裁剪工具对图片进行适当的裁剪，以符合文档内容的要求。

在 Word 2007 文档中，用户可以通过两种方法对图片进行裁剪。一种方法是通过“图片工具”功能区的“格式”选项卡下的“大小”选项组中的“裁剪”工具对图片进行裁剪；另一种方法则是在“大小”对话框中指定图片裁剪的尺寸。

(1) 使用“裁剪”工具裁剪图片

选中文档中需要裁剪的图片，单击“图片工具”功能区中的“格式”标签，打开“格式”选项卡，单击该选项卡下“大小”选项组中的“裁剪”按钮，此时图片的四周出现裁剪标识，如图 4-33 所示。将鼠标光标移动到这些裁剪标识旁，鼠标形状会变成相应的裁剪形状，按下鼠标左键并移动鼠标可以对图片进行裁剪操作，如图 4-34 所示，松开鼠标后，图片中相应的部分将被裁剪掉。

(2) 通过“大小”对话框裁剪图片

选中文档中需要裁剪的图片，单击鼠标右键，在弹出的快捷菜单中选择“大小”命令，或者单击“格式”选项卡“大小”选项组中的对话框启动器，打开“大小”对话框。

在打开的“大小”对话框中，切换到“大小”选项卡。在“裁剪”参数设置区域分别

图 4-33　图片周围出现裁剪标识

图 4-34　对图片进行裁剪

设置“左”“右”“上”“下”的裁剪尺寸，如图 4-35 所示。用户在设置的时候可以看到图片的裁剪情况，这样可以避免图片被裁剪得不合适，设置完毕后，单击“确定”按钮完成对图片的裁剪操作。

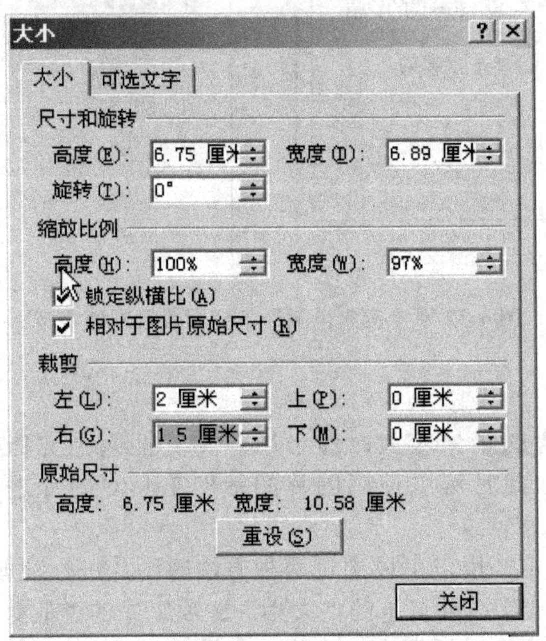

图 4-35　“大小”选项卡

裁剪后的图片如果不符合要求，可以单击“重设”按钮，这时可恢复图片的原始尺寸。

3．旋转图片

对于 Word 2007 文档中的图片，用户可以根据实际需要对选中的图片进行旋转，以适应文档的编排要求。在 Word 2007 文档中旋转图片的方法包括以下 3 种：一种是使用旋转手柄，一种是应用 Word 2007 预设的旋转效果，另外一种是在“大小”对话框中设置旋转的角度值。

（1）使用旋转手柄旋转图片

如果对于 Word 文档中图片的旋转角度没有精确要求，用户可以使用旋转手柄旋转图片。首先选中图片，图片的上方将出现一个绿色的旋转手柄。将鼠标移动到旋转手柄上，鼠标光标呈现旋转箭头的形状。按住鼠标左键沿圆周方向顺时针或逆时针旋转图片即可，如图 4-36 所示。

（2）应用 Word 2007 预设旋转效果

在 Word 2007 预设了 4 种图片旋转效果，即“向右旋转 90°”“向左旋转 90°”“垂直翻转”“水平翻转”。

选中需要旋转的图片，在“图片工具”功能区的“格式”选项卡中，单击“排列”选项组中的“旋转”按钮，如图 4-37 所示，并在打开的旋转菜单中选择“向右旋转 90°”、“向左旋转 90°”、“垂直翻转”或“水平翻转”效果。

图 4-36　使用旋转手柄旋转图片

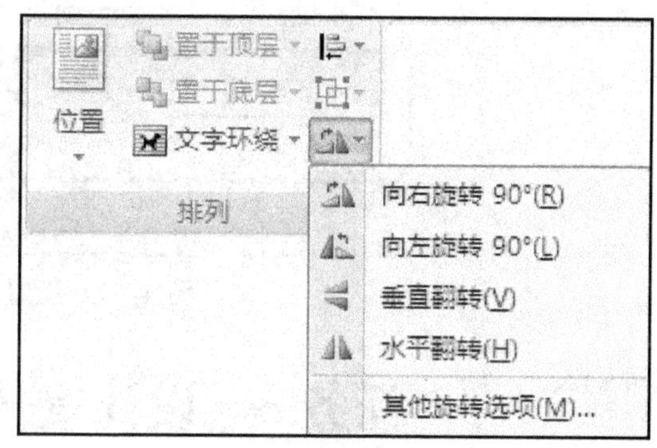

图 4-37　旋转菜单

（3）在“大小”对话框中设置旋转角度

用户还可以通过指定具体的数值，以便更精确地控制图片的旋转角度。选中需要旋转的图片。在“图片工具”功能区的“格式”选项卡中，单击“排列”选项组中的“旋转”按钮，并在打开的“旋转”菜单中选中“其他旋转选项”命令。

在打开的“大小”对话框中切换到“大小”选项卡，在“尺寸和旋转”选项区域调整“旋转”编辑框的数值，如图 4-38 所示，单击“确定”按钮即可旋转图片。

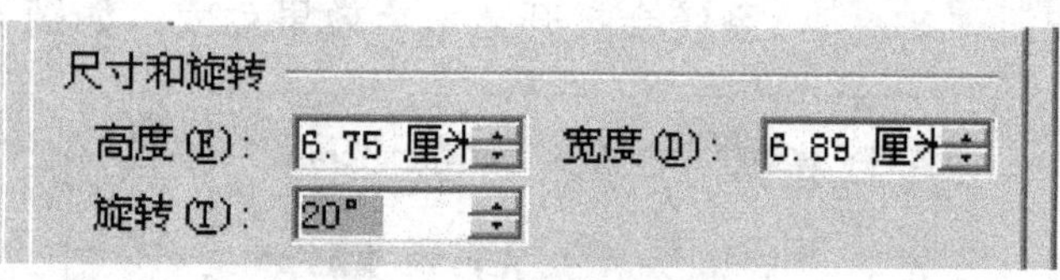

图 4-38　设置旋转角度

4．设置环绕时图片与文本间的距离

将图片插入到文档中，用户设置完图片与文本的环绕方式后，此时，图片与文本之间有一定的距离，如“四周型环绕”“紧密型环绕”“上下型环绕”等。用户可以根据需要调整图片与文本之间的距离，调整方法如下。

选中图片，在“图片工具”功能区的“格式”选项卡中单击“高级版式”选项组中的

“文字环绕”按钮，在打开的“文字环绕”方式菜单中选中“其他布局选项”命令，打开“高级版式”对话框，在该对话框的“距正文”选项区中设置图片与正文之间的距离，如图 4-39 所示。

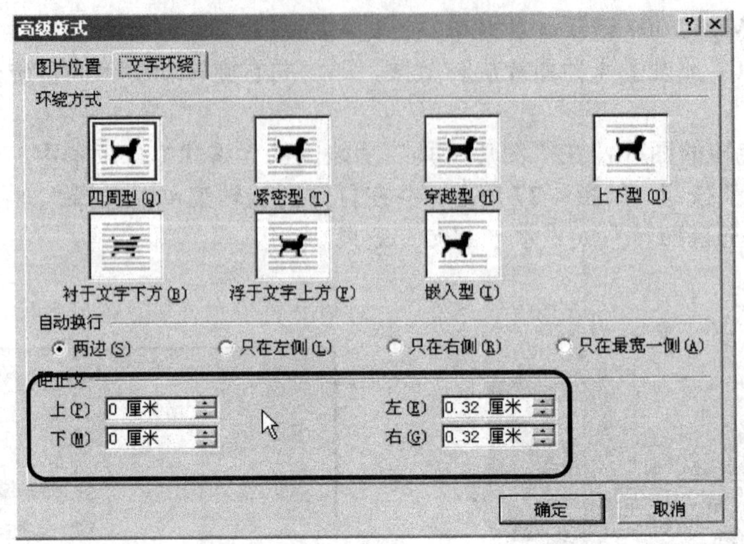

图 4-39　设置图片与文本的距离

任务 3　设计宣传页标题艺术字效果

所谓艺术字是指文档中具有特殊效果的文字。艺术字在文档中不是普通文字，而是图形对象，用户可以像处理其他图形那样对艺术字进行处理。

1．插入艺术字

艺术字拥有各种颜色和各种字体，可以带阴影，可以倾斜、旋转和延伸，还可以变成特殊的形状。艺术字通常用于文档的标题设计及个性化的贺卡制作等方面。

在文档中将插入点放在需要插入艺术字的位置，在“插入”选项卡的“文本”选项组中单击“艺术字”按钮 艺术字，系统会打开艺术字效果列表，如图 4-40 所示。

图 4-40　艺术字效果列表

在打开的艺术字效果列表中选择一种艺术字效果，系统会打开“编辑艺术字文字”对话框，在其中的“文本”文本框中输入需要插入到文档中的艺术字，然后根据需要在“字体”和“字号”下拉列表中选择适当的字体和字号，如图 4-41 所示。设置完成后单击“确定”按钮，效果如图 4-42 所示。

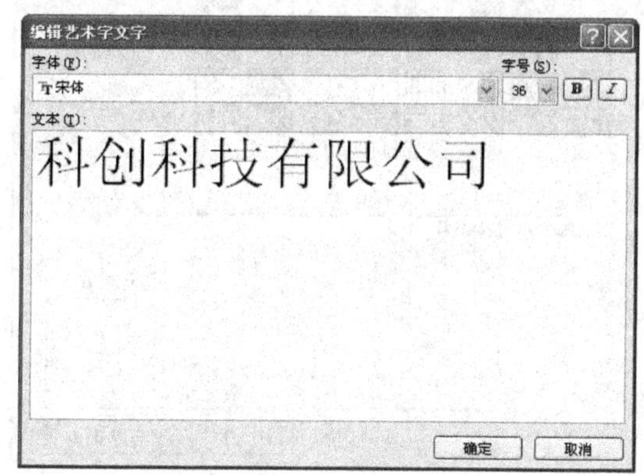

图 4-41　输入文字并设置格式

科创科技有限公司

图 4-42　艺术字的效果

2. 艺术字样式

当为插入文档中的艺术字设置了系统中自带的艺术字样式效果后，如果感觉效果不太理想，用户还可以自己对这个样式进行修改与调整，调整的内容包括艺术字的填充颜色、填充图案、渐变效果，同时还可以修改艺术字的轮廓、线条的类型及艺术字整体的外部形状等。所有的设置是在“艺术字样式”选项组中进行的，该选项组中包含了艺术字样式列表等内容，如图 4-43 所示。

（1）设置形状填充

形状填充主要用于设置艺术字的内部填充效果，可以使用“图案”“其他填充颜色”“图片”等，还可以设置艺术字的“渐变”效果。

图 4-43 “艺术字样式”选项组

选中艺术字，单击“艺术字工具”功能区下的“格式”选项卡，在该选项卡的“艺术字样式”选项组中单击“形状填充”按钮 形状填充 ，打开如图 4-44 所示的“主题颜色”列表，从中选择一种主题颜色，艺术字原有的填充颜色则随之改变。

单击“主题颜色”列表中的“图案”按钮，系统会打开“填充效果”对话框，如图 4-45 所示，该对话框中有 4 个选项卡：“渐变”“纹理”“图案”“图片”，这 4 个选项卡包含了“主题颜色”列表中的“图片”“渐变”“纹理”“图案”4 个设置选项的功能，用户可以应用对话框中的样式对艺术字进行设置。

（2）设置形状轮廓

“形状轮廓”列表主要用于设置艺术字外围线条的效果，可以设置线条的形状、线条的粗细和线条图案等，还可以为某些艺术字样式设置无轮廓的效果，如图 4-46 所示。

（3）更改艺术字形状

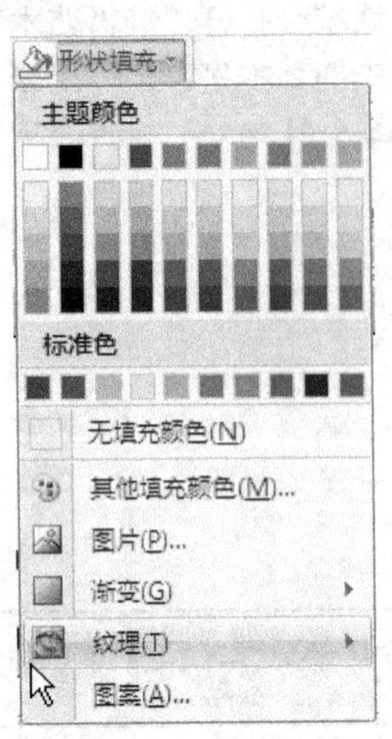

图 4-44　“主题颜色”列表

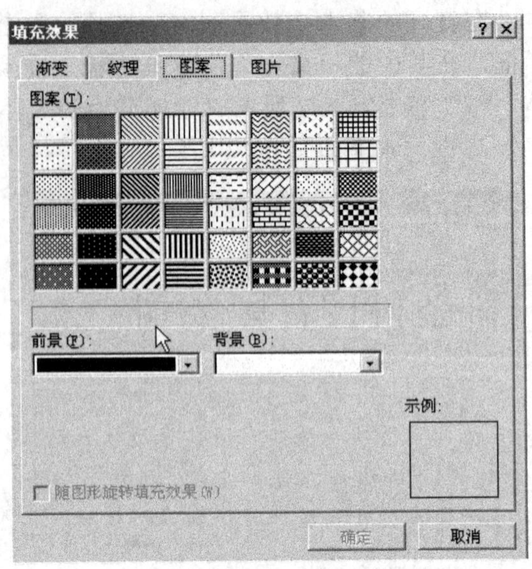

图 4-45　“填充效果”对话框

艺术字的形状是在艺术字样式的基础上对艺术字进行的二次修饰，主要体现在艺术字外形的变化上，这种字形的变化可以与文本内容相配合起到衬托的效果，艺术字形状库如图 4-47 所示。艺术字形状的设置方法比较简单：选中艺术字，在艺术字的形状库中选择一种形状就可以了。如图 4-48 所示为设置了“倒 V 型”效果的艺术字。选中设置了艺术字形状的艺术字，在其左侧会出现一个黄色的控制柄，拖动该控制柄可以调节艺术字的形变。

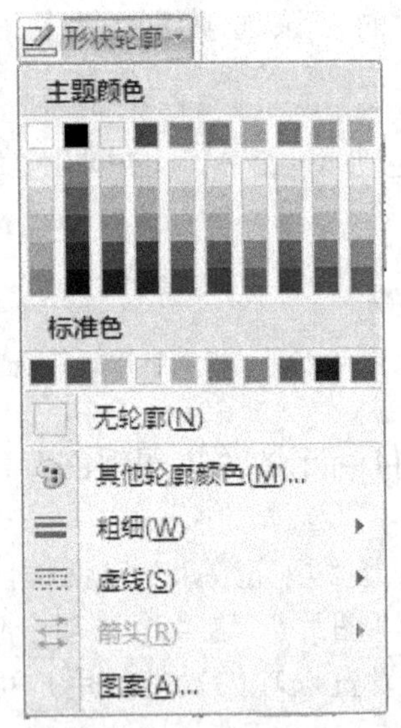

图 4-46　“形状轮廓”列表

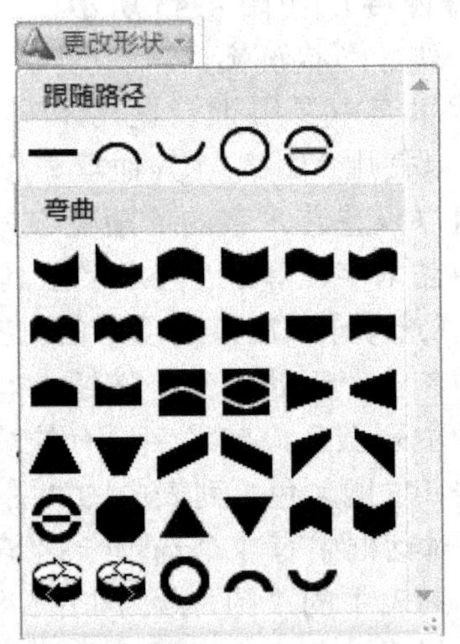

图 4-47　艺术字形状库

图 4-48　设置“倒 V 型”效果的艺术字

1．设置艺术字阴影效果

艺术字的阴影效果在 Word 2003 中就有，Word 2007 中该功能得到了加强。通过设置艺术字阴影效果，可以设置出意想不到的效果，为文档增添色彩。如图 4-49 所示为设置了“阴影样式 10”的效果。

科创科技有限公司

图 4-49　设置了“阴影样式 10”的效果

艺术字阴影效果的设置是在“艺术字工具”功能区的“格式”选项卡的“阴影效果”选项组中的进行设置的。

选中艺术字，单击“艺术字工具”功能区的“格式”选项卡下的“阴影效果”选项组中的“阴影效果”按钮，打开如图 4-50 所示的“阴影效果”列表。单击所需的阴影效果，这种阴影效果就会应用到艺术字中。

在 Word 2007 中可以对阴影效果的位置进行调整，将阴影向上、向下、向左和向右移动，调整工作是使用如图 4-51 所示的阴影调整按钮完成的。如图 4-52 所示为将阴影向下调整后的效果。

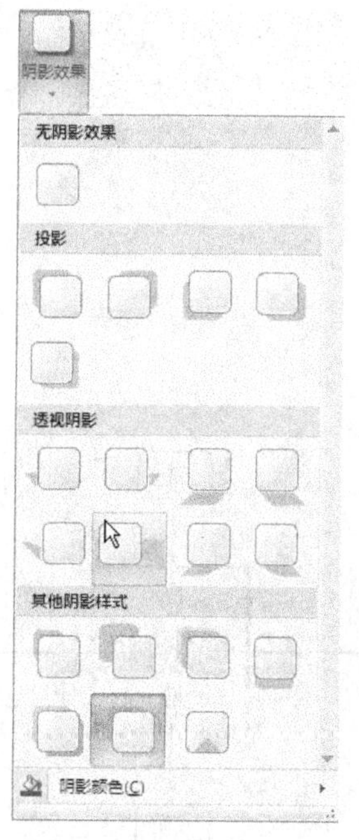

图 4-50　“阴影效果”列表

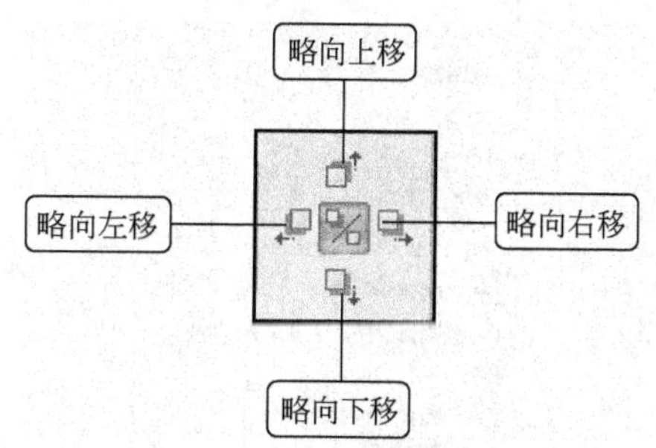

图 4-51　阴影调整按钮

2．设置艺术字三维效果

Word 2007 中的艺术字三维效果设置与 Word 2003 中的设置方式近似，在功能上并没有增加什么内容，只增加了一些三维效果，如图 4-53 所示为设置了“三维样式 14”的艺术字效果。

科创科技有限公司

图 4-52　调整阴影位置后的效果

图 4-53　设置了三维样式的艺术字

艺术字三维效果的设置是在“艺术字工具”功能区的“格式”选项卡下的“三维效果”选项组中进行的。

选中艺术字，单击“艺术字工具”功能区的“格式”选项卡下的“三维效果”选项组中“三维效果”按钮，打开如图 4-54 所示的“三维效果”列表，选择一种三维效果，则此种效果就会应用到艺术字中。

在 Word 2007 中可以对三维效果的位置进行调整，可以对三维效果进行向右偏、向左偏、向上翘和向下俯的调整，调整工作使用如图 4-55 所示的三维调整按钮进行。

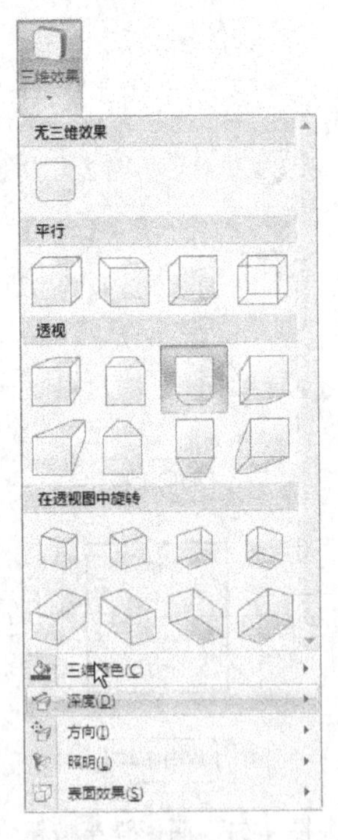

图 4-54　“三维效果”列表

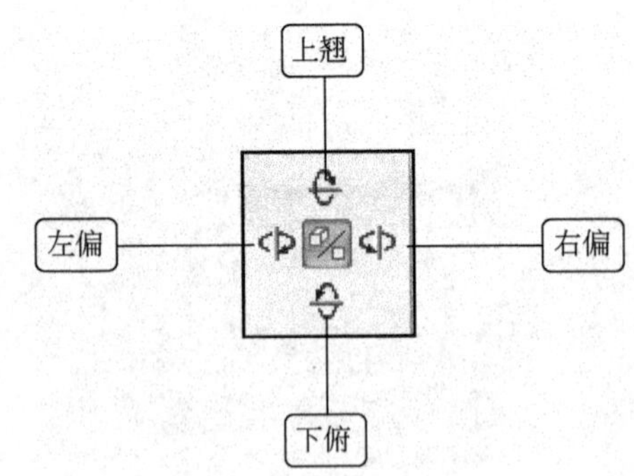

图 4-55　三维调整按钮

用户在“三维颜色”、“深度”、“方向”、“照明”和“表面效果”几个设置选项中可以设置三维效果的颜色、三维方向的深度、三维效果的方向、三维艺术字的灯光方向及三维艺术字的表面呈现效果。这些内容设置比较简单，请读者自行尝试使用。

任务 4　应用自选图形

Word 2007 内置了一套可直接调用的自选图形，包括线条、箭头、流程图、星与旗帜及标注等。在文档中添加一个自选图形或合并多个自选图形，可生成一个图形或一个更为复杂的形状。

1. 在文档中插入自选图形

单击“插入”选项卡下的“插图”选项组中的“形状”按钮，系统会打开“形状”列表，在该列表中列出了自选图形的 6 个大类，包括“线条”“基本形状”“箭头总汇”“流程图”“标注”“星与旗帜”，如图 4-56 所示。

将光标插入点定位于要绘制自选图形的位置，然后在“插入”选项卡下的“插图”选项组中单击“形状”按钮，从打开的“形状”列表中选择相应的自选图形的形状。在此选择“圆角矩形”形状，此时鼠标指针为十字形，在绘图起始点位置按住鼠标左键，并拖动鼠标到结束位置后释放鼠标左键即可绘制一个圆角矩形，如图 4-57 所示。

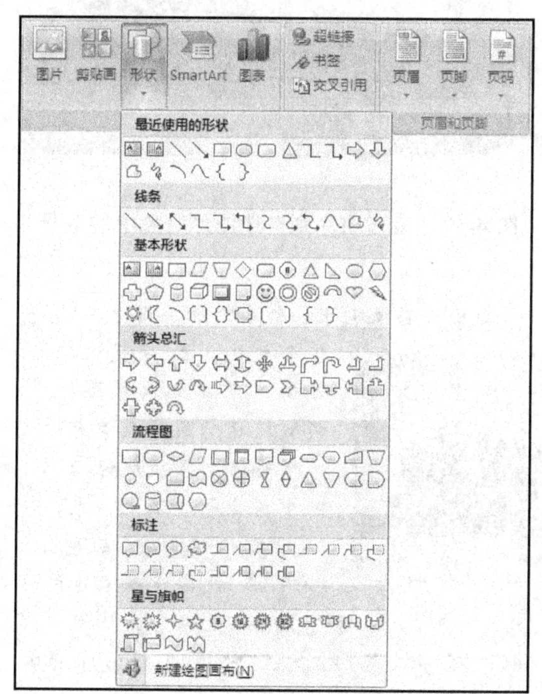

图 4-56　“形状”列表

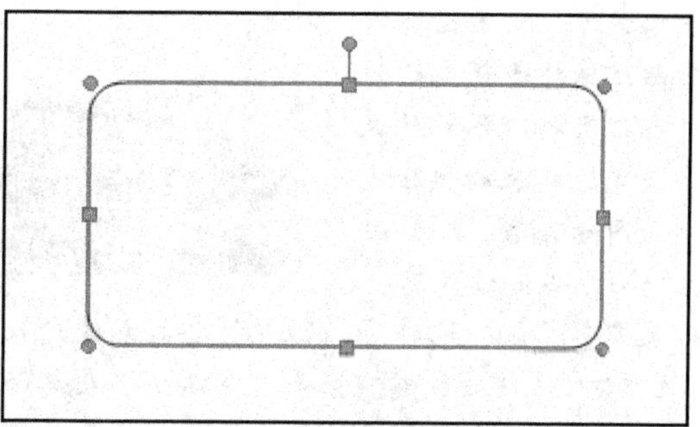

图 4-57　绘制的圆角矩形

2．设置图形的填充效果

在 Word 2007 中，用户可以设置自选图形的填充效果。这种填充可以是添加纹理效果，也可以是改变填充颜色，还可以是填充图片，或通过设置形成一些特殊的效果。使用图片进行填充时可以实现对图片的裁剪效果，突出图片的主要部分。

使用图片填充自选图形的操作方法如下。

选中自选图形，单击“绘图工具”功能区的“格式”选项卡下的“形状样式”选项组中的“形状填充”按钮，打开如图 4-58 所示的下拉列表。选中“图片”选项，打开“选择图片”对话框，在“选择图片”对话框中选择需要的图片，单击“插入”按钮，即可将选择的图片应用于选中的自选图形对象中，效果如图 4-59 所示。完成自选图形设置后的文档效果如图 4-60 所示。

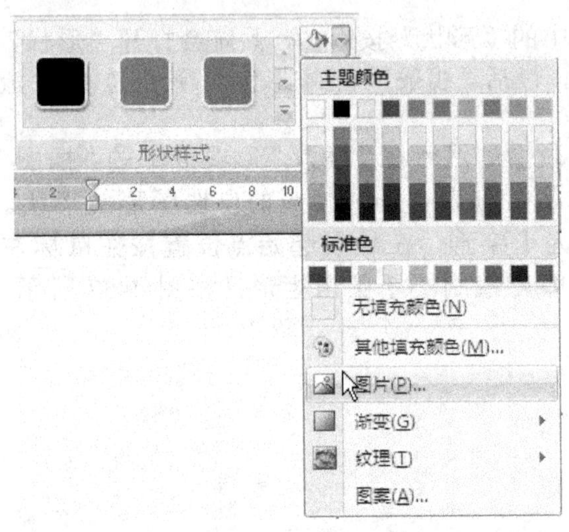

图 4-58　形状填充下拉列表

图 4-59　填充图片到自选图形对象中的效果

自创办以来，科创凭着在人才、技术开发、系统集成上的强大实力，在同行业中始终保持着领先的地位。同时，科创科技在迅速成长的过程中与国际著名 IT 公司 IBM（钻石经销商，大中华区 20 强）、POLYCOM（全国总经销）、Lenovo（核心经销商）等厂商建立了良好的合作关系，成为集多种技术、多种产品的最具实力的分销商和解决方案供应商：依靠专业全面、高效实用和优质的服务体系，赢得了在文教卫生、交通运输、金融、电力企业等不同领域及行业的广大客户的一致好评，多次被评为江苏市场消费者满意商家，江苏市场消费者信得过 AAAAA 级品牌商家的称号。同时赢得了自成立以来 IBM，POLYCOM，Lenovo 等 IT 巨头授予的各项奖励和荣誉。↵

图 4-60　插入自选图形后的文档效果

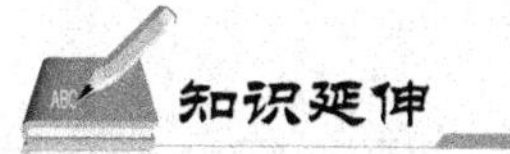

1．编辑自选图形

自选图形的格式设置方法与前面介绍的艺术字及图片的格式设置方法相似，当选中绘制的自选图形后，将会出现“绘图工具”功能区的“格式”选项卡，在其中可以对选中的自选图形进行“大小”“阴影效果”“三维效果”等设置。这些设置方法与前面介绍过的“图片大小”、“阴影效果”、“三维效果”等的设置操作一样，可参照进行操作。

（1）在自选图形中添加文字

有些自选图形可以直接输入文本，如文本框、标注等，而大多数的自选图形绘制完成后，用户并不能看到文本的插入点，其实自选图形（线条除外）可以添加文本，从而制作出图文并茂的文档，特别是在制作流程图时非常实用。

选中添加文字的自选图形，在图形上单击鼠标右键，在弹出的快捷菜单中选择“添加文字”选项，如图 4-61 所示。此时插入点将定位于自选图形的内部，用户可以输入所需要的文本内容，如图 4-62 所示。

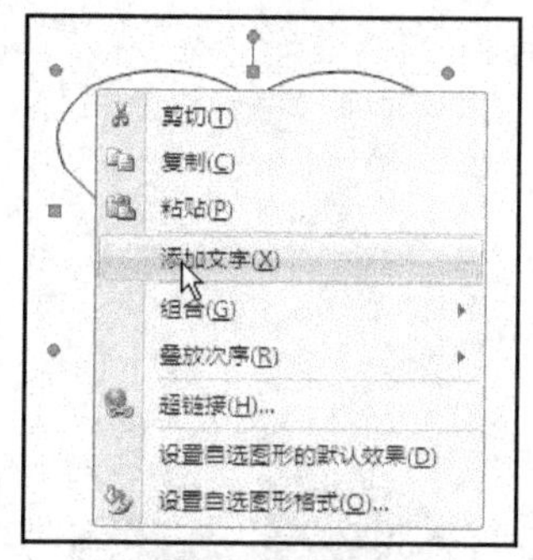

图 4-61　选择“添加文字”选项

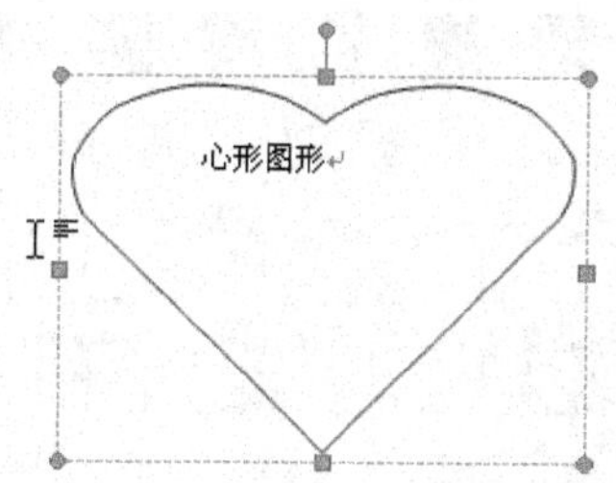

图 4-62　在自选图形中输入文本

（2）多个图形之间的组合

在文档中使用自选图形时，由于自选图形也是图形对象，要对多个自选图形进行整体操作时存在一定的困难。在实际应用中，可以将多个自选图形进行组合，使多个对象作为一个整体进行操作。

按住“Ctrl”键，并依次用鼠标单击文档中的多个图形，这时图像的外围会出现 8 个控制点，如图 4-63 所示。

用鼠标右键单击选中的图形，在弹出的快捷菜单中选择“组合”→“组合”选项，此时在所有选中的自选图形最外围会出现 8 个控制点，表明这些图形已经组合成一个整体，如图 4-64 所示。此时组合的图形可以作为一个整体进行操作。

如果用户需要对其中的某一个图形进行调整，就要先取消组合。选中要取消组合的图形，单击鼠标右键，在弹出的快捷菜单中选择“组合”→“取消组合”选项即可。

（3）自选图形快速样式的设置

快速样式是不同格式选项的组合，会在各种快速样式库的缩略图中显示。当鼠标指针放置在快速样式缩略图上时，在 Word 文档中应用样式的对象将会显示出样式的效果供用

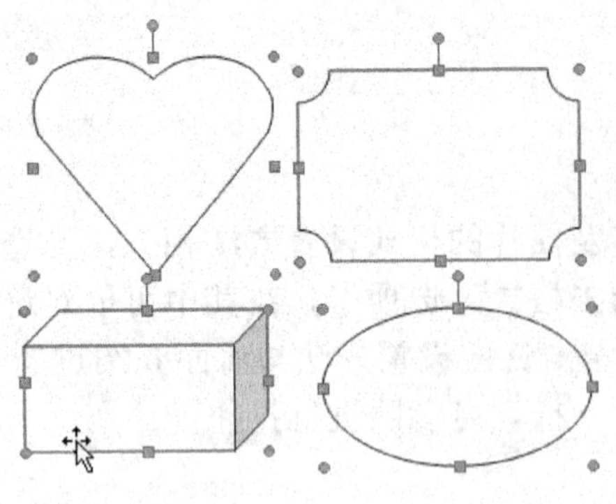

图 4-63 选中文档中的多个图形

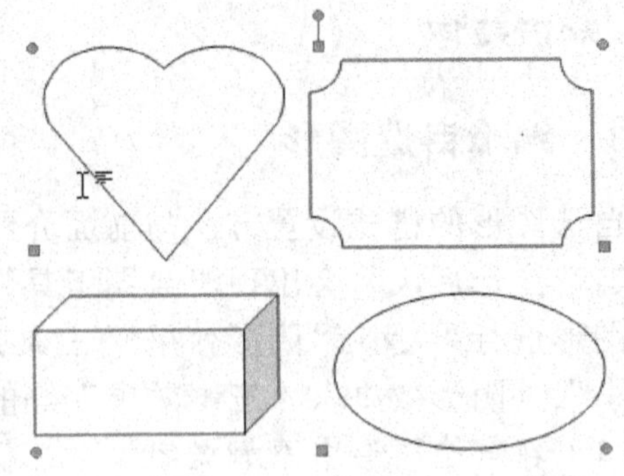

图 4-64 组合后的图形

户参考。

选中自选图形，单击“绘图工具”功能区的“格式”选项卡下的“形状样式”选项组中的“其他”按钮，打开如图 4-65 所示的“形状样式”列表。选中适合的样式，并单击鼠标将该样式应用于选中的自选图形中。如图 4-66 所示为应用“中心渐变 强调文字颜色 6”样式后的效果。

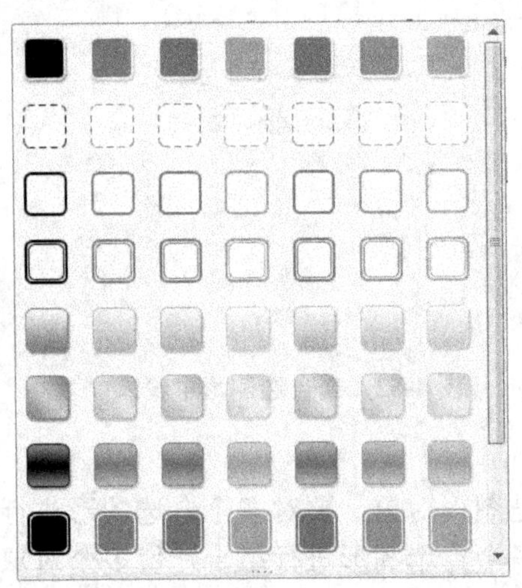

图 4-65 “形状样式”列表

图 4-66 应用样式后的效果

2．文本框的插入与编辑

（1）插入文本框

在 Word 文档中，文本框是指一种可移动、可调大小的图形对象，文本框中可以放置文本、图片等，不受文档行的限制。文本框通常用于图解的说明或制作流程图等。使用文本框，可以在文档的一个页面上放置数个文字块（每个文字块是一个独立的对象），也可以使选中的文字排列成与文档中其他文字不同的方向。

单击“插入”选项卡下的“文本”选项组中的“文本框”按钮，系统会打开一个下拉菜单，其中包括文本框内置的样式库，可以从中选择某种样式，如图 4-67 所示。如果使用

图 4-67　文本框样式库

样式在文档中插入文本框，则可以根据提示在文本框中输入内容。如果系统提供的样式不符合要求，也可以选择“绘制文本框”命令来绘制文本框并在文本框中输入内容。

在要插入文本框的位置单击鼠标确定插入点，拖动鼠标画出合适大小的文本框后，释放鼠标，此时会在文档中出现绘制的文本框，同时出现“文本框工具”功能区的“格式”选项卡，如图 4-68 所示。

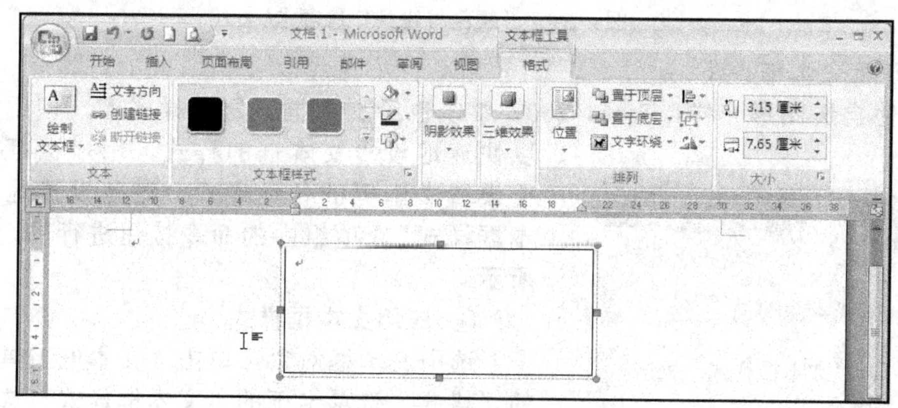

图 4-68　“格式”选项卡

（2）设置文本框格式

文本框插入到文档中后，文本框内会有一个插入点，将鼠标定位到该插入点后，就可以在文本框内输入文字了，对文字格式的设置与在文档中的其他位置的文字格式的设置方法相同。如果要对文本框中所有的文本进行统一设置，首先要选中文本框，再进行设置操作，这样所有的操作是对文本框进行的，适用于文本框内所有的文本内容。但是文档中的文本框对象的边框只是一条单线，可以根据需要为文本框隐藏边框线或设置特殊的边框线以适应文档的版式要求。

选中文本框，选择“文本框工具”功能区的“格式”选项卡，单击“格式”选项卡中的“大小”选项组的对话框启动器，打开“设置文本框格式”对话框，在该对话框中选择“颜色与线条”选项卡，如图 4-69 所示，在此选项卡中可以设置文本框的填充效果、线条颜色、线条线型、线条的粗细等。如果用户将文本框的线条颜色设置为“无”，就可以将文本框的边线隐藏。

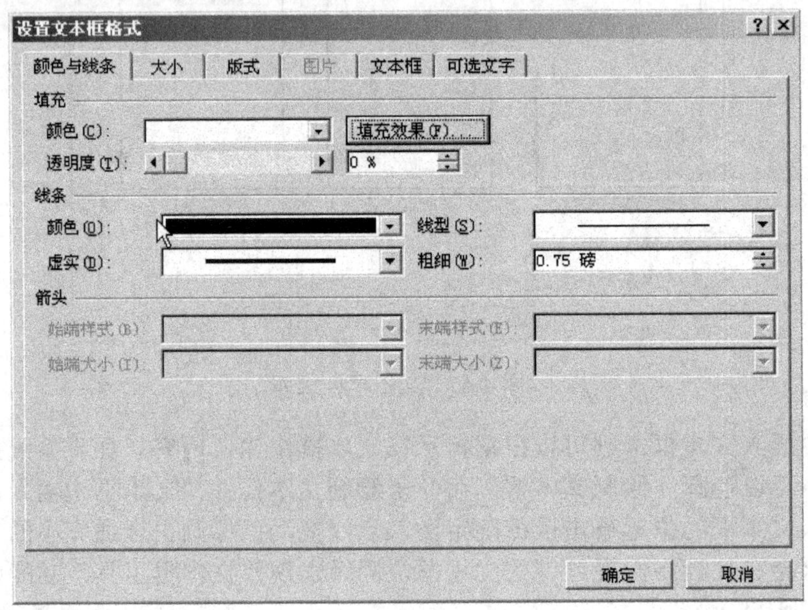

图 4-69 “颜色与线条”选项卡

（3）设置文本框样式

与其他自选图形一样，Word 2007 系统也给文本框设置了样式库，使用样式库可以快速地设置文本框的样式，用户也可以根据需要设置文本框的各种样式，这些设置是使用“文本框样式”选项组中的命令按钮进行的，如图 4-70 所示。

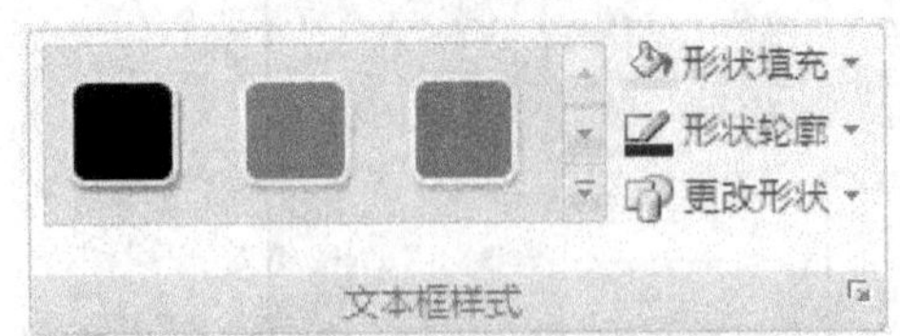

图 4-70 “文本框样式”列表

① 应用文本框样式

选中文本框对象，单击“文本框工具”功能区的“格式”选项卡下的“文本框样式”选项组中的“其他”按钮，打开“文本框样式”列表，单击需要的文本框样式，该样式就被应用于选中的文本框对象中，如图 4-71 所示为应用了“对角渐变强调文字颜色 1”样式的文本框效果。

② 渐变效果的形状填充

形状填充是在文本框内部填充不同的颜色，以达到突出的效果，Word 2007 为用户提供了多种渐变的填充效果。

选中文本框对象，单击“文本框样式”选项组中的“形状填充”按钮，在下拉列表中选择“渐变”命令，打开如图 4-72 所示的“渐变效果”列表，单击需要的渐变效果选项，选中的效果就会应用到文本框对象中。

业界流传着这样一个故事，有一次，王江民和几个朋友一起去国外谈合作，在中方边界的边防检查站上，他们进行例行检查。那是冬天，刮着刺骨的冷风，零下近３０℃的温度，冻得大家直发抖，大家都在企盼能尽快通过安检，以少受这天寒地冻之苦。突然，中国边防一位工作人员大声地喊到：“谁是王江民？”王江民也不知道发生了什么事情，走了上前，很镇静地说：“我是王江民，有什么事情？”边防工作人员打量了王江民足足有两分钟，突然给王江民敬了个礼：“王老师，你好！”原来这位边防工作人员也是ＫＶ系列的忠实用户。

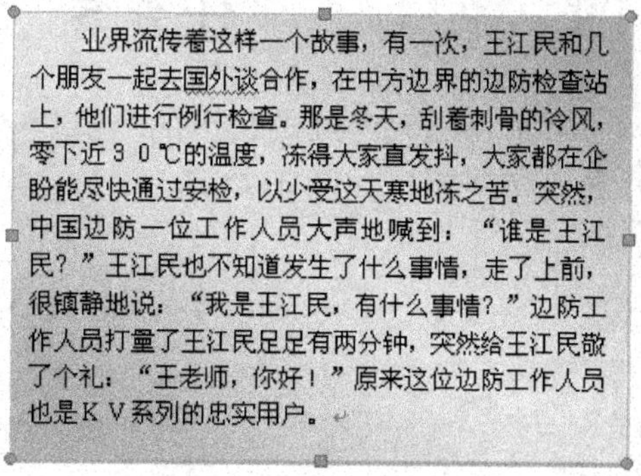

图 4-71　应用样式后的文本框

（4）更改文本框的形状

文本框对象在文档中通常是以矩形的形状出现的，外形上显得有些单一，Word 2007 提供了更改文本框形状的工具，可以将文本框对象更改成系统提供的各种自选图形的样式。

选中文本框对象，单击“文本框样式”选项组中的“更改形状”按钮，在下拉的形状列表中选择需要的形状，单击需要的形状效果，选中的形状效果就会应用到文本框对象中。如图 4-73 所示为应用了棱台形状样式的文本框效果。

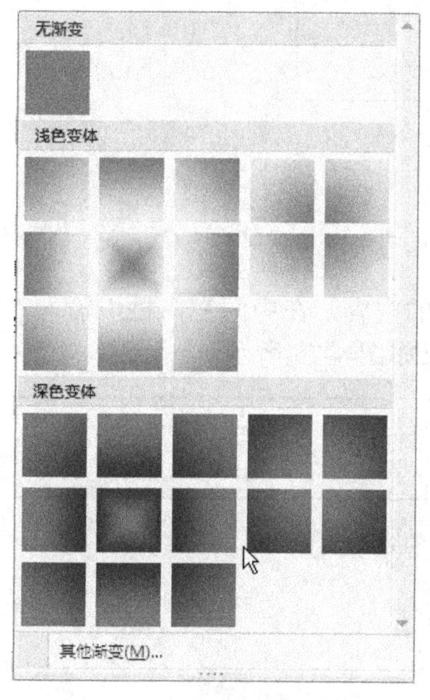

图 4-72　“渐变效果”列表

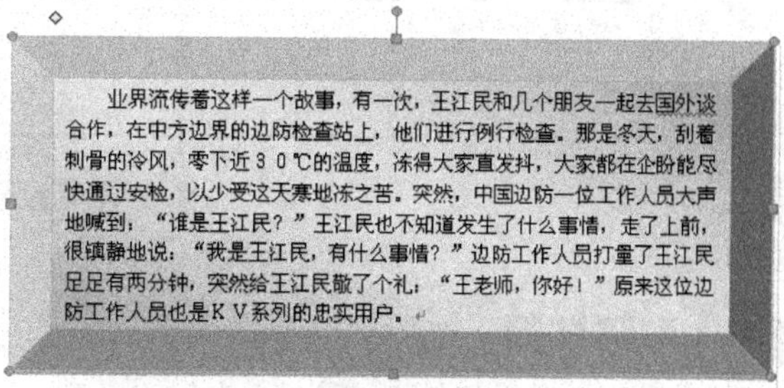

业界流传着这样一个故事，有一次，王江民和几个朋友一起去国外谈合作，在中方边界的边防检查站上，他们进行例行检查。那是冬天，刮着刺骨的冷风，零下近３０℃的温度，冻得大家直发抖，大家都在企盼能尽快通过安检，以少受这天寒地冻之苦。突然，中国边防一位工作人员大声地喊到：“谁是王江民？”王江民也不知道发生了什么事情，走了上前，很镇静地说：“我是王江民，有什么事情？”边防工作人员打量了王江民足足有两分钟，突然给王江民敬了个礼：“王老师，你好！”原来这位边防工作人员也是ＫＶ系列的忠实用户。

图 4-73　应用了棱台形状样式的文本框

文本框的三维效果菜单中的“三维颜色”、“深度”、“方向”、“照明”和“表面效果”选项可以设置三维效果的颜色、三维方向的深度、三维效果的方向、三维艺术字的灯光方向及三维艺术字表面呈现的效果。这些内容设置比较简单，请读者自行尝试使用。

任务 5　为宣传页添加页脚

单击“插入”选项卡下的“页眉和页脚”选项组中的“页脚”按钮，系统会打开页脚内置的库列表，如图 4-74 所示。

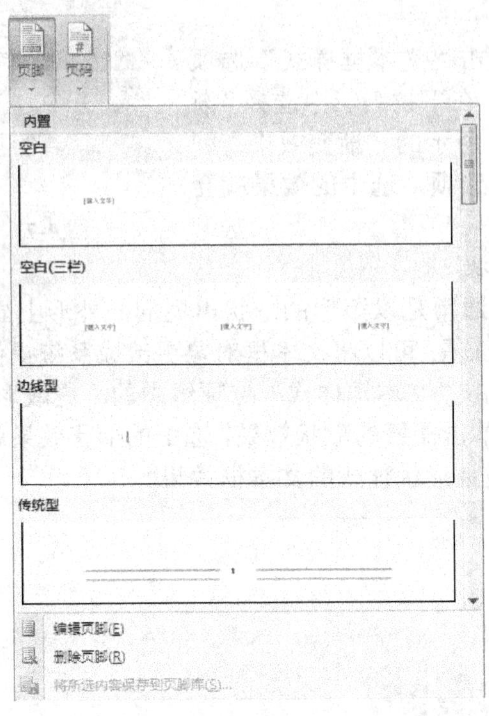

图 4-74　页脚内置的库列表

选择“空白三栏”样式，删除左右两个空白栏的内容，在中间空白栏中输入“创科○科创”，并设置字体的颜色和字号等，完成后的效果如图 4-75 所示。

图 4-75　设置页脚后的效果

1．页眉、页脚

页眉和页脚是指文档中每个页面顶部、底部和两侧的页边距区域，通常用于显示文档的附加信息，常用来插入时间、日期、页码、单位名称、徽标等，如图 4-76 所示。页眉在页面的顶部，页脚在页面的底部。在文档中可自始至终用同一个页眉或页脚，也可在文档的不同部分使用不同的页眉和页脚。例如，可以在首页上使用与众不同的页眉或页脚，或

（3）开标。开标是采购机构在预先规定的时间和地点将投标人的投标文件正式启封揭晓的行为。开标由采购机构组织进行，但需邀请投标商代表参加。在这一阶段，采购官员要按照有关要求，逐一揭开每份标书的封套，开标结束后，还应由开标组织者编写一份开标会纪要。

图 4-76　页眉示例

者不使用页眉和页脚，还可以在奇数页和偶数页上使用不同的页眉和页脚，而且文档不同部分的页眉和页脚也可以不同。

2．页眉、页脚工具

在 Word 2007 中，创建和编辑页眉和页脚主要在“页眉和页脚工具”功能区中完成，如图 4-77 所示。

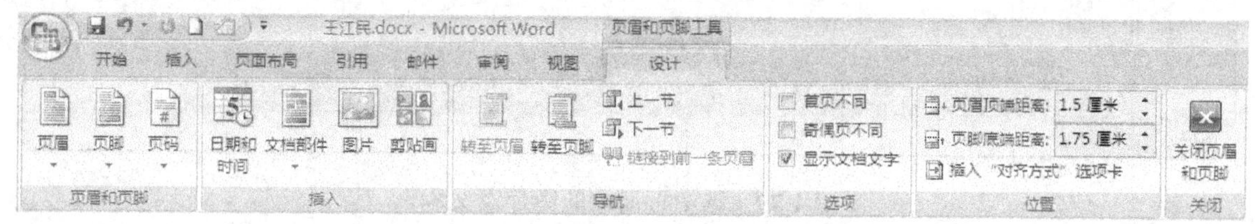

图 4-77　页眉和页脚工具

页眉和页脚工具包含了多个设置组，各组的主要功能如下。

- “页眉和页脚”选项组：主要用于创建和更改页眉、页脚及页码。
- “插入”选项组：在页眉和页脚中插入文字、日期、剪贴画和图片等内容。
- “导航”选项组：导航组主要是实现页眉、页脚之间的切换。
- “选项”选项组：设置页眉和页脚的选项。如文档每一页上有相同的页眉、页脚；在文档第一页上有页眉、页脚，在其他页上有不同页眉、页脚；奇数页上有页眉、页脚，偶数页上有不同的页眉、页脚等。
- “位置”选项组：设置页眉和页脚在页中的位置。
- “关闭”选项组：关闭页眉和页脚的设置，返回到文本编辑区。

页眉和页脚通常应用于如下两种情况。

- 在不分节的文档中使用页眉和页脚。
- 在含有多个节的文档中使用页眉和页脚。

3．在页眉或页脚中插入文本或图形并将其保存到库列表中

对于单位用户，有些文档的页眉、页脚会具有一些鲜明的单位特征，在页眉、页脚中可以放置一些单位的信息，如单位的 LOGO、单位的电话及通信地址等内容。由于每次设置这些信息不是很方便，这时可以设计一个单位的页眉、页脚的样本并将此样本保存到库列表中，下次使用时只需要调用就可以。

单击“插入”选项卡下“页眉和页脚”选项组中的“页眉”按钮，在下拉菜单中选择

“编辑页眉”命令，激活“页眉和页脚工具”功能区的“设计”选项卡。

在“插入”选项组中单击“图片”按钮，打开“插入图片”对话框，调整查找路径，选中需要的图片后，单击“插入”按钮，将图片插入到页眉处，如图 4-78 所示。

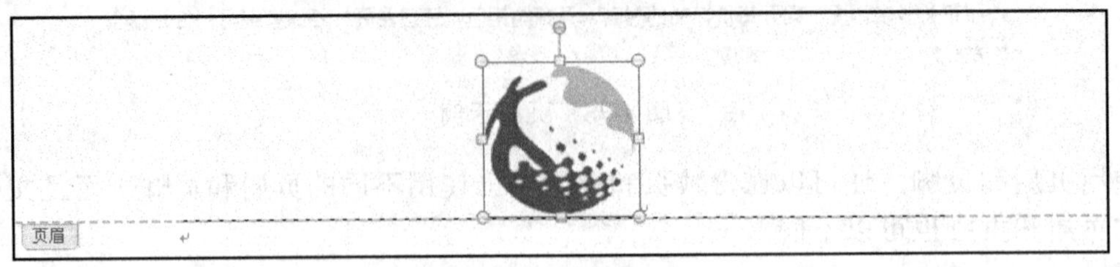

图 4-78　在页眉中插入图片

调整图片的大小及位置，并输入需要的文本内容，对文本的内容进行必要的格式设置后，选中图片及文本内容，如图 4-79 所示。

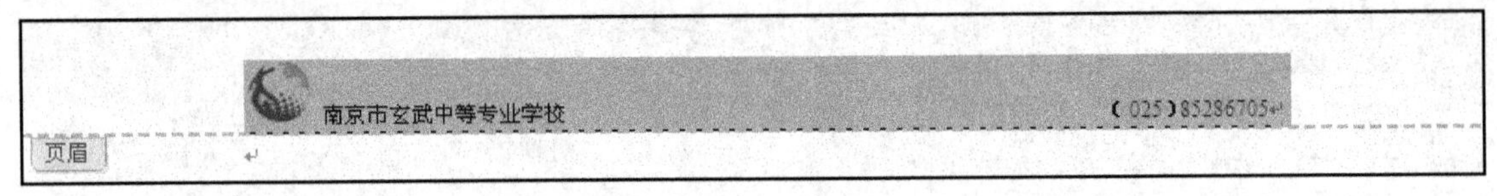

图 4-79　选中页眉中的图片及文本

单击“页眉和页脚”选项组中的“页眉”按钮，在下拉菜单中选择“将所选内容保存到页眉库”命令，打开“新建构建基块”对话框，如图 4-80 所示。在“名称”文本框中输入合适的名称，在“说明”文本框中输入一些文字说明，单击“确定”按钮，则此样式就被添加到页眉库中，如图 4-81 所示。

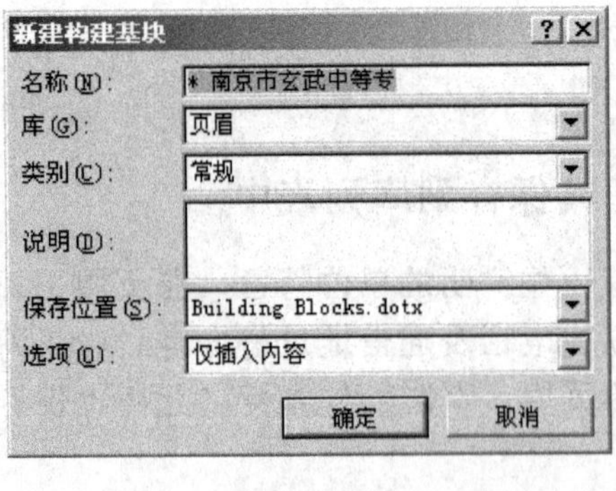

新建构建基块
名称(N)：* 南京市玄武中等专
库(G)：页眉
类别(C)：常规
说明(D)：
保存位置(S)：Building Blocks.dotx
选项(O)：仅插入内容
确定　取消

图 4-80　“新建构建基块”对话框

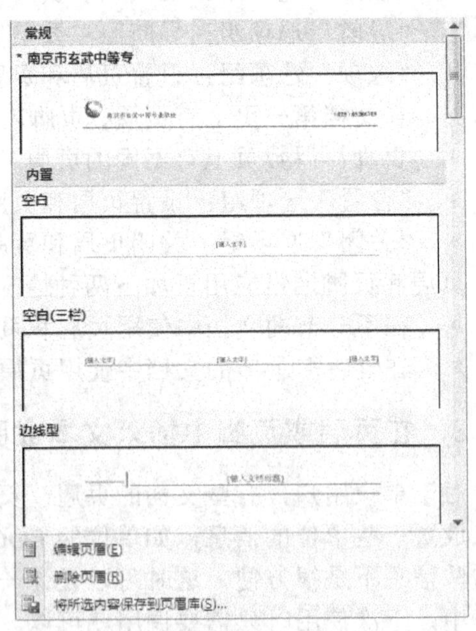

图 4-81　添加新建页眉样式到页眉库中

4．删除首页的页眉或页脚

一般情况下，设置了页眉、页脚的文档中所有页面上都会出现页眉、页脚，如不做特殊的设置，这些页眉、页脚的内容是相同的。在实际工作中，文档的首页通常不出现页眉、页脚，这时就需要将首页的页眉、页脚删除，而只保留文档中其他页的页眉、页脚。

将光标定位在文档中，单击 “页面布局”选项卡下的“页面设置”选项组中的“页面设置”对话框启动器，打开“页面设置”对话框，在该对话框中单击“版式”选项卡，如图 4-82 所示。在该对话框中选中“页眉和页脚”选项区中的“首页不同”复选框，页眉和页脚即可从文档的首页中删除。

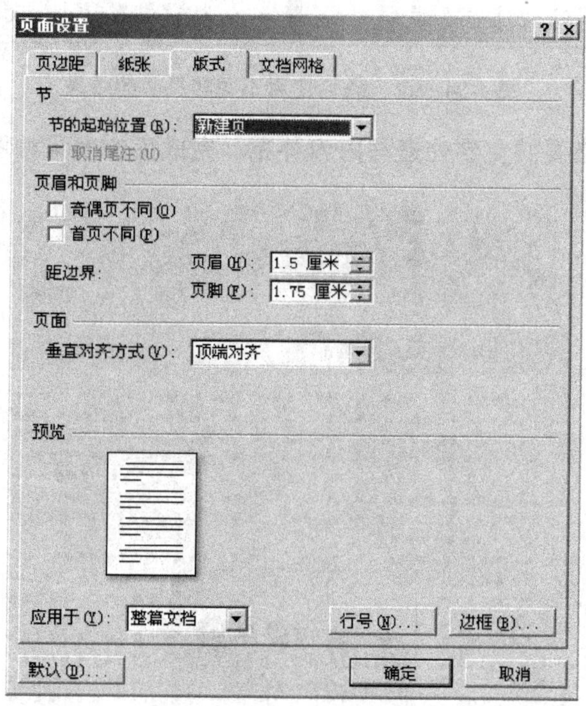

图 4-82 “版式”选项卡

5．奇偶页使用不同的页眉和页脚

奇偶页使用不同的页眉和页脚的情况经常出现在书稿中，在奇数页上使用书名，在偶数页上使用章节标题。

选择“插入”选项卡下的“页眉和页脚”选项组中的“页眉”或“页脚”命令，在下拉菜单中选择“编辑页眉”或“编辑页脚”命令。在“设计”选项卡下的“选项”选项组中选择“奇偶页不同”复选框，如图 4-83 所示。

在“导航”选项组中单击“上一节”或“下一节”按钮，移动到奇数页或偶数页页眉或页脚区域中并输入内容，效果如图 4-84 所示。

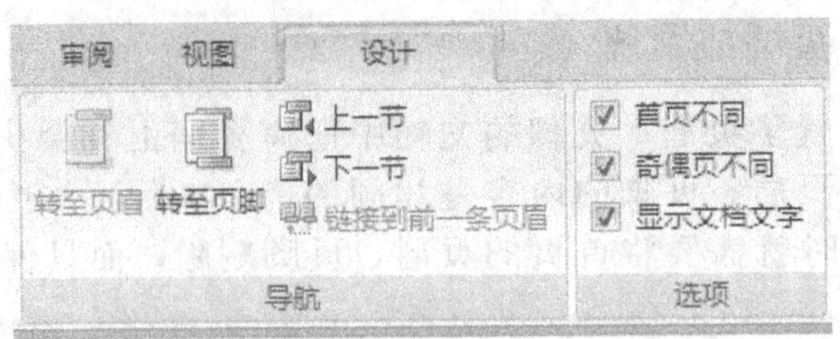

图 4-83　选择“奇偶页不同”复选框

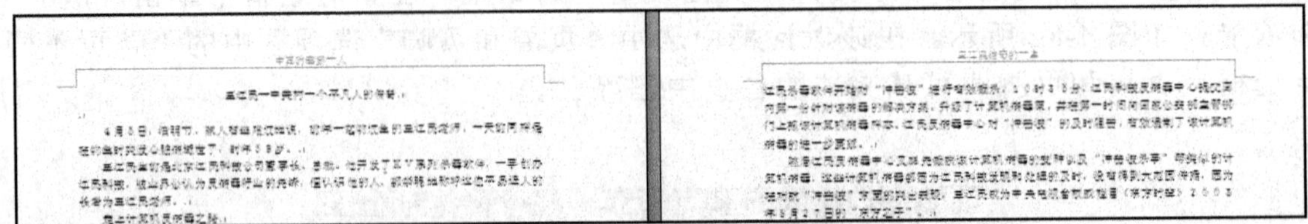

图 4-84　奇、偶页使用不同的页眉的效果

对宣传彩页进行必要的文字处理与内容补充，完成后的效果如图 4-85 所示。

科创科技有限公司

公司简介：

科创科技创立于 1996 年，总部位于中国南京，2008 年筹建成立科创集团，下辖江苏科创时代、江苏科创世纪、江苏科创现代、江苏科创软件、北京科创互联网、科创软件等六家子公司，在全国有北京科创现代、浙江科创时代、上海科创时代、广州科创现代、武汉科创时代、长沙科创时代等近七家分公司，在华东、华南、华北、西南、西北等 5 大区 30 个省市设立的办事处，业务覆盖全国各地，主要以 IT 产业为主，涉及 IT 产品代理销售、视频会议系统代理销售、网络系统集成、软件开发、互联网技术、技术咨询和 IT 服务等领域，集团目前拥有员工 500 多人，95%具有大学本科以上学历，2008 年全集团实现销售达到 10 亿元，进入江苏省百强民营企业之列。

自创办以来，科创凭借在人才、技术开发、系统集成上的强大实力，在同行业中始终保持着领先的地位。同时，科创科技在迅速成长的过程中与国际著名 IT 公司 IBM（钻石经销商，大中华区 20 强）、POLYCOM（全国总经销）、Lenovo（核心经销商）等厂商建立了良好的合作关系，成为集多种技术、多种产品和最具实力的分销商和解决方案供应商。优质专业全面、高效实用和优质的服务体系，赢得了在文教卫生、交通运输、金融、电力、企业等不同领域及行业的广大客户的一致好评，多次被评为江苏市场消费者满意商家，江苏市场消费者信得过 AAAAA 级品牌商家的称号，同时赢得了自成立以来 IBM、POLYCOM、Lenovo 等 IT 巨头授予的各项奖励和荣誉。

“更高、更快、更强”一直是科创集团的发展战略规划，“以人为本、服务至尊”是科创集团一贯奉行的经营宗旨。我们将不断完善自我、超越自我，勇立时代潮头，创造辉煌科技的明天！

联系方式：

公司地址：江苏南京广州路 8 号天成大厦

邮政编码：210018

电话：025-××××××××

传真：025-××××××××

网址：www.it-kechang.com

联系人：周小姐

创科○科创

图 4-85　宣传彩页排版完成后的效果

综合实例 4 制作精美杂志页

王江民先生是我国第一代程序员，他开发的 KV 系列杀毒软件在市场的占有率曾达到 90%，被称为“中国反毒第一人”。我们将以王江民的发展经历为例介绍文档的图文混排操作方法与技巧，完成后的效果如图 4-86 所示。

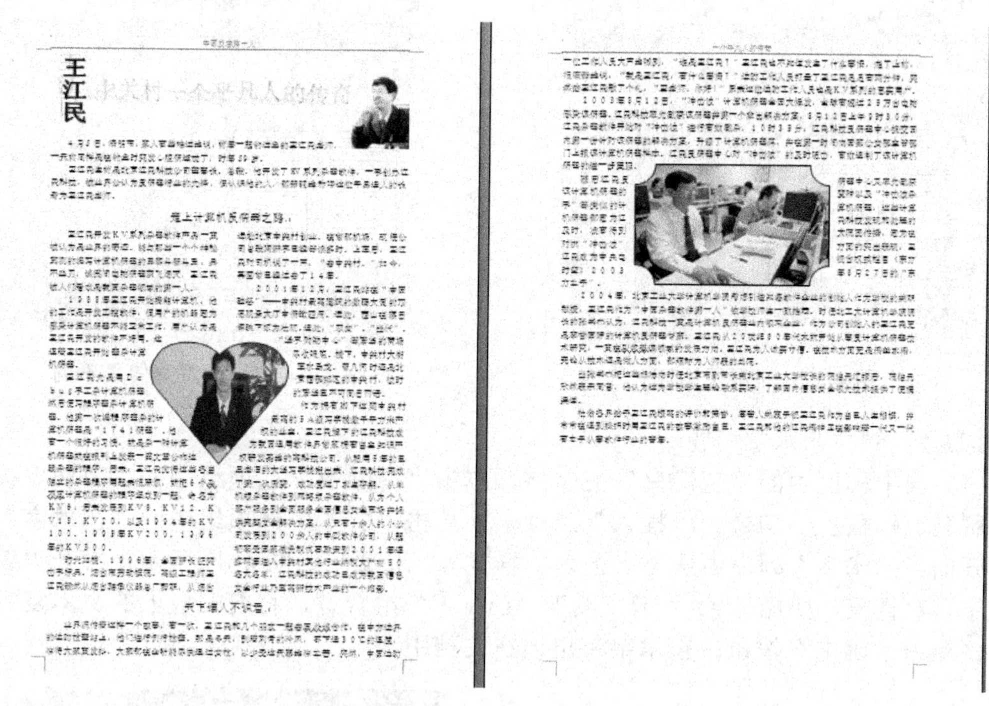

图 4-86 排版完成后的效果

步骤 1： 创建一个文档

① 启动 Word 2007 新建文档，以“王江民”为文件名保存此文档。

② 输入以下内容（部分内容）。

4 月 5 日，清明节，家人有些难过地说，前年一起钓过鱼的王江民老师，一天前同样是在钓鱼时突发心脏病逝世了，时年 59 岁。

王江民生前是北京江民科技公司董事长、总裁。他开发了 KV 系列杀毒软件，一手创办江民科技，被业界公认为反病毒行业的先锋，但认识他的人，都亲昵地称呼这位平易近人的长者为王江民老师。（余下内容略）

③ 单击“页面布局”选项卡的“页面设置”选项组的对话框启动器，打开“页面设置”对话框。选择“页边距”选项卡，设置页边距：上、下各“2 厘米”、左、右各“3 厘米”，如图 4-87 所示。选择“版式”选项卡，选择“奇偶页不同”复选框，如图 4-88 所示。单击“确定”按钮完成页面的设置。

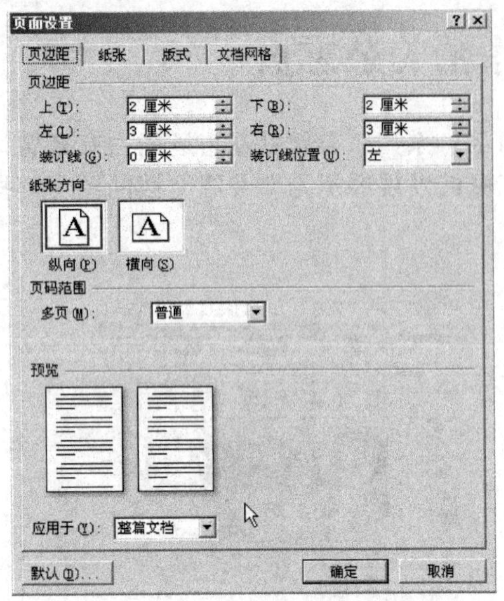

图 4-87　设置页边距

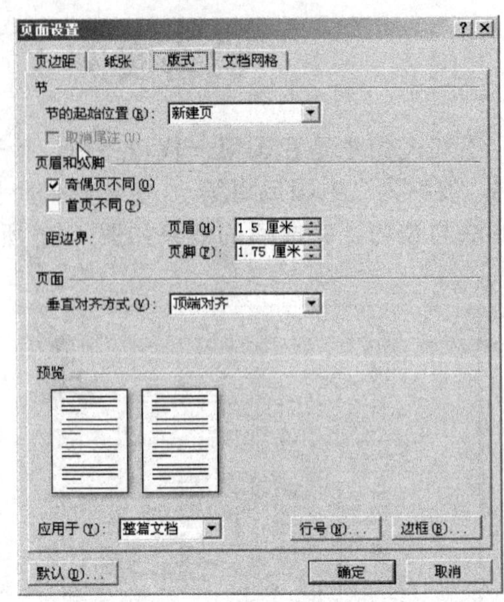

图 4-88　设置奇偶页不同

步骤 2：制作艺术字标题

（1）选中标题中的“王江民”三个字，单击“剪贴板”选项组中的“剪切”按钮，将其复制到剪贴板上。切换到“插入”选项卡，单击“文本”选项组中的“艺术字”按钮，在打开的“艺术字”列表中选择“艺术字样式 6”选项，如图 4-89 所示，打开“编辑艺术字文字”对话框，如图 4-90 所示。按下“Ctrl+V”组合键，将剪贴板上的文本复制到文本框中。单击“确定”按钮，艺术字将出现在文档中。

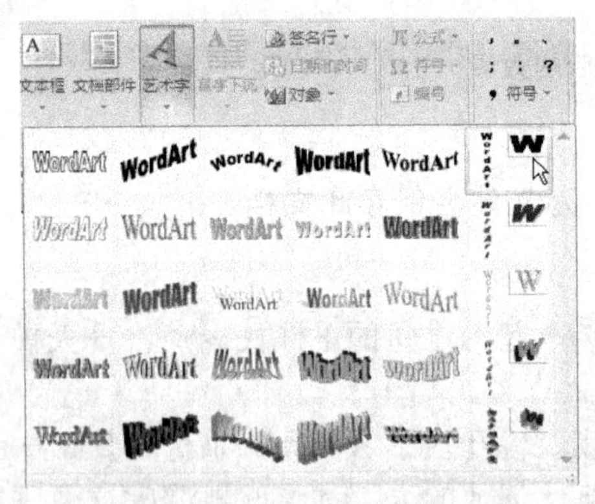

图 4-89　“艺术字”列表

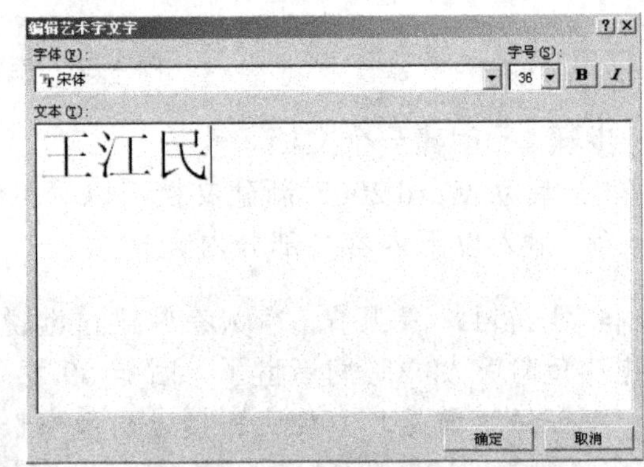

图 4-90　“编辑艺术字文字”对话框

② 双击插入文档中的艺术字，激活“绘图工具”功能区，在“格式”选项卡中单击“阴影效果”选项组中的“阴影效果”按钮，打开“阴影效果”列表，如图 4-91 所示，从中选择“阴影样式 1”应用于艺术字，效果如图 4-92 所示。

③ 使用同样的方法制作“中关村一个平凡人的传奇”艺术字，选择“艺术字样式 6”中的“双波型 1”效果，效果如图 4-93 所示。

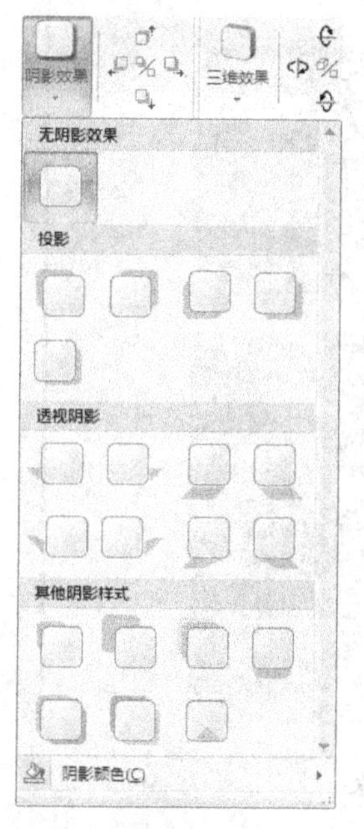

图 4-91　“阴影效果”列表

图 4-92　艺术字阴影效果

王江民　中关村一个平凡人的传奇

图 4-93　艺术字标题的效果

步骤 3：分栏设置

① 选中“走向计算机反病毒之路”文本，设置这段文字的字号为“四号”，并使其“居中对齐”。

② 选中“走向计算机反病毒之路”和“天下谁人不识君”两段之间的文本。单击“页面布局”标签，切换到“页面布局”选项卡，单击“页面设置”选项组中的“分栏”按钮，在分栏列表中选择“两栏”选项，选中的文本将被分为两栏，效果如图 4-94 所示。

步骤 4：图片与形状操作

① 单击“插入”标签，切换到“插入”选项卡，单击“插图”选项组中的“图片”按钮，打开“插入图片”对话框，如图 4-95 所示。选择“王江民 2.jpg”图片，单击“插入”按钮将其插入到文档中。

② 双击插入到文本中的图片，激活“绘图工具”功能区的“格式”选项卡。单击“排列”选项组中的“文字环绕”方式按钮，选择“四周型环绕”方式，单击“大小”选项组的对话框启动器，打开“大小”对话框，设置图片的缩放比例，如图 4-96 所示。

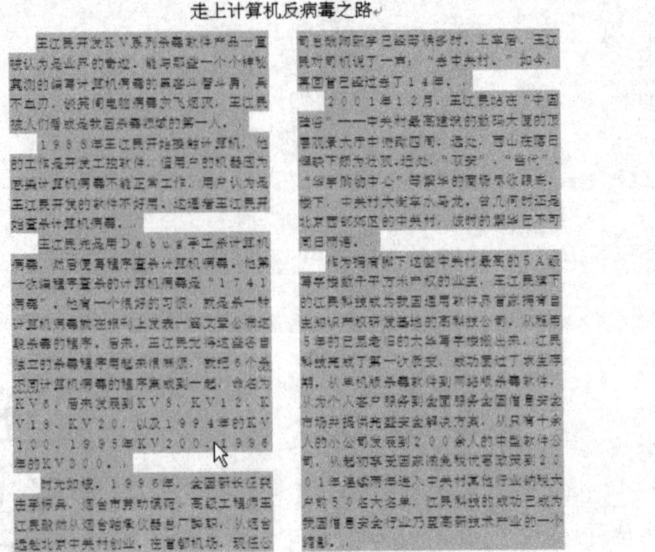

图 4-94　文本分栏后的效果

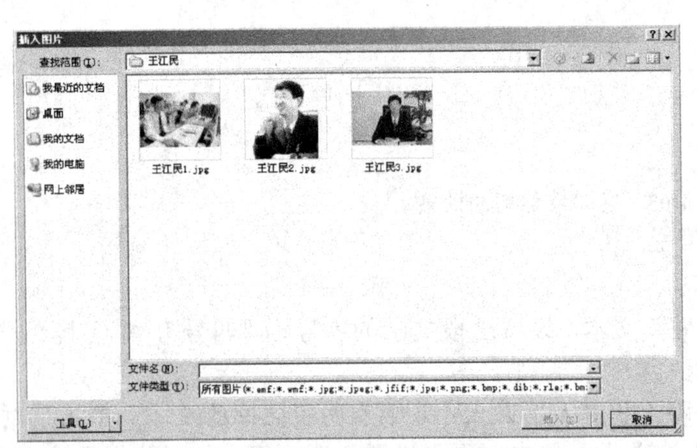

图 4-95 “插入图片”对话框

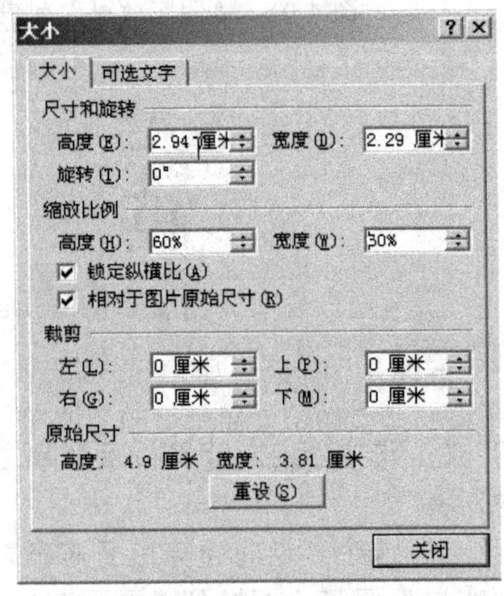

图 4-96 “大小”对话框

③ 选中图片，将其移动到文本标题的右侧位置，效果如图 4-97 所示。

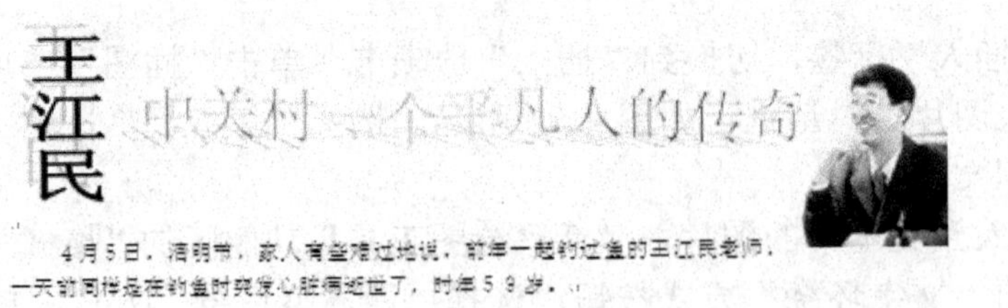

图 4-97　插入图片后的效果

④ 单击“插入”标签，切换到“插入”选项卡，单击“插图”选项组中的“形状”按

钮，打开“形状”列表，在该列表中选择“心形”形状，鼠标指针变成“十”字形状，将其移动到文本中并按下鼠标左键，在文本中画出一个心形图形，如图 4-98 所示。

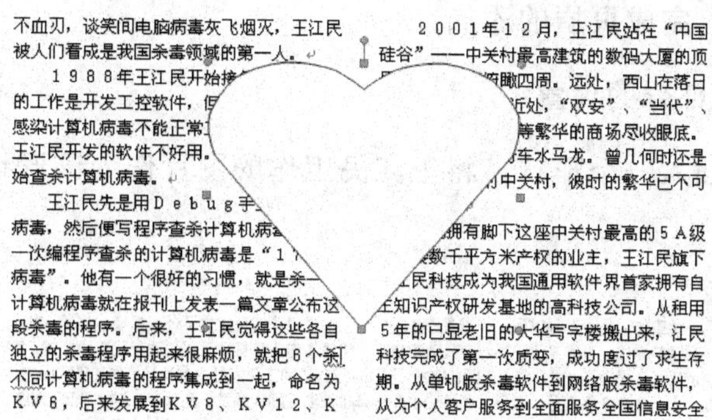

图 4-98　绘制心形图形

⑤ 双击绘制的图形，激活“绘图工具”功能区的“格式”选项卡，单击“排列”选项组中的“文字环绕”按钮，设置形状的环绕方式为“紧密型环绕”；单击“形状样式”选项组中的“形状填充”按钮，在打开的列表中选择“图片”选项，打开“选择图片”对话框，从中选择需要的图片作为填充图片，效果如图 4-99 所示。

图 4-99　填充图片

步骤 5：添加页眉

将光标放置在文档的页眉处，双击鼠标，打开如图 4-100 所示的页眉编辑窗口。

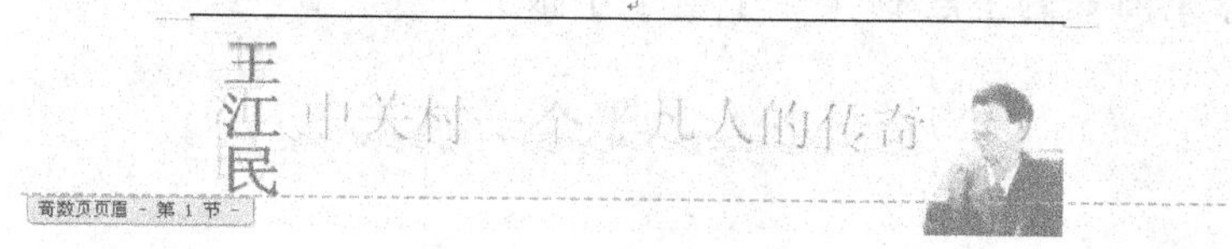

图 4-100　添加页眉

在插入点处输入“中国反毒第一人”。单击“设计”选项卡下的“导航”选项组中的“下一节”按钮，将插入点切换到第 2 页的页眉处，在此处输入“一个平凡人的传奇”，单击“关闭页眉和页脚”按钮，完成页眉的添加。

步骤 6： 完成其他部分的设置

在文档的第 2 页插入一个形状，将王江民工作的图片作为该形状的填充图片，效果如图 4-101 所示。

一个平凡人的传奇

一位工作人员大声地喊到：“谁是王江民？”王江民也不知道发生了什么事情，走了上前，很镇静地说：“我是王江民，有什么事情？”边防工作人员打量了王江民足足有两分钟，突然给王江民敬了个礼：“王老师，你好！”原来这位边防工作人员也是ＫＶ系列的忠实用户。

２００３年８月１２日，“冲击波”计算机病毒全国大爆发，全球有超过２５万台电脑感染该病毒。江民科技率先截获该病毒并第一个拿出解决方案，８月１２日上午９时３０分，江民杀毒软件开始对“冲击波”进行有效截杀，１０时３５分，江民科技反病毒中心提交国内第一份针对该病毒的解决方案，升级了计算机病毒库，并在第一时间向国家公安部主管部门上报该计算机病毒样本。江民反病毒中心对“冲击波”的及时阻击，有效遏制了该计算机病毒的进一步蔓延。

随后江民反
该计算机病毒的
手”等类似的计
机病毒都因为江
及时，没有得到
对抗“冲击波”
江民成为中央电
时空》２００３
方之子”。

病毒中心又率先截获
变种以及“冲击波杀
算机病毒，这些计算
民科技发现和处理的
大范围传播，因为在
方面的突出表现，王
视台权威栏目《东方
年８月２７日的“东

图 4-101　文档其他部分的图片插入

知识盘点

本章围绕精美杂志页的编辑与制作，通过 5 个工作任务介绍了 Word 2007 页面的设置、图片的编辑与处理、艺术字的使用、自选图形的操作、页眉和页脚的设置及文本框的操作。本章涉及的内容比较多，知识点比较分散，还有相当一部分的内容涉及工具的综合使用，而且图文混排也是 Word 排版的精华所在，因此需要很好地学习与掌握。

成果验收

1．制作一个图文并茂的个人介绍或学校介绍。

2．通过网络收集孙杨的资料及图片，制作一个图文并茂的孙杨的宣传页。

3．通过网络收集皇家马德里足球队的资料及图片，制作一个图文并茂的皇家马德里足球队的宣传页。

4．制作一个你所在城市的著名风景点的介绍页。

5．以“青春无悔”为主题制作一个电子小报。

第 5 章
设计管理结构图——SmartArt 图形

在 Word 中，虽然插图和图形比文字更有助于用户理解信息，但大多数情况下，文档还是以文字创建的居多。在 Word 以前的版本中，创建具有设计师水准的插图很困难，就更谈不上让非专业设计人员创建专业的插图了。Word 2007 为用户提供了 SmartArt 图形功能，利用 SmartArt 图形，即便一个 Word 初学者也完全可以创建出具有专业设计师水准的插图。

经过半年的实习，小张的业务能力与业务水平有了很大的提高，公司很多的文案处理工作全部交给她做，加上她平时非常勤快，深得公司老员工的喜爱。公司在大家的共同努力下，业务发展很快，拓展了很多业务渠道，公司管理层经过多方融资成立了集团公司。虽然是刚刚起步，但公司整体的架构已经搭建起来。现在需要制作公司的管理结构图，这个任务就交给小张来完成了。

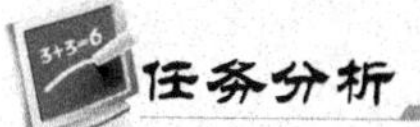

小张需要设计制作的是公司管理结构图。通常情况下，公司管理结构图可以通过对不同的形状进行设计美化和组合来完成。Word 2007 为用户提供了 SmartArt 图形功能，并且提供了很多的模板，利用这个功能，即便一个 Word 初学者也完全可以创建出具有专业设计师水准的插图。

任务 1　构建公司基本架构图

① 启动 Word 2007 新建文档，设置文档纸张方向为“横排”，并以“公司架构图”为文件名保存。

② 单击“插入”标签，切换到“插入”选项卡，单击“插图”选项组中的“SmartArt 图形”按钮，打开“选择 SmartArt 图形”对话框，如图 5-1 所示，选择“层次结构”类别中的“组织结构图”模板。

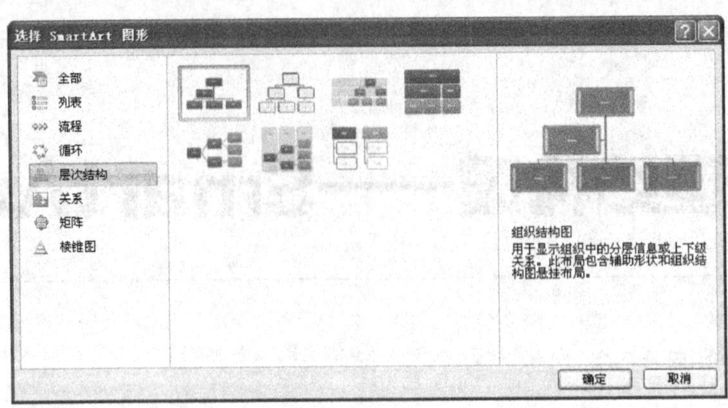

图 5-1 “选择 SmartArt 图形”对话框

③ 单击“确定”按钮，在文档中将插入一个组织结构图的 SmartArt 图形，如图 5-2 所示。

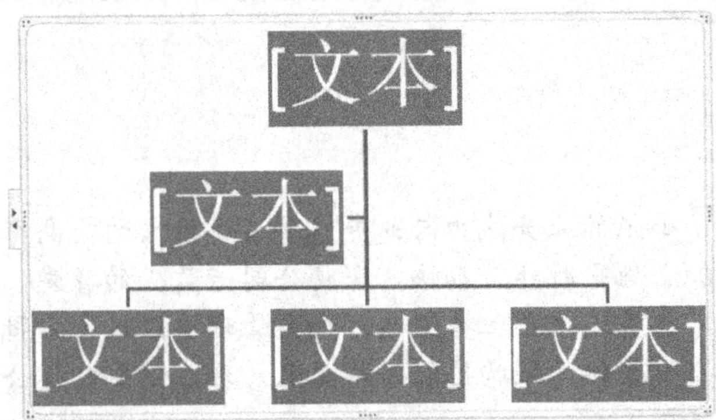

图 5-2 插入到文本中的 SmartArt 图形

④ 选中图形中的最上层的形状，单击“SmartArt 工具”功能区的“设计”选项卡，单击“创建图形”选项组中的“添加形状”按钮，在下拉列表中选择“在后面添加形状”选项，在 SmartArt 图形中添加一个形状，效果如图 5-3 所示。根据需要在 SmartArt 图形中再添加一些形状，效果如图 5-4 所示。

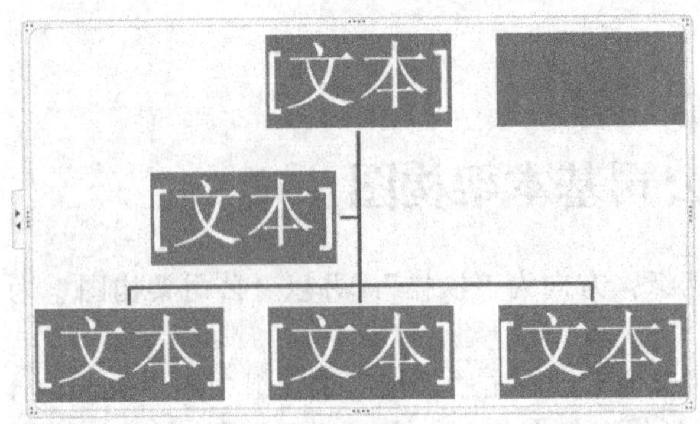

图 5-3 添加一个形状

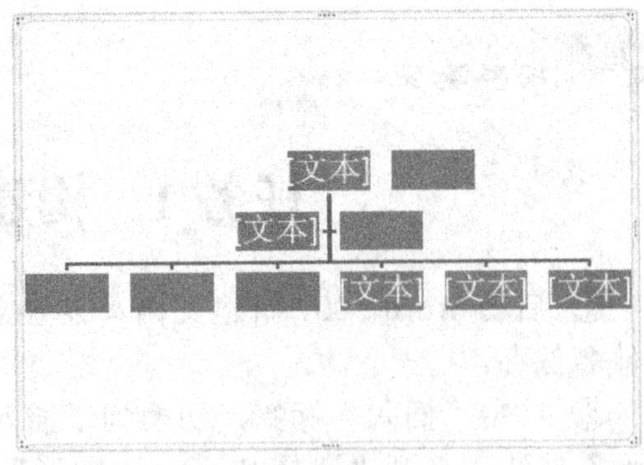

图 5-4 根据需要添加的形状

⑤ 在 SmartArt 图形的相应形状中输入相关文本信息，在有“[文本]”提示信息的形状中可以直接输入。在后面添加的形状中，输入文本可以先选中形状，然后单击鼠标右键，在弹出的快捷菜单中选择“编辑文字”命令，然后输入需要的文本内容，完成后的效果如图 5-5 所示。

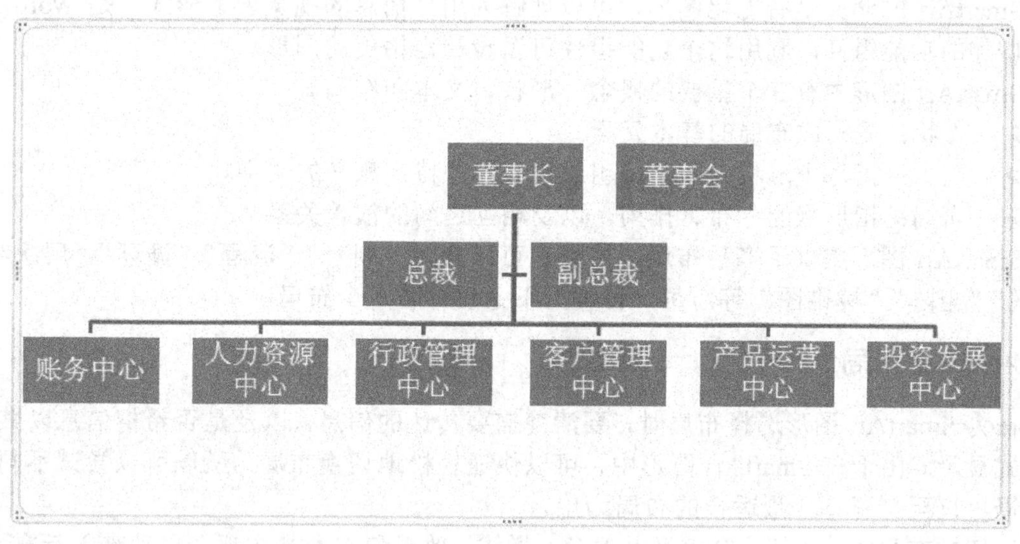

图 5-5　在 SmartArt 图形中输入文本

⑥ 选中“董事会”形状，单击鼠标右键，在弹出的快捷菜单中选择“复制”命令，在 SmartArt 图形的空白处单击鼠标右键，在弹出的快捷菜单中选择“粘贴”命令，将该形状粘贴到 SmartArt 图形中，并将其移动到合适的位置，将其中的文本内容修改为“总裁室”，效果如图 5-6 所示。

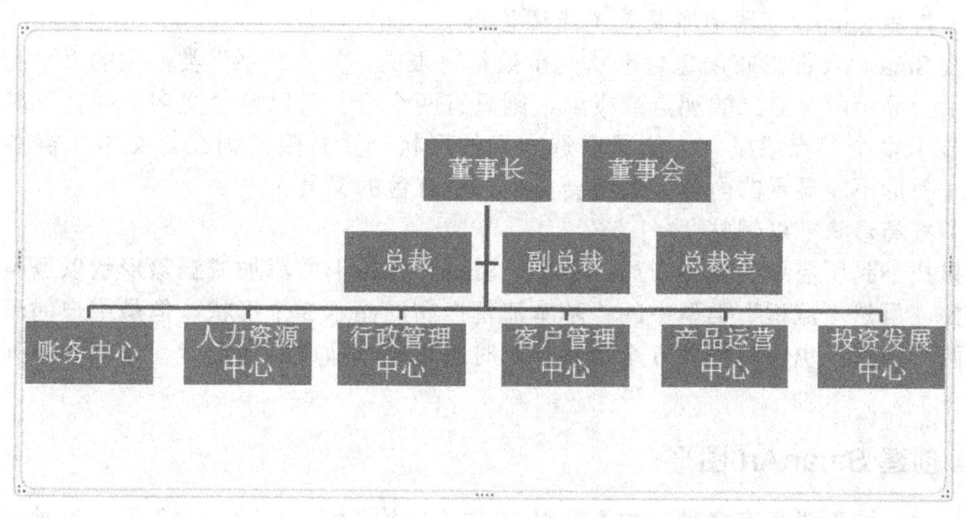

图 5-6　通过复制添加形状并修改文本内容

1. SmartArt 图形

SmartArt 的含义是智能化图形，可以理解为用户信息的视觉表达形式，是 Word 2007 中新增加的功能组件，利用这个功能组件可以设计出精美的图形。

SmartArt 图形中有 3 个重要的概念：形状、文本和布局。

- 形状：是构成布局的基本元素。
- 文本：指每个形状中用于说明或代表某种特定意义的文字。
- 布局：指形状的分布、排列，以及相互之间的依赖关系。

SmartArt 图形提供了多种布局，按类别可以分为“列表”“流程”“循环”“层次结构”“关联”“矩阵”“棱锥图”等，每一种类型下又包含若干个布局。

2. 选择布局

在为 SmartArt 图形选择布局时，要清楚需要传达的信息，以及是否希望信息以某种特定方式显示。由于在 SmartArt 图形中，可以快速轻松地切换布局，所以可以尝试不同类型的布局，直至打开一个最适合的布局为止。

当切换布局时，大部分文字及其颜色、样式、效果和文本格式都会自动带入新布局中。选择布局时通常要对如下几个方面进行权衡。

（1）考虑文字量和形状的个数

这两点通常能决定图形的外观是否是最佳的布局。通常在形状个数和文字量仅限于表示要点时，SmartArt 图形最有效。如果文字量较大，则会分散 SmartArt 图形的视觉吸引力，使这种图形难以直观地传达用户信息。但某些布局，如列表类型中的“梯形列表”，就适用于文字量较大的情况。

（2）某些 SmartArt 图形布局是不能调整的

某些 SmartArt 图形布局包含形状的个数是有限的，如“关系”类型中的“平衡箭头”。当布局用于显示两个对立的观点或概念，则只有两个形状可以包含文字，并且不能将该布局改为显示多个观点或概念。如果所选布局的形状个数有限，则在“文本”窗格中，在 SmartArt 图形不能显示的内容旁边将会出现一个红色的叉号。

（3）布局形状可以调整

如果找不到所需要的准确布局，可以在 SmartArt 图形中添加或删除形状以调整布局结构。例如，虽然“流程”类型中的“基本流程”布局显示 3 个形状，但是用户的流程可能只需要两个形状，也可能需要 6 个形状，此时就可以删除或添加形状，形状的排列会自动更新。

3. 创建 SmartArt 图形

SmartArt 图形类型有多种，如“流程”“层次结构”“循环”“关系”等，每种类型中包含若干个不同的布局，如图 5-7 所示为“流程”类型的 SmartArt 图形。

SmartArt 图形主要是在“选择 SmartArt 图形”对话框中进行设置的，如图 5-8 所示。

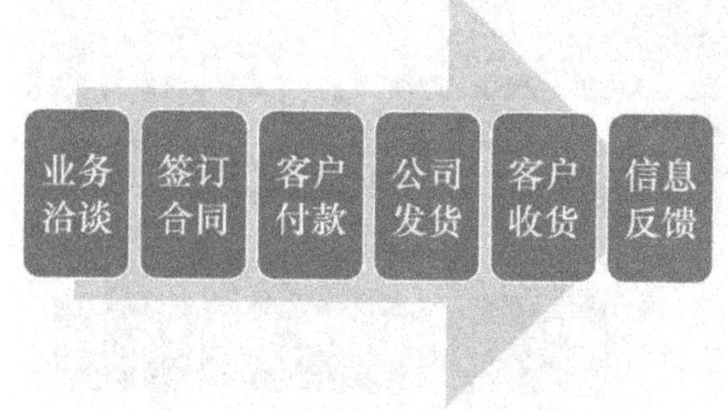

图 5-7 “流程”类型的 SmartArt 图形

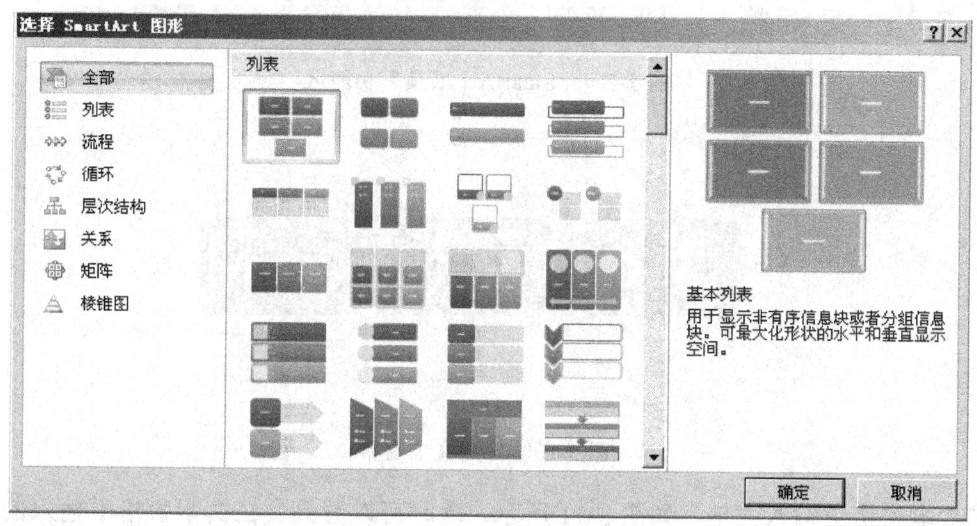

图 5-8 “选择 SmartArt 图形”对话框

该对话框的 3 个部分组成：SmartArt 图形类别区、不同类别的模板区和预览区。SmartArt 图形类别区主要包括“列表”“流程”“循环”“层次结构”“关系”“矩阵”“棱锥图”等类别。在预览区可以查看到该图形的预览效果和关于图形的简介。

单击“插入”选项卡的“插图”选项组中的“SmartArt 图形”按钮，系统会打开“选择 SmartArt 图形”对话框，在此对话框中选择所需要的类型和布局，单击“确定”按钮后，返回到文档中，此时在文档中已经添加了 SmartArt 图形，并且出现了“SmartArt 工具”功能区，如图 5-9 所示。

4．在 SmartArt 图形中添加文本

在 Word 文档中添加了 SmartArt 图形后，还要在其中输入、编辑和格式化文本，编辑和格式化文本与前面章节介绍的方法相同，这里不做介绍，下面只介绍文本的输入。

要想在 SmartArt 图形中输入文字，可以单击其中的一个形状，然后在其中输入文本，也可以打开文本窗格，在其中编辑文字，具体的操作方法如下。

单击 SmartArt 图形左侧的三角形按钮，如图 5-10 所示，系统会打开文本窗格，用户

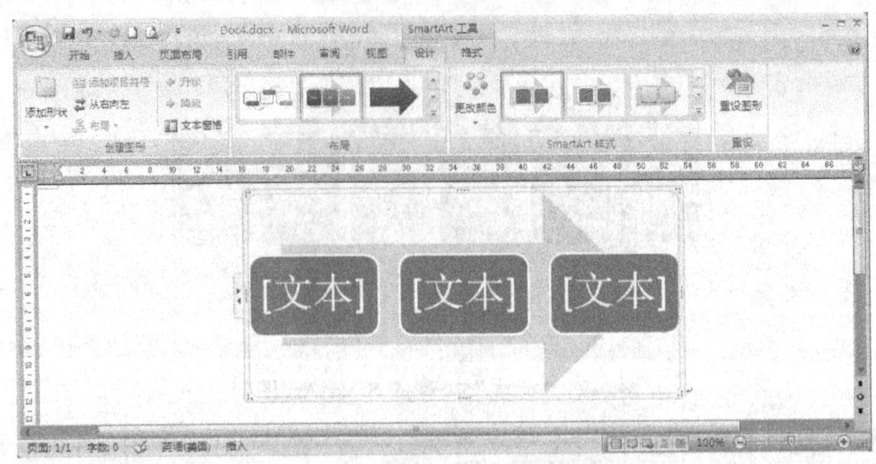

图 5-9 “SmartArt 工具”功能区

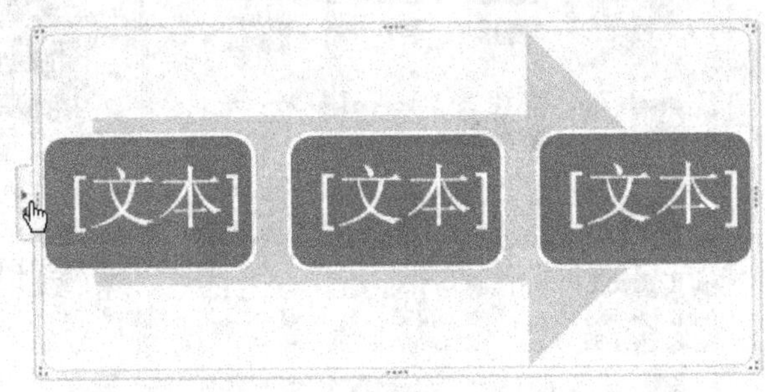

图 5-10 打开文本窗格

可以在文本窗格中输入文字，如图 5-11 所示，这时可以看到，在文本窗格中输入的文字会同时在图形中显示，输入完成后关闭文本窗格即可。

图 5-11 在文本窗格中输入文本

5. 添加和删除形状

在系统的 SmartArt 图形模板中形状的数量是一定的，并不一定恰好符合用户的要求，用户需要对 SmartArt 图形中的形状进行添加和删除操作以符合需要。

（1）添加形状

用户可以在“SmartArt 工具”功能区的“设计”选项卡下的“创建图形”选项组或文

本窗格中向 SmartArt 图形中插入形状，如图 5-12 所示，具体的操作方法如下。

选中 SmartArt 图形中的某一个形状，单击“设计”选项卡的“创建图形”选项组中的“添加形状”按钮，系统会在选中的形状后添加一个形状，如图 5-13 所示。

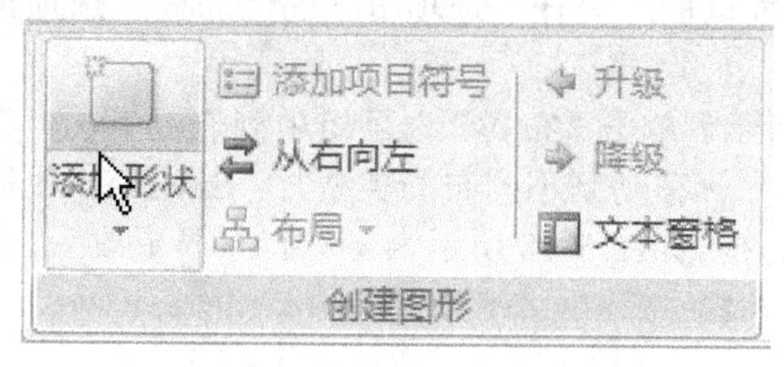

图 5-12 “创建图形”组

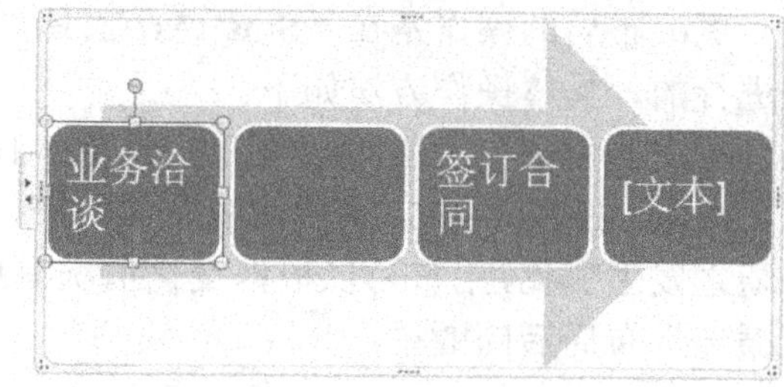

图 5-13 添加形状

使用文本窗格添加形状可以分为在文本之前和在文本之后添加两种情况。

若在选中文本之前添加形状，可在文本窗格中，将光标放在要添加形状的文本的开头，按下“Enter”键，即可在选中的文本之前添加一行，用户可以在其中输入文本，同时在所选形状前也添加了一个形状，如图 5-14 所示。

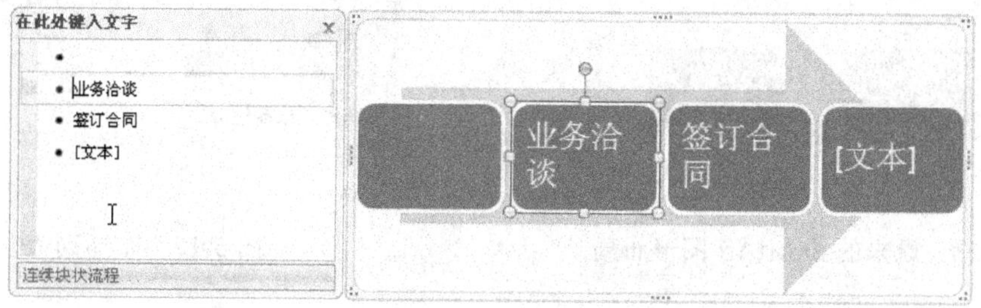

图 5-14 在选中文本之前添加形状

若在选中文本之后添加形状，可在文本窗格中，将光标放在要添加形状的文本的结尾，按下“Enter”键，即可在选中的文本之后添加一行，用户可以在其中输入文本，同时在所选形状后也添加了一个形状，如图 5-15 所示。

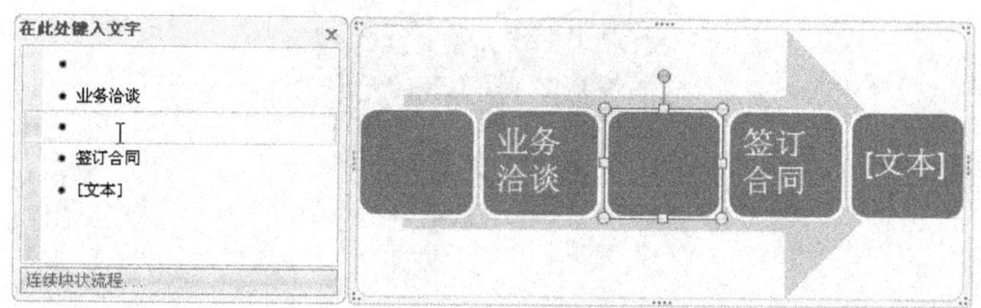

图 5-15 在选中文本之后添加形状

（2）删除形状

如果用户想减少 SmartArt 图形中的形状，可以删除该形状。单击要删除的形状的边框，按下“Delete”键即可删除形状。

6. 更改图形布局

每种布局都提供了一种表达内容及增强所传达信息的不同方法。一些布局只是用项目符号或列表的形式进行展现，而另一些布局适用于展现特定种类的信息。

更改布局的操作是在“SmartArt 工具“功能区的”设计”选项卡下的“布局”选项组中进行的，具体操作方法如下。

在文档中选中 SmartArt 图形，如图 5-16 所示。单击“布局”选项组中列表框旁的“其他”按钮，打开如图 5-17 所示的布局列表，将光标移动到不同布局类型时，SmartArt 图形会随之发生变化，用户可以根据变化情况有所选择。如图 5-18 所示为将原有布局更改为“分段循环”布局后的效果。

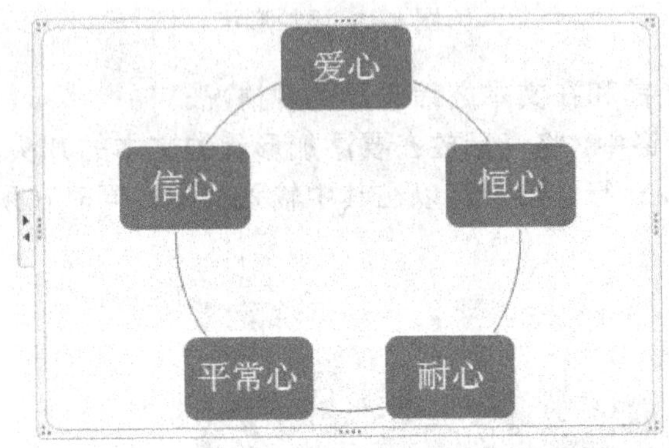

图 5-16　原来的 SmartArt 图形布局

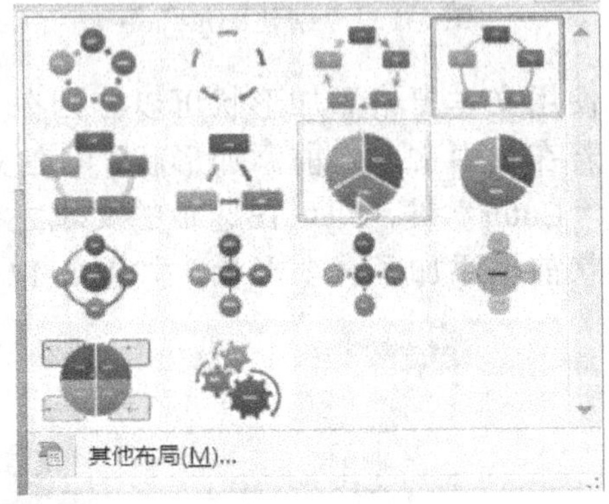

图 5-17　布局列表

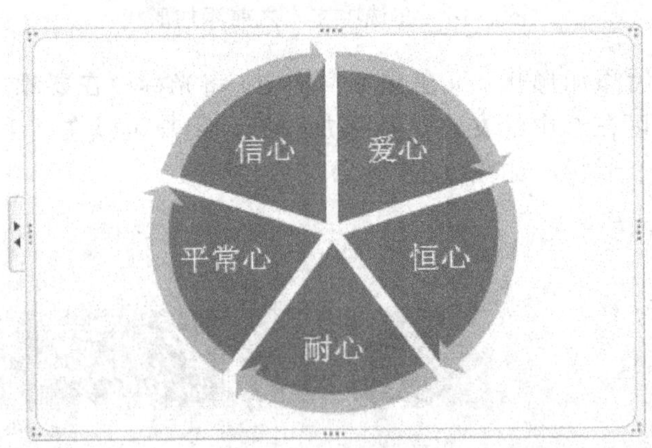

图 5-18　“分段循环”布局效果

在更改图形布局时，并不是所有的布局列表中的布局方式都可以使用，有些布局方式会丢失原来布局中的数据，如图 5-19 所示。

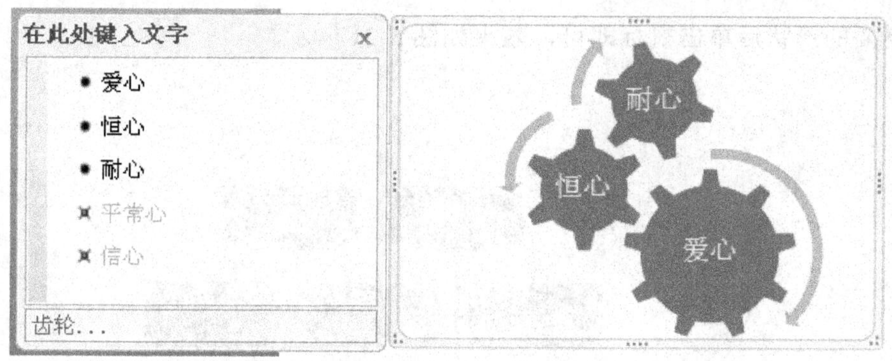

图 5-19　布局改变使数据丢失

任务 2　编辑公司基本架构图

1. 更改 SmartArt 图形中的形状

在文档中插入 SmartArt 图形时，通常使用的都是系统提供的形状类型，这些形状类型配上文本内容后，有时候并不一定非常适合，此时可以对 SmartArt 图形中的形状进行调整。

选中 SmartArt 图形中的形状，单击鼠标右键，在弹出的快捷菜单中选择“更改形状”选项，打开形状列表，如图 5-20 所示。在形状列表中选择需要的形状并单击，就可以用此形状更换图形中原有的形状。

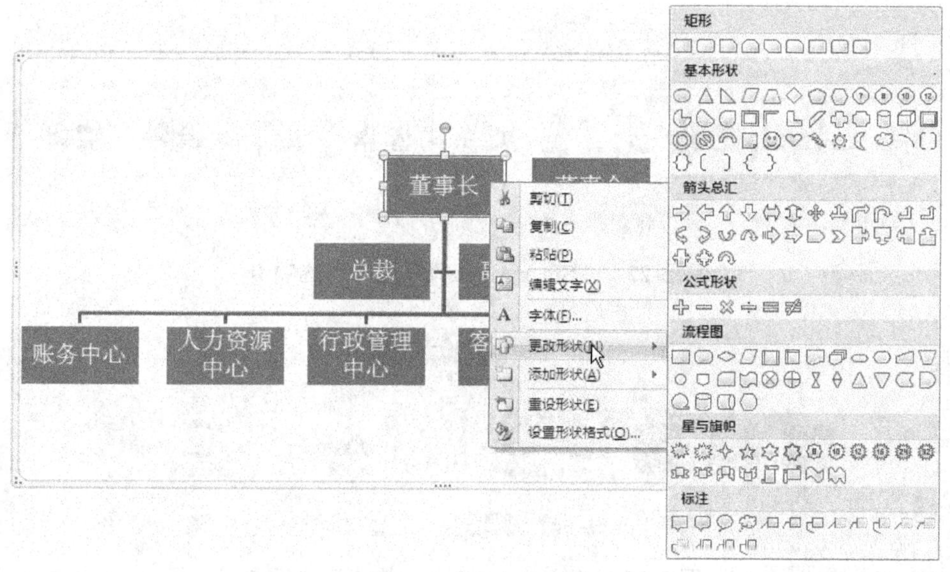

图 5-20　形状列表

如果需要将 SmartArt 图形中的多个形状全部进行更改，可以按住“Shift”键，同时用鼠标逐个选中需要更改的形状，单击鼠标右键，在弹出的快捷菜单中选择“更改形状”命令，选择需要的形状后单击鼠标即可，效果如图 5-21 所示。

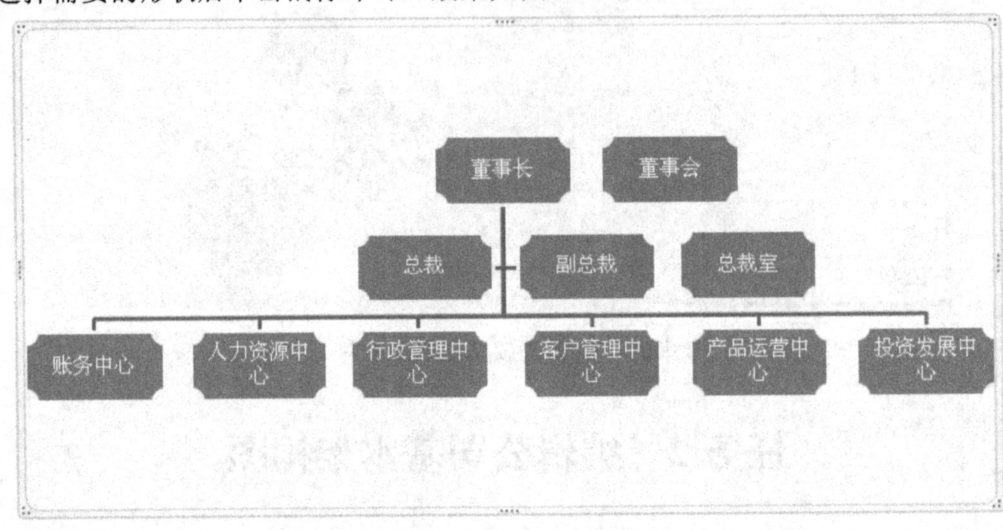

图 5-21　更改形状后的图形

2．应用 SmartArt 图形样式

SmartArt 图形中存在两种样式：一种是 SmartArt 图形中形状的样式，另一种是 SmartArt 图形的样式。SmartArt 图形的样式是在“SmartArt 工具—设计”选项卡中设置，如图 5-22 所示。SmartArt 图形中形状的样式是在“SmartArt 工具—格式”选项卡中设置，如图 5-23 所示。

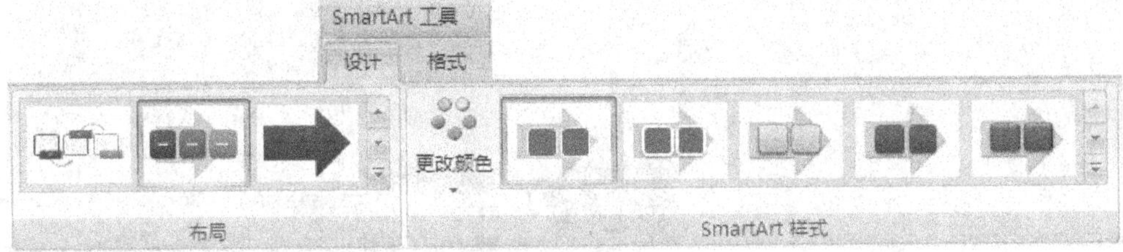

图 5-22　“SmartArt 工具—设计”选项卡

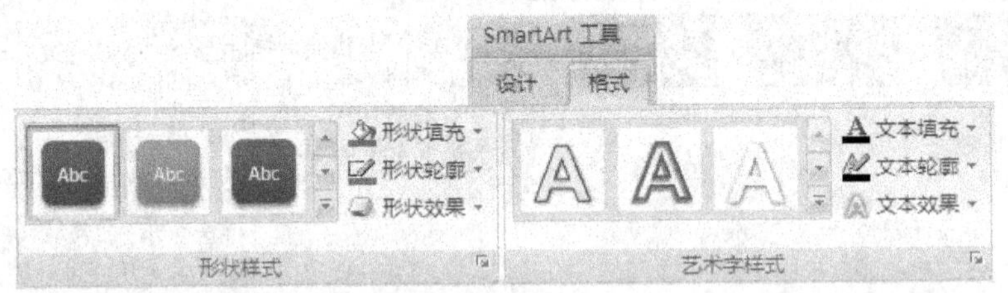

图 5-23　“SmartArt 工具—格式”选项卡

Word 2007 为 SmartArt 图形设置了 14 种样式，如图 5-24 所示。选中 SmartArt 图形，单击 14 种样式中的任意一种样式就可以将该样式应用到 SmartArt 图形中了。如图 5-25 所示为应用了“优雅”样式的效果。

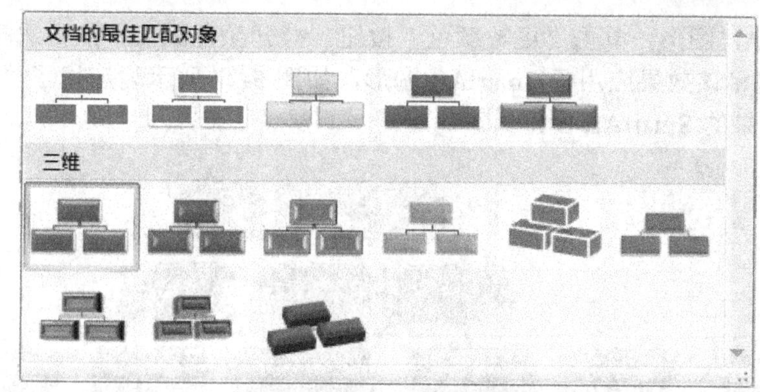

图 5-24　SmartArt 样式列表

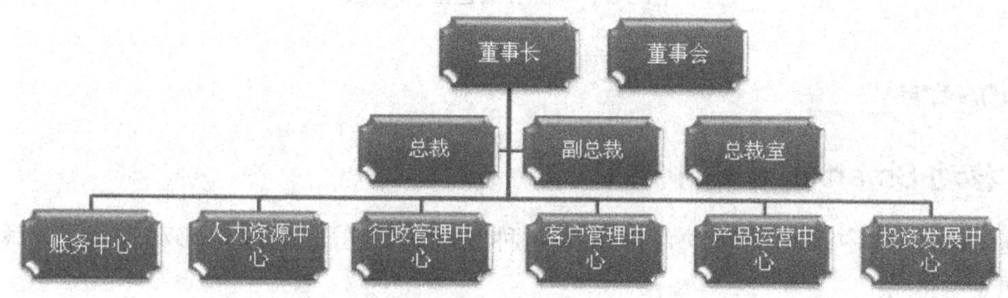

图 5-25 应用了“优雅”样式的效果

3. 更改颜色

在文档中插入的 SmartArt 图形都是使用蓝色作为填充色，整体色调偏暗，因此系统为用户提供了 30 多种颜色类型供用户选择，如图 5-26 所示。

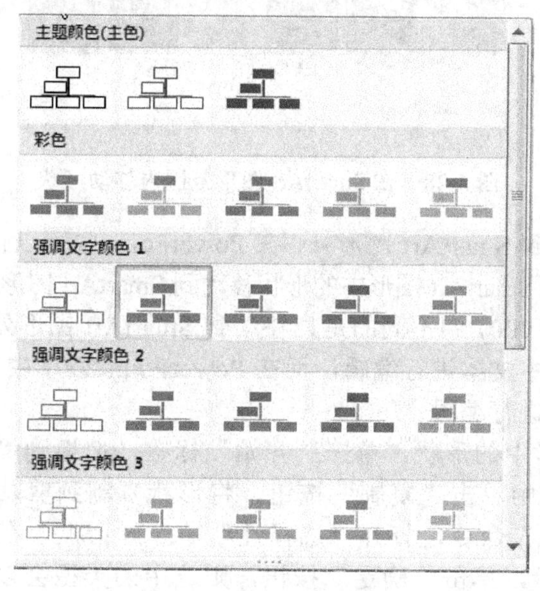

图 5-26　颜色类型列表

选中 SmartArt 图形，单击“更改颜色”按钮，打开颜色列表，从中选择合适的颜色效果并单击，即可将该效果应用于 SmartArt 图形，如图 5-27 所示为应用了“彩色填空 强调颜色文字 2”效果的 SmartArt 图形。

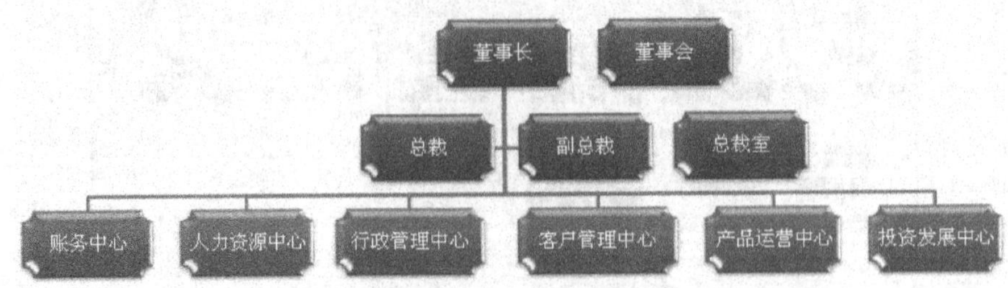

图 5-27　应用颜色后的效果

1. 移动 SmartArt 图形中的形状

SmartArt 图形中形状的移动可以分为两种情况：在图形范围内移动和将形状移动到图形范围外。

在 SmartArt 图形范围内移动只要用鼠标选中需要移动的形状，将其拖动到合适的位置后释放鼠标即可，如图 5-28 所示。

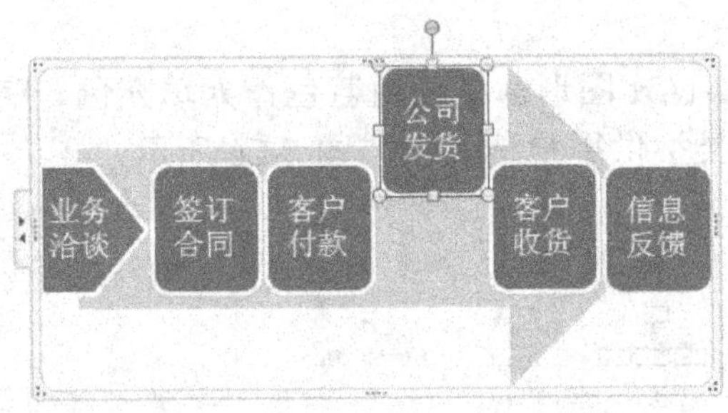

图 5-28　在 SmartArt 图形范围内移动形状

如果要将形状移动到 SmartArt 图形外，在 PowerPoint 中可以使用复制、粘贴的方法操作。在 Word 2007 中要将 SmartArt 图形中的形状移动到 SmartArt 图形外也可以使用复制、粘贴的方法。与 PowerPoint 2007 中不同的是，移动到 SmartArt 图形外形状是以图片的形式存在的，用户将不能对其中文本进行编辑，而在 PowerPoint 2007 中，移动出来的仍是形状，用户可以对其中的文本进行编辑。

选中 SmartArt 图形中的形状，单击“开始”标签，切换到“开始”选项卡，在该选项卡“剪贴板”选项组中单击“复制”按钮，将形状复制到剪贴板中，单击“粘贴”按钮，选择“选择性粘贴”命令，打开“选择性粘贴”对话框，在该对话框中选择一种图形类型，如图 5-29 所示，单击“确定”按钮，则选中的类型会以图形的形式粘贴到文档中，如图 5-30 所示。

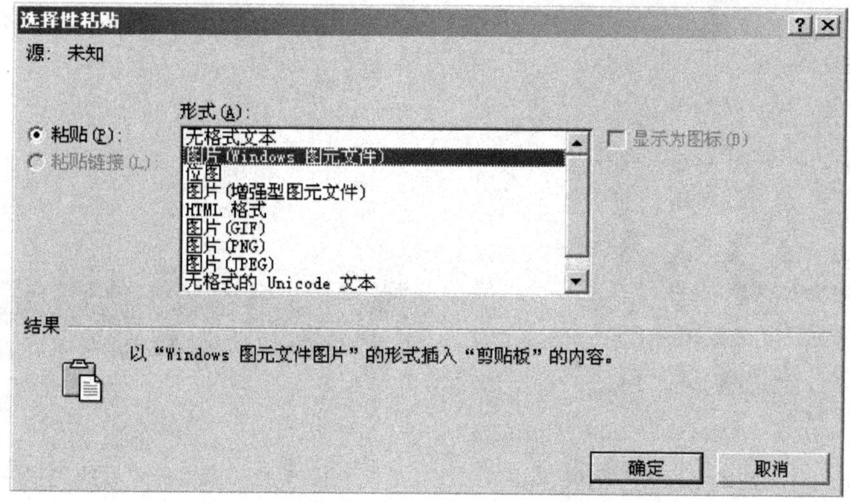

图 5-29　“选择性粘贴”对话框

图 5-30　将形状粘贴到文档中

2．设置文本效果

SmartArt 图形中的文本与文档中文本的基本设置方法是相同的，可以设置字体、字号等。但不同的是可以为 SmartArt 图形中的文本设置一些特殊的效果，这些特殊的效果设置是在“SmartArt 工具—格式”选项卡中进行的，如图 5-31 所示。

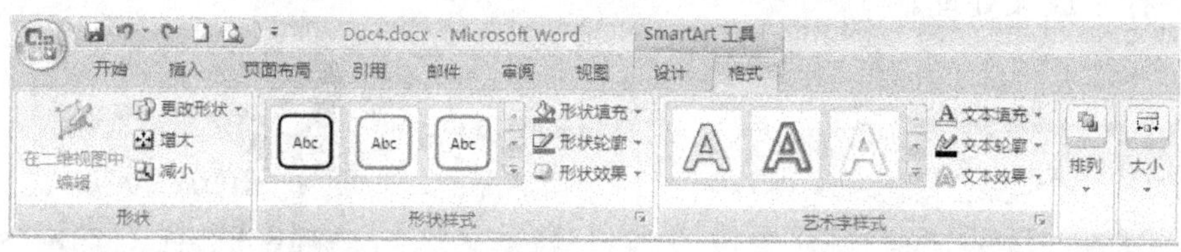

图 5-31　“SmartArt 工具—格式”选项卡

（1）快速设置文本效果

选中 SmartArt 图形中需要设置文本效果的文本，选择“SmartArt 工具—格式”选项卡，单击“艺术字样式”选项组中的“其他”按钮，打开如图 5-32 所示的“艺术字样式”列表，从中选择合适的艺术字样式并单击，则该样式就应用到了所选形状中的文本对象中。如图 5-33 所示为应用了“强调文字颜色 2 暖色粗糙棱台效果”的文本效果。

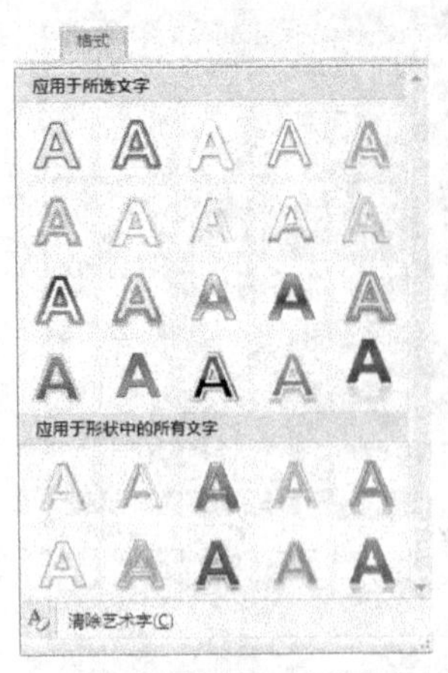

图 5-32 “艺术字样式”列表

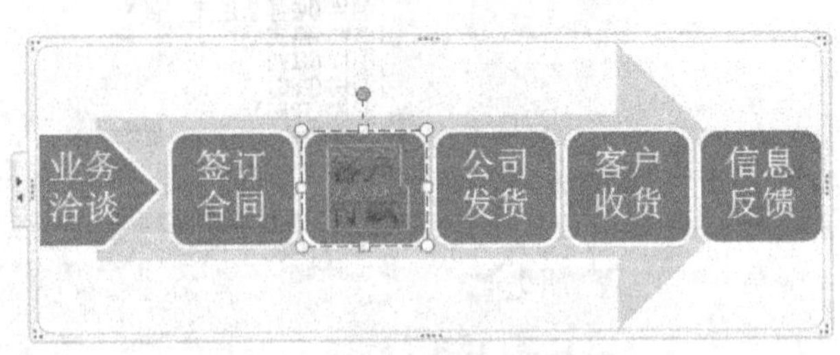

图 5-33 应用样式后的文本效果

（2）设置文本的多种效果

SmartArt 图形中可以设置文本轮廓、文本填充及文本效果等内容，这些效果的设置均是使用“艺术字样式”选项组内的相应命令完成的。

① 文本填充

文本填充就是对设置文本进行颜色填充，图片也可以作为填充色，此外还可以设置渐变效果及使用纹理效果进行填充。但是由于 SmartArt 图形的形状中的文字比较小，文本填充效果设置后效果不明显。如图 5-34 所示的“公司发款”文本设置了“橙色 强调文字颜色 6 深色 25%”和“深色变体 线性向右”的效果，这里是为了方便显示，局部进行了放大处理。

② 文本轮廓

文本轮廓是用来设置选中的文本对象的外围轮廓效果的，主要设置轮廓线的线型、轮廓线的粗细和轮廓线的颜色等。选中 SmartArt 图形内形状中的文本，单击“艺术字样式”选项组中的“文本轮廓”按钮，打开如图 5-35 所示的菜单，选择相应的选项设置即可。如图 5-36 所示为设置了文本轮廓线为“1 磅”、线型为“圆点”后的效果。为了方便显示，这里局部进行了放大处理。

图 5-34 设置文本填充效果

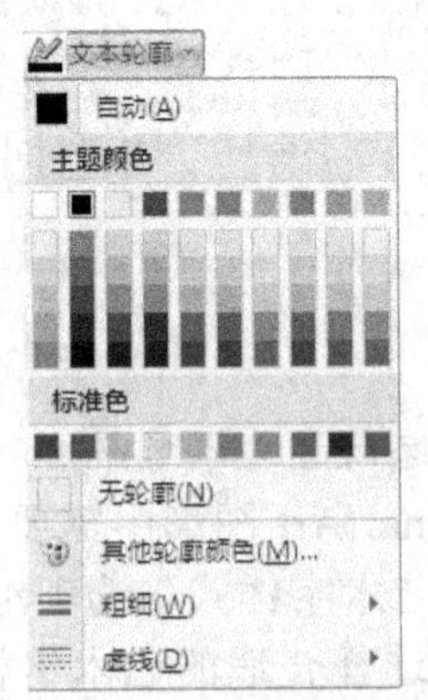

图 5-35 “文本轮廓”菜单

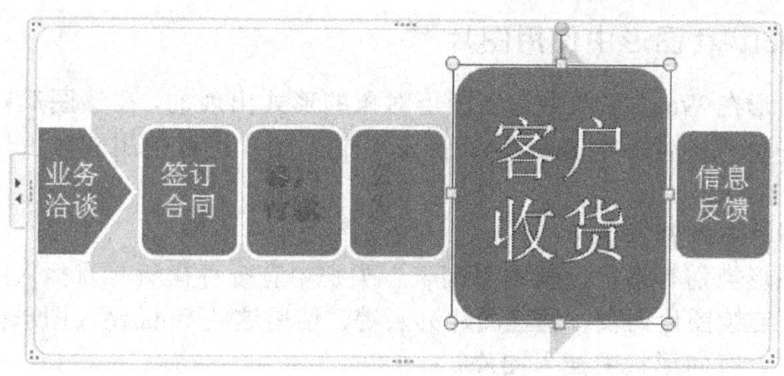

图 5-36　设置文本的轮廓

③ 文本效果

文本效果的设置项较多，可以设置文本的“阴影”“映像”“发光变体”“棱台”“三维旋转”　“转换”等效果，每个设置项里都有多种效果可供用户选择，如图 5-37 和图 5-38 所示分别为“棱台”和“发光变体”效果设置项。

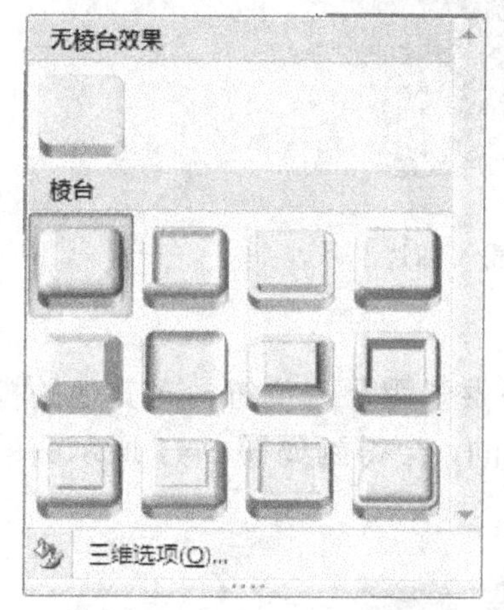

图 5-37　“棱台”设置项

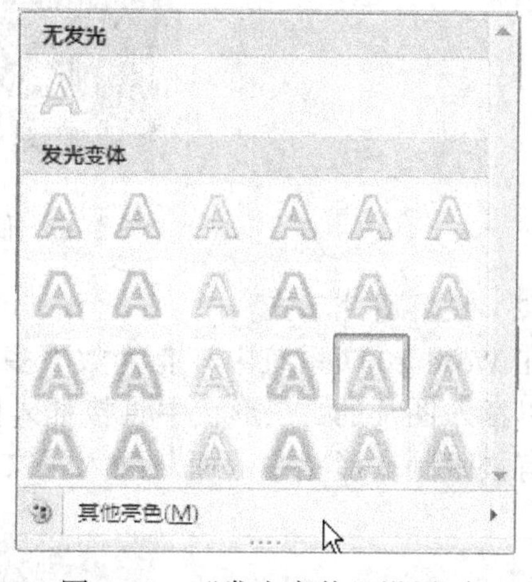

图 5-38　“发光变体”设置项

如图 5-39 所示为文本设置了“圆”棱台效果、“强调文字颜色 5　11pt”发光效果和“半映像 接触”映像效果。为了方便显示，这里局部进行了放大处理。

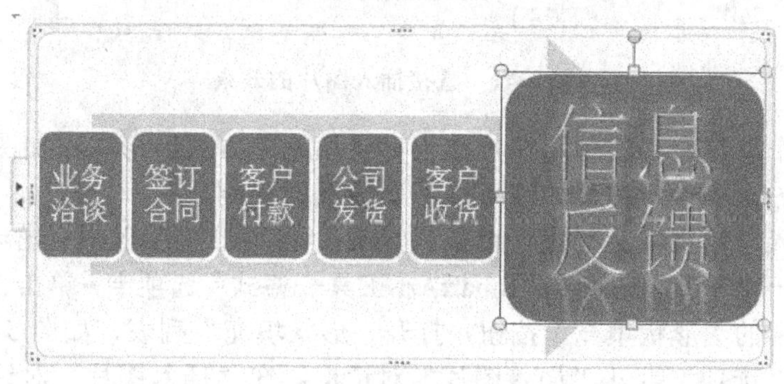

图 5-39　设置文本效果

3. 在 SmartArt 图形中使用图片

SmartArt 图形在 Word 文档中是以图形对象的形式出现的，在该图形对象中用户可以根据需要在其中插入图片。向 SmartArt 图形中插入图片可以使用图片占位符或图片填充的方法完成。

（1）使用图片占位符

SmartArt 图形类别有多种，其中“列表”类别中有多种模板具有插入图片的功能，如水平图片列表、连续图片列表、垂直图片列表等，使用这些 SmartArt 图形模板可以使用模板提供的图片占位符向形状中插入图片。

单击 SmartArt 图形中的图片占位符，打开“插入图片”对话框，选择合适的图片后，单击“插入”按钮，即可完成图片的插入，如图 5-40 所示。

图 5-40　使用图片占位符插入图片

（2）使用图片填充

在 Word 2007 系统中只有为数不多的几个模板提供了图片占位符，在其他的模板中是不可以插入图片的，在形状中直接插入图片是行不通的，会得到如图 5-41 所示的效果图片并没有被限制在形状中，而是插入了文档中。

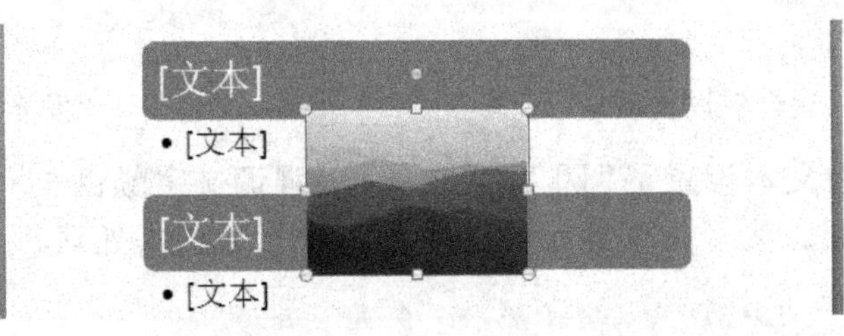

图 5-41　直接插入图片的效果

现在改变一个思路，通过使用图片作为背景填充的方式给形状添加图片，其效果与使用图片占位符的方式类似，这种方法可以不受模板的限制。

在文档中插入“垂直箭头列表”模板的 SmartArt 图形，图形中只出现了文本占位符，选中其中的任意一个形状，切换到“SmartArt 工具—格式”选项卡，单击该选项卡中的“形状样式”选项组中的“形状填充”按钮，打开“形状填充”列表，如图 5-42 所示。在此列表中选择“图片”选项，打开“插入图片”对话框，在“插入图片”对话框中选择需要的图片后，单击“插入”按钮，此时该图片被插入到形状中，如图 5-43 所示。

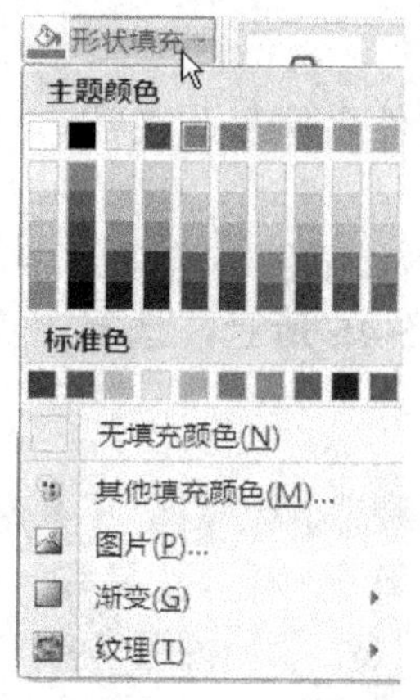

图 5-42　形状填充列表

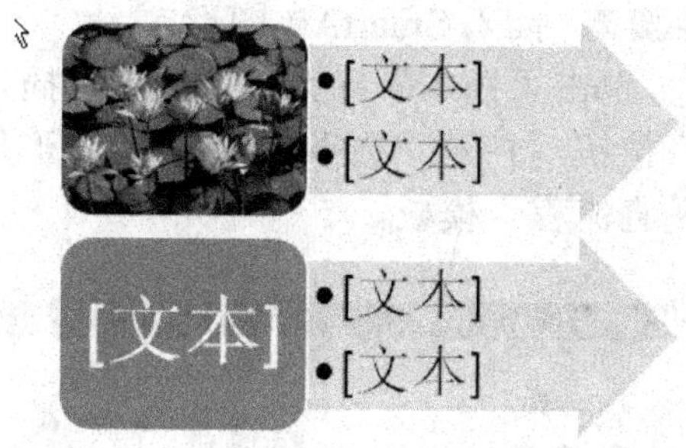

图 5-43　插入图片后的效果

综合实例 5　制作工作流程图

工作流程图是通过适当的符号记录全部工作过程，用以描述工作顺序，帮助管理者了解实际工作活动，消除工作过程中多余的工作环节，使工作流程更为经济、合理和简便，从而提高工作效率。

工作流程图常应用在介绍办事流程、说明工作程序中，如新生报到流程、新车上牌流程、房屋交易流程等。这些流程图常用于一些窗口行业中，可为办事人员提供方便，减少人员的负担。本节将以购车流程为例介绍使用 SmartArt 图形制作流程图的过程，完成后的效果如图 5-44 所示。

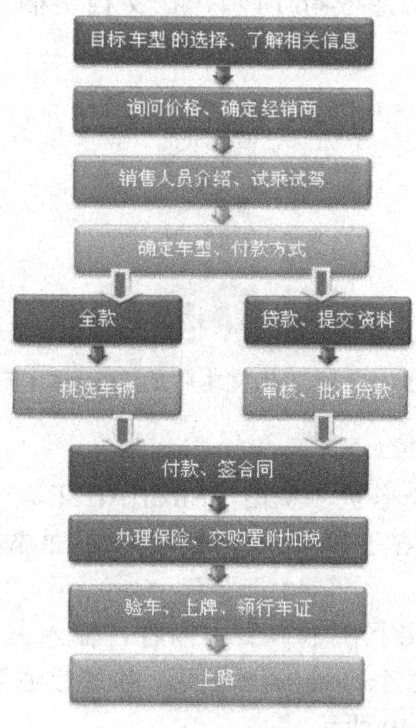

图 5-44　购车流程图

步骤 1：新建文档。

启动 Word 2007 并新建文档，以“购车流程图”为文件名保存此文档。

步骤 2：插入 SmartArt 图形。

① 单击“插入”标签，切换到“插入”选项卡，单击“插图”选项组中的“SmartArt 图形”按钮，打开“选择 SmartArt 图形”对话框，如图 5-45 所示，选择“流程”类别中的“垂直流程”模板。

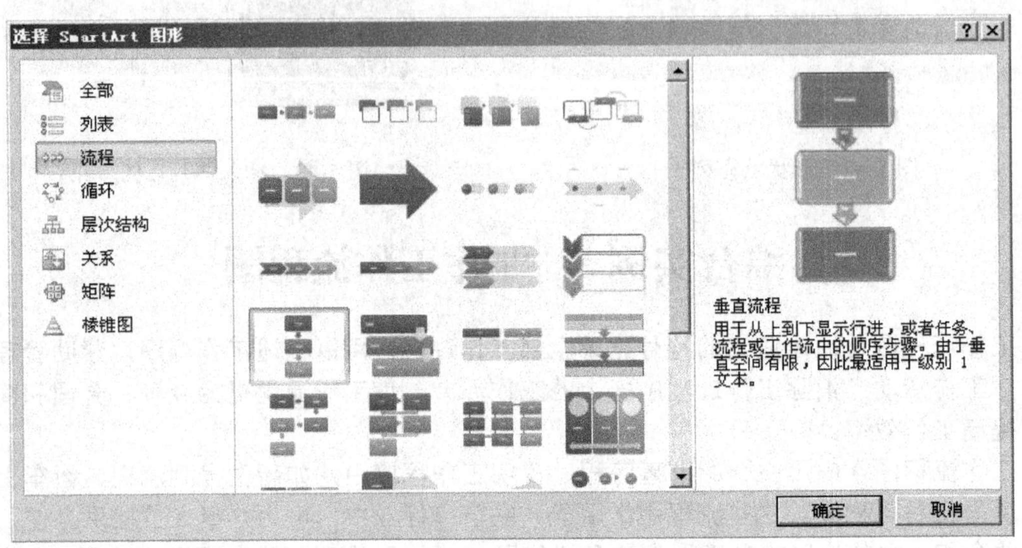

图 5-45 “选择 SmartArt 图形”对话框

② 单击“确定”按钮，如图 5-46 所示，在文档中插入了一个垂直流程的 SmartArt 图形。

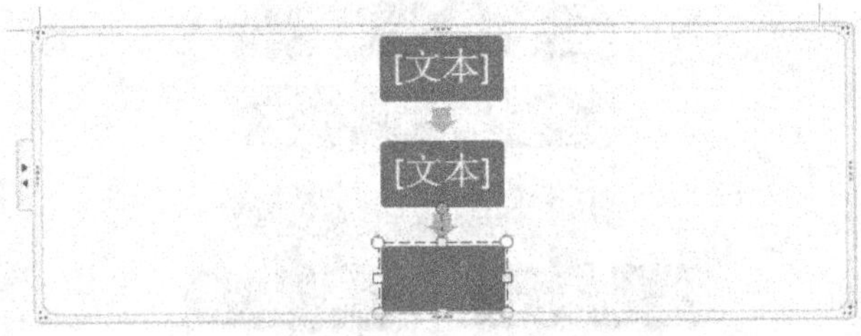

图 5-46 插入到文本中的 SmartArt 图形

步骤 3：添加形状。

① 选中图形中的最后一个形状，单击“SmartArt 工具—设计”选项卡的“创建图形”选项组中的“添加形状”按钮，在下拉列表中选择“在后面添加形状”选项，此时在 SmartArt 图形中添加了一个形状。

② 在 SmartArt 图形各个形状中输入文本内容，输入完成后的效果如图 5-47 所示。

③ 使用上述方法再制作 2 个 SmartArt 图形，并进行适当的调整，效果如图 5-48 所示。3 个 SmartArt 图形效果如图 5-49 所示。

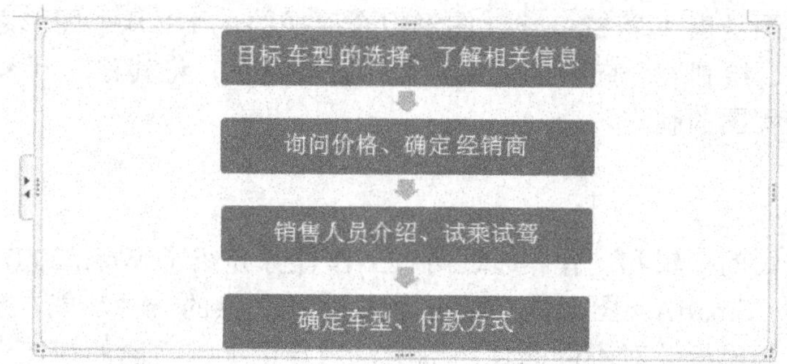

图 5-47 输入文本后的 SmartArt 图形

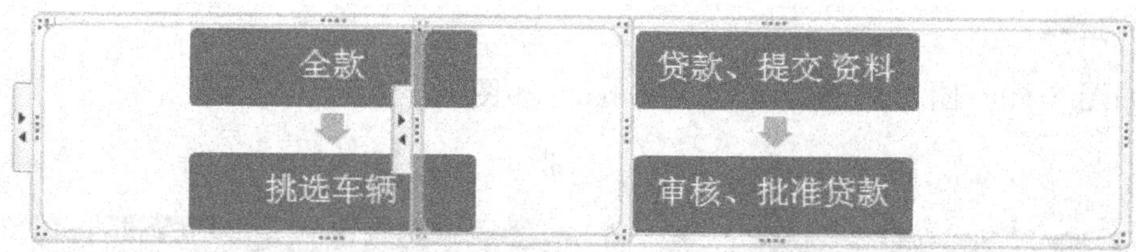

图 5-48 2 个 SmartArt 图形

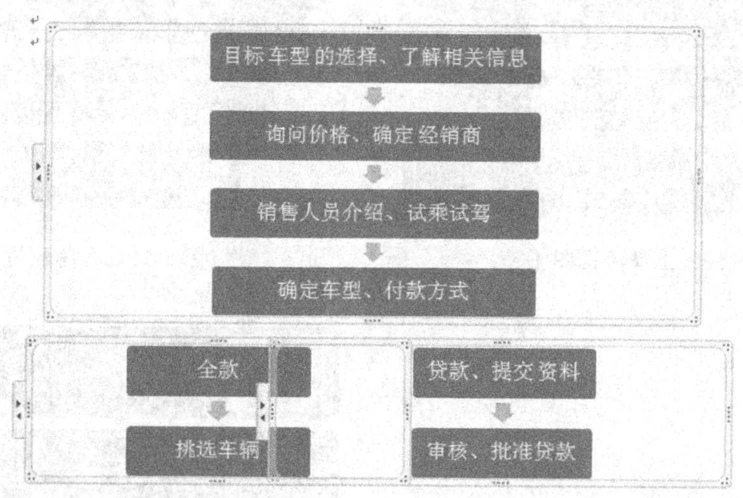

图 5-49 3 个 SmartArt 图形

步骤 4：修改 SmartArt 图形颜色

选中制作好的 SmartArt 图形，单击“SmartArt 样式”选项组中的“设计”选项卡“更改颜色”按钮，打开“主题颜色”列表，从中选择“渐变范围-强调文字颜色 2”效果应用于 SmartArt 图形。

步骤 5：设置 SmartArt 图形样式

单击“SmartArt 样式”选项组中的其他按钮，打开“图形样式”列表，从中选择“强烈效果”并将该效果应用于 SmartArt 图形。

步骤 6：绘制自选图形

由于整个流程图是由 4 个 SmartArt 图形组合而成的，所以几个图形之间的连接需要使用自选图形的箭头。绘制 4 个向下的箭头，并设置填充色，将其移动到 SmartArt 图形的连接处，完成整个流程图的制作。

知识盘点

本章围绕流程图的编辑和制作，通过两个工作任务介绍了 Word 2007 中 SmartArt 图形的设计与制作方法。SmartArt 图形是 Office 2007 系统提供的一种功能，系统为用户提供了多种模板形式，各种模板针对不同的使用范围，用户可根据不同的情况选择不同的模板。SmartArt 图形在 PowerPoint 中应用较多。

成果验收

制作如图 5-50～图 5-53 所示的各种 SmartArt 图形。

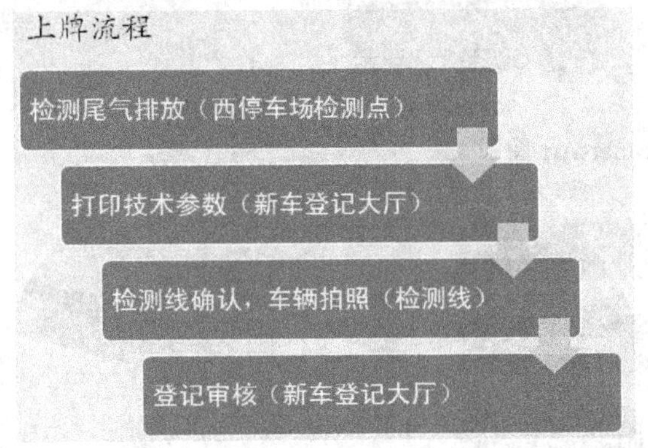

图 5-50　上牌流程图 1

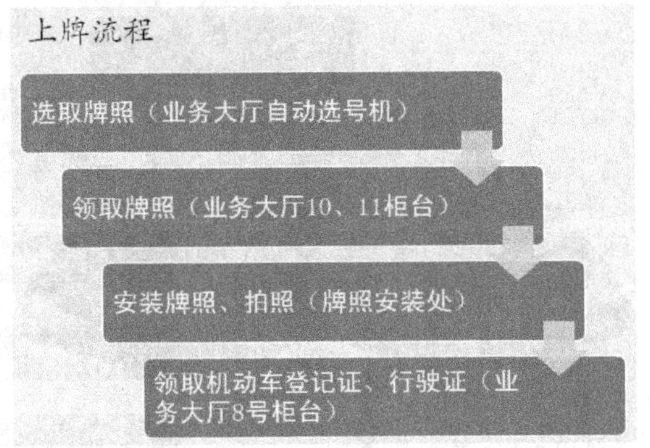

图 5-51　上牌流程图 2

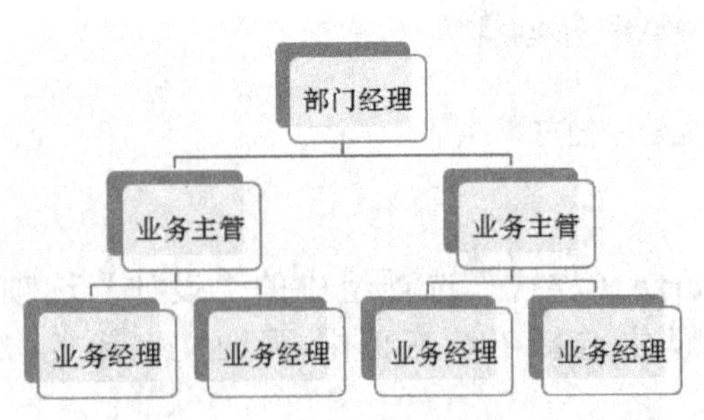

图 5-52　销售部组织结构图

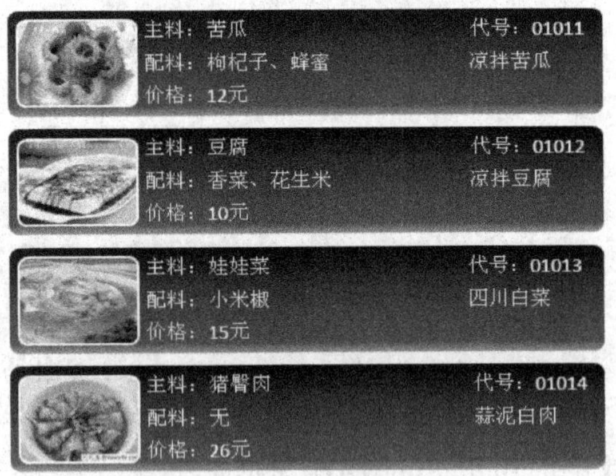

图 5-53　菜单

第 6 章

制作工资表——表格的应用

表格是由行和列形成的单元格组成，是用来组织和显示信息的一种格式。在编辑文档时，为了更形象地说明要表述的内容，常需要在文档中制作各种各样的表格，如工资统计表、个人简历表、商品数据表等。Word 2007 提供了强大的表格功能，可以快速创建和编辑表格。

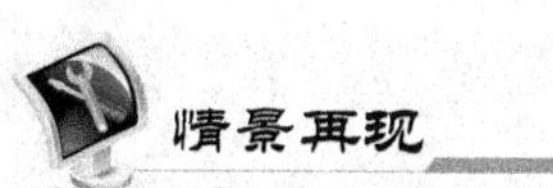

实习期就要结束了，小张以其优异的实习表现获得了公司的认可。根据公司的规定，公司将与其签订 3 个月的临时聘用合同，临时聘用合同期满后，再与其签订相应的劳动合同，与她同期进行实习的员工中，有近 10 人获得了签订临时聘用合同的机会。临时聘用人员的工资发放由小张所在部门负责，小张需要将临时聘用人员的工资表的框架设计出来给主管审核。

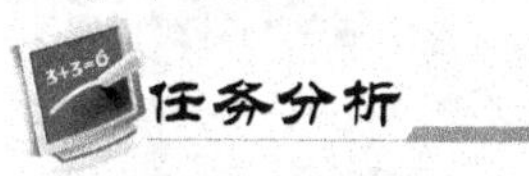

小张要设计制作的公司临时聘用人员的工资表，需要用到 Word 2007 的表格功能，涉及的内容为表格创建与调整、表格格式的设置，以及表格中数据的填充与计算。

任务 1　创建工资表

① 启动 Word 2007，新建文档，单击“页面布局”标签，切换到“页面布局”选项，单击“页面设置”选项组对话框启动器，打开“页面设置”对话框，在该对话框中选择“页边距”选项卡，设置纸张方向为“横向”，单击“确定”按钮，并以“工资表”为文件名保存文件。

② 单击“插入”标签，切换到“插入”选项卡，单击“表格”按钮打开“插入表格”命令列表，从列表中选择“插入表格”命令，打开如图 6-1 所示的“插入表格”对话框，设置插入表格的列数为“14”，行数为“20”，单击“确定”按钮，即在文档中插入一个空表格。

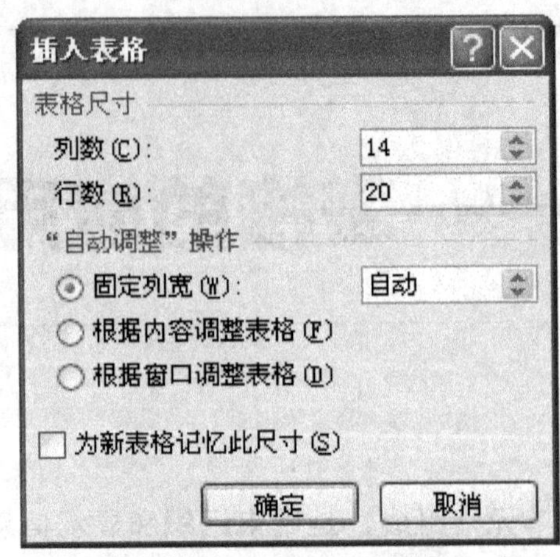

图 6-1 “插入表格”对话框

③ 调出习惯使用的输入法，按照工资表的基本格式输入表头并设置格式，如图 6-2 所示。

科创科技集团临聘人员工资发放表

序号	姓名	基本工资	加班工资	工资合计	请假扣款	公积金	失业保险	养老保险	医疗保险	大病保险	扣款合计	计税工资	实发工资

图 6-2 表格的表头部分

1. 创建表格

在 Word 2007 中可以使用多种方法来创建表格，如按照指定的行、列插入表格，绘制不规则表格和插入 Excel 电子表格等。

（1）用表格网格框绘制表格

将光标定位在文档中需要插入表格的位置，单击“插入”标签，切换到“插入”选项卡，单击 “表格”选项组中的“表格”按钮，打开如图 6-3 所示的网格框，其中每一个网格代表一个单元格。

将鼠标指针指向网格框，向右下方移动鼠标，鼠标指针所掠过的单元格就会被全部选中并高亮显示，同时在网格框上面的提示栏中会显示被选定的表格的行数和列数，并有预览表格出现在文档中，如图 6-4 所示。达到所需要的行数和列数后单击鼠标，在文档中就会插入一个表格。

（2）用对话框创建表格

使用“插入表格”对话框插入表格时，可以在创建表格的同时设置表格的大小。虽然操作复杂一些，但是它的功能比较完善，设置精确，可以创建出精致的表格。

将光标移动到文档中要插入表格的位置，在“插入”选项卡中单击“表格”按钮，在弹出的菜单中选择“插入表格”命令，打开“插入表格”对话框。

在“表格尺寸”设置区设置表格的列数和行数，在“自动调整”操作栏中设置列宽。

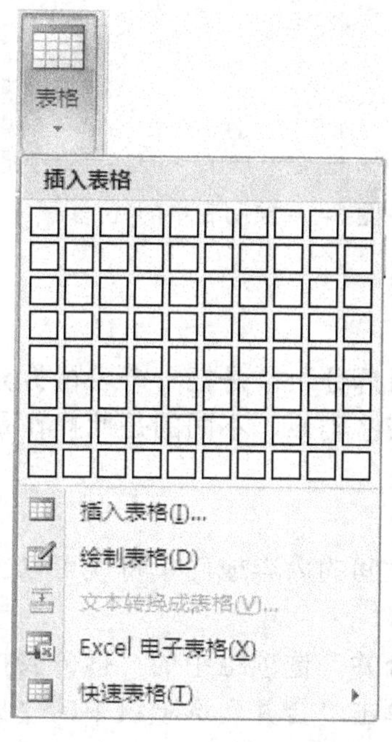

图 6-3 “插入表格”网络框

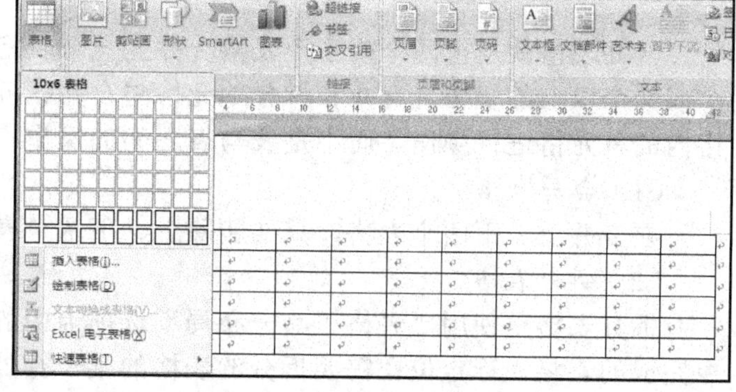

图 6-4　在文档中插入表格

- 固定列宽：按下拉列表中指定的宽度创建表格。选择“自动”选项，程序将根据每行、每列的实际情况设置行高和列宽，否则在下拉列表中选择列宽（以厘米为单位），或者直接输入列的宽度。
- 根据内容调整表格：选中该单选项，表格的列宽将随每列的内容自动调整。
- 根据窗口调整表格：选中该单选项，表格的宽度与正文区的宽度相同。
- 为新表格记忆此尺寸：选中该复选框，将对“插入表格”对话框中的设置进行保存，并作为下次再打开“插入表格”对话框的默认设置。如在“插入表格”对话框中设置了 7 行 10 列的表格，选择“自动”选项和“固定列宽”单选项，并选中“为新表格记忆此尺寸”复选框，则当再次打开“插入表格”对话框时，选项保持上一次更改后的状态。单击“确定”按钮即可在文档中插入表格。

（3）手动绘制表格

在实际工作中有时候需要创建一些复杂的表格，如包含不同高度的单元格或者每行有不同列数的表格。对于这类较复杂而不固定的表格，可以使用 Word 2007 中的绘制表格功能来创建。Word 2007 提供了强大的表格绘制功能，可以像用笔一样根据自己的需要绘制复杂的或不固定格式的表格。

单击“表格”按钮，从弹出的菜单中选择“绘制表格”命令，此时文本编辑区中的鼠标指针会变成笔形。移动笔形鼠标指针到文本区，按下鼠标左键并拖曳到适当的位置后释放，绘制出的矩形即为表格的外围边框，如图 6-5 所示。

移动笔形鼠标指针到需要绘制表格的行的位置，按下鼠标左键并横向拖曳鼠标即可绘制出表格的行，如图 6-6 所示。多次重复这一操作即可完成表格行的绘制。

图 6-5　绘制表格的外围边框

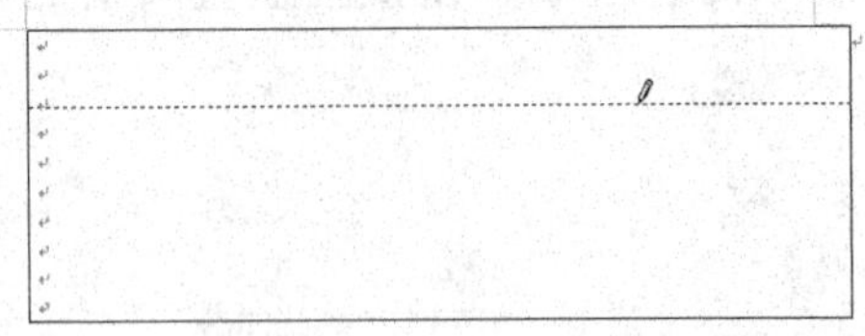

图 6-6　绘制表格的行

2. 合并和拆分表格、单元格

合并表格就是把两个或多个表格合并为一个表格，而拆分表格是把一个表格拆分为两个或两个以上的表格。合并和拆分单元格与合并、拆分表格类似，不同的是此操作是对表格内的单元格进行操作，而不是表与表之间的操作。

（1）合并表格

要合并上、下两个表格，只要删除上、下两个表格之间的内容或回车符就可以了。

（2）拆分表格

拆分表格是使用“表格工具—布局”选项卡中的“合并”选项组中的“拆分表格”命令完成的。将光标定位在需要拆分的表格的某一行处，单击“合并”选项组中的“拆分表格”按钮 拆分表格，表格就从当前光标处拆分成格式相同的两个表格。

（3）合并单元格

单元格的合并与拆分是表格操作中使用频度非常高的一种操作。通常创建的表格都是标准表格，标准表格在实际工作是要进行调整的，这些调整工作就包括单元格的合并与拆分操作。合并单元格是指将表格中两个或多个相邻的单元格进行合并，最终形成一个单元格的过程。

选择要合并的单元格，所选单元格会反白显示，单击“表格工具—布局”选项卡的“合并”选项组中的“合并单元格”命令，所选的单元格就合并成一个单元格了，如图 6-7 所示。

编号	姓名							应发合计	应扣合计	实发合计	备注

编号	姓名							应发合计	应扣合计	实发合计	备注

图 6-7　合并单元格

（4）拆分单元格

拆分单元格是指将一个单元格拆分成几个单元格，一个单元格最多可以拆分成 31 行和 63 列。

选中单元格或将插入点光标放到要拆分的单元格中，单击“表格工具—布局”选项卡的“合并”选项组中的“拆分单元格”命令，系统会打开“拆分单元格”对话框，如图 6-8 所示。

在“列数”和“行数”数值框中输入要拆分的列数和行数，或单击上、下箭头，调整数值，单击“确定”按钮，完成单元格的拆分操作。如果选中的是多个单元格，则要勾选“拆分前合并单元格”复选框。

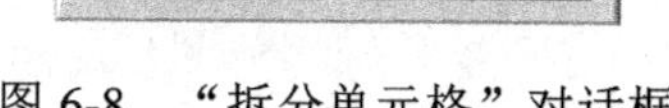

图 6-8　“拆分单元格”对话框

3．添加和删除表格中的行和列

在文档中创建表格后，表格的行和列的数量有可能不能满足用户的需要，会出现或多或少的现象。此时可以对表格的行或列进行添加和删除操作。

（1）插入行或列

将光标定位到需要插入行的行中，单击“表格工具—布局”选项卡的“行和列”选项组中的“在上方插入”或“在下方插入”按钮，如图 6-9 所示，则在光标所在行的上方或下方插入一行，如图 6-10 所示。

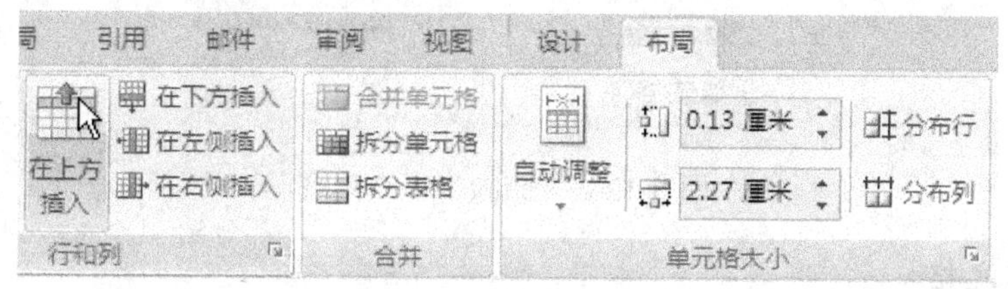

图 6-9　插入行命令

编号	姓名	应发工资					应发合计	应扣合计	实发合计	备注
		基本工资	效益工资	技术津贴	假日补贴	加班费				
1										
2										
3										

图 6-10　在表格中插入一行

在表格中一次性插入多行时，可以连续选择表格中的多行，然后单击“在上方插入”或“在下方插入”按钮，此时选择了多少行，就会在表格中一次性插入多少行，如图 6-11 所示。

编号	姓名	应发工资					应发合计	应扣合计	实发合计	备注
		基本工资	效益工资	技术津贴	假日补贴	加班费				
1										
2										
3										

编号	姓名	应发工资					应发合计	应扣合计	实发合计	备注
		基本工资	效益工资	技术津贴	假日补贴	加班费				
1										
2										
3										

图 6-11　一次性插入多行

插入列的操作与插入行的操作基本相同，请读者自行练习。

（2）删除行或列

删除行或列的操作是使用“行和列”选项组中的“删除”下拉列表中的相关命令完成的。将光标定位到要删除的行或列中，单击“删除”按钮打开如图 6-12 所示命令列表，选择其中的“删除行”或“删除列”命令即可删除将光标所在的行或列。

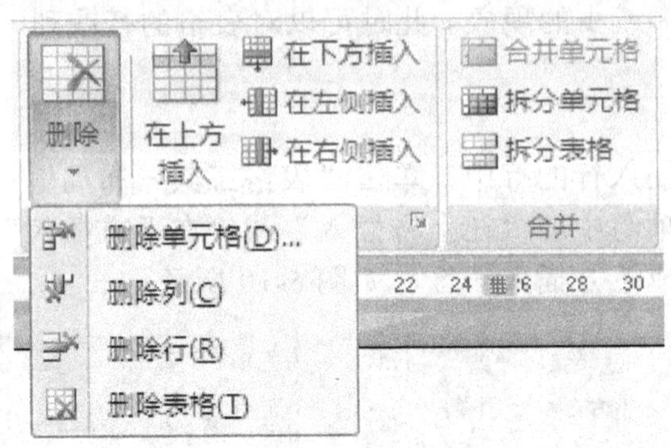

图 6-12 “删除”命令列表

（3）删除单元格

删除单元格的操作一般不使用，因为所有的表格都是很整齐的，外围边框一般是矩形，进行删除单元格的操作后，原来单元格的位置将由其他单元格来填补，这样会使得表格的外围形状发生改变，如图 6-13 所示，表格的右侧边框出现一个缺口。

编号	姓名	应发工资					应发合计	应扣合计	实发合计	备注
		基本工资	效益工资	技术津贴	假日补贴	加班费				
1										
2										
3										

图 6-13 删除单元格后表格外围形状的变化

选中要删除的单元格，选择如图 6-12 所示的“删除单元格”命令，系统会提醒用户用哪个部分的单元格来填补删除后的空缺，如图 6-14 所示。

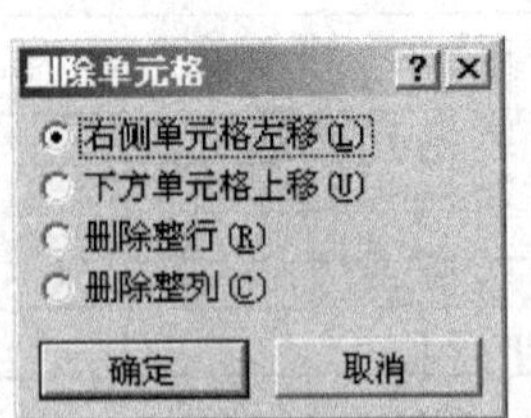

图 6-14 “删除单元格”对话框

- 选择“右侧单元格左移”单选项，删除单元格后，该行中所有其他单元格左移，在该行的右侧会出现一个空缺位置。
- 选择“下方单元格上移”单选项，删除单元格后，会将该列中剩余的现有单元格每个上移一行。该列底部会添加一个新的空白单元格，底部不会出现空缺位置。

4．改变列宽和行高

创建表格时，Word 表格的列宽与行高一般采用默认值，可以根据不同的需要对表格的列宽与行高进行调整，调整方法主要有两种：使用鼠标粗略调整和使用菜单精确调整。

（1）使用鼠标改变列宽与行高

使用鼠标拖动某一列的左、右边框线来改变列宽，具体操作方法如下。

将鼠标指针移动到要调整列宽的表格边框线上，使鼠标指针变成 ⇹ 形状，按住鼠标左键，出现一条垂直的虚线表示准备改变单元格的大小，再按住鼠标左键向左或向右拖动，即可改变表格列宽，如图 6-15 所示。

编号	姓名	应发工资					应发合计	应扣合计	实发合计	备注
		基本工资	效益工资	技术津贴	假日补贴	加班费				
1										
2										
3										

图 6-15　用鼠标调整列宽

表格的行高设置方法与列宽的基本一致。在默认情况下，Word 会根据单元格的内容自动调整行高。用户可以根据需要，用鼠标拖动来改变行高。将鼠标指针移动到要调整行高的表格边框线上，使鼠标指针变成 ÷ 形状，按住鼠标左键，出现一条水平的虚线表示可以改变表格的行高了，再按住鼠标左键向上或向下拖动，即可改变表格行高。

此外，用户还可以通过标尺来改变行高与列宽。当把光标插入点放到表格中后，在纵向和横向标尺上会分段来区分不同的行或列。当鼠标指向列或行间的位置时，鼠标指针的形状会发生变化，变成双向箭头状，此时按下鼠标左键并拖动，即可修改列宽或行高。

（2）用菜单精确设置列宽与行高

用前面的方法调整列宽与行高非常方便，但不精确，对于要求严格的表格来说是不允许的，此时，用户需要通过有关菜单进行操作。

选定需要调整宽度的一列或多列，如果只有一列，只需把插入点置于该列中，单击“表格工具—布局”选项卡的“表”选项组中的“属性”按钮，打开“表格属性”对话框，在“表格属性”对话框中单击“列”选项卡，如图 6-16 所示。列宽有两种表示方法：一种是相对于整个表宽的百分比，另一种是用厘米作为单位。用前一种方法调整的列宽会随着整个表格宽度的变化而变化，而后一种则不会。在“表格属性”对话框的“列”选项卡中，上方显示出当前所在列，用户首先要选定“指定宽度”选项，然后根据自己的需要在“度量单位”中选择是使用“百分比”还是使用“厘米”作为单位，接下来在前面的“指定宽度”微调框中调整具体的列宽。通过单击“前一列”或“后一列”按钮，可以调整其他列的宽度。调整完毕后，单击“确定”按钮。

5．插入内置样式表格

在 Word 2007 中内置有多种用途、多种样式的表格模板供用户快速创建表格。使用表格模板创建的表格只需编辑表格的文字内容，并对表格行、列进行简单设置即可满足用户的需求。

将光标定位在文档中需要插入表格的位置，单击“插入”选项卡的“表格”选项组中的“表格”按钮，打开“插入表格”菜单列表，在该列表中选择“快速表格”选项，系统会打开如图 6-17 所示的“内置”表格样式列表，从中选择合适的样式，单击所选中的样式，该表格样式就会插入到文档中，如图 6-18 所示。

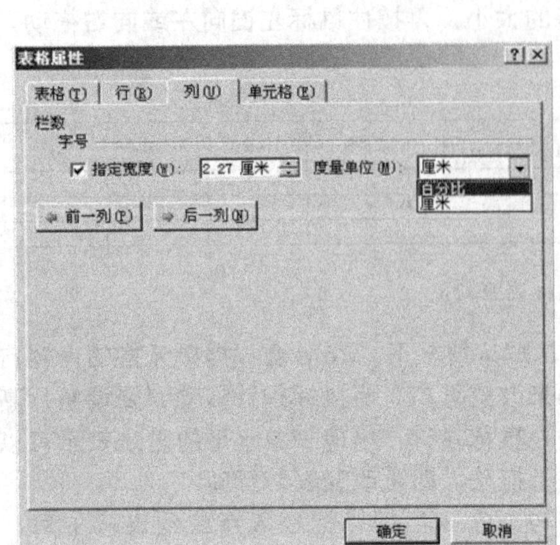

图 6-16 “表格属性”对话框

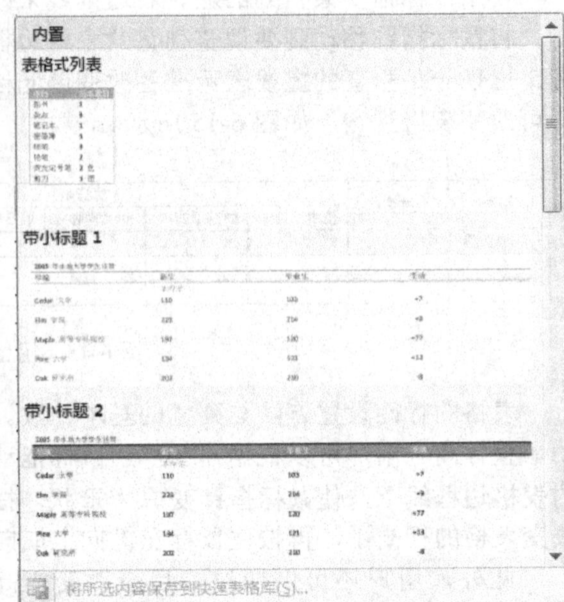

图 6-17 “内置”表格样式列表

2005 年本地大学学生注册

学院	新生	毕业生	变动
	本科生		
Cedar 大学	110	103	+7
Elm 学院	223	214	+9
Maple 高等专科院校	197	120	+77
Pine 大学	134	121	+13
Oak 研究所	202	210	-8
	研究生		
Cedar 大学	24	20	+4
Elm 学院	43	53	-10
Maple 高等专科院校	3	11	-8
Pine 大学	9	4	+5
Oak 研究所	53	52	+1
合计	998	908	90

来源 虚构数据，仅用作图表示例

图 6-18 插入文档中的表格样式

这种使用内置模板的表格，其表格的格式已经设置完成了，用户只需要对其中的表格进行修改就可以了，如果表格的行或列的数量不符合要求，用户可以进行添加或删除表格行或列的操作，也可以对其行的高度、列的宽度进行调整以适应自己的需要。

6. 表格和文本的相互转换

为了数据的处理和编辑更加方便，Word 2007 提供了表格和文本之间的相互转换功能，该功能可以将格式化的文本转换成表格，也可以将表格转换成文本。

（1）将表格转换成文本

将表格转换成文本时，首先要去除表格线，然后再将表格中的文本内容按原来的顺序提取出来，但会丢失一些特殊的格式。

选择要转换成文本的行或表格，单击“表格工具—布局”选项卡的“数据”选项组中的“转换为文本”按钮，如图 6-19 所示。此时系统会打开如图 6-20 所示的“表格转换成文本”对话框，在“文字分隔符”选项区中选择“制表符”单选按钮，单击“确定”按钮，返回到原文档中，表格已经转换成了文本，此时的文本全部在一个图文框中，如图 6-21 所示。

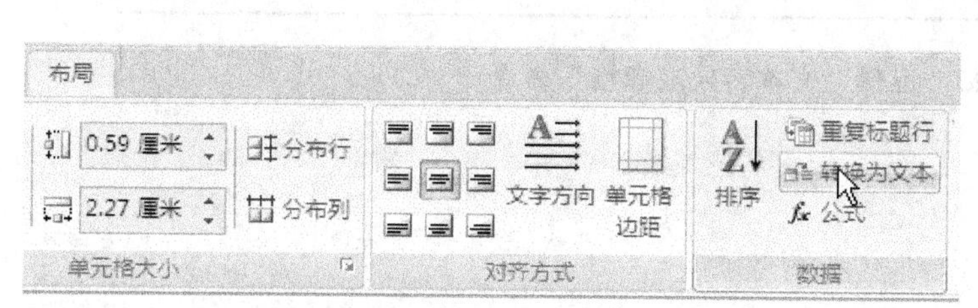

图 6-19 选择“转换为文本”按钮

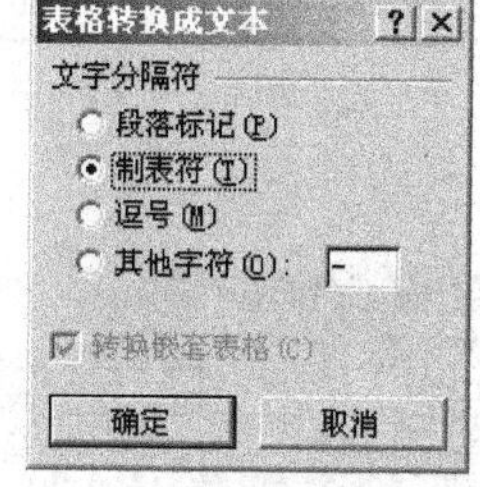

图 6-20 “表格转换成文本”对话框

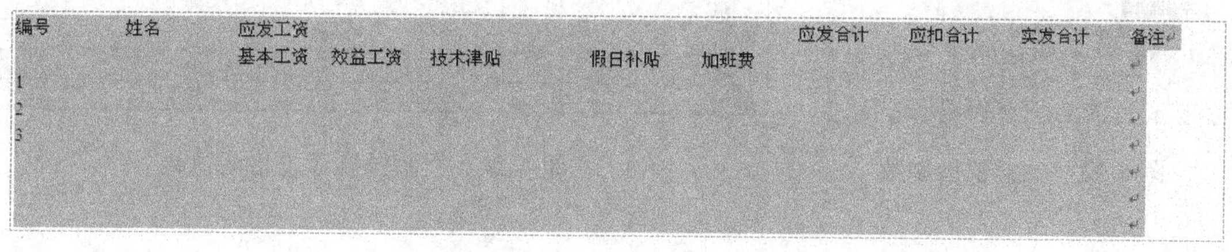

图 6-21 表格转换成文本后的效果

（2）将文本转换成表格

要把文本转换为表格时，首先应将需要转换的文本格式化，即把文本中的第一行用段落标记隔开，每一列用分隔符（如逗号、空格、制表符等）分开，否则将不能正确识别表格的行、列分隔，从而导致不能正确地进行转换。

将文本格式化后，选中要转换的文本，在“插入”选项卡的“表格”选项组中单击“表格”按钮，在打开的菜单中选择“文本转换成表格”命令，如图 6-22 所示。系统会打开“将文字转换成表格”对话框，在该对话框中用户可以在“表格尺寸”选项区设置表格的“列数”；在“‘自动调整’操作”选项区选中“固定列宽”单选项；在“文字分隔位置”选项区中选中默认的“空格”单选项，如图 6-23 所示。单击“确定”按钮，完成文本转换成表格的操作，效果如图 6-24 所示。

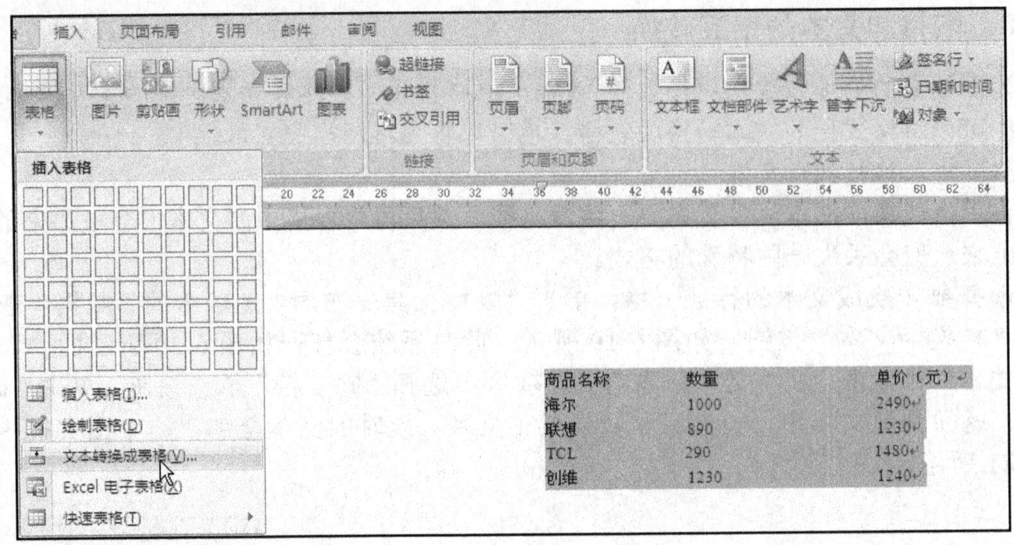

图 6-22　选择“文本转换成表格”命令

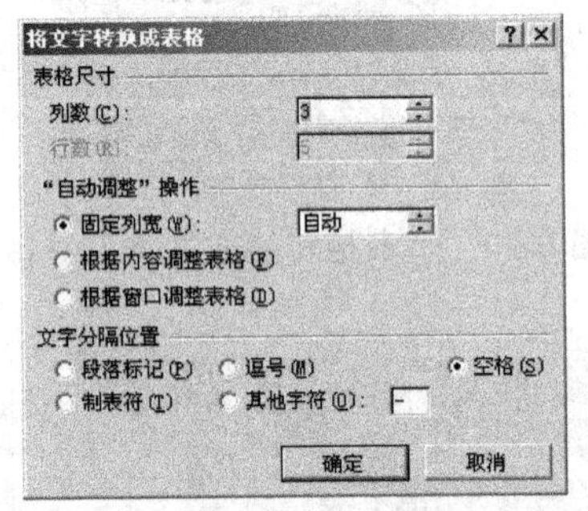

图 6-23　设置表格参数

商品名称	数量	单价（元）
海尔	1000	2490
联想	890	1230
TCL	290	1480
创维	1230	1240

图 6-24　文本转换成表格的效果

任务 2　设置表格格式

① 根据情况录入表格中的数据。

② 选中表格，单击“表格工具—设计”选项卡的“绘图边框”选项组中“笔画粗细”下三角按钮，在打开的列表中设置笔画粗细为“1.5 磅”，如图 6-25 所示；单击“表样式”选项组中的“边框”下三角按钮，打开“边框”下拉列表，选择“外侧框线”选项，如图 6-26 所示，将表格的外边框线设置为“1.5 磅”。再将“笔画粗细”调整为“0.75 磅”，设置表格“内部框线”为“0.75 磅”。设置完成后的效果如图 6-27 所示。

③ 选中表格的第一行，单击“表格工具—设计”选项卡，单击“绘图边框”选项组中的“笔画粗细”下三角按钮，在打开的下拉列表中设置笔画粗细为“0.75 磅”；单击“笔样式”下三角按钮，打开“笔样式”下拉列表，选择“双线”选项；单击“表样式”选项组中的的“边框”下三角按钮，打开“边框”下拉列表，选择“下框线”选项，将表格的下框线设置为 0.75 磅、双线，效果如图 6-28 所示。

2.25 磅
0.25 磅
0.5 磅
0.75 磅
1.0 磅
1.5 磅
2.25 磅
3.0 磅
4.5 磅
6.0 磅

图 6-25　设置笔画粗细

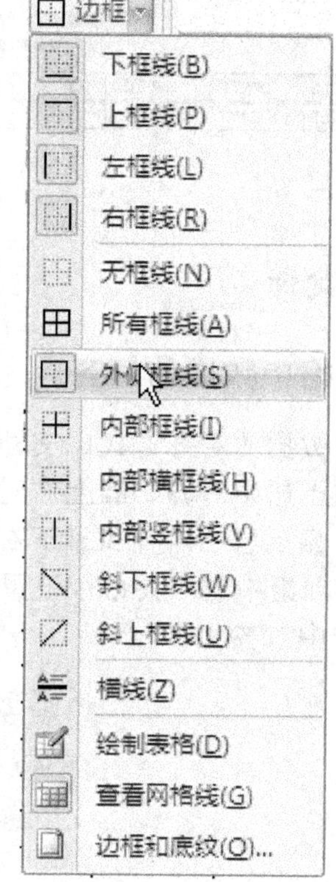

图 6-26　“边框”列表

科创科技集团临聘人员工资发放表

序号	姓名	基本工资	绩效工资	工资合计	请假扣款	公积金	失业保险	养老保险	医疗保险	大病保险	扣款合计	计税工资	实发工资
1	王明	2000	2800										
2	张玲	2000	2500										
3	李明	2000	2000										
4	李湘	2000	2400										
5	范加西	2000	2800										
6	丁小俊	2000	2500										
7	张玮	2000	2000										
8	康明	2000	2400										
9	段俊杰	2000	2800										
10	解维	2000	2500										
11	齐小莉	2000	2000										
12	刘敏	2000	2400										
13	章小强	2000	2800										
14	杨丽丽	2000	2500										
15	周红	2000	2000										
16	朱小晶	2000	2400										
17	伍文	2000	2000										
18	秦岭	2000	1800										

图 6-27　设置边框线后的效果

科创科技集团临聘人员工资发放表

序号	姓名	基本工资	绩效工资	工资合计	请假扣款	公积金	失业保险	养老保险	医疗保险	大病保险	扣款合计	计税工资	实发工资

图 6-28　双线边框线效果

④ 选中表格的第一行，单击“表格工具—设计”选项卡，单击“表样式”选项组中的“底纹”下三角按钮，打开“主题颜色”列表，选择“白色、背景 1、深色 5%”参数，为

表格的第一行设置背景色，如图 6-29 所示。

科创科技集团临聘人员工资发放表

序号	姓名	基本工资	绩效工资	工资合计	请假扣款	公积金	失业保险	养老保险	医疗保险	大病保险	扣款合计	计税工资	实发工资
1	王明	2000	2800										

图 6-29　设置背景色

1．表格中数据的对齐

表格中数据的对齐方式比文档中数据的对齐方式种类多，共有 9 种对齐方式：靠上两端对齐、靠上居中对齐、靠上右对齐、中部两端对齐、水平居中对齐、中部右对齐、靠下两端对齐、靠下居中对齐和靠下右对齐。对齐方式的设置是使用“布局”选项卡中的“对齐方式”选项组中的相关命令设置的，如图 6-30 所示，在日常工作中使用比较多的对齐方式是水平居中对齐。

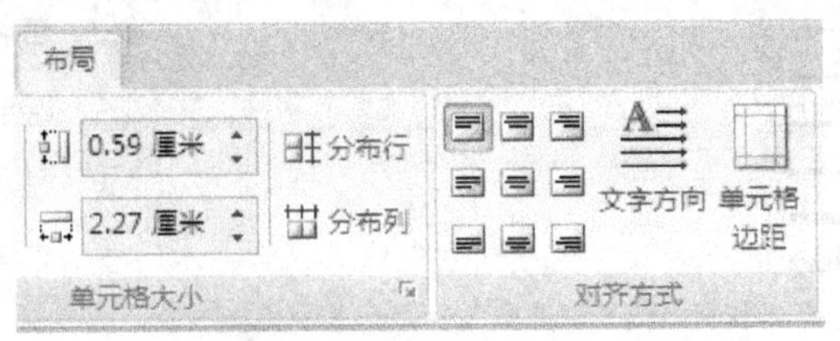

图 6-30 “对齐方式”选项组

将光标定位到需要设置对齐方式的单元格中，如果是多个单元格，可以将多个单元格同时选中，打开“表格工具—布局”选项卡，单击“对齐方式”选项组中的“水平居中”按钮，则光标所在单元格中的数据将以水平居中的方式呈现在表格中。如图 6-31 所示为设置表格中数据“水平居中”对齐方式后的效果。

编号	姓名	应发工资					应发合计	应扣合计	实发合计	备注
		基本工资	效益工资	技术津贴	假日补贴	加班费				

图 6-31　水平居中对齐效果

2．隐藏表格边框线

在默认情况下，表格插入到文档中时是带有边框线的，在文档中看上去就是一个表格的形式，打印出来时也是一个表格的形式。如果不需要表格的边框在打印稿中呈现出来，可以将表格的边框隐藏。

单击表格左上角的图标⊞选中表格，单击“表格工具—设计”选项卡的“表样式”选项组中的“边框”下三角按钮，打开“边框”下拉列表，如图 6-32 所示。在该列表中为表格选择边框，选择“无边框”选项时，表格的所有边框将全部被隐藏起来，设置完成后的效果如图 6-33 所示。

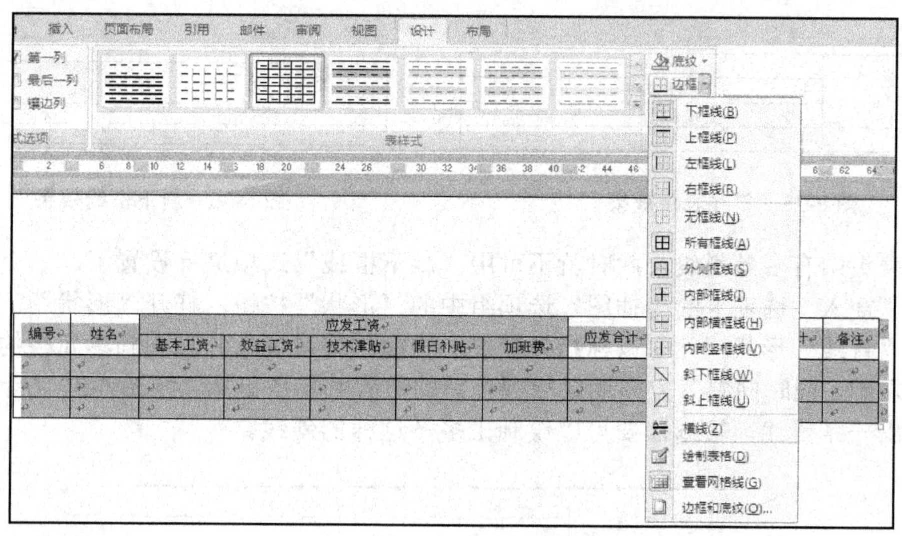

图 6-32　“边框”下拉列表

编号	姓名	应发工资					应发合计	应扣合计	实发合计	备注
		基本工资	效益工资	技术津贴	假日补贴	加班费				

图 6-33　设置表格为无边框线

文档中表格的边框线呈绿色的虚线形态，但是这时文档中显示的边框线只是表示这是一个表格，打印时这个虚线是不显示的。如图 6-34 所示为打印预览效果。

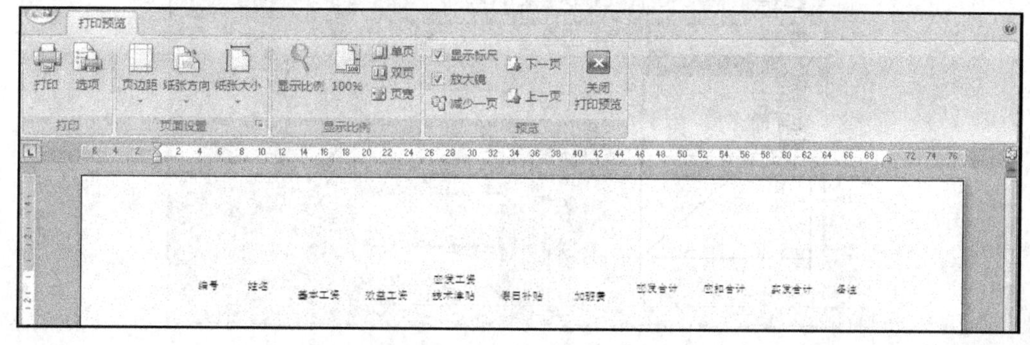

图 6-34　打印预览效果

3．绘制斜线表头

在使用 Word 绘制表格的时候，经常会需要在第一行第一列的单元格绘制几条斜线，这就是所说的斜线表头，如图 6-35 所示。

在斜线表头中，如果斜线只是单元格的一个对角线，这时可以选中单元格，在“表样式”选项组中的“边框”下拉列表中选择 “斜下框线”选项即可，效果如图 6-36 所示。

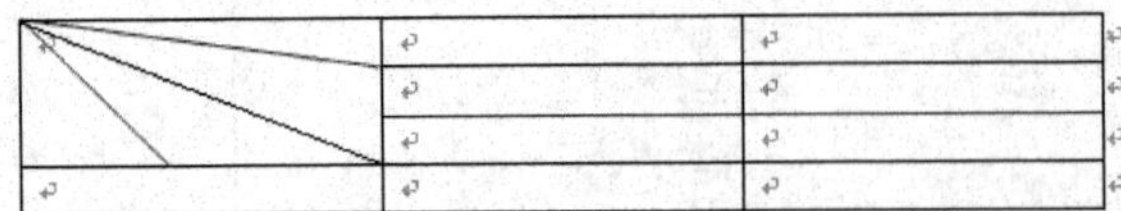

图 6-35 斜线表头效果

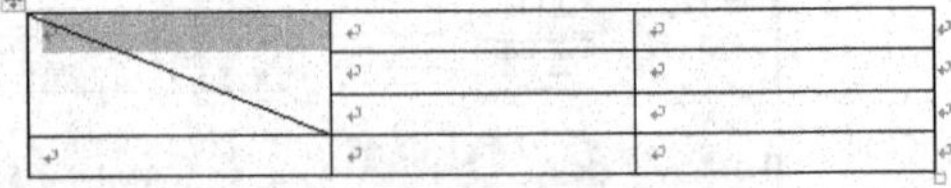

图 6-36 斜下框线效果

如果斜线表头中有多条斜线，此时就不可用“斜下框线”选项进行设置了。

单击“插入”选项卡的“插图”选项组中的“形状”按钮，打开“形状”下拉列表，从中选择“直线”形状，此时鼠标指针变成十字型。将鼠标指针移动到单元格的左上角，按下鼠标左键，同时向斜下方拖动鼠标到合适的位置并释放鼠标，如图 6-37 所示，在单元格中绘制出一条斜线，根据需要可以绘制出多条这样的斜线。

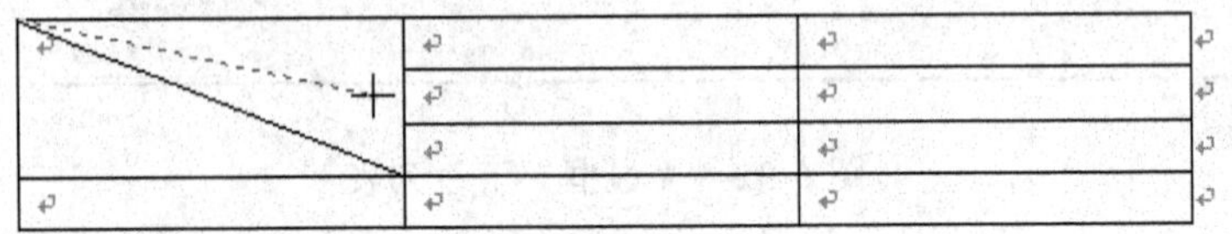

图 6-37 绘制斜线表头

使用“表格工具—布局”选项卡的“表”选项组中的“绘制斜线表头”命令也可以完成此项操作。将光标定位于单元格中，单击“布局”选项卡的“表”选项组中的“绘制斜线表头”按钮，打开“插入斜线表头”对话框，在该对话框的“表头样式”下拉列表中选择一种符合要求的样式，如图 6-38 所示，单击“确定”按钮即可。

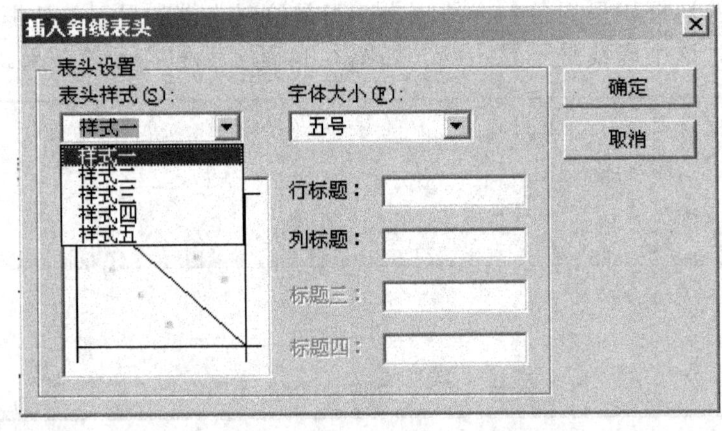

图 6-38 “插入斜线表头”对话框

4．重复表格标题

有的时候表格的位置正好处于两页的交界处，这时就会出现表格的跨页操作问题。Word 2007 提供了两种解决方法：通过调整表格的大小或位置使表格保持在同一页上，以防止表格跨页断行，这种方法适用于小型表格；另一种方法是在每一页的表格上都提供一个相同的标题栏，使其看起来仍是一个表格，这种方法适用于大型表格。

将光标定位于表格中，在“表格工具—布局”选项卡的“数据”选项组中单击“重复标题行”按钮，系统就会在因为分页而被拆开的表格中重复标题行的信息，如图 6-39 所示。

编号	姓名	应发工资				应发合计	应扣合计	实发合计	备注
		基本工资	效益工资	技术津贴	假日补贴				

编号	姓名	应发工资				应发合计	应扣合计	实发合计	备注
		基本工资	效益工资	技术津贴	假日补贴				

图 6-39　重复表格标题行的信息

任务 3　表格中数据的计算

将光标定位到 C20 单元格，单击“布局”选项卡的“数据”选项组中的“公式”命令按钮，打开如图 6-40 所示的“公式”对话框。采用系统默认的计算公式“=SUM(ABOVE)”，单击“确定”按钮，C20 单元格中将出现 C2～C18 单元格中的数据之和，效果如图 6-41 所示。

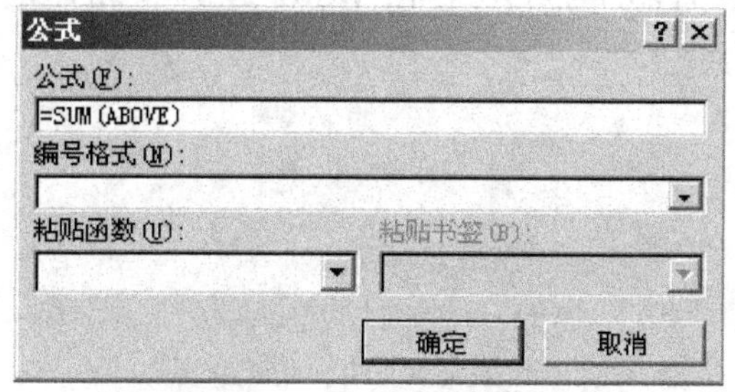

图 6-40　“公式”对话框

17	伍文	2000	2000
18	秦岭	2000	1800
小计		36000	42600

图 6-41　求和计算后的效果

将光标定位到 E2 单元格，打开“公式”对话框，在“公式”输入框中输入“=C2+D2”，单击“确定”按钮，完成 E2 单元格的计算。

采用相同的方法，计算其他单元格中的数据。

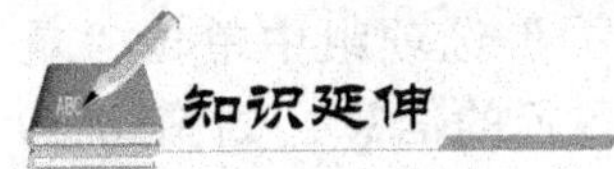

1. 表格计算基础知识

在处理一些大型的数据和复杂公式时，用 Excel 比较合适，但做一些基本的数学运算，Word 2007 就足够了。

在表格中建立公式并进行简单的数值计算是 Word 2007 的基本功能之一。只要创建一个表格，无论有无表格线，在表格区域内的任何一个单元格中都可以通过建立数学公式得到指定的计算结果。与公式有关的基本概念如下。

（1）单元格区域

在公式中，经常用单元格名称或单元格区域名称作为计算变量，直接把该变量所代表的单元格中的数据映射到公式中参与数值计算。把单元格区域左上角和右下角的单元格名称用"："连接起来，就构成了单元格区域的名称。如左上角单元格的名字为 A5，右下角单元格的名字是 D9，那么，A5:D9 就是以 A5 和 D9 连线为对角线的矩形单元格区域的名字，这种写法完全可以代表这个单元格区域中的所有单元格，如图 6-42 所示。

↵	↵	↵	↵	↵	↵
↵	↵	↵	↵	↵	↵
↵	↵	↵	↵	↵	↵
↵	↵	↵	↵	↵	↵
↵	↵	↵	↵	↵	↵
↵	↵	↵	↵	↵	↵
↵	↵	↵	↵	↵	↵
↵	↵	↵	↵	↵	↵
↵	↵	↵	↵	↵	↵
↵	↵	↵	↵	↵	↵

图 6-42　单元格区域

（2）常用函数及作用

在公式中，为了简化计算公式和提高编制公式的效率，经常采用基本函数来代替很长一串代数算式。例如，可以用 SUM(A5:A8)代替 A5+A6+A7+A8。在 Word 2007 中常用的函数如下。

- SUM：求和函数。
- AVERAGE：求平均值函数。
- INT：取整函数。
- MAX：求最大值函数。
- MIN：求最小值函数。
- COUNT：计数函数（统计表格中含有数字的单元格的个数）。

（3）标明域

标明域用来指明参加运算的单元格相对于光标所在单元格（存放运算结果的单元格）的位置。Word 2007 约定了如下三种标明域。

- LEFT：左标明域，代表当前左侧、同一行中所有包含数字的单元格。
- ABOVE：上标明域，代表当前单元格上面、同一行中所有包含数字的单元格。

➢ RIGHT：右标明域，代表当前单元格右侧、同一行中所有包含数字的单元格。

（4）公式的组成

公式由等号、函数符号或算术运算符、运算参数组成。所有运算参数必须用括号括起来，各个参数之间必须以逗号分隔，且必须采用半角方式输入这些符号。

例如，“=AVERAGE(A2, B3:B5, C5)”是结构合理的数学公式，而“=AVERAGE(A2;B3:B5; C5)”是错误的数学公式。

2．应用公式计算工资表中的数据

利用公式可以对表格单元格内的项目进行计算。使用公式时，首先将光标定位到存放计算结果的单元格中，然后使用“布局”选项卡的“数据”选项组中的“公式”命令完成。

为了便于描述和计算，Word 对表格中的每一个单元格都进行了编号，表格中的列从左至右依次用字母 A，B，C…来表示，表格中的行自上向下依次用自然数 1，2，3…表示，每一个单元格的编号由所在列的行和列的编号组合而成。如将光标定位到 H3 单元格中表示光标放在表格中的第 3 行第 8 列。

将光标定位在 G3 单元格，在“布局”选项卡的“数据”选项组中单击“公式”按钮，打开如图 6-43 所示的“公式”对话框。在“公式”文本框中输入公式或从“粘贴函数”下拉列表中选择函数，如图 6-44 所示。

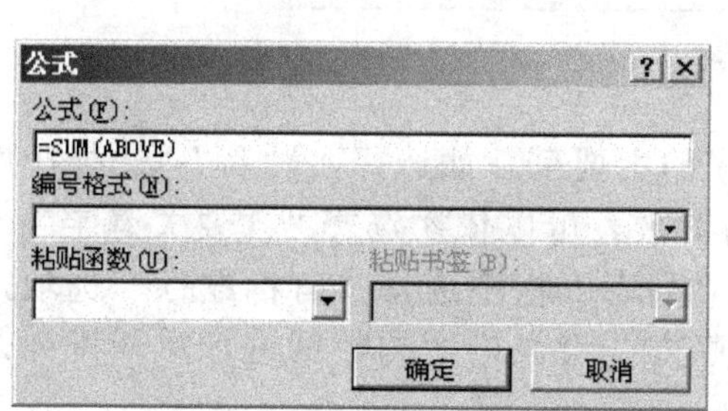

图 6-43 “公式”对话框

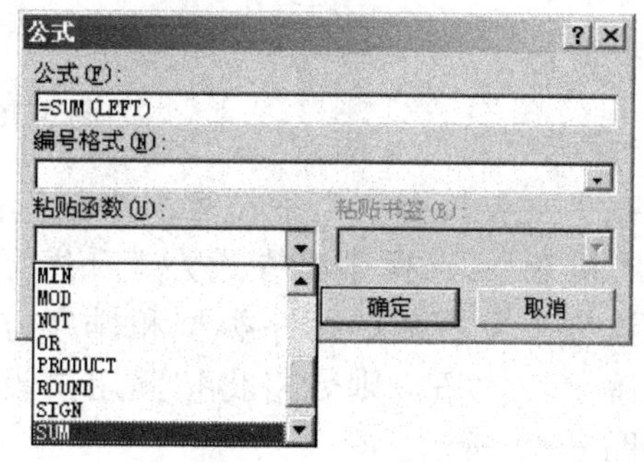

图 6-44　选择函数

这里选择“SUM”函数，在“公式”文本框中将出现“＝SUM()”，光标定位在括号中，并输入“LEFT”，单击“确定”按钮，关闭对话框，同时自动计算编号为“1”的行中 G3 单元格左侧所有单元格中的数据之和，并将结果填充到 G3 单元格中，如图 6-45 所示。

编号	姓名	应发工资				应发合计	扣项		应扣合计	实发合计	备注
		基本工资	效益工资	技术津贴	假日补贴		公积金	病事假			
1	宁 华	1800	500	400	200	2900	300	50			
2	周 红	1600	400	400	200		280				
3	李晶晶	1600	400	400	200		280				
4	王 萍	1400	350	400	200		260	100			
5	陈金星	1400	350	400	200		260				
6	李树平	1400	350	400	200		260				
7	程严辉	1600	400	400	200		280	300			
8	李文庆	1800	500	400	200		300	100			
9	王明明	1000	200	200	200		240				

图 6-45　计算数据

利用同样的方法可以完成“应发合计”这一列其他单元格中数据的计算。

3. 对数据表格排序

在 Word 中，数据排序通常是针对某一列的数据，它可以将表格某一列的数据按照一定规则排序，并重新组织各行在表格中的次序。可以进行排序操作的表格必须是标准表格，如果表格的单元格进行过拆分或合并操作，则不能对表格中的数据进行排序操作。

将光标放置在表格的任一单元格中，在“布局”选项卡的“数据”选项组中单击“排序”命令按钮，打开“排序”对话框，如图 6-46 所示。

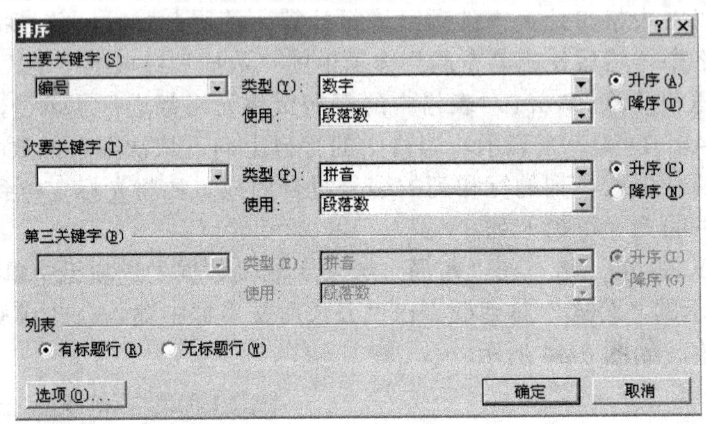

图 6-46 “排序”对话框

在“主要关键字”下拉列表中，选择要排序的主要列，如选择“姓名”；选择排序类型为“拼音”；选择排序方式为“升序”。如果有必要，可以依次选择“次要关键字”、“第三关键字”及相应的排序类型和排序方式。在“列表”栏中选择“有标题行”选项，单击“确定”按钮，则表格将按照用户设定的排序方式对表格中的数据进行重新排列，效果如图 6-47 所示。

编号	姓名	基本工资	效益工资	技术津贴	假日补贴	应发合计	公积金	病事假	应扣合计	实发合计	备注
1	宁 华	1800	500	400	200	2900	300	50			
2	周 红	1600	400	400	200		280				
3	李晶晶	1600	400	400	200		280				
4	王 萍	1400	350	400	200		260	100			
5	陈金星	1400	350	400	200		260				
6	李树平	1400	350	400	200		260				
7	程严辉	1600	400	400	200		280	300			
8	李文庆	1800	500	400	200		300	100			
9	王明明	1000	200	200	200		240				

编号	姓名	基本工资	效益工资	技术津贴	假日补贴	应发合计	公积金	病事假	应扣合计	实发合计	备注
5	陈金星	1400	350	400	200		260				
7	程严辉	1600	400	400	200		280	300			
3	李晶晶	1600	400	400	200		280				
6	李树平	1400	350	400	200		260				
8	李文庆	1800	500	400	200		300	100			
1	宁 华	1800	500	400	200	2900	300	50			
4	王 萍	1400	350	400	200		260	100			
9	王明明	1000	200	200	200		240				
2	周 红	1600	400	400	200		280				

图 6-47 排序前与排序后的表格对比

如果只想对单独的一列进行排序而不影响左右两边的列，则首先要选中要排序的列，单击“排序”按钮，打开“排序”对话框，单击该对话框中的“选项”按钮，打开如图 6-48 所示的“排序选项”对话框。在该对话框中选择“仅对列排序”复选框，单击“确定”按钮返回“排序”对话框，如果有必要，可以再设置其他选项。单击“确定”按钮，则仅对所选的列排序。

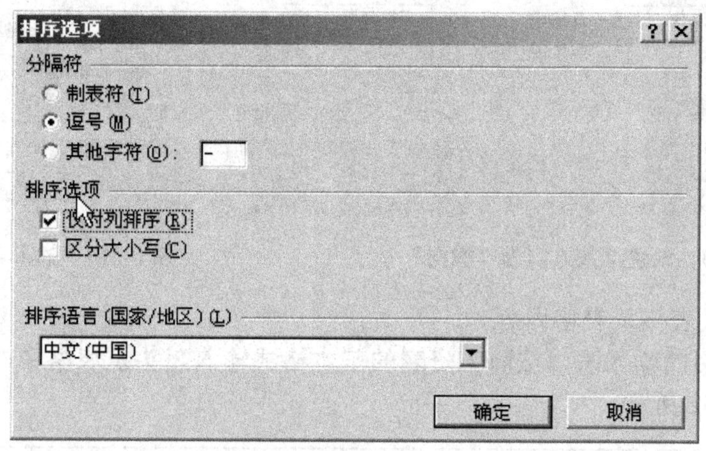

图 6-48 “排序选项”对话框

综合实例 6 制作工资统计表

工资表是员工月收入的统计表，工资表中的项目与员工单位规定有关系，但主要由两大部分组成：收入部分和扣除部分，其基本格式如图 6-49 所示。

月年	序号	基本工资	加班工资	工资合计	请假扣款	公积金	失业保险	养老保险	医疗保险	扣款合计	计税工资	所得税	实发工资

图 6-49 工资表的基本格式

步骤 1：新建文档。

启动 Word 2007 新建文档，以“工资表”为文件名保存此文档。

步骤 2：设置纸张方向。

单击“页面布局”选项卡，单击“页面设置”选项组对话框启动器，打开“页面设置”对话框，在该对话框中选择“页边距”选项卡，设置纸张方向为“横向”，如图 6-50 所示，单击“确定”按钮完成纸张方向的设置。

步骤 3：插入空表格。

单击 “插入”选项卡，单击“表格”按钮，打开“插入表格”下拉列表，从列表中选择“插入表格”命令，打开如图 6-51 所示的“插入表格”对话框，设置插入表格的列数为“14”，行数为“23”，单击“确定”按钮，在文档中插入一个空表格。

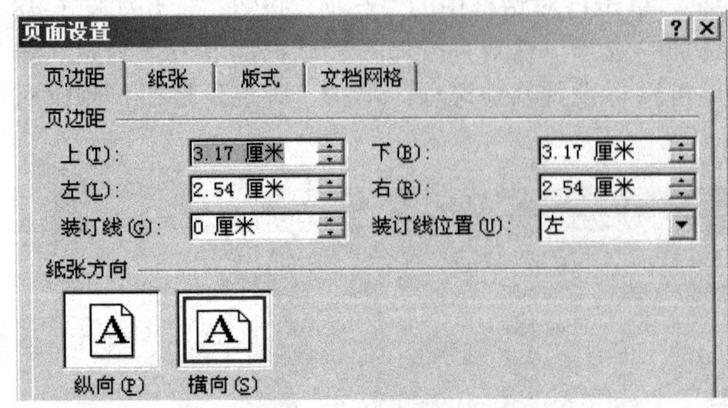

图 6-50　设置纸张方向为“横向”

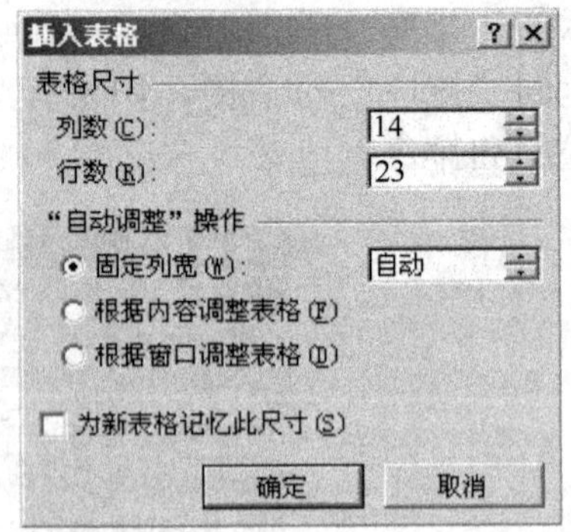

图 6-51　“插入表格”对话框

步骤 4：输入表头及表格内容。

选择习惯使用的输入法，按照工资表的基本格式输入表头及表格中的数据，输入完成后的效果如图 6-52 所示。

月/年	序号	姓名	基本工资	加班工资	工资合计	请假扣款	公积金	失业保险	养老保险	医疗保险	扣款合计	计税工资	所得税	实发工资
2/2010	1	雷小生	4000	300	4300		320	20	280	60				
2/2010	2	丁晓莉	4500		4500	80	360	22	315	67				
2/2010	3	胡刚强	2500	400	2900	100	200	12	175	37				
2/2010	4	范加洋	3000		3000		240	15	210	45				
2/2010	5	娄　军	2000	200	2200		160	10	140	30				
2/2010	6	王　乐	2800		2800		224	14	196	42				
2/2010	7	王小民	2600		2600		208	13	182	39				
2/2010	8	李国民	2500	300	2800		200	12	175	37				
2/2010	9	段　玉	2400		2400		192	12	168	36				
2/2010	10	张　红	3500		3500		280	17	245	52				
2/2010	11	刘　雪	2000		2000	100	160	10	140	30				
2/2010	12	唐志华	2000	400	2400		160	10	140	30				
2/2010	13	李为国	1800		1800		144	9	125	27				
2/2010	14	沈大力	2000		2000		160	10	140	30				
2/2010	15	杨大为	2000		2000		160	10	140	30				
2/2010	16	张晓玲	1500	400	1900		120	7	105	22				
2/2010	17	成为汉	2000		2000		160	10	140	30				
2/2010	18	孙家乐	1800	300	2100		144	9	125	27				
2/2010	19	高　嘉	2500		2500		200	12	17705	37				
2/2010	20	蒋晓宁	1000	100	1100		80	5		15				

图 6-52　输入表头及数据后的表格

步骤 5：编辑表格。

选中 A22 到 C22 单元格，所选中的单元格会反白显示，单击“表格工具—布局”选项卡的“合并”选项组中的“合并单元格”命令，所选中的单元格合并成一个单元格。在合并后的单元格中输入“合计”两字。再将下一行的单元格进行必要的合并，如图 6-53 所示。

<table>
<tr><td>2/2010</td><td>20</td><td>蒋晓宁</td><td>1000</td><td>100</td><td>1100</td><td></td><td>80</td><td>5</td><td></td><td>15</td><td></td><td></td><td></td><td></td></tr>
<tr><td colspan="3">合　计</td><td></td><td></td><td></td><td></td><td></td><td></td><td></td><td></td><td></td><td></td><td></td><td></td></tr>
<tr><td colspan="9"></td><td colspan="6"></td></tr>
</table>

图 6-53　合并单元格

步骤 6：设置表格框线及底纹。

选中表格除最后一行外的全部行和列，单击“表格工具—设计”选项卡的“绘图边框”选项组中的“笔画粗细”按钮，在打开的列表中设置笔画粗细为“2.25 磅”，如图 6-54 所示；单击“表样式”选项组中的“边框”下三角按钮，打开“边框设置”下拉列表，选择“外侧框线”选项，如图 6-55 所示，将表格的外侧框线设置为“2.25 磅”。再将“笔画粗细”调整为“1.5 磅”，设置表格“内部框线”为“1.5 磅”。

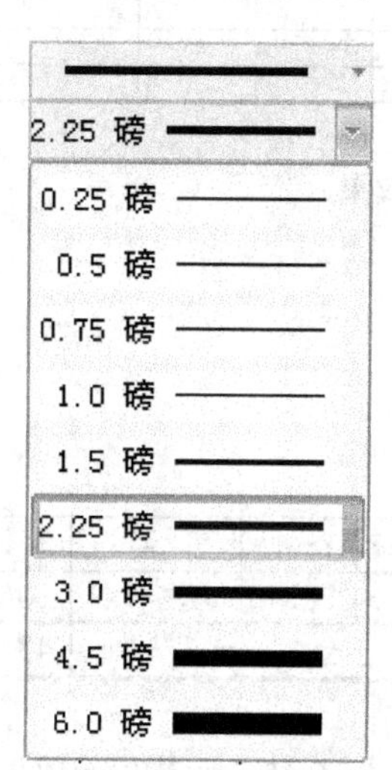

图 6-54 设置笔画粗细

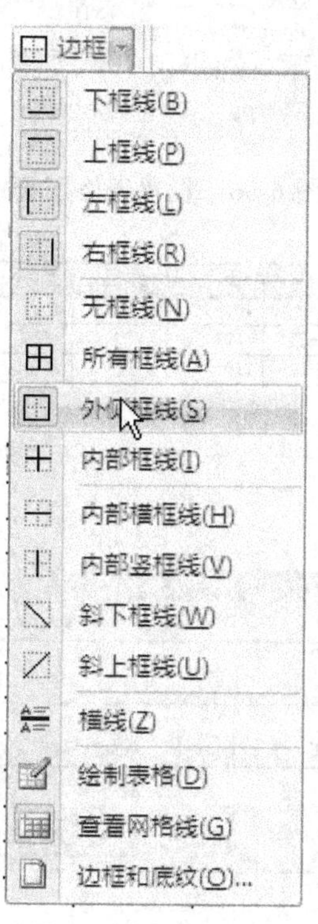

图 6-55 设置表格外框线

选中表格的表头行，单击“表格工具—设计”选项卡的“表样式”选项组中的“边框”下三角按钮，从下拉列表中选择“边框和底纹”命令，打开“边框和底纹”对话框，在该对话框中选择“边框”选项卡，在“样式”下拉列表中选择“双线”线型，选择表格的下框线，如图 6-56 所示。

切换到“底纹”选项卡，打开“填充”选项区的填充色下拉列表，从中选择“白色，背景 1，深色 25%”，如图 6-57 所示，单击“确定”按钮，完成单元格背景色的填充，效果如图 6-58 所示。

步骤 7：表格中数据的计算。

将光标定位到 D22 单元格，在“布局”选项卡中的“数据”选项组中单击“公式”命令按钮，打开如图 6-59 所示的“公式”对话框。采用系统默认的计算公式“=SUM(ABOVE)”，单击“确定”按钮，D22 单元格中将出现 D1～D21 单元格中数据之和，效果如图 6-60 所示。

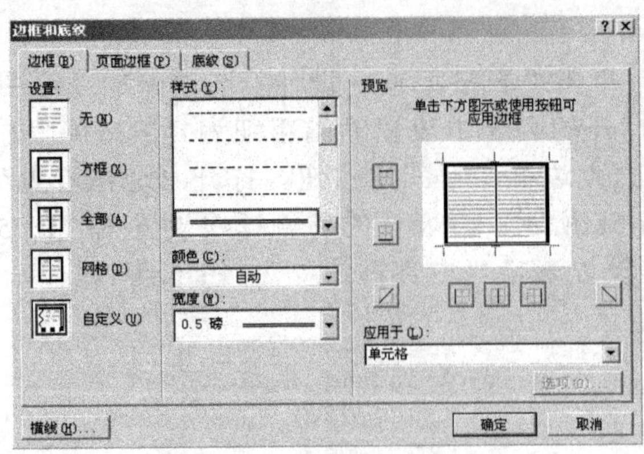

图 6-56　设置表格下框线

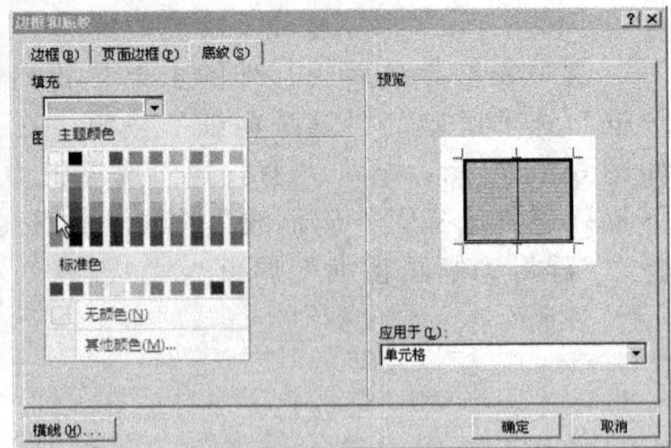

图 6-57　设置表格底纹

月/年	序号	姓名	基本工资	加班工资	工资合计	请假扣款	公积金	失业保险	养老保险	医疗保险	扣款合计	计税工资	所得税	实发工资
2/2010	1	曹小生	4000	300	4300		320	20	280	60				
2/2010	2	丁晓莉	4500		4500	80	360	22	315	67				
2/2010	3	胡刚强	2500	400	2900	100	200	12	175	37				

图 6-58　设置边框和底纹后的效果

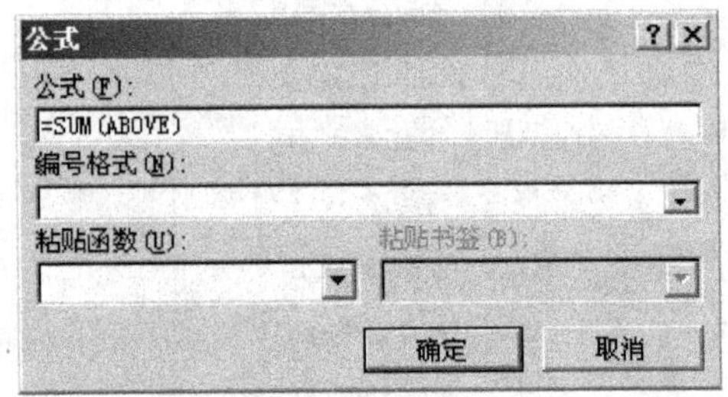

图 6-59 "公式"对话框

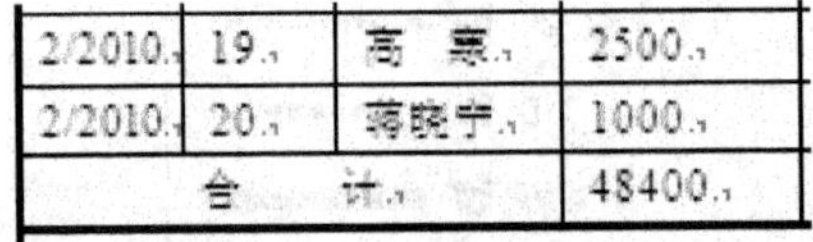

2/2010	19	高　惠	2500
2/2010	20	蒋晓宁	1000
合　计			48400

图 6-60　计算后的效果

采用同样的方法计算 E22、F22 等单元格中的数据。

将光标定位到 L2 单元格，打开"公式"对话框，在"公式"输入框中输入"=H2+I2+J2+K2"，单击"确定"按钮，完成 L2 单元格的计算。

采用相同的方法，计算其他单元格中的数据。

知识盘点

本章围绕工资统计表的制作，通过三个工作任务介绍了 Word 2007 表格的操作，包括表格的创建、表格的编辑、单元格的合并与拆分、行高和列宽的调整、内置表格样式的使用、表格格式的设置及表格中数据的计算等。用户可以在表格中添加文字、图形、图表等各种对象，并进行相关编辑操作。

成果验收

1. 创建"职工收入目标表"，表格格式如下。

职工收入目标表

年份 项目	2015 年	2016 年	2017 年
利润目标（万元）			
比上年增长（%）			
全厂职工报酬总数			
人均水平			
比上年增长			
基本工资			
人均水平			
资金总金额			
人均水平			
备注			

2．创建“毕业生自荐表”，表格格式如下。

毕 业 生 自 荐 表

<table>
<tr><td>姓名</td><td></td><td>性别</td><td></td><td>出生年月</td><td></td><td rowspan="4">照片</td></tr>
<tr><td>民族</td><td></td><td>籍贯</td><td></td><td>政治面貌</td><td></td></tr>
<tr><td>学历</td><td></td><td>学位</td><td></td><td>联系电话</td><td></td></tr>
<tr><td>身体状况</td><td></td><td>担任社会职务</td><td colspan="3"></td></tr>
<tr><td>家庭地址</td><td colspan="3"></td><td>E-mail</td><td></td><td></td></tr>
<tr><td rowspan="5">家庭
主要成员</td><td>称谓</td><td>姓名</td><td colspan="4">工作单位及职务</td></tr>
<tr><td>父亲</td><td></td><td colspan="4"></td></tr>
<tr><td>母亲</td><td></td><td colspan="4"></td></tr>
<tr><td></td><td></td><td colspan="4"></td></tr>
<tr><td></td><td></td><td colspan="4"></td></tr>
<tr><td>特长及爱好</td><td colspan="6"></td></tr>
<tr><td>自我简介</td><td colspan="6"></td></tr>
<tr><td>奖惩情况</td><td colspan="6"></td></tr>
</table>

3．设计制作专业技术人员登记，表格格式如下。

XX 公司专业技术人员登记表

填表时间：

<table>
<tr><td>姓　　名</td><td></td><td>性　　别</td><td></td><td>出生年月</td><td></td></tr>
<tr><td>职　　务</td><td></td><td>参加工作时间</td><td></td><td>毕业时间</td><td></td></tr>
<tr><td>技术职称</td><td colspan="3"></td><td>专业</td><td></td></tr>
<tr><td>毕业院校</td><td colspan="3"></td><td>最高学历</td><td></td></tr>
<tr><td>进修记录</td><td colspan="5"></td></tr>
</table>

4．设计制作实物入库凭单，如图 6-61 所示。

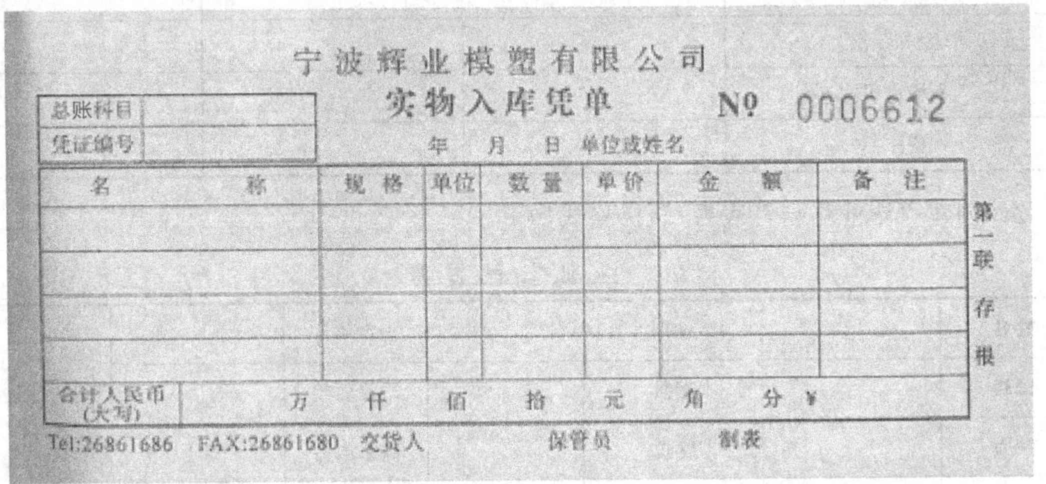

宁波辉业模塑有限公司

实物入库凭单　　№ 0006612

总账科目	
凭证编号	

年　月　日　单位或姓名

名　　称	规格	单位	数量	单价	金额	备注
合计人民币（大写）	万　仟　佰　拾　元　角　分 ¥					

第一联　存根

Tel:26861686　FAX:26861680　交货人　　保管员　　制表

图 6-61　实物入库凭单

第 7 章

制作产品销售图——图表的应用

在数据分析过程中，面对数据量十分庞大的数据表格，要在短时间内给出分析结果是件很头疼的事情。Word 2007 中的图表可以很好地解决这个难题，使用图表可以直观地表现数据，便于读者理解数据所代表的意义。图表结合了图形和表格（Excel 电子表格）的功能，常用于演示和比较数据。根据表格中不同的数据类型图表中的图形，可呈现不同的效果。

早晨一到办公室，小张就忙着打开水，做卫生，刚忙完停下来，就看到经理哼着小曲进来，小张连忙说道“经理早，遇到喜事啦？”经理答道：“早啊，小张。哪有什么喜事啊！就是将今年公司的销售报表做好了，等王总上班，就可以交给他了。”“经理辛苦了，晚上可以庆祝一下了。”“好呀！下午下班时再定吧！”……当经理从王总办公室出来时，小张感觉气氛有点不对，拿去的报表又全部拿了回来并被重重地甩在桌子上，经理还气愤地说：“怎么不直观啊？！”小张偷偷地打开报表，看到那么多张纸上全是密密麻麻的数字，就跟经理说：“经理，这些数据全在吗？”“在啊！在 U 盘里。”“那就方便多了，我来协助您将这些报表全部做成图表吧，让王总一目了然。”

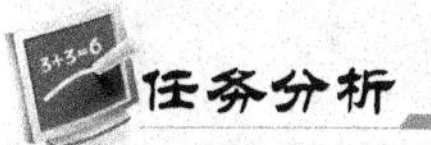

小张需要协助经理将统计数据做成直观的图表，利用 Word 2007 强大的图表功能就可以完成。为了让领导能够一眼看出产品销售图表中各种对象所代表的内容，需要为图表添加图表标题与坐标轴标题。为了使产品销售图表更加美观，可以为图表添加背景墙、基底，并设置三维效果。

任务 1　创建产品销售图表

1. 插入图表

单击“插入”选项卡的“插图”选项组中的“图表”按钮，系统会打开如图 7-1 所示的“插入图表”对话框。

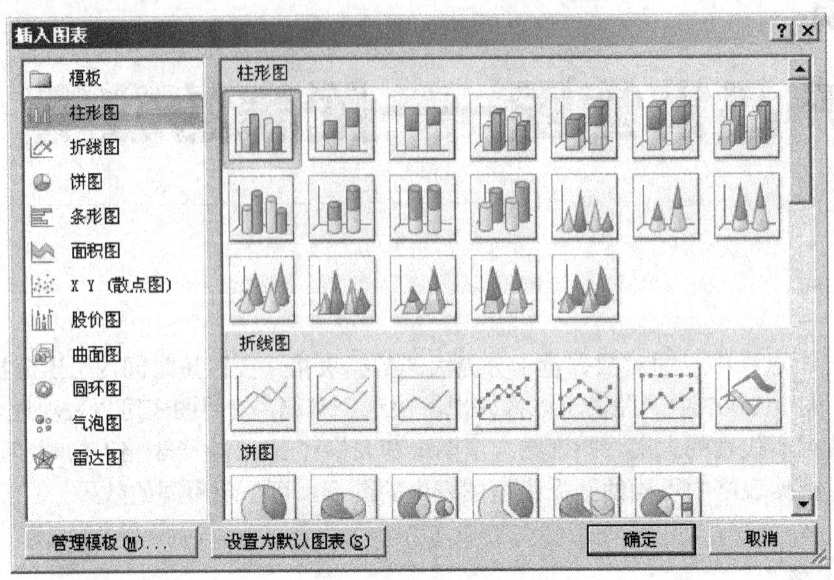

图 7-1 “插入图表”对话框

在对话框左侧“模板”列表中选择需要的模板类型，在右侧的列表框中将会出现该模板类型包含的各种不同的模板，从中选择一种需要的图表模板，再单击“确定”按钮，则该图表模板就被插入到文档中了，系统同时会打开 Excel 编辑窗口，在该窗口中给出了一些与图表相关的数据，如图 7-2 所示。

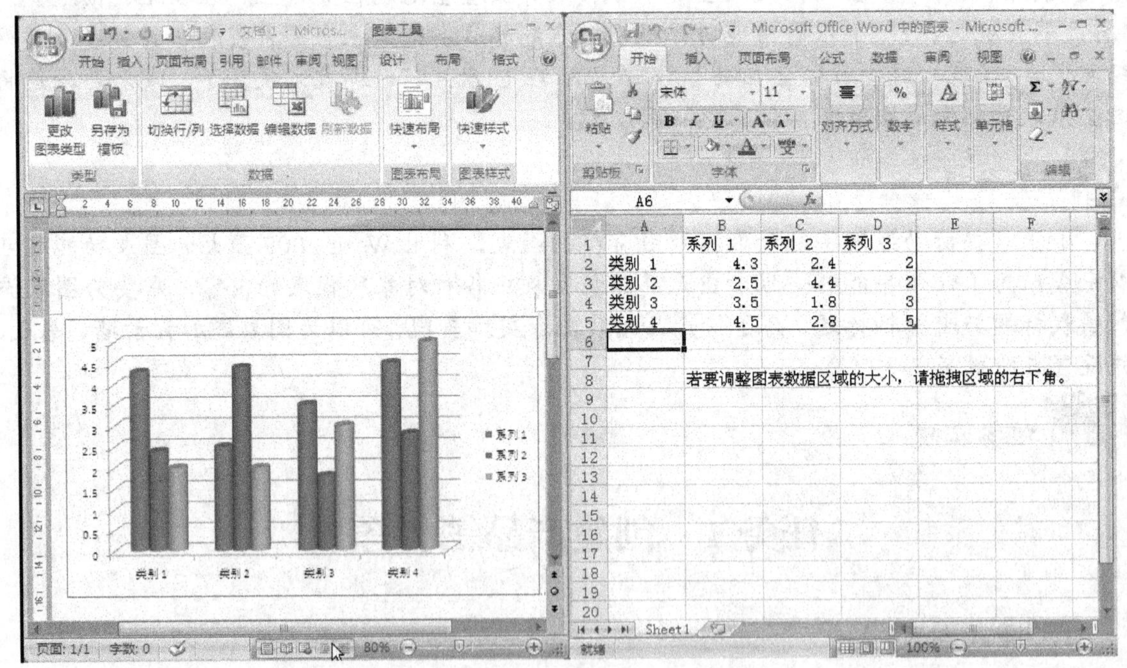

图 7-2 图表窗口与 Excel 编辑窗口

2．设置图表格式

在文档中插入图表后，需要对图表进行一定大小的缩放，或者当插入的图表不能有效地对数据进行分析时，需要更换图表的类型。此外，还可以使用系统提供的多种图表样式对图表效果进行美化。

（1）更改图表大小

图表插入到文档中，需要与文档内容同时显示，如果图表太大或太小，都不太方便观看，可以对其进行缩放操作，将图表区域显示在可观察的范围内。

将鼠标指针放置在插入图表的边框上，当鼠标指针变为双向箭头时拖动鼠标以改变图表大小，此时图表边框呈蓝色，如图 7-3 所示。

（2）更改图表类型

在文档中插入图表后，即应用了一种图表样式，用户可以根据实际需要再对图表类型进行更改。

选定图表，单击“图表工具—设计”选项卡的“类型”选项组中的“更改图表类型”按钮，如图 7-4 所示，打开“更改图表类型”对话框，先在左侧选择图表模板类型，再在右侧列表框中选择图表类型，然后单击“确定”按钮，返回到文档编辑区中，这时可发现图表的类型已经更改为重新选择的类型。

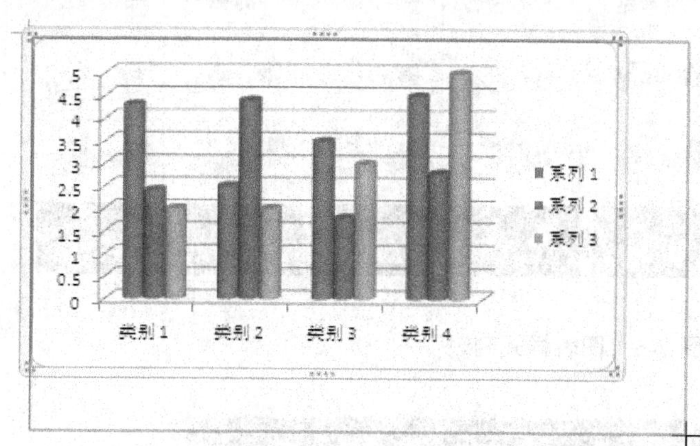

图 7-3　更改图表大小

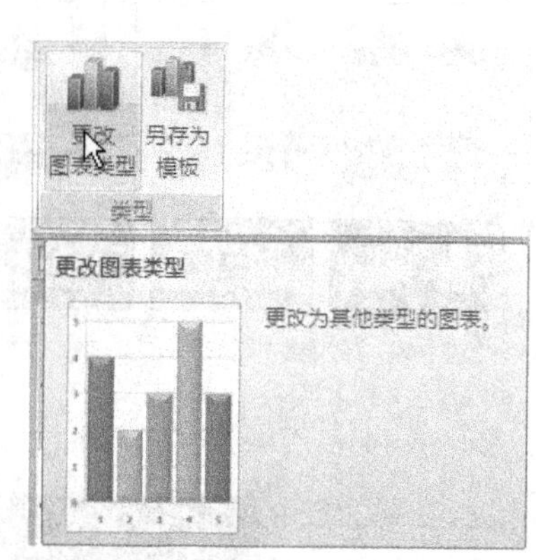

图 7-4　“更改图表类型”按钮

需要注意的是，图表类型的更改并不是对所有的图表模板都可以使用，更改的前提是不能影响图表所反映的数据情况，如果出现数据丢失的现象，后来选择的图表类型就是不合适的类型。如将柱形图表更改为饼图（如图 7-5 所示）就是不合适的，图表中的数据必然会出现丢失现象。

（3）应用图表样式

在 Word 2007 文档中插入图表后，系统为每种类型的图表都提供了几十种图表样式，如图 7-6 所示。用户可以在这些样式中选择需要的样式来修饰图表。

选定文档中的图表，单击“图表样式”选项组中的下拉按钮，打开如图 7-6 所示的样式列表，单击选中列表中的样式，则文档中的图表就应用了所选的样式。如图 7-7 所示为应用了“样式 44”的效果。

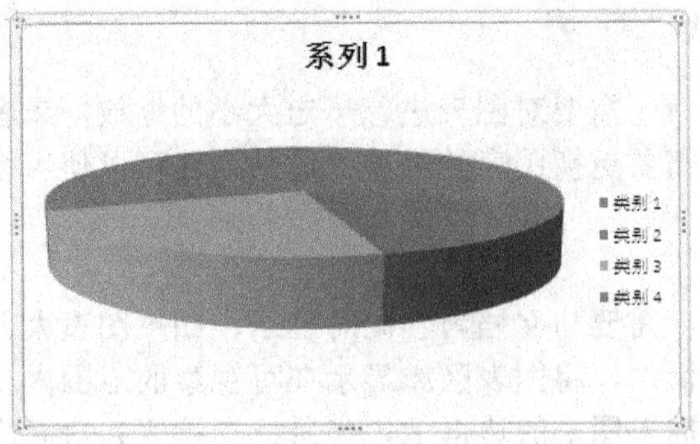

图 7-5　饼图

图 7-6　图表样式列表

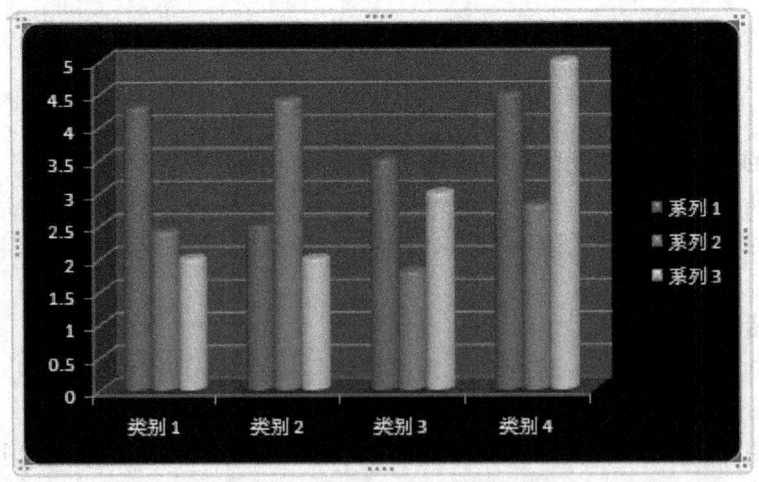

图 7-7　应用样式后的图表效果

1. 图表的组成

图表是以图形化的方式表示数值数据的，对每个图表而言，都有基本数据，没有这些基本数据就无法创建出表格，这些基本数据被存放在工作表的单元格区域中，这个区域被称为数据源。

在一个图表中通常包含多个系列，下面来了解图表的各个组成部分（以柱形图为例），如图 7-8 所示。

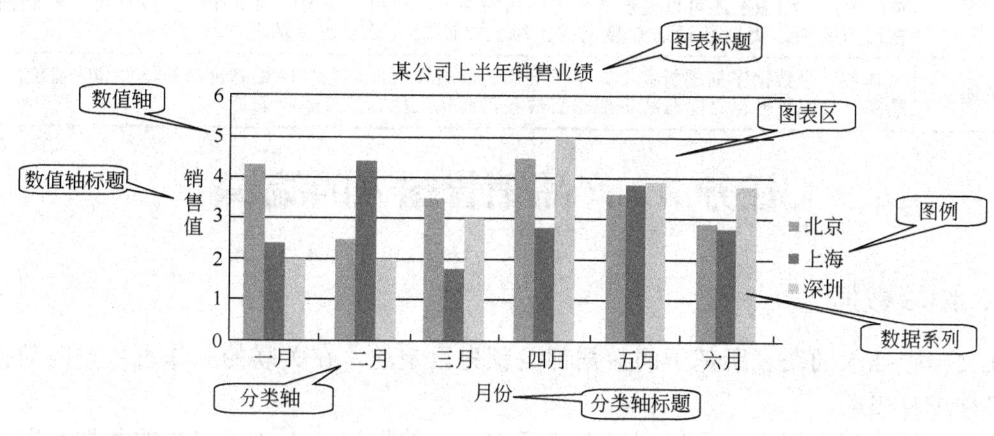

图 7-8　图表的组成

- 图表标题、分类轴标题和数值轴标题：这些标题用来标识图表。
- 数据系列：展现了具体的数据，每个系列均由不同的颜色标识。
- 图例：在图例中可以清楚地了解到每个颜色的系列代表的数据类型。
- 图表区：图表中的所有组成对象都放置于图表区中，选中图表就表示选中了整个图表。

2. 图表的类型

在 Word 2007 中共有 11 种图表类型，分别为“柱形图”“折线图”“饼图”等，可以根据数据分析的要求选择最佳的表现类型。有时，对于一组数据通常需要用多种图表类型显示。表 7-1 是一些常用的图表类型说明。

表 7-1　常用图表类型说明

图表类型	功能说明
柱形图	由一系列垂直柱状条组成，可描述不同时期数据的变化情况，通常用于比较一段时间中不同项目数据之间的差异
折线图	通常用于分析一段时间内的数据变化趋势，通过折线图可对发展趋势进行预测
饼形图	用于对比几个数据在其形成的总和中所占的百分比，可以表现数据序列项目相对于项目总和的比例，一般只能显示一个序列的值，适用于强调重要元素

续表

图表类型	功能说明
条形图	使用水平横线或纵向竖条的长度来表示数据值的大小，条形图强调各个数据项目之间的差别情况，一般分类项在垂直轴上标出，而数据的大小在水平轴上标出，这样可以突出数据的比较，淡化时间的变动情况
散点图	使用不同的点代表不同的系列，用于分析数据的相互关系及发展趋势
气泡图	气泡图可以有 3 个数值，除 *X*、*Y* 轴外，第 3 个数据表示气泡的面积。对 3 个数值赋予不同的意义，分析数据点在图中的位置得出相应的结论
雷达图	反映数据相对中心点和其他数据点的变化情况，可以清晰反映数据系列的整体情况
面积图	利用一组与横轴组成的封闭多边形，可强调数量随时间变化的程度，从而引起用户对总值发展趋势的关注。面积图还可以显示部分与整体的关系。利用工作表中列或行中的数据可以绘制面积图，在面积图中，类别数据通常显示在横轴上，而数值显示在纵轴上
股价图	具有 3 个数据序列的折线图，用于显示一段给定时间内股票的最高价、最低价和收盘价。通过在最高、最低数据点之间画线形成垂直线条，而轴上的刻度代表收盘价

任务 2　产品销售图表的编辑

1. 编辑数据

在文档中插入的图表所基于的数据都是预先设定的，在关联的工作表中更改数据，图表将自动进行更新。

将图表插入到文档中，系统同时会打开 Excel 编辑窗口，该窗口中的数据是图表显示的依据。通过更改该窗口中的数据可修改图表的显示情况。

单击“插入”选项卡的“插图”选项组中的“图表”按钮，在打开的“插入图表”对话框中选择一个图表模板，在文档中插入一个图表（以条形图为例）。插入图表的同时，系统会打开一个 Excel 窗口，在该窗口中显示了一些数据，如图 7-2 所示。将光标定位到 Excel 窗口中相应的单元格中，对单元格中的文本或数据进行修改，则图表会跟随着 Excel 表的变化而变化。将类别 1、类别 2、类别 3 和类别 4 分别修改为一月、二月、三月、四月，系列 1、系列 2、系列 3 分别修改为上海、北京、深圳，修改后的效果如图 7-9 所示。

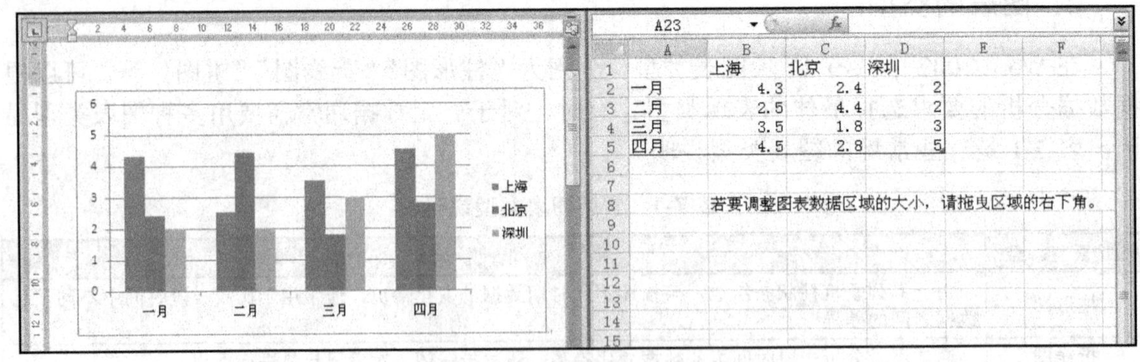

图 7-9　修改后的表格效果

要对数据区进行调整，可以单击“图表工具—设计”选项卡的“数据”选项区中的“选择数据”按钮，自动切换到工作表，并打开“选择数据源”对话框，在工作表中拖动鼠标指针进行选择，如图 7-10 所示，然后单击“确定”按钮，返回到文档编辑区中，系统自动将选定的数据进行图表显示，如图 7-11 所示。

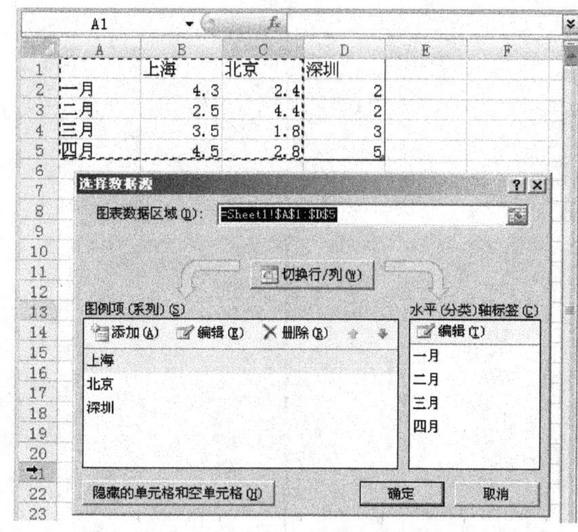

图 7-10　选择数据区

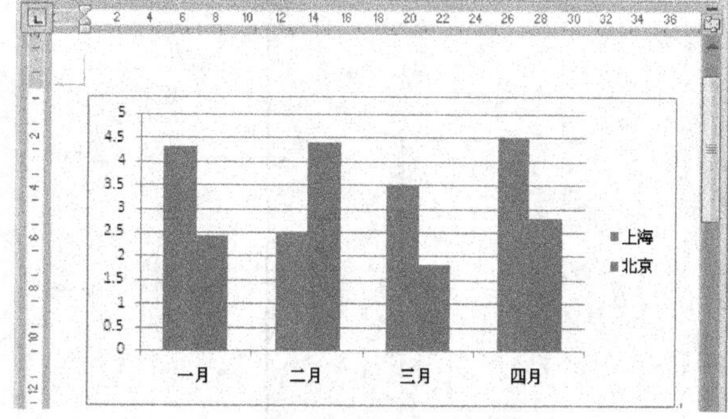

图 7-11　图表显示效果

2．设置图表标题

图表基于选定的数据，以某种图表类型为表现形式进行显示。通常的图表都需要图表标题来表明所要反映的主题。

单击“图表工具—布局”选项卡的“标签”选项组中的“图表标题”按钮，在打开的下拉列表中选择“图表上方”选项，系统将图表标题放置在图表上方，且图表自动进行大小调整，且系统默认的标题为“图表标题”。在标题中单击鼠标，将光标定位到图表标题中，可以重新输入标题内容，如图 7-12 所示。

图 7-12　图表标题

选中图表标题，单击“标签”选项组中的“图表标题”按钮，在打开的下拉列表中选择“其他标题”选项，打开“设置图表标题格式”对话框，如图 7-13 所示。在该对话框中可以对标题的填充色、填充图片等内容进行设置。如图 7-14 所示为设置了图表标题填充色的效果。

3．设置坐标轴标题

坐标轴标题分为横坐标轴标题和纵坐标轴标题两种，分别代表了不同的数据信息。选中图表，单击“图表工具—布局”选项卡的“标签”选项组中的“坐标轴标题”按钮，在弹出的下拉列表中选择“主要横坐标轴标题”级联菜单中的“坐标轴下方标题”命令，在

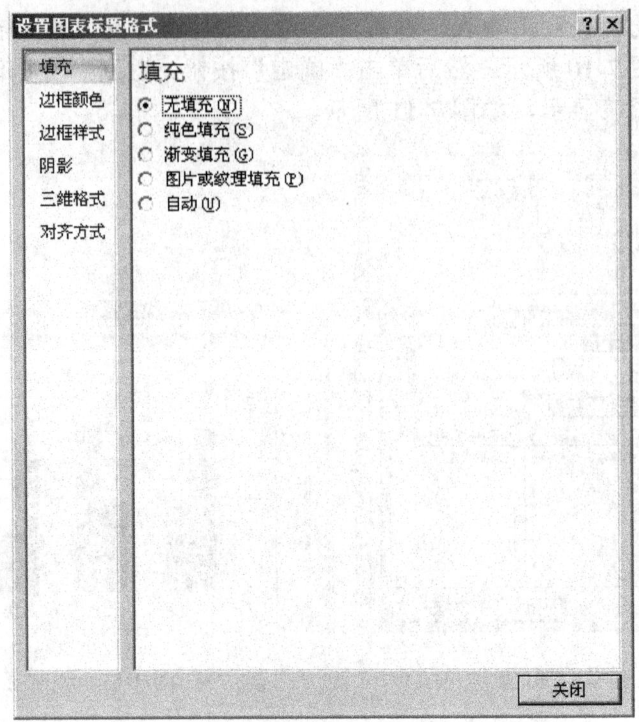

图 7-13 “设置图表标题格式”对话框

图 7-14 设置图表标题填充色后的效果

横坐标轴的下方添加横坐标轴标题，如图 7-15 所示。用户可以根据需要修改标题的内容，修改方法同图表标题。

纵坐标轴标题的设置比横坐标轴标题的设置方法稍显复杂，级联菜单就有 5 项。在设置中一般使用“竖排标题”选项。

单击“标签”选项组中的“坐标轴标题”按钮，在弹出的下拉列表中选择“主要纵坐标轴标题”级联菜单中的“竖排标题”选项，在纵坐标轴的旁边添加纵坐标轴标题，如图 7-16 所示。

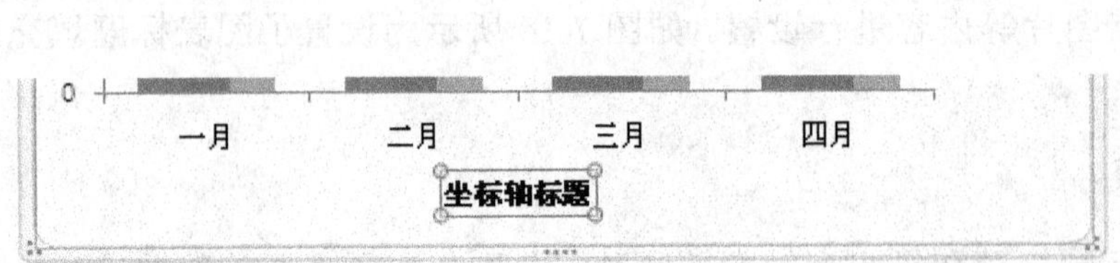

图 7-15 设置横坐标轴标题

图 7-16 设置纵坐标轴标题

图表标题设置完成后的效果如图 7-17 所示。

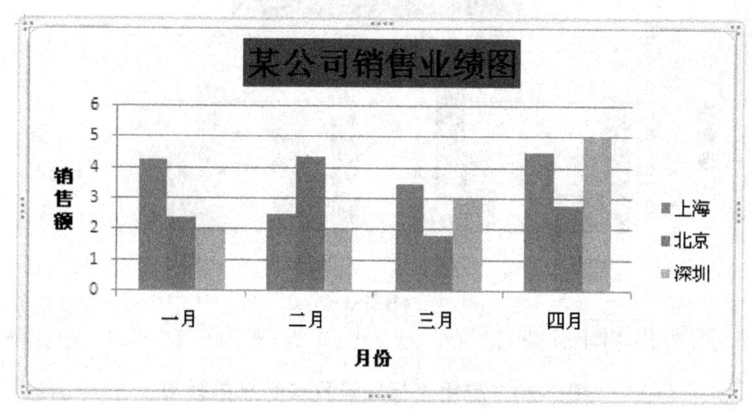

图 7-17　图表标题设置完成后的效果

4．设置坐标轴和网格线

应用柱形图表时，在图表区中需添加坐标轴和网格线。可根据需要对坐标轴的格式和布局进行修改，并对网格线的主要网格线、次要网格线等进行相关设置。

(1) 设置坐标轴

选中纵坐标轴，单击“图表工具—布局”选项卡的 “当前所选内容”选项组中的“设置所选内容格式”按钮，打开如图 7-18 所示的“设置坐标轴格式”对话框，其中在坐标轴选项区中默认设置为均为“自动”。这里均选择“固定”单选项，并在文本框中输入数值，如图 7-19 所示，参数设置后的效果如图 7-20 所示。横坐标轴的设置可以参照纵坐标轴的设置方法。

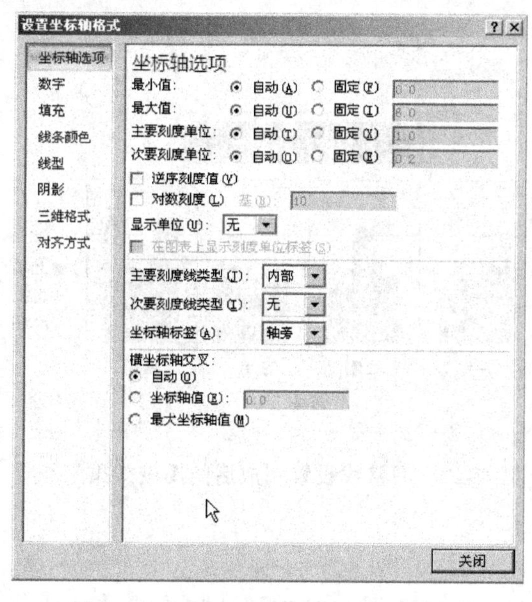

图 7-18 “设置坐标轴格式”对话框

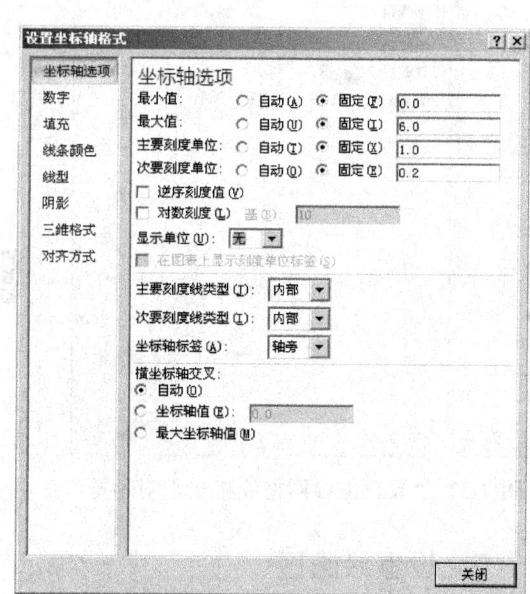

图 7-19　设置坐标轴参数

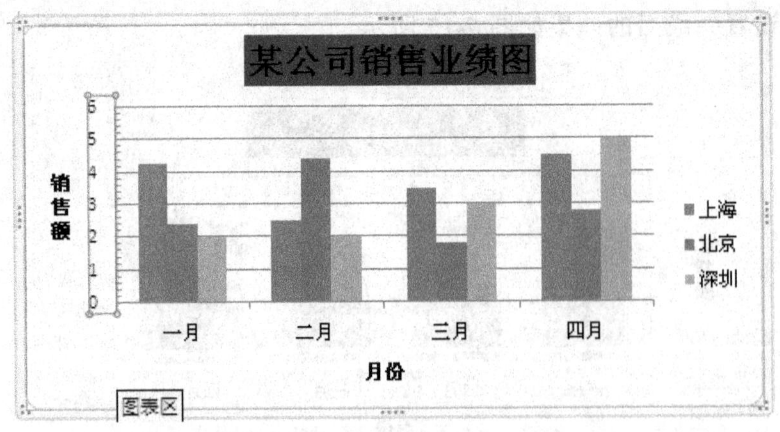

图 7-20　应用坐标轴设置参数后的效果

（2）设置网格线

除设置坐标轴格式外，还可以为图表设置网格线。选中图表，在“布局”选项卡的“坐标轴”选项组中单击“网格线”按钮，在打开的下拉列表中指向“主要横网格线”选项，在其级联列表中单击“次要网格线”选项；单击“网格线”按钮，在打开的下拉列表中指向“主要纵网格线”选项，在级联列表中单击“主要网格线”选项。再次单击“网格线”按钮，在“主要纵网格线”的级联列表中单击“其他主要纵网格线选项”选项，打开“设置主要网格线格式”对话框，在右侧的“线条颜色”选项区中单击“实线”单选按钮，并设置颜色为黑色，如图 7-21 所示，网格线设置完成后图表效果如图 7-22 所示。

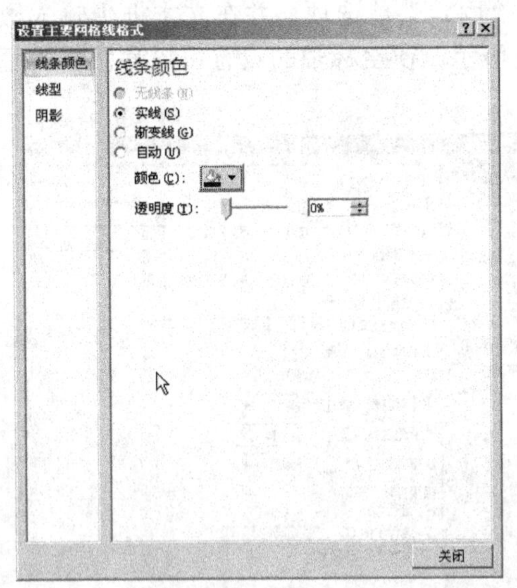

图 7-21　“设置主要网格线格式”对话框

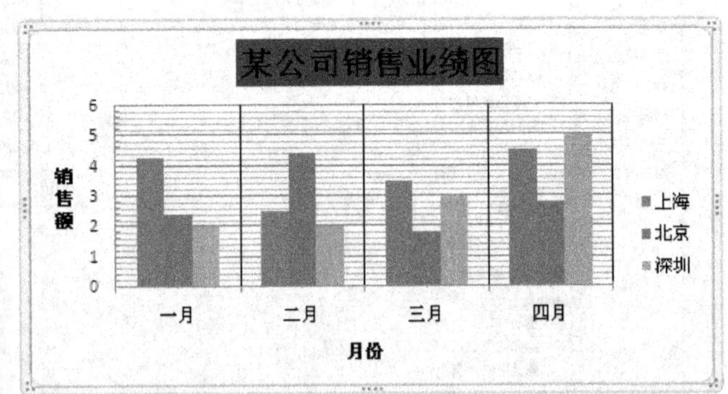

图 7-22　网格线设置完成后的图表效果

5. 设置绘图区

图表区中的绘图区是图表最重要的组成部分，主要完成对数据的分析和显示功能。绘图区是一个矩形区域，该区域中包括图形的各个组成部分，称为“数据系列”，用户可以为各个数据系列添加数据标签进行更详尽的数据标识。

选中图表，单击“布局”选项卡的“标签”选项组中的“数据标签”按钮，在打开的下拉列表中选择“数据标签外”选项，系统为选定的数据系列添加数据标签，标签值为图表元素的实际值，如图 7-23 所示。

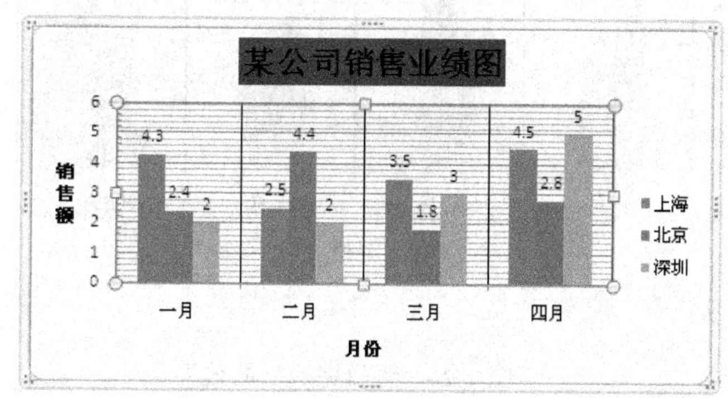

图 7-23　添加数据标签后的效果

在绘图区中单击红色柱状系列，此时在“当前所选内容”选项组中自动显示出“系列‘北京’”，如图 7-24 所示，单击“设置所选内容格式”按钮，系统会打开“设置数据系列格式”对话框。在该对话框中，默认选定“系列选项”选项，在右侧选项区中默认将“系列重叠”设置为“0%”，“分类间距”设置为“150%”，如图 7-25 所示。

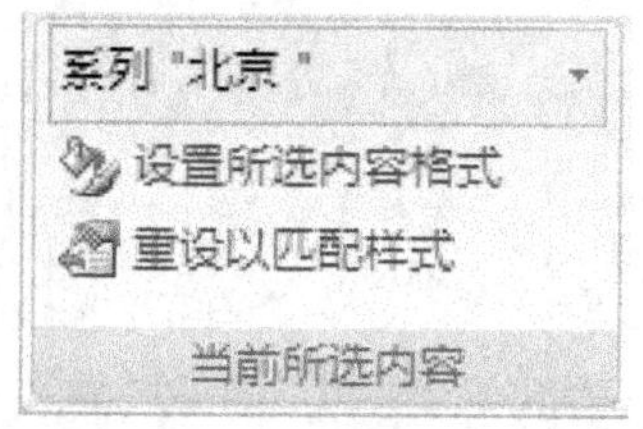

图 7-24　“当前所选内容”组

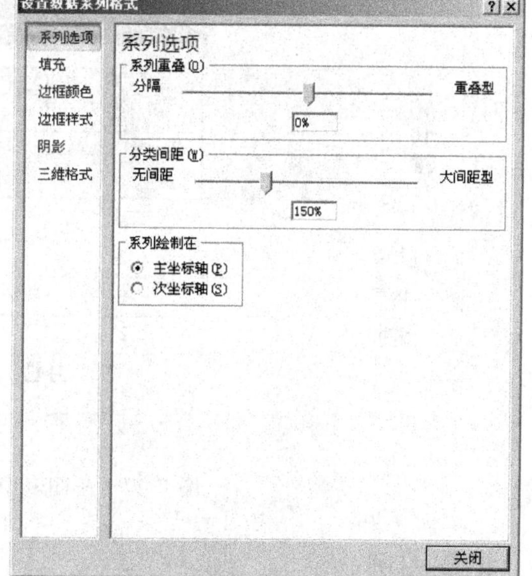

图 7-25　“设置数据系列格式”对话框

在“系列重叠”的“分隔”滑块右侧单击，每单击一次，自动增加“10%”，也可以直接输入比例将其比例调整至“40%”，同时在文档编辑区可以看到数据系列重叠的效果。

拖动“分类间距”的“无间距”滑块，将显示比例调至“300%”，同时在文档编辑区中查看分类间距的效果。单击“关闭”按钮完成设置，效果如图 7-26 所示。

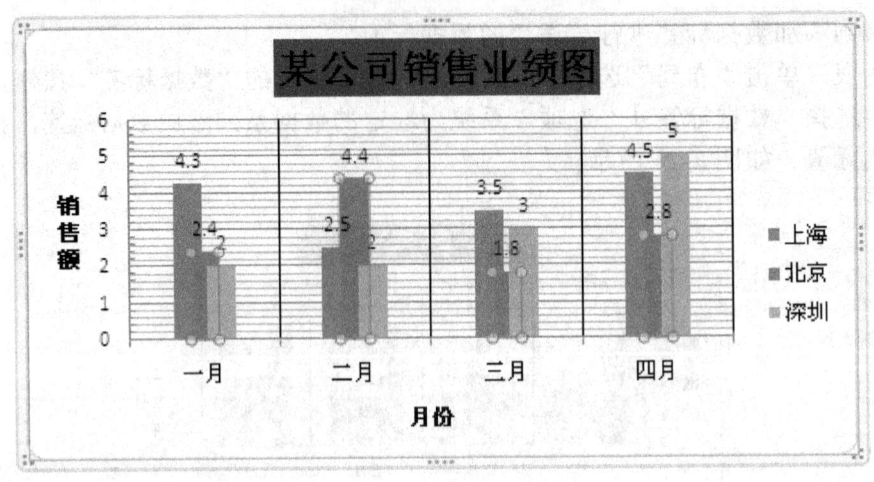

图 7-26　设置完成后的效果

图表的数据以图形的方式显示，但图表的数据是以 Excel 文件的形式保存的，查看起来很不方便，用户可以通过设置将图表中的数据在图表的下方显现出来。选中图表，单击“布局”选项卡的“标签”选项组中的“数据表”按钮，在打开的下拉列表中选择“显示数据表”选项，在图表中将数据表中的数据显示出来，如图 7-27 所示。

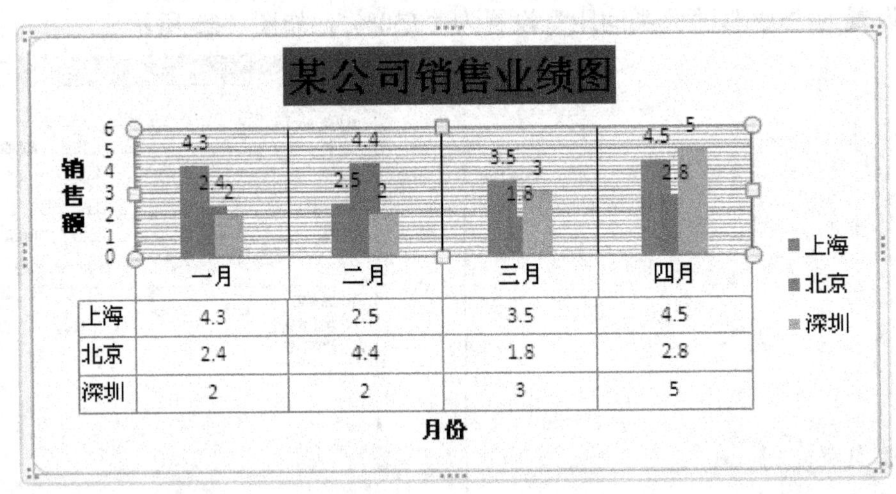

	一月	二月	三月	四月
上海	4.3	2.5	3.5	4.5
北京	2.4	4.4	1.8	2.8
深圳	2	2	3	5

图 7-27　在图表中显示数据表

6．设置图例

图例是图表不可缺少的组成部分，系统以不同的颜色或图案代表不同的数据系列，从而便于区分各类数据。在“图表工具—布局”选项卡的“标签”选项组中设置了“图例”按钮，在其下拉列表中提供了多种显示方式，如图 7-28 所示。

选中图表中的图例，单击“图例”按钮，在打开的下拉列表中选择“在顶部显示图例”选项，系统会自动将图例调整至图表顶部，效果如图 7-29 所示。

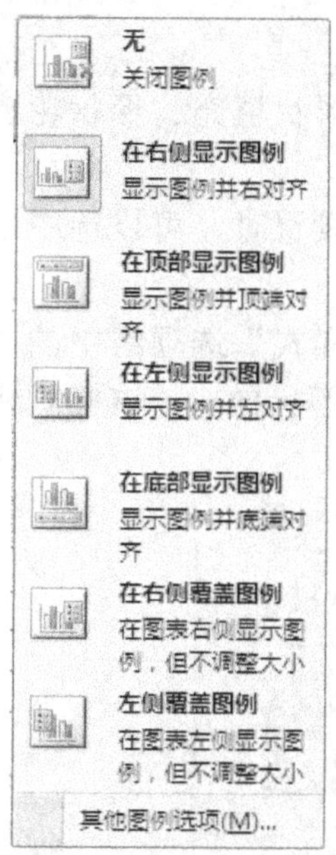

图 7-28　“图例”下拉列表

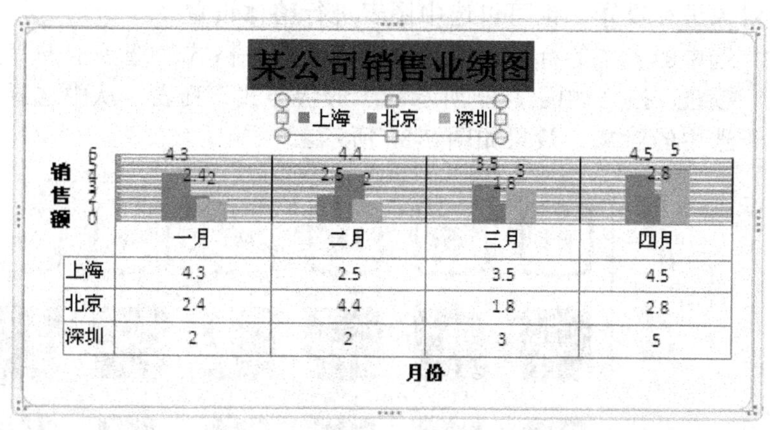

图 7-29　图例显示在图表顶部

1．快速布局

将图表区设置完成后，可通过系统提供的“快速布局”功能对图表的整体布局进行更改。快速布局是将系统内置的图表布局库应用于用户制作的图表的过程。

选中图表，单击“设计”选项卡的“图表布局”选项组中的“其他”按钮，打开如图 7-30 所示的“图表布局”列表，从中选择一种图表布局，则该布局将应用于图表中。如图 7-31 所示为应用了“布局 2”的效果。

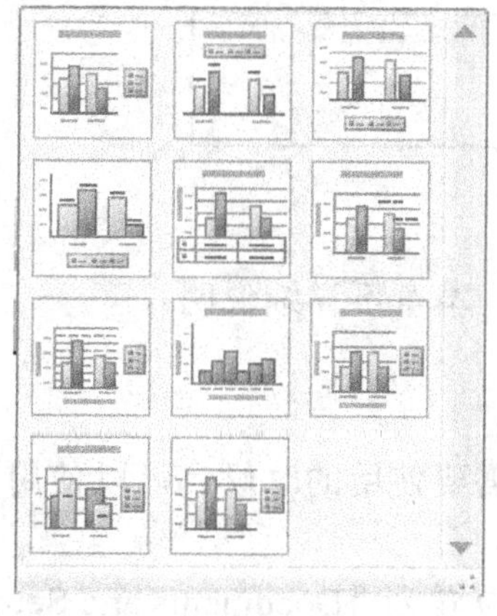

图 7-30　“图表布局”列表

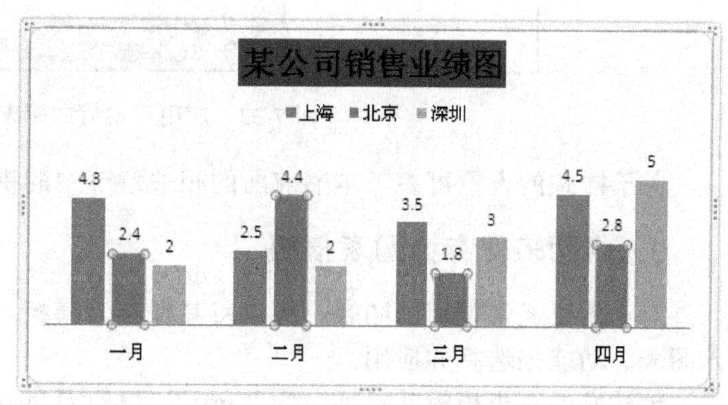

图 7-31　应用“布局 2”后的图表

2．美化图表

在 Word 2007 中，为图表提供了多种形状样式、艺术字样式、形状填充、形状轮廓等可供美化图表的功能，使图表更加美观。

由于图表是由一些形状和文本框组合而成，在对图表进行美化设置时，可以选中单独的对象进行设置，也可以选中图表进行整体设置。

选中图表中的标题，单击“图表工具—格式”选项卡的“形状样式”选项组中的“其他”按钮，打开如图 7-32 所示的“形状样式”列表，从中选择一种形状样式，该样式将应用于选中的对象，效果如图 7-33 所示。

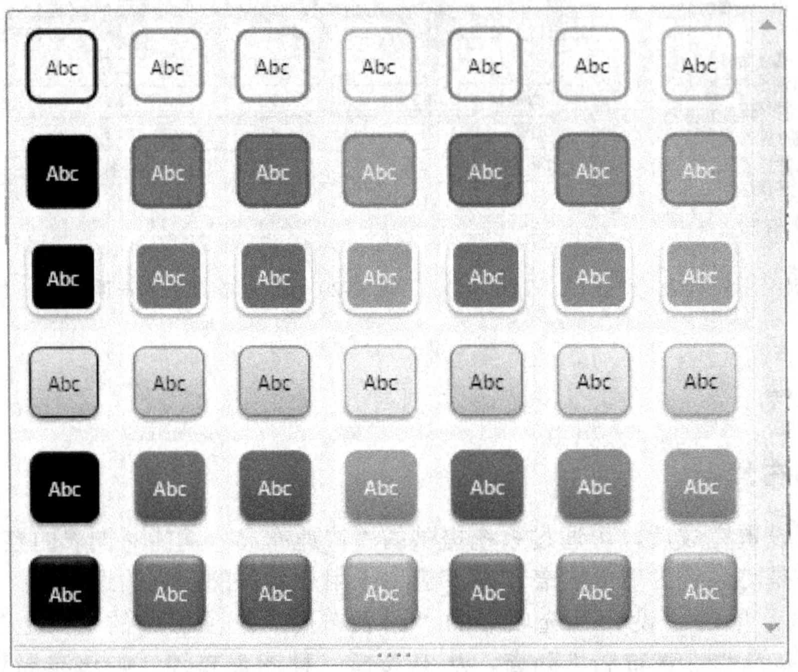

图 7-32 “形状样式”列表

图 7-33 应用样式后的图表标题

关于样式的设置可参考本书前面的相关章节中的讲过，本章不详细说明。

3．将图表保存为图表模板

对于需要经常使用的图表，可以将其保存为模板，在需要使用的时候，可以使用“插入图表”功能来选择并应用。

创建好的图表模板其扩展名为“.crtx”，其默认的保存位置为“Documents and Settings\用户名\Application Data\Microsoft\Template\Charts”。

选中图表，单击“设计”选项卡的“类型”选项组中的“另存为模板”按钮，在打开的“保存图表模板”对话框中输入文件名，如图 7-34 所示，单击“保存”按钮即可完成模板的创建。

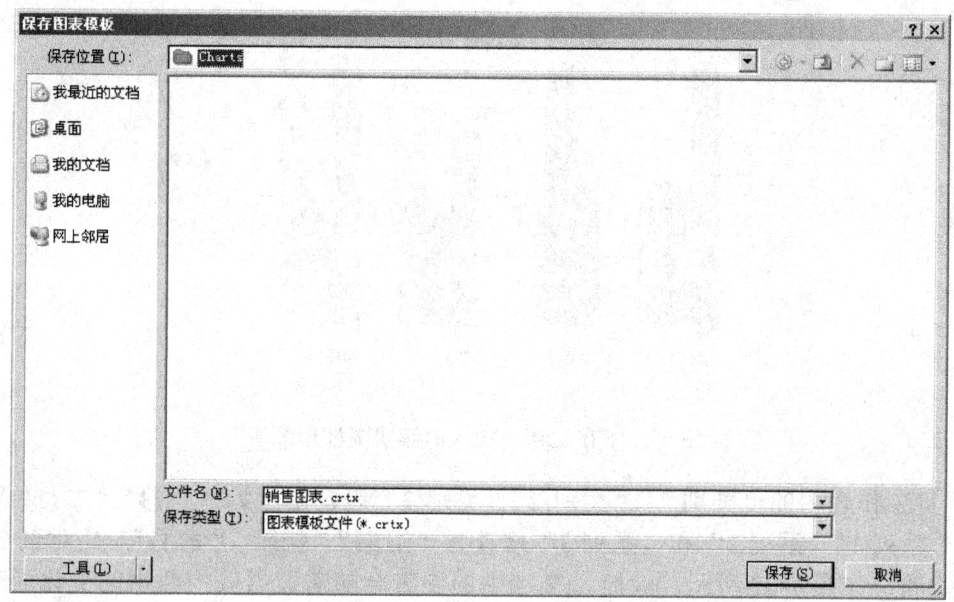

图 7-34　“保存图表模板”对话框

综合实例 7　制作产品销售图表

在产品销售的过程中，有时需要对不同厂商的同类型产品的销售量、同一产品不同地区的销售量或同一公司不同分公司的销售量进行比较，使用图表显示可以很清楚地将差异表现出来，本节将以不同品牌的数码相机的销售量为例，使用图表将数据直观地表现出来。

步骤 1：新建文档。

启动 Word 2007，打开 Word 文档的编辑窗口，同时创建一个新文档，以“数码相机销售量对比表”作为文件名保存文档。

步骤 2：插入图表。

① 将光标定位到文档中需要插入图表的位置，单击“插入”选项卡的“插图”选项区中的“图表”按钮，打开“插入图表”对话框。

② 在“模板”选择区选择“柱形图”选项，在“柱形图”模板中选择“簇状圆柱图”选项，单击“确定”按钮，返回到文档编辑区。此时在插入点所在的位置插入了一个簇状圆柱形图表，如图 7-35 所示。

步骤 3：编辑数据。

将工作窗口切换到与图表相关联的工作表，并对数据进行修改。

① 将光标移动到工作表中蓝色线的右下角，当鼠标指针变成 45° 倾斜的双箭头时，按下鼠标左键并向右下方拖动鼠标将数据区扩大，如图 7-36 所示。

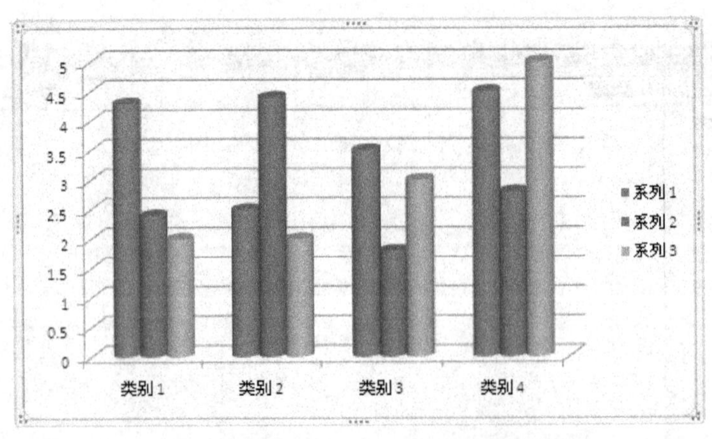

图 7-35　在文档中插入的簇状圆柱形图表

② 将工作表中的“类别 1”“类别 2”“类别 3”等，修改为“一月”“二月”“三月”等。将“系列 1”“系列 2”和“系列 3”修改为“尼康”“佳能”“索尼”，并对表格中的数据进行修改，如图 7-37 所示。此时，文档中的图表会随着数据表中数据的变化而变化。

	A	B	C	D	E
1		系列 1	系列 2	系列 3	
2	类别 1	4.3	2.4	2	
3	类别 2	2.5	4.4	2	
4	类别 3	3.5	1.8	3	
5	类别 4	4.5	2.8	5	
6					
7					

图 7-36　调整数据区

	A	B	C	D	E
1		尼康	佳能	索尼	
2	一月	37	34	11	
3	二月	48	36	23	
4	三月	43	48	34	
5	四月	25	30	32	
6	五月	46	40	26	
7	六月	34	30	24	

图 7-37　修改数据

步骤 4： 设置图表。

① 选中图表，单击“图表工具—设计”选项卡，单击“图表样式”选项组中的样式下拉按钮，打开“图表样式”列表，选择“样式 26”选项，应用于图表中的效果如图 7-38 所示。

② 单击“图表工具—格式”选项卡的“形状样式”选项组中的样式下拉按钮，打开“形状样式”下拉列表，选择“细微效果-强调颜色 4”选项，应用于图表中的效果如图 7-39 所示。

③ 单击“图表工具—布局”选项卡，单击“标签”选项组中的“坐标轴标题”按钮，在打开的下拉列表中选择“主要纵坐标轴标题”选项，在其级联列表中单击“竖排标题”选项，输入新标题“销售量”。单击“图表工具—格式”选项卡的“艺术字样式”选项组中的样式下拉按钮，打开“艺术字样式”下拉列表，如图 7-40 所示，从中选择一种艺术字样式应用于坐标轴标题。

④ 单击“图表工具—布局”选项卡的“坐标轴”选项组中的“网格线”按钮，在打开的下拉列表中指向“主要横网格线”选项，在其级联列表中选择“无”选项，将图表中的网格线删除，效果如图 7-41 所示。

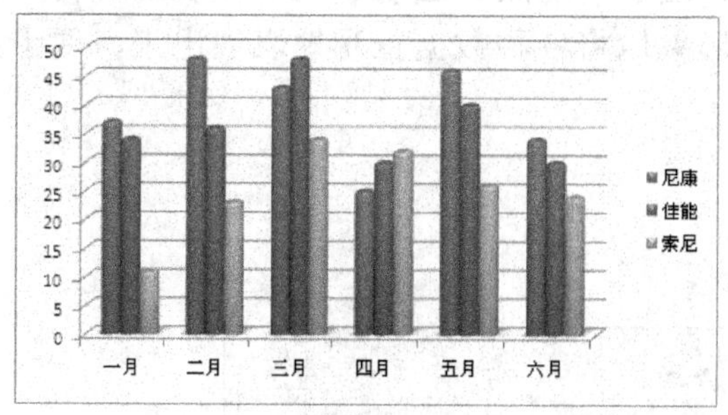

图 7-38　应用图表样式后的效果

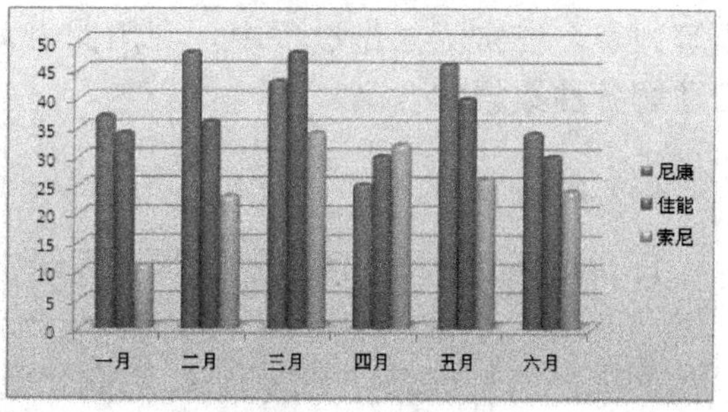

图 7-39　应用“样式 26”后的效果

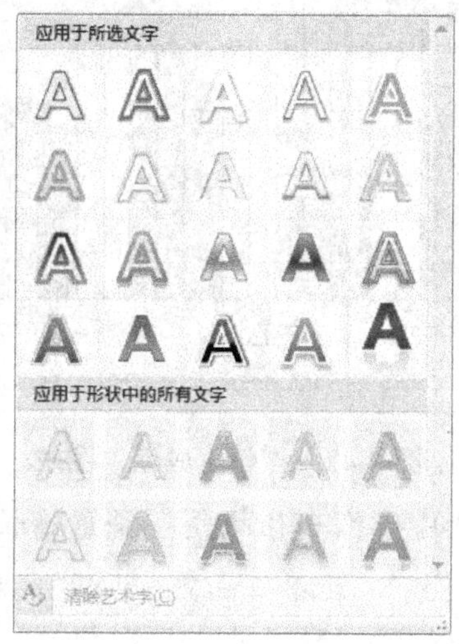

图 7-40　“艺术字样式”下拉列表

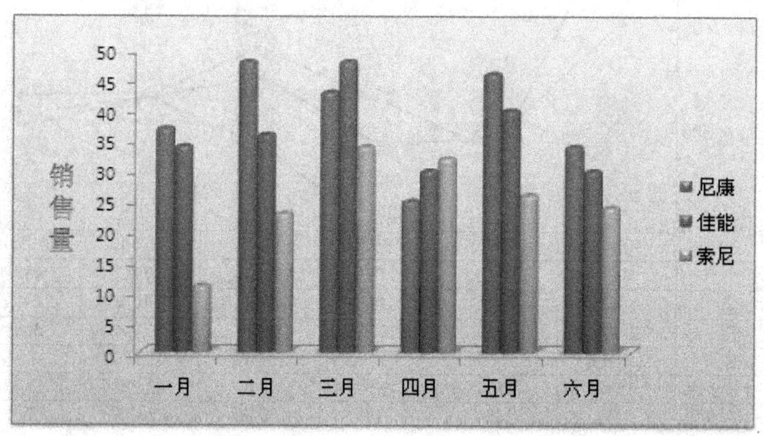

图 7-41　删除网格线后效果

知识盘点

本章围绕产品销售图表的设计与制作，通过两个工作任务介绍了 Word 2007 中图表的相关知识，包括图表的创建、图表格式的设置、图表的组成、图表类型及图表的编辑与制作等内容。在实际工作过程中，利用图表可以形象地将各种数据直观地表现出来，便于人们理解各种数据的含义。

成果验收

1．制作如图 7-42 所示的“学生成绩”图表。

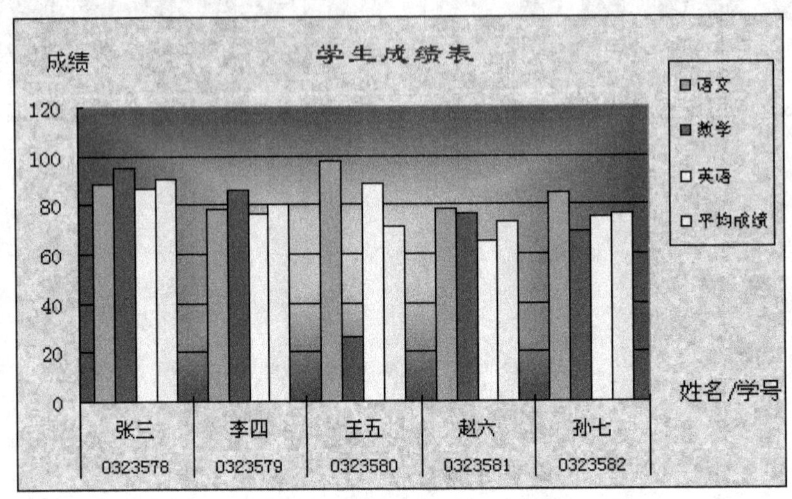

图 7-42 “学生成绩”图表

2．制作如图 7-43 所示的“中国汽车市场历年销量增长分析”图表。

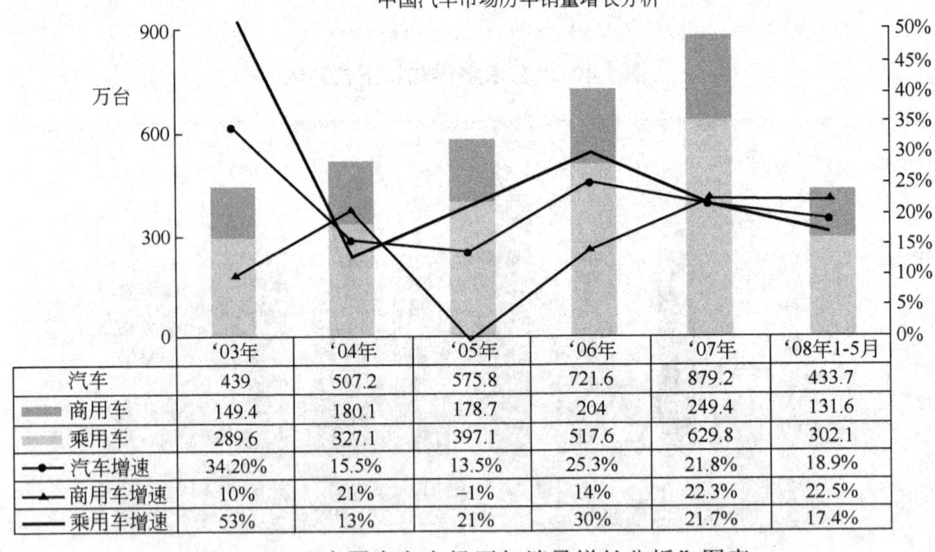

	‘03年	‘04年	‘05年	‘06年	‘07年	‘08年1-5月
汽车	439	507.2	575.8	721.6	879.2	433.7
商用车	149.4	180.1	178.7	204	249.4	131.6
乘用车	289.6	327.1	397.1	517.6	629.8	302.1
汽车增速	34.20%	15.5%	13.5%	25.3%	21.8%	18.9%
商用车增速	10%	21%	−1%	14%	22.3%	22.5%
乘用车增速	53%	13%	21%	30%	21.7%	17.4%

图 7-43 “中国汽车市场历年销量增长分析”图表

第 8 章

长文档的处理——目录与审阅

在编辑学术论文、法规和科技书籍等长文档时，一般需要引用的信息比较多。Word 2007 中提供了多种信息的引用功能，并为文档提供了多种查看方式，包括页面视图、阅读版式视图、大纲视图等。用户还可以通过文档结构图、全屏等方式对文档进行查看。为方便对长文档的处理，Word 2007 增强了目录功能，不仅可以使用内置样式快速地完成为文档添加目录的操作，还可以根据需要进行自定义设置。

情景再现

早晨，小张刚打开计算机，发现公司技术部的小李传给她一个文档，却没有留言。小张打开文档一看，是一篇技术文档，但是非常的零乱，需要整理。她问了经理，经理告诉她：公司要对员工进行基本的技术培训，让我们部门将文档整理好，先让大家学习这篇文档，整理文档的工作就由小张完成。

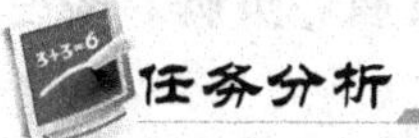

任务分析

小张需要完成对文档的整理，主要工作是根据文章内容对文档进行编输并制作目录，以方便公司员工的阅读。

任务实现

任务 1　长文档的阅读

1. Word 2007 的视图

在 Word 2007 中查看文档时，可选择多种视图查看，还可通过调节文档的显示比例或使用缩略图等其他形式进行查看。Word 2007 提供了 5 种基本文档视图：页面视图、Web 版式视图、阅读版式视图、大纲视图、普通视图。

（1）视图的切换方式

将 Word 文档在各视图中进行切换，可以单击对应的按钮操作，还可以单击“视图”选项卡，在“文档视图”选项组中单击对应的文档视图名称即可轻松完成切换。

打开文档，将鼠标指向文档状态栏右侧的第一个按钮，如图 8-1 所示，系统提示当前文档视图为“页面视图”，其后的按钮分别对应不同的文档视图，单击即可进行切换。

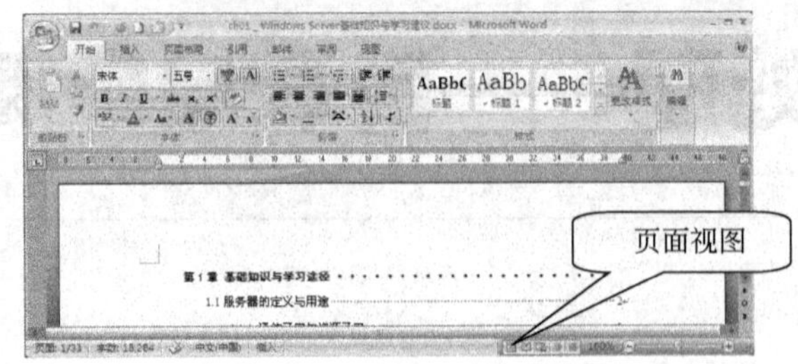

图 8-1　状态栏视图按钮

单击视图选项卡的“文档视图”选项组中显示不同视图的按钮，如图 8-2 所示。单击可以进行切换，当前呈高亮显示的按钮展示文档正在使用的视图。

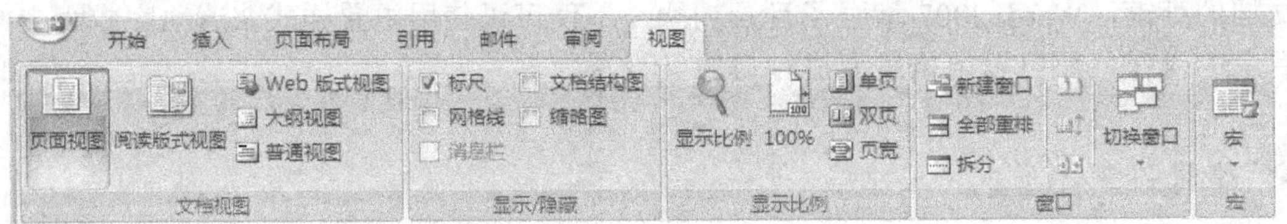

图 8-2 “视图”选项卡

（2）页面视图

页面视图用于显示文档所有内容在整个页面的分布状况，以及整个文档在每一页上的位置，真正实现“所见即所得”，并可以在该视图中完成编辑排版，以及页眉、页脚、多栏版面设置等操作，如图 8-3 所示。

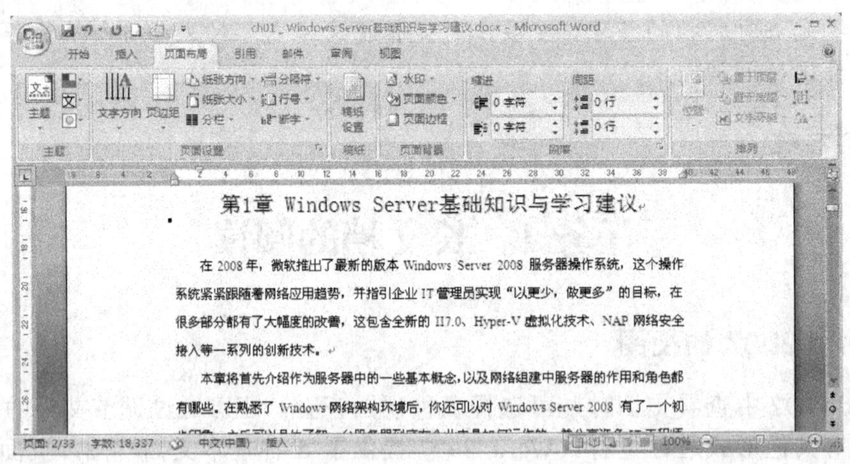

图 8-3　页面视图

（3）Web 版式视图

在 Web 版式视图中，可以创建能在屏幕上显示的 Web 网页或文档。在该视图中，可看到文档中的文本发生了变化，能完整显示用户编辑的网页效果，如图 8-4 所示。

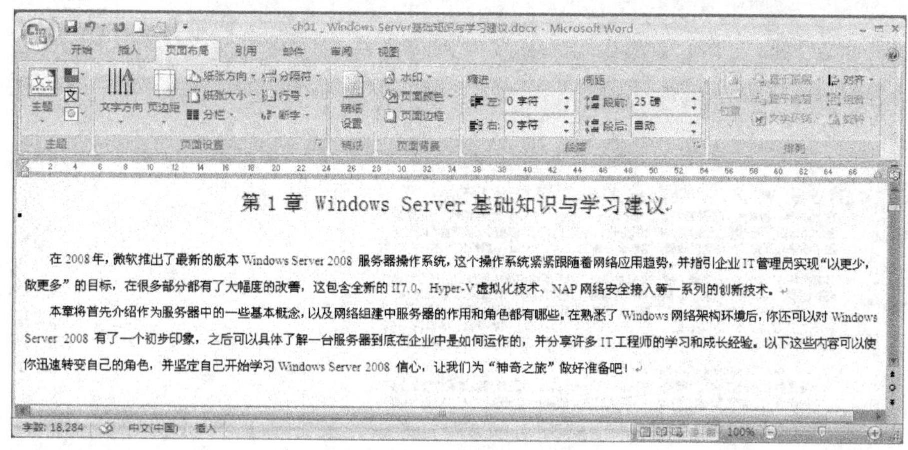

图 8-4　Web 版式视图

（4）阅读版式视图

在阅读版式视图中，文档以书页的形式显示文本内容，便于阅读，默认为以全屏形式显示，如图 8-5 所示。

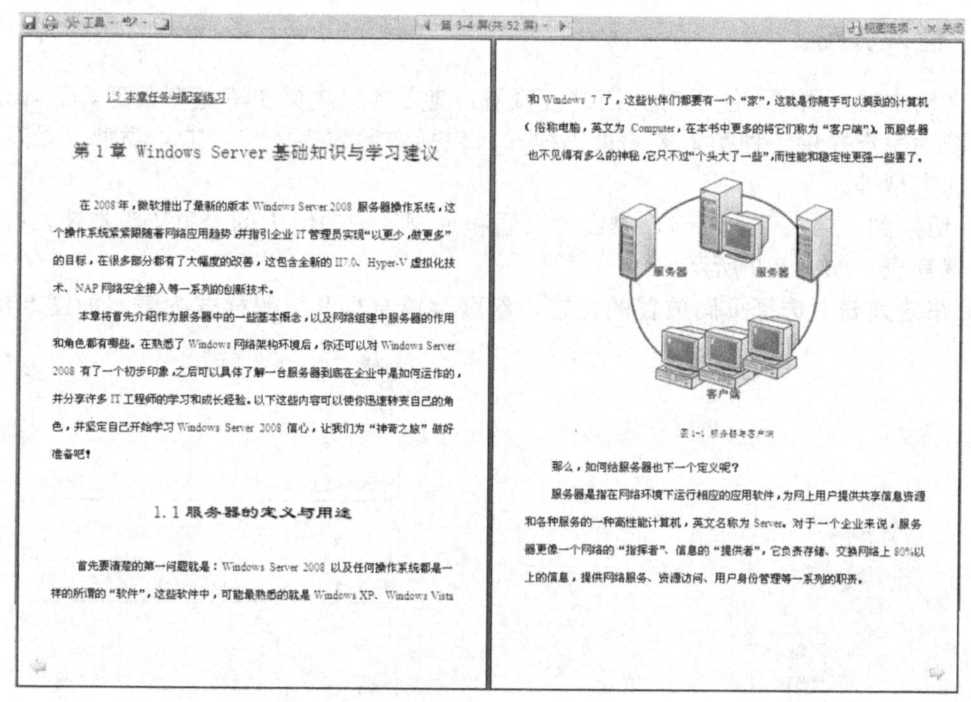

图 8-5　阅读版式视图

（5）大纲视图

大纲视图用于审阅和处理文档的结构，为处理文稿的目录工作提供了方便的途径，也适合处理层次较多的文档。大纲视图下中的“大纲”工具栏，使用户调整文档的结构更加方便，如图 8-6 所示。

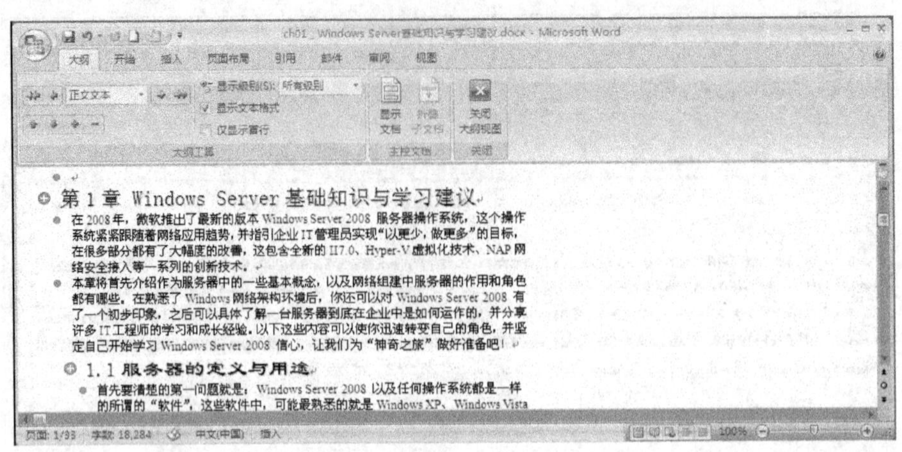

图 8-6 “大纲”工具栏

（6）普通视图

普通视图可显示文本格式，简化了页面视图的布局，是最好的文本录入和图片插入的编辑环境，但不显示页边距、页眉和页脚、背景等，在进行分栏操作时，也不显示多栏。

3．插入页码

在文档中插入页码，便于对文档进行查看，使文档层次更加清楚有条理。在 Word 2007 中，系统为用户提供了种类繁多的页码样式，包括普通数字类型、X/Y 类型，以及带有多种形状的类型等。

① 切换到“插入”选项卡，单击“页眉和页脚”选项组中的“页码”按钮，打开“页码”位置列表，如图 8-7 所示。

② 在该列表中选择页码放置的位置，级联菜单会打开页码样式列表，如图 8-8 所示。

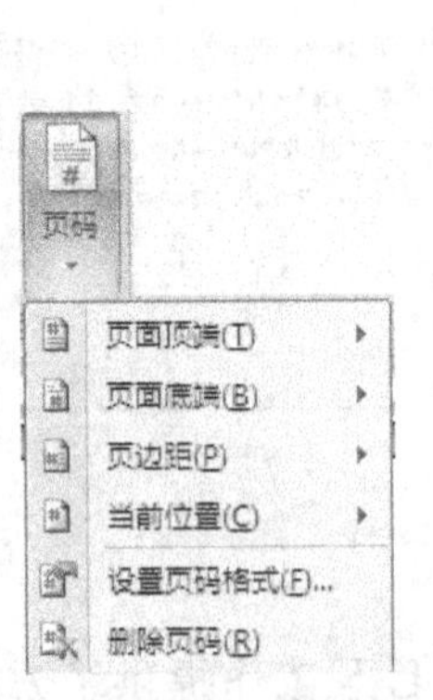

图 8-7 “页码“位置列表

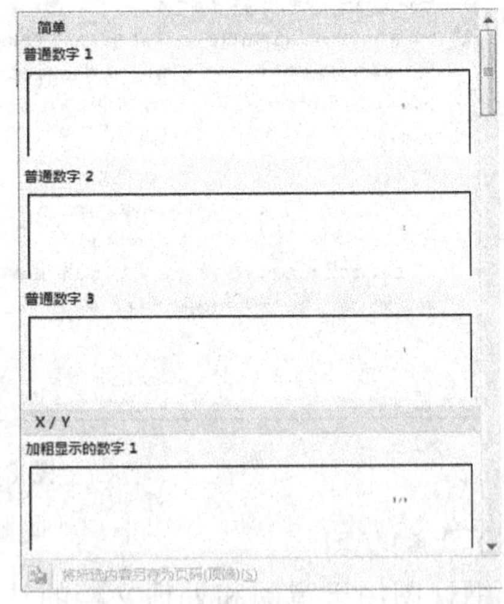

图 8-8 页码样式列表

③ 在页码样式列表中选择一种合适的页码样式，此时，会在页面中设置的页码位置处

出现页码，如图 8-9 所示。

图 8-9　插入页码样式后的效果

用户可以对添加到文档中的页码设置格式、起始页码等。在如图 8-7 所示的菜单中选择“设置页码格式”选项，打开“页码格式”对话框，如图 8-10 所示。在该对话框中可以设置起始页码、编号格式等内容。

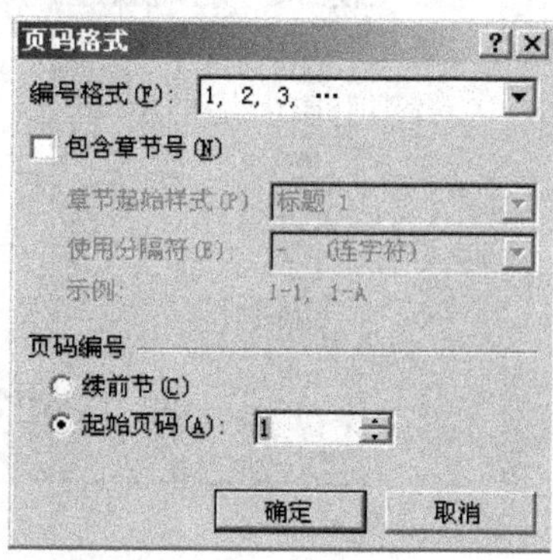

图 8-10　“页码格式”对话框

4. 书签

当 Word 文档很长时，在文本中的导航是一个非常棘手的问题。如要返回到某个特定的位置，就需要在长的文档中找到这个位置，这是非常不容易的，即浪费时间又增加工作量。在 Word 2007 中提供了一种书签功能，可以为文档中特定的部分添加书签，这样就可以快速地定位到特定的位置。

（1）插入书签

选中要插入书签的部分，切换到“插入”选项卡，单击“链接”选项组中的“书签”按钮，打开“书签”对话框，如图 8-11 所示。在“书签名”文本框中，输入书签标题，如“五月二十日修改位置”，单击“添加”按钮，将它添加到下方列表中，书签的添加工作就完成了。

（2）定位

查找并定位到需要的书签时，可以打开“书签”对话框，然后在列表中选中相应的书签，再单击“定位”按钮即可，如图 8-12 所示。

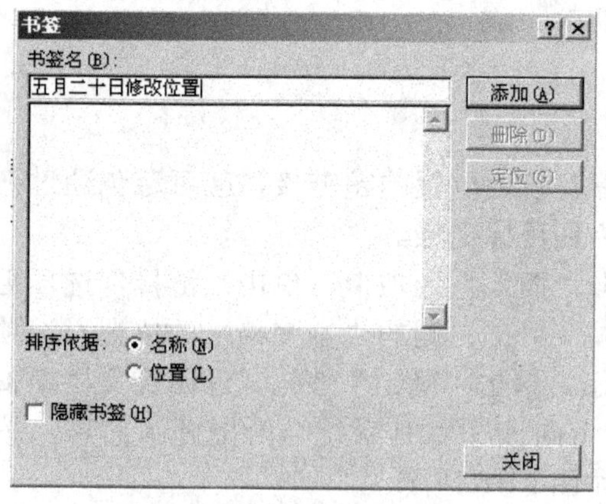

图 8-11　“书签”对话框

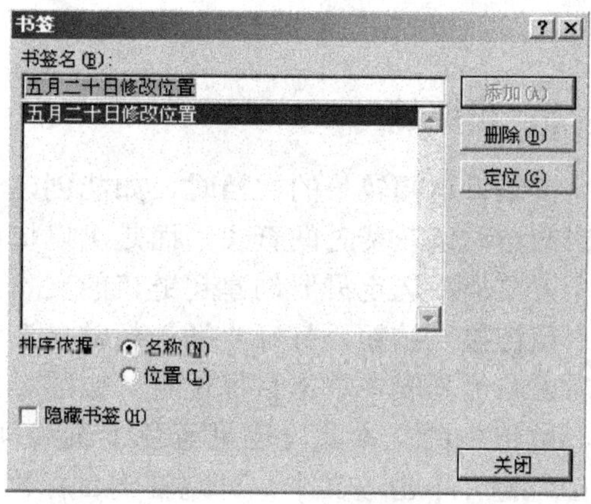

图 8-12　利用书签定位

（3）显示和隐藏书签

在 Word 2007 中的书签，只是对文档内容的一种标注和定位。为了不影响文档的编辑和阅读，通常会被隐藏。用户可以自由控制书签的显示和隐藏。

单击“Office”按钮，在弹出的下拉菜单中单击“Word 选项”按钮，系统会弹出“Word 选项”对话框。切换到“高级”选项卡。拖动滚动条到“显示文档内容”选项组，勾选“显示书签”复选框，如图 8-13 所示，单击“确定”按钮，完成设置。

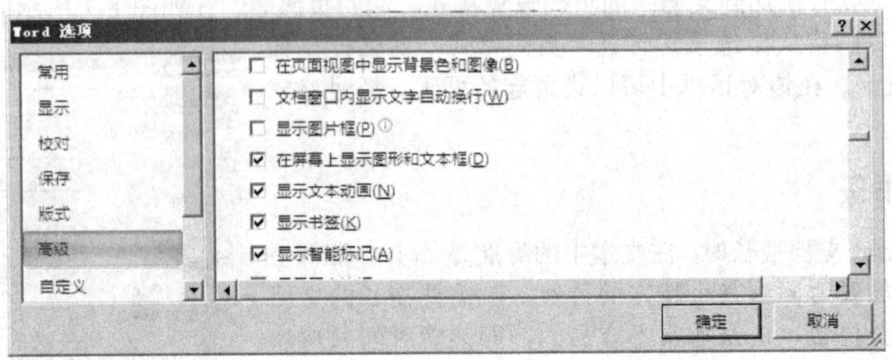

图 8-13　勾选“显示书签”复选框

设置了在文档页面上显示书签后，可以看到两种不同的书签，如图 8-14 所示。在两段文字开头分别有一个书签。上面的书签是选中文字，然后在文字上插入书签。下面的书签是在文档中插入定位光标，然后在定位光标位置处插入书签。

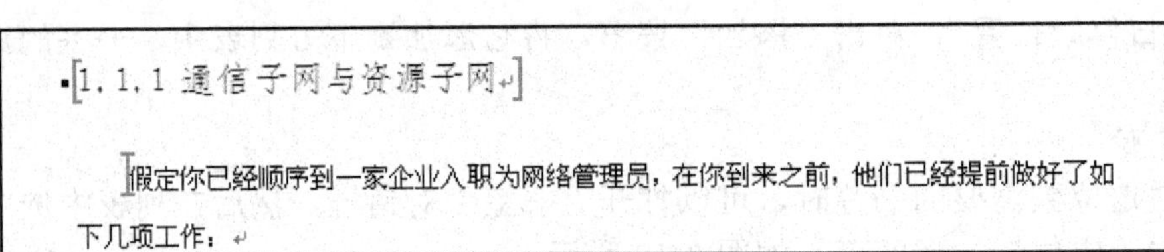

图 8-14　两种不同的书签

5. 超链接

在编辑篇幅较长的文档时，如能创建一个指向较远位置的超链接，就可避免通过拖动文档的滚动条花费时间查找，而是可以快速定位到目标文档。

在文档中选定需要创建超链接的文本，单击“插入”选项卡，单击“链接”选项组中的“超链接”按钮，打开“插入超链接”对话框。单击左侧的“本文档中的位置”选项，然后在右侧列表中单击目标位置，如图 8-15 所示。单击“确定”按钮，返回到文档编辑区中，被选中的文本此时已呈蓝色下画线样式，指向该文本时系统会给出提示信息，按下“Ctrl”键并单击该文本，可跳转到目标位置，如图 8-16 所示。

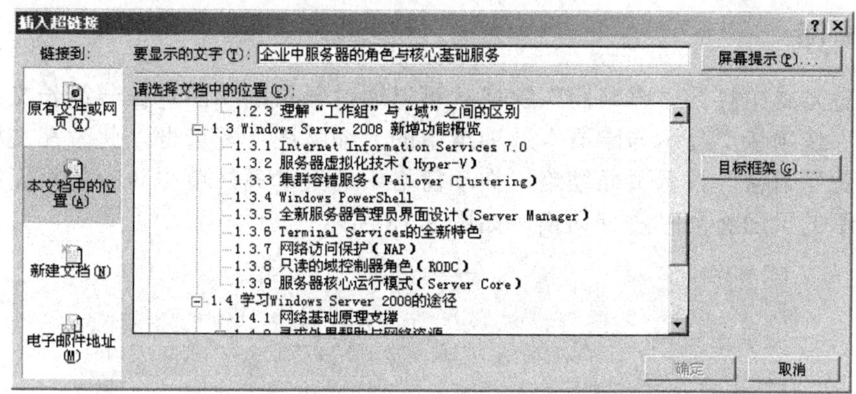

图 8-15　“插入超链接”对话框

有主机及其外部设备组成。

当前文档
按住 Ctrl 并单击可访问链接

1.1.2 企业中服务器的角色与核心基础服务

图 8-16　插入超链接后的文本

1. 文档结构图

使用文档结构图可以方便地查看文档的结构，但在查看结构前，需要对文档中选定的文本应用标题样式，系统在显示结构图时，会自动根据标题样式将文档的结构图显示出来。

切换到“视图”选项卡，在“显示与隐藏”选项组中勾选“文档结构图”复选框，此时在文档的左侧出现“文档结构图”窗格，如图 8-17 所示。

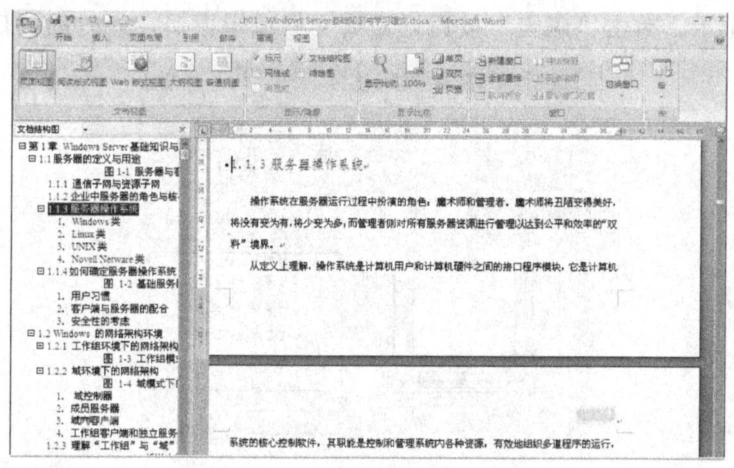

图 8-17　“文档结构”窗格

在文档左侧窗格中单击要查看的小节，在文档右侧窗格中自动将该节调整到页面的顶端显示出来。

2．缩略图

在该查看方式中打开“缩略图”窗格，可以通过每页的小图片在一篇长文档中导航。勾选“视图”选项卡“显示与隐藏”选项组中的“缩略图”复选框，此时在文档左侧窗格显示“缩略图”窗格，显示页面缩略，拖动窗格中的滚动条，单击对应的页面缩略时，在文档右侧显示的页面将同时进行切换，如图 8-18 所示。

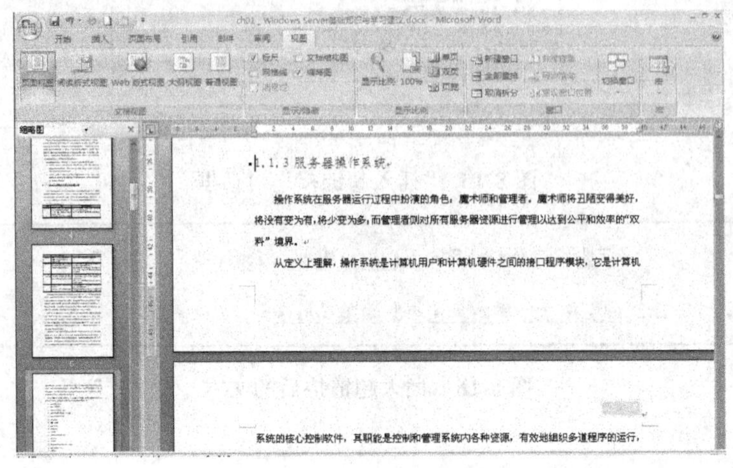

图 8-18　缩略图

3．显示比例

在“视图”选项卡中的“显示比例”选项组中，可单击“显示比例”按钮，在打开的“显示比例”对话框中调整显示比例，也可以通过拖动文档右下角的滑块快速调整显示比例。

单击“视图”选项卡中“显示比例”选项组中的“显示比例”按钮，打开“显示比例”对话框，在“显示比例”选项组中单击“75%”，在“预览”选项组中可预览效果，如图 8-19 所示。单击“确定”按钮返回到文档编辑窗口，此时的窗口明显变小。

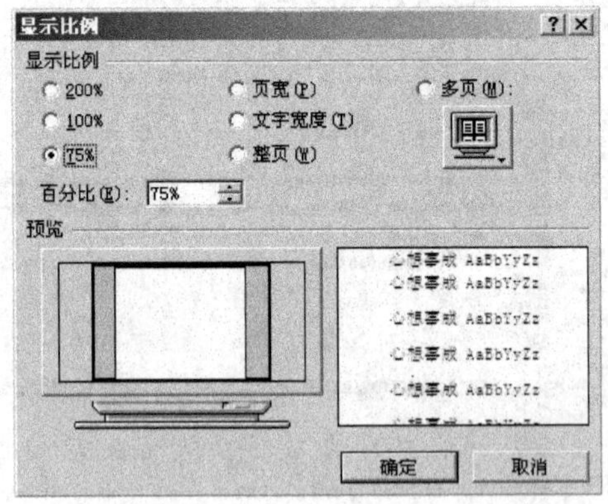

图 8-19 “显示比例”对话框

此外，在文档编辑窗口中状态栏的右侧有显示比例的滑块，拖动滑块也可以调整窗口的显示比例。

4．脚注和尾注

脚注和尾注是对文档中某些内容的补充说明，一般出现在杂志、书籍中。脚注位于页面的底部，作为文档某处内容的注释；尾注位于文档章节的结尾位置，通常用于列出文档中引文的出处。

选中文档中需要设置脚注的文本，切换到“引用”选项卡，单击该选项卡“脚注”选项组中的“插入脚注”按钮，此时，光标会自动切换到该页面的底端，如图 8-20 所示。

首先要清楚的第一问题就是：Windows Server 2008 以及任何操作系统都是一样的所谓
的“软件”，这些软件中，可能最熟悉的就是 Windows XP、Windows Vista 和 Windows 7 了，

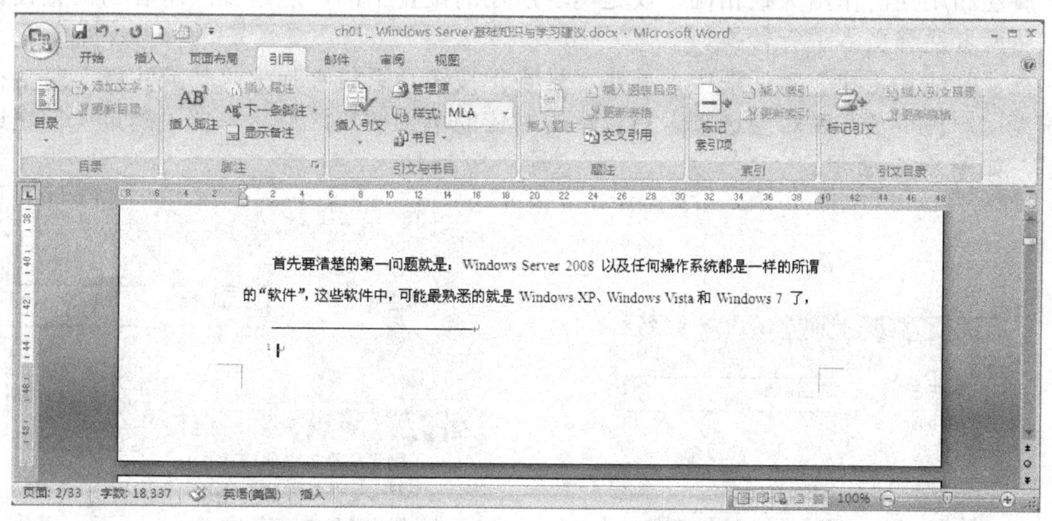

图 8-20　插入脚注

在页面底端位置处输入脚注文本，将鼠标指针指向插入脚注的文本，此时自动出现脚注文本，如图 8-21 所示。

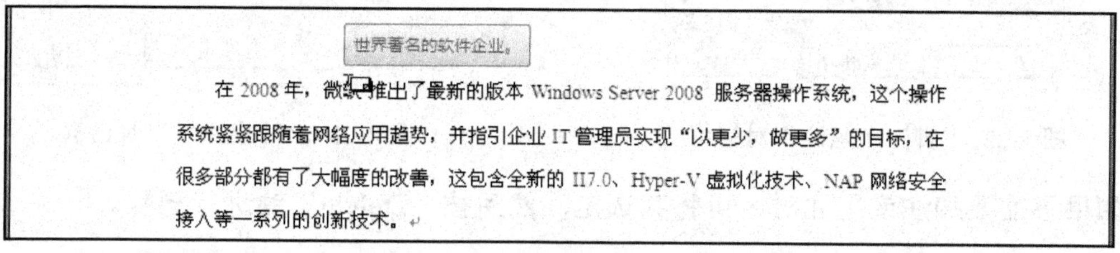

世界著名的软件企业。
在 2008 年，微软推出了最新的版本 Windows Server 2008 服务器操作系统，这个操作系统紧紧跟随着网络应用趋势，并指引企业 IT 管理员实现“以更少，做更多”的目标，在很多部分都有了大幅度的改善，这包含全新的 II7.0、Hyper-V 虚拟化技术、NAP 网络安全接入等一系列的创新技术。

图 8-21　显示脚注文本

选中文档中需要设置尾注的文本，切换到“引用”选项卡，单击该选项卡“脚注”选项组中的“插入尾注”按钮，此时，光标会自动切换到该章节的末尾，在此输入尾注文本。输入完成后，在文档其他位置单击即可退出尾注文本的编辑状态。将鼠标指针指向插入尾注的文本位置，可自动出现添加的尾注文本。

5．脚注和尾注的管理

在文档中插入脚注和尾注后，还可对其进行重新设置编号格式、更改位置、复制等各种操作。

（1）设置编号格式

在文档中插入脚注或尾注时，系统采用默认的编号格式，用户可以根据实际情况对格式进行更改。单击“引用”选项卡“脚注”选项组中的对话框启动器，打开“脚注和尾注”对话框，如图 8-22 所示。在“格式”选项组中单击“编号格式”下拉按钮，在打开的下拉列表中选择编号格式，单击“应用”按钮即可。

（2）脚注和尾注转换

脚注和尾注的作用大致相同，仅是两者所在的位置不同，通过修改两者的位置设置，可以将两者注释文本进行转换。

在“脚注和尾注”对话框中，单击“转换”按钮，系统会弹出“转换注释”对话框。系统为用户提供了 3 种转换选项，可以单击对应的单选按钮，然后单击“确定”按钮进行设置，如图 8-23 所示。

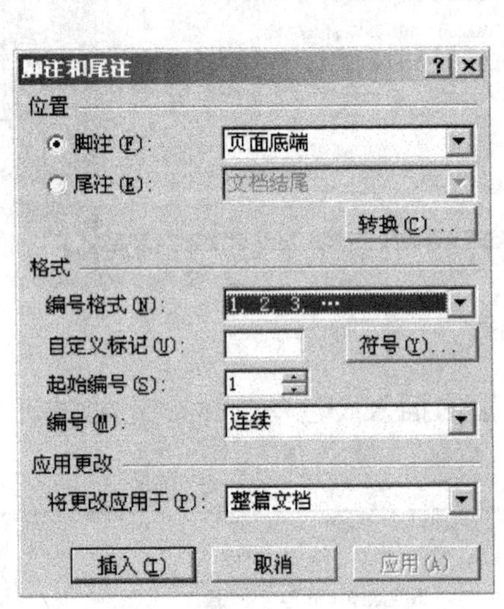

图 8-22 “脚注和尾注”对话框

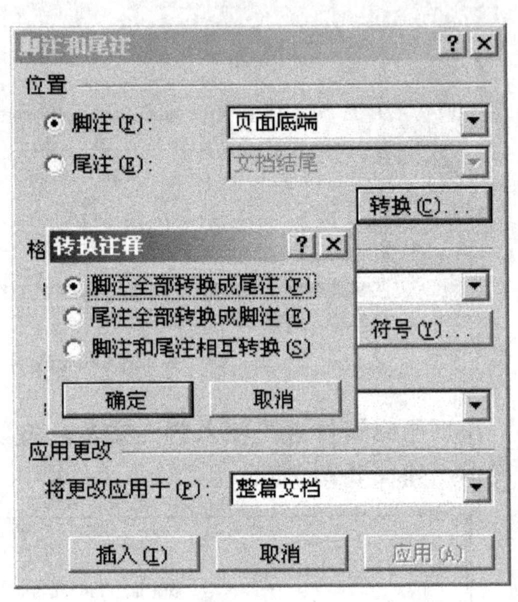

图 8-23 “转换注释”对话框

如果不需要脚注或尾注时，可将其选定，然后按“Delete”键进行删除。

任务 2　为长文档编制目录

目录是长文档的重要部分，阅读者可以通过目录了解到文档的主要内容及这些内容的组织结构、主次安排和讲述方式等。在 Word 2007 中设置了自动生成目录的功能和多种目录的样式，可以生成多种美观大方的目录，并随时根据文档内容的变化而更新目录。

1. 标记目录项

生成目录前需要标记目录项。标记目录项就是在标题上设置大纲级别。

选中一个标题，或将光标定位到标题中。切换到“引用”选项卡，在“目录”选项组中单击“添加文字”按钮，系统会弹出下拉菜单，如图 8-24 所示。

如果标题上未设置大纲级别，即属于正文级别时，“不在目录中显示”命令自动被勾选。单击下面的“1 级”“2 级”“3 级”等命令，可为定位光标处的文字设置大纲级别。

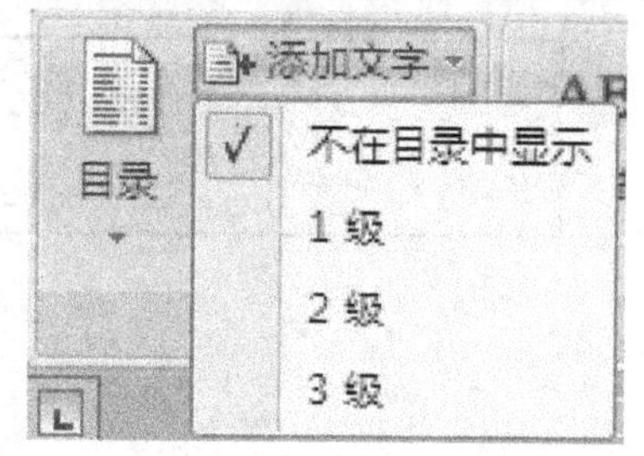

图 8-24　“添加文字”下拉菜单

2. 插入内置目录

在 Word 2007 中设置了多个内置的目录样式，用户可以直接使用系统设置好的目录结构和文字格式的样式，生成完整的目录。同时，如果用户自己设置了新的目录，也可以将新目录的结构和格式保存为内置样式，以方便再次使用。

将光标定位到长文档中需要放置目录的位置，切换到“引用”选项卡，单击“目录”选项组中的“目录”按钮，在打开的下拉列表中单击“自动目录 1”选项，如图 8-25 所示。系统将自动搜索指定标题，按标题级别进行排序，移动鼠标指针至目录上，此时呈底纹显示，效果如图 8-26 所示。

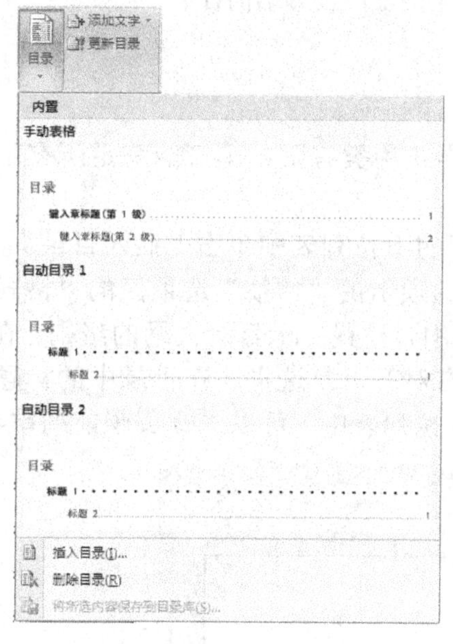

图 8-25　“目录”下拉列表

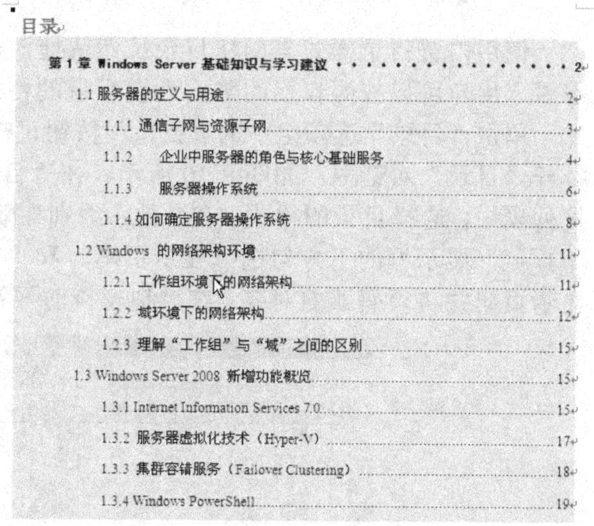

图 8-26　应用内置目录样式的效果

3. 更新目录

在文档中插入目录之后，如果用户对文档内容进行了修改，使某个标题文本或者页码发生了变化，则需要对所插入的目录进行更新。

在文档中添加部分内容并设置大纲级别，如图 8-27 所示。将光标移动至文档的目录部分，单击“引用”选项卡“目录”选项组的“更新目录”按钮，在弹出的提示框中选中“更新整个目录”单选项，再单击“确定”按钮，如图 8-28 所示，返回文档区，即可将目录按照更改后的文档内容进行更新，效果如图 8-29 所示。

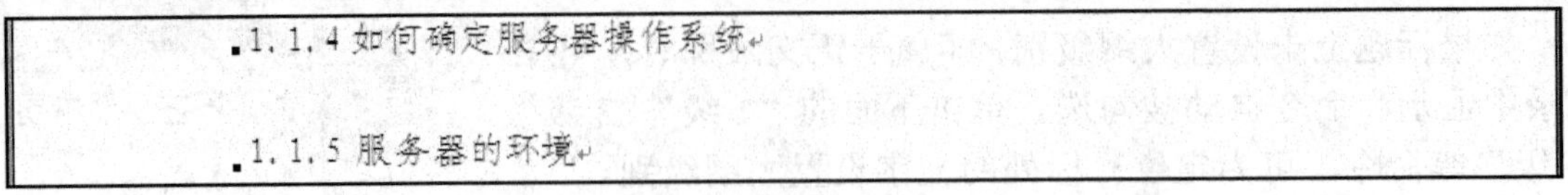

1.1.4 如何确定服务器操作系统

1.1.5 服务器的环境

图 8-27　设置大纲级别

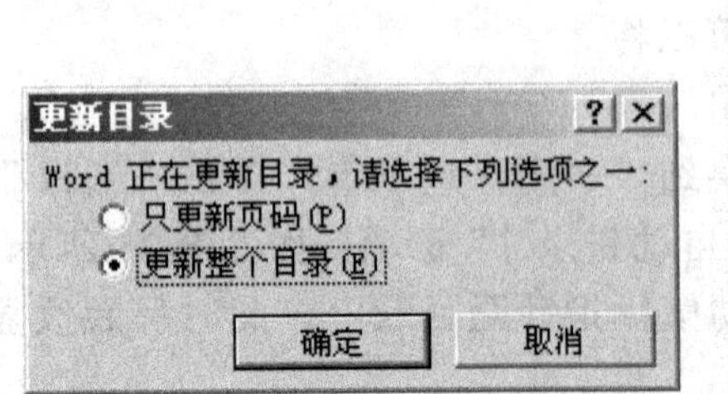

图 8-28　“更新目录”提示框

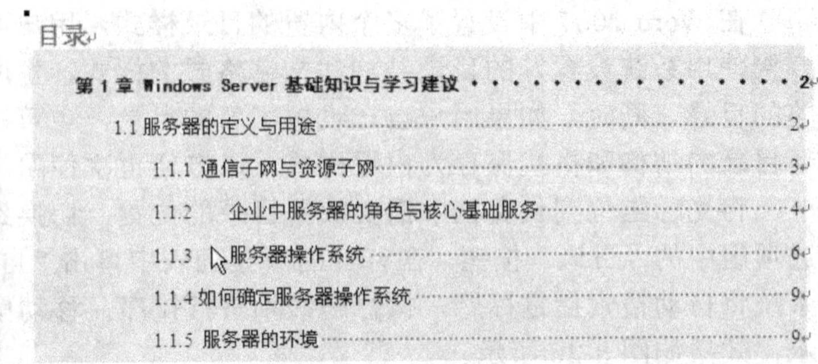

图 8-29　更新后的目录

4．修改目录

使用内置目录样式来创建目录虽然快捷，但是样式种类有限，不可能满足所有用户的需要，用户可以按照自己的需要设置目录的格式。

单击“目录”选项组中的“目录”按钮，在打开的下拉列表中单击“插入目录”命令，打开“目录”对话框，如图 8-30 所示。在“目录”选项卡的“常规”选项区的“格式”下拉列表中，选择目录的样式；在“显示级别”微调框中，设置显示目录大纲的级别；在“打印预览”展示框的下方勾选“显示页码”和“页码右对齐”复选框，在目录中的标题后面显示页码并将页码靠右对齐；在“制表符前导符”下拉列表中，可以选择页码前的前导符。

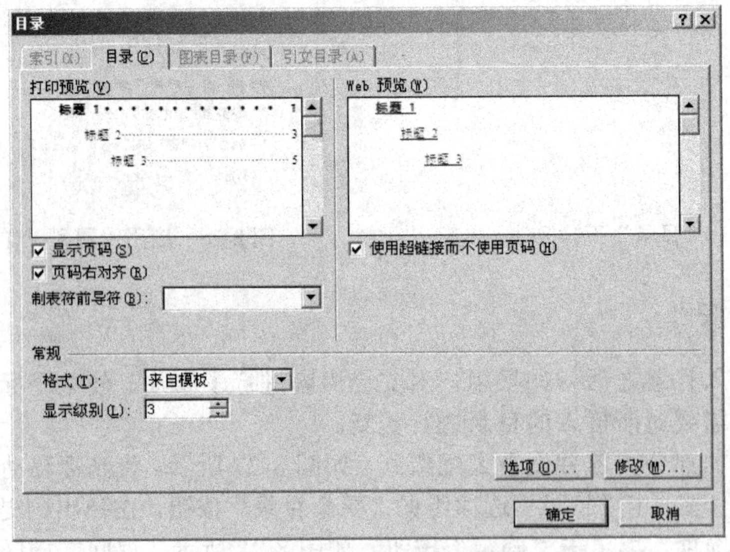

图 8-30　“目录”对话框

单击“修改”按钮，打开“样式”对话框，在“样式”列表框中选择“目录 1”选项，在下方的“预览”展示框中显示出了该目录的相关信息，如图 8-31 所示。再单击“修改”按钮，打开“修改样式”对话框，如图 8-32 所示，在此对话框中可以对样式进行修改，如设置“字体”为“华文新魏”，“字号”为“四号”字，设置完成后单击“确定”按钮。

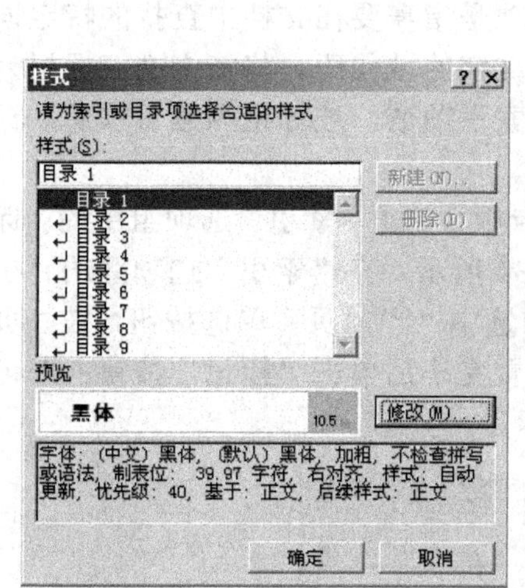

图 8-31　“样式”对话框

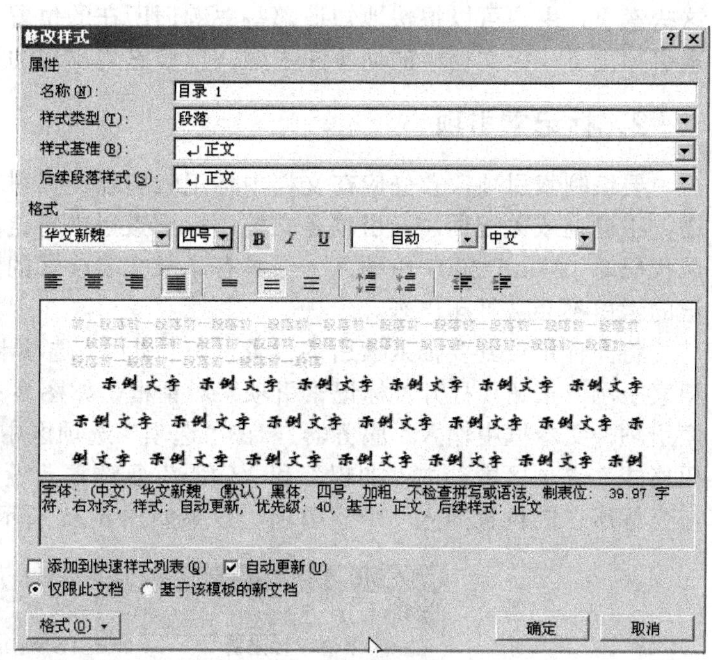

图 8-32　“修改样式”对话框

依次单击“确定”按钮，返回文档区，此时系统会给出一个提示对话框，询问是否替换所选的目录，单击“是”按钮即可，效果如图 8-33 所示。

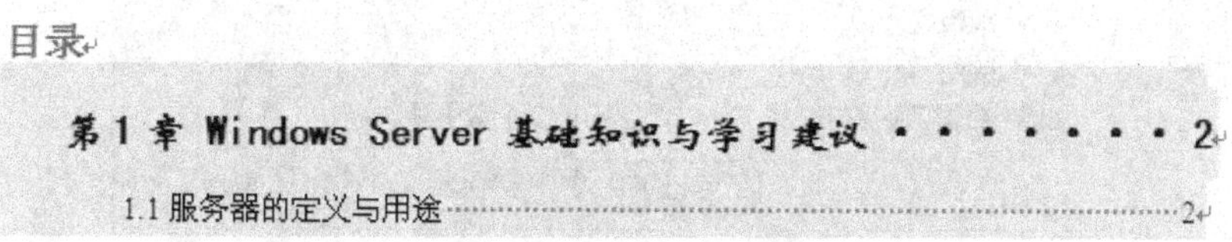

图 8-33　修改样式后的目录效果

5．删除目录

如果用户不再需要文档中的目录，可以将其删除。删除目录的方法比较简单。在包含目录的文档中，单击“引用”选项卡“目录”选项组中的“目录”按钮，在下拉列表中选择“删除目录”选项即可将目录全部删除。

1．索引目录

在文档中，用户可以为一些特定词语做目录，这种为词语做的目录被称为索引。根据这些索引，用户可以很快地知道那些关键词所在的位置。在 Word 2007 中，为文档编制的索引列出了一篇文档中的词条和主题，以及它们出现的页码。

2．标记索引项

要编制索引项，首先应在文档中标记索引项。索引项是指需要在文档中查找的特定词语、主题词或关键词。索引项是文档中标记索引中特定文字的域代码。将特定文字标记为域代码时，Word 2007 将插入一个具有隐藏文字格式的索引项域，被标记为索引项后，标记的索引不会被打印出来。

将光标定位到要插入索引的位置，在“引用”选项卡中，单击“索引”选项组中的“标记索引项”按钮，打开“标记索引项”对话框，如图 8-34 所示，在“索引”选项区的“主索引项”文本框中输入“服务器”，在“选项”选项区中选中“当前页”单选按钮，在“页码格式”选项区中选中“加粗”和“倾斜”复选框，设置完毕后单击“标记”按钮，即可在光标所在的位置插入一个索引项，效果如图 8-35 所示。

标记索引项

索引

主索引项(E)：服务器　所属拼音项(H)：

次索引项(S)：　所属拼音项(G)：

选项

交叉引用(C)：请参阅

当前页(P)

页面范围(N)

书签：

页码格式

加粗(B)

倾斜(I)

此对话框可保持打开状态，以便您标记多个索引项。

标记(M)　标记全部(A)　取消

图 8-34 “标记索引项”对话框

{ XE "服务器" \b \i }首先要清楚的第一问题就是：Windows Server 2008 以及任何操作系统都是一样的所谓的“软件”，这些软件中，可能最熟悉的就是 Windows XP、Windows Vista

图 8-35 插入索引项

此时的“标记索引项”对话框并没有关闭，用户可将鼠标移动到文档的其他页面，按照上述相同的方法在文档中其他位置标记索引项。标记完毕，关闭该对话框，即可看到标记的效果。如果标记的索引项中的某个索引项与另一个索引项有关联，则可在“标记索引项”对话框的“选项”选项区中选中“交叉引用”单选项，然后在其右侧的文本框中输入相关的提示信息和交叉引用的对象，中间需用空格隔开。

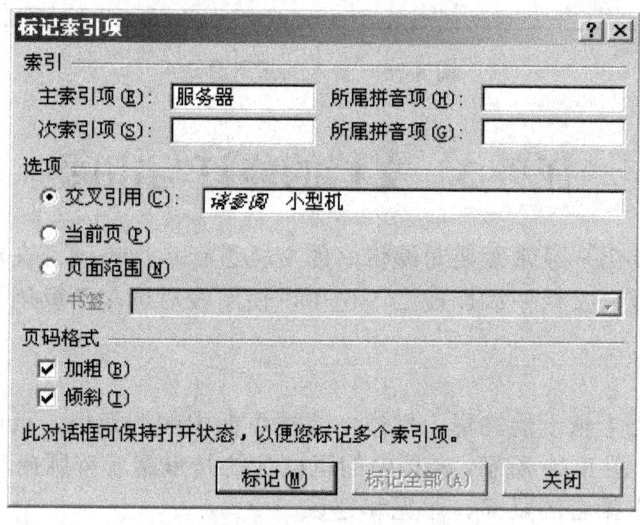

图 8-36　设置交叉引用

3. 生成索引目录

将一些重要的词语或短句标记为索引项之后，用户就可以使用这些索引项在文档中指定的位置生成索引目录。

将光标定位在需要插入索引目录的位置，切换到“引用”选项卡，单击“索引”选项组中的“插入索引”按钮，打开“索引”对话框，如图 8-37 所示。在“索引”选项卡中选中“页码右对齐”复选框和“缩进式”单选项，设置完毕后单击“确定”按钮，返回到文档区，在光标位置。看到所插入的索引目录，如图 8-38 所示。

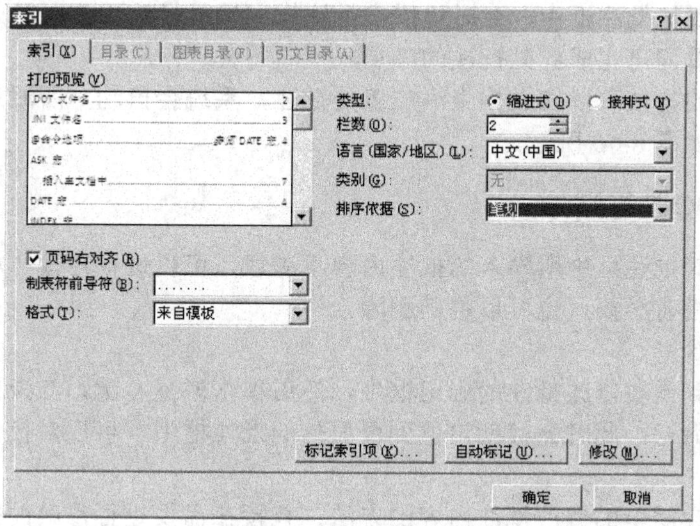

图 8-37　“索引”对话框

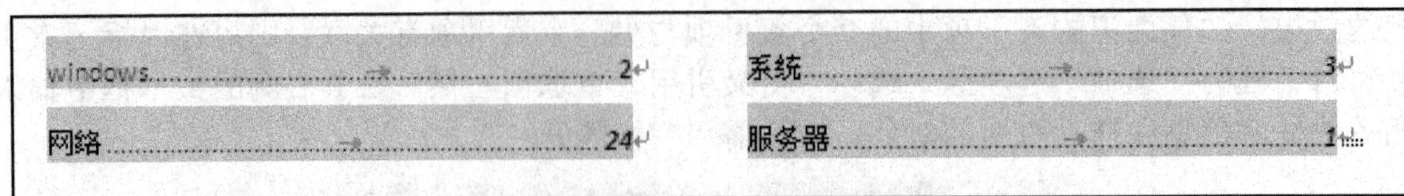

图 8-38　插入的索引目录

任务 3　文档的修订与审阅

在日常办公中，用户经常需要对编辑好的文档进行多次审阅。在审阅过程中，用户可以对文档进行修订或在文档中添加批注，也可以使用校对选项帮助用户审阅文档。

1．插入批注

批注就是在文档上指示的注释。批注由文档页面中的标记框、页面外的批注框及两者之间的连线组成，如图 8-39 所示。文档中的框框住的是审阅者有疑问、意见和建议的内容，批注框中输入的是审阅者的疑问、意见和建议。

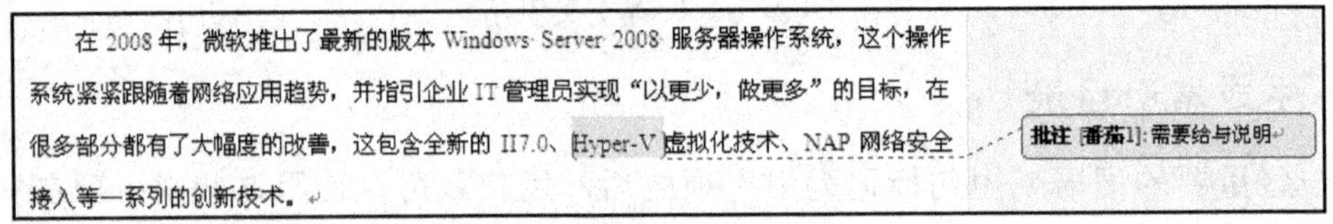
在 2008 年，微软推出了最新的版本 Windows Server 2008 服务器操作系统，这个操作系统紧紧跟随着网络应用趋势，并指引企业 IT 管理员实现“以更少，做更多”的目标，在很多部分都有了大幅度的改善，这包含全新的 II7.0、Hyper-V 虚拟化技术、NAP 网络安全接入等一系列的创新技术。

图 8-39　批注

切换到“审阅”选项卡，选中需要插入批注的文本内容，单击“批注”选项组中的“新建批注”按钮，此时选中的文本内容会以红色底纹呈现，同时在该文本内容右侧的文档空白区域生成一个批注框，且该批注框与选中的文本之间以红色连接线相连。

将光标移动到该批注框中，此时可以在批注框内输入批注内容，输入完毕，单击批注框之外的任意位置即可完成此处批注的添加。

按上述同样的方法可以在文档中添加多处批注，系统会自动对所添加的批注按照先后顺序进行编号，如图 8-40 所示。

2．批注的修改与删除

如果批注者对批注框中所输入的批注内容不满意，可以进行修改；如果觉得某些批注内容不正确或者没有必要，也可以将其删除。

（1）添加批注

将光标定位到需要修改批注的标记框中，然后单击鼠标右键，在弹出的快捷菜单中选择“编辑批注”命令，此时光标就定位到页面外的批注框中，可以对批注框中的内容进行编辑修改。

还有一种比较简单的修改批注内容的方法：直接在需要进行修改的批注内容中单击选中该批注框，同时将光标定位到该批注框中，直接进行修改即可。

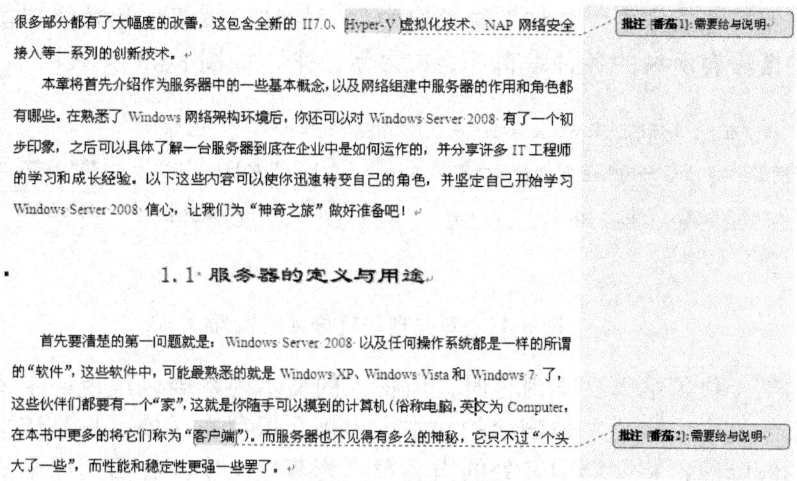

图 8-40　批注编号

（2）删除批注

删除批注的方法很简单，在某个需要删除批注的批注框中单击鼠标右键，在弹出的快捷菜单中选择“删除批注”命令即可，如图 8-41 所示。

3. 添加修订标记

相对于批注，修订则更直接一些。修订是在保存原有内容的基础上，直接将审阅者对文档内容的修改附加在文档中。作者和其他审阅者比较原文和修改的内容后，可以决定继续使用原文还是使用审阅者的修改内容。

单击“审阅”选项卡中“修订”选项组中的“显示标记的”按钮，打开下拉列表，从中选择“显示标记的原始状态”选项，如图 8-42 所示。

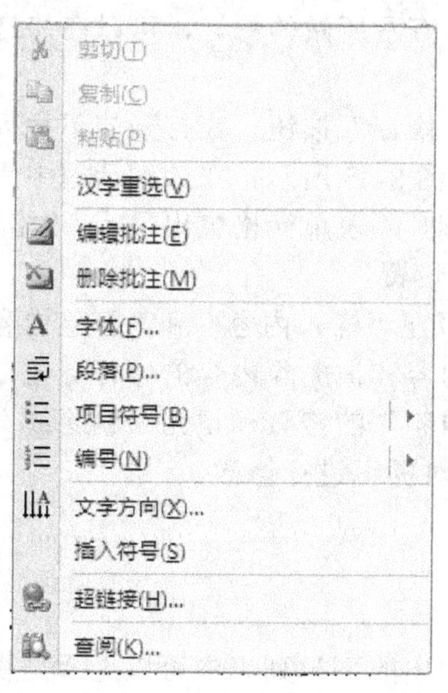

图 8-41　“删除批注”命令

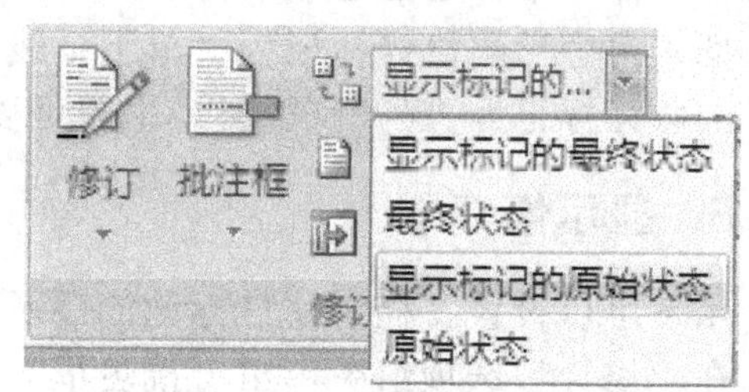

图 8-42　设置修订标记状态

单击“审阅”选项卡中“修订”选项组中的“修订”按钮，此时修订功能在文档中开启，用户对文档内容所做的各种编辑都会被显示出来，如图 8-43 所示。

在 2008 年，微软推出了最新的版本 Windows Server 2008 服务器操作系统，这个操作系统紧紧跟随着网络~~应用~~趋势，并指引企业 IT 管理员实现“以更少，做更多”的目标，在很多~~部分~~都有了大幅度的改善，这包含全新的 II7.0、Hyper-V 虚拟化技术、NAP 网络安全接入等一系列的创新技术。

插入的内容：发展

插入的内容：功能上

图 8-43　对文档进行修订的情况

在文档的某个位置插入文本内容时，所插入的文本内容会以红色的字体显示出来；删除文档中多余的文本内容后，被删除的文本内容仍会保留在原处，只是该文本内容上会出现一条红色的删除线；将文档中某处的内容替换为其他文本内容后，原来的文本内容仍被保留在原处，同时文本上会出现一条红色的删除线，在右侧以红色字体显示出替换后的文本内容，如图 8-44 所示。

本章将首先介绍作为服务器中的一些基本概念，以及网络组建中服务器的作用和角色都有哪些。在熟悉了 Windows 网络架构~~环境~~后，你还可以对 Windows Server 2008 有了一个初步印象，之后可以具体了解一台服务器到底在企业中是如何运作的，并分享许多 ~~IT~~ 工程师的学习和成长经验。以下这些内容可以使你迅速转变自己的角色，并坚定自己开始学习 Windows Server 2008 信心，让我们为“神奇之旅”做好准备吧！

图 8-44　不同的修订情况

4．设置修订选项

审阅者在对文档进行修订时，为了便于文档作者查看所做的修订，可以在修订之前对修订选项进行设置。

在“审阅”选项卡，单击“修订”选项组中的“修订”按钮，在打开的下拉列表中选择“修订选项”选项，打开“修订选项”对话框，如图 8-45 所示，在该对话框中用户可以对修订选项进行各种设置。该对话框由“标记”“移动”“表单元格突出显示”“格式”“批注框”5 个选项区组成，用户可以根据需要进行相关设置。

在“标记”选项区中，如图 8-46 所示，用户可以在“插入内容”和“删除内容”下拉列表中选择一个合适的选项，作为插入到文档中的内容和被删除内容的修订标记，系统默认“插入内容”的修订标记为“单下画线”；“删除内容”的修订标记为“删除线”；“修订行”的修订标记为“外侧框线”，用户可以根据情况对标记进行修改。

5．显示修订

用户可以设置文档中修订标记的显示方式。

在“修订”选项组中单击“批注框”按钮，在弹出的下拉列表中可以选择是否将修订显示到批注框中，如图 8-47 所示。

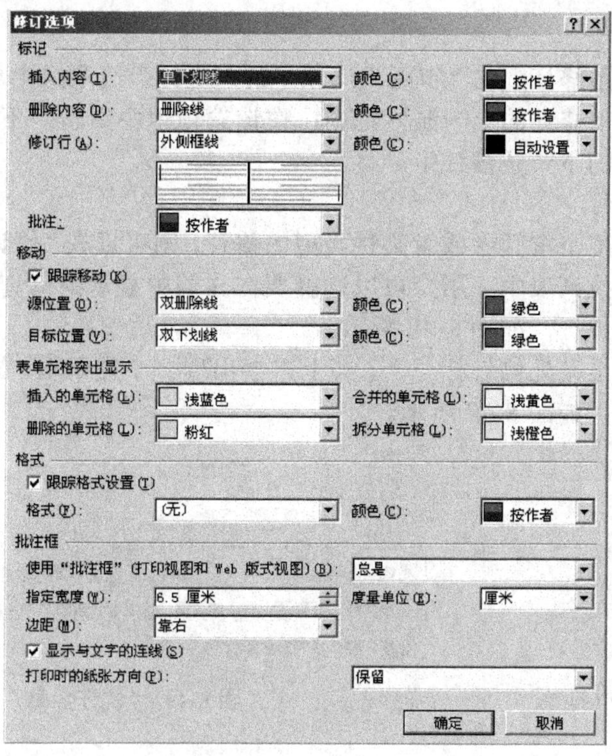

图 8-45 "修订选项"对话框

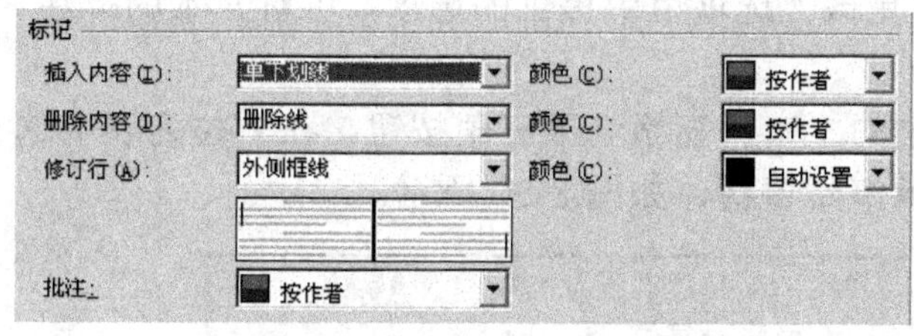

图 8-46 "标记"选项区

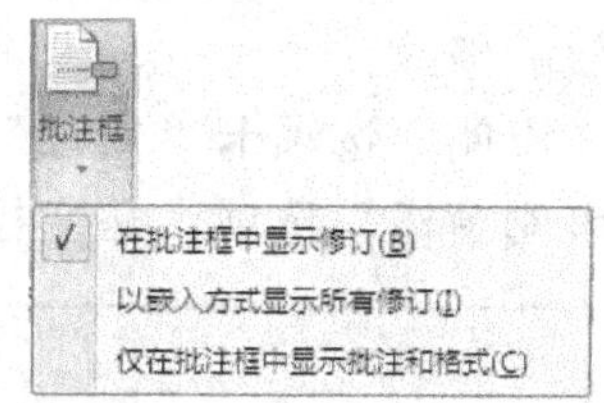

图 8-47 "批注框"下拉列表

- 选择"在批注框中显示修订"选项，则审阅者对文档所做的全部修订，如插入、删除、修改文本内容及格式设置等，都将显示在批注框中。
- 选择"以嵌入方式显示所有修订"选项，则审阅者对文档所做的全部修订都不会显示在批注框中，而是在修订位置以修订标记的形式显示出来。
- 选择"仅在批注框中显示批注和格式"选项，则审阅者在审阅文档时，只有对文档所做的格式设置及所添加的批注会显示在批注框中，其他修订不会显示在批注框中。

6．查看修订

用户可以逐一查看对文档所做的修订，如果多个审阅者对文档进行修订，则可以指定查看某个审阅者所做的修订。

（1）查看修订

选中文档中的某条修订，在“审阅”选项卡的“更改”选项组中单击“上一条”按钮，即可将光标定位到当前修订的上一条修订中；在该选项组中单击“下一条”按钮，即可将光标定位到当前修订的下一条修订中。

（2）查看指定修订

如果用户要查看某个审阅者或者某种类型的修订，则可以在“修订”选项组中单击“显示标记”按钮，在下拉列表中，用户可以选择要在文档中显示的修订标记类型，并指定显示某个审阅者所作的修订，如图 8-48 所示。

将鼠标指针移动至某处修订标记上，其上方会出现一个提示框，显示出审阅者的姓名、修订日期及修订内容，如图 8-49 所示。

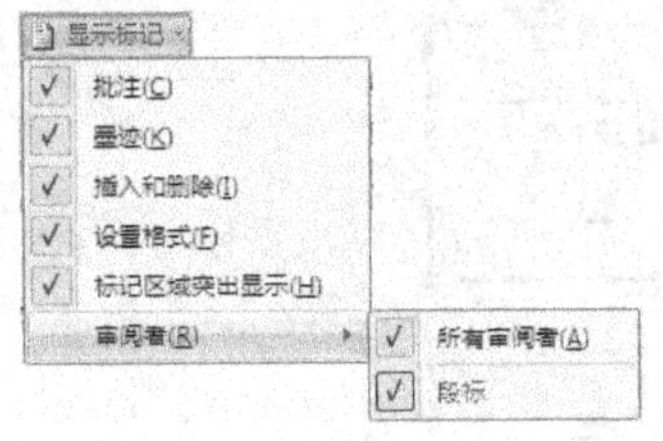

图 8-48　选择审阅者

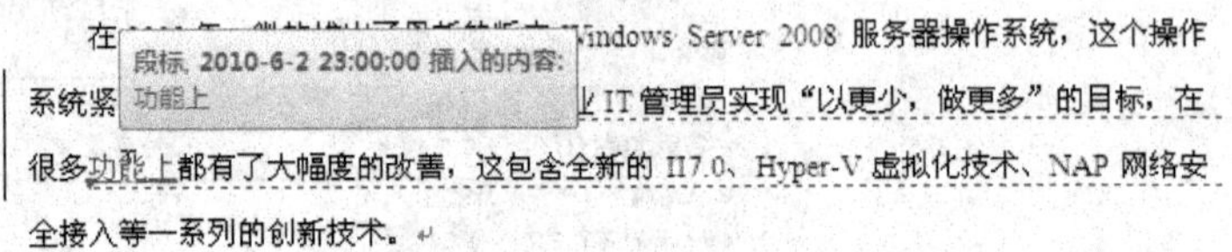

图 8-49　“修订信息”提示框

7．审阅批注和修订

利用系统提供的“审阅窗格”按钮和“更改”选项组中提供的选项，可对文本的批注、修订做有效的修改。

单击“审阅”选项卡“修订”选项组中的“审阅窗格”下三角按钮，在下拉列表中选择“垂直审阅窗格”选项，在文档左侧显示审阅窗格，如图 8-50 所示。

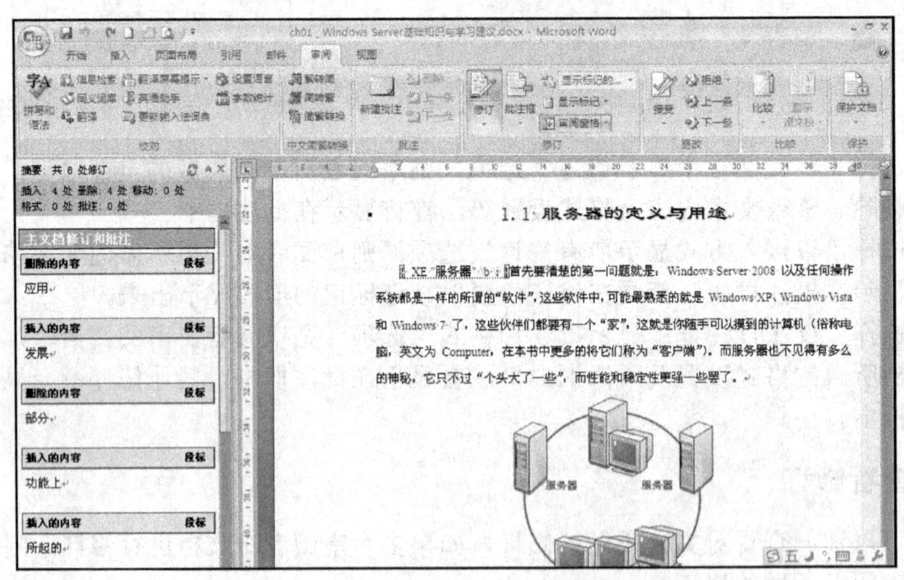

图 8-50　垂直审阅窗格

将光标定位于左侧的审阅栏中，单击鼠标右键，在弹出的快捷菜单中根据需要可以选择“接受删除”或“拒绝删除”、“接受插入”或“拒绝插入”等相应的选项。

8．接受或拒绝修订

审核审阅者对文档内容所做的各种修订之后，可以选择接受某个或全部修订，也可以拒绝修订。

（1）接受修订

将光标定位在某处修订之中，然后在“审阅”选项卡的“更改”选项组中单击“接受”按钮，表示接受此修订。如果是插入内容，则修订的内容将插入到文档中；如果是删除内容，则删除的内容将从文档中消失；如果是修改内容，则文档中原来修订时删除的内容将从文档中消失，再次单击“接受”按钮，替换的内容将插入到文档中。

（2）拒绝修订

将光标定位在某处修订之中，然后在“审阅”选项卡的“更改”选项组中单击“拒绝”按钮，则拒绝此处的修订，此时显示修订之前的文档状态，同时选中下一处修订。

1．拼写和语法检查的设置

在 Word 2007 中自动检查语法和拼写错误，其判断依据是 Word 2007 和输入法中的词典。由于这些词典并没有包括所有用户需要判断为正确的词汇，因此有些特定的正确词汇会判断为错误词汇。用户在使用“拼写和语法”功能前，需要将那些特殊的词汇自定义为忽略错误的词，以避免“拼写和语法”功能将这些词作为错误而进行标注。

① 单击“Office”按钮，在“Office”下拉菜单中，单击“Word 选项”按钮，打开“Word 选项”对话框。

② 切换到“校对”选项卡，在“Microsoft Office 程序中更正拼写时”功能组中勾选下面 4 个复选框，如图 8-51 所示，在检查时可以将这 4 类文字错误忽略；勾选“仅根据主词典提供建议”复选框后，在查错时可以参照主词典中的正确词汇；单击“自定义词典”按钮，弹出“自定义词典”对话框，如图 8-52 所示。

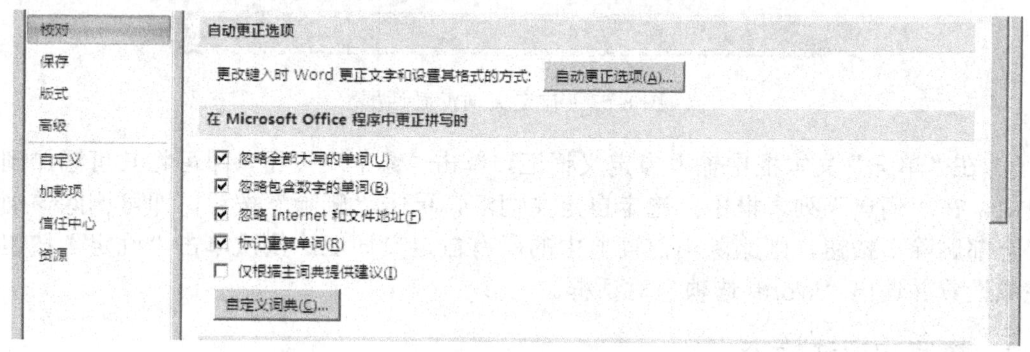

图 8-51　设置校对选项

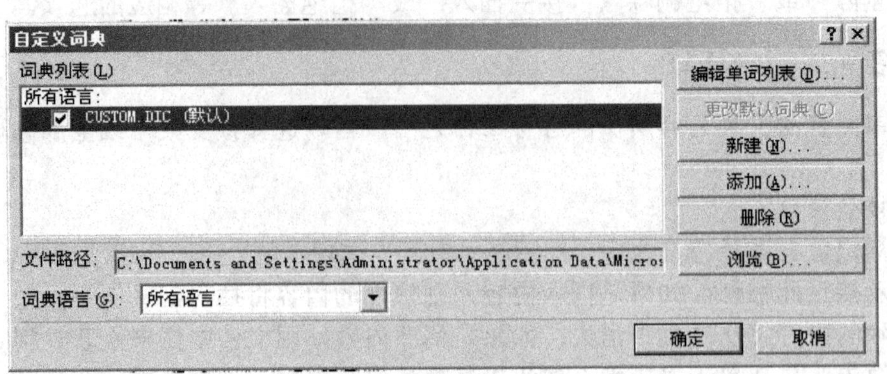

图 8-52 “自定义词典”对话框

③ 在“词典语言”下拉列表中选择词典的语言分类（一般选择默认选项）；单击“浏览”按钮，可以选择词典文件所在的文件夹。Word 2007 中有个默认的自定义词典文件，可以在“词典列表”列表框中勾选。单击“新建”按钮，可以新建自定义词典。单击“更改默认词典”按钮，可以将选定的自定义词典设置为默认词典。单击“添加”按钮，可以将其他位置的词典文件添加到词典列表中。单击“删除”按钮，可以删除选中的词典；单击“编辑单词列表”按钮，弹出设置自定义词汇对话框，如图 8-53 所示。

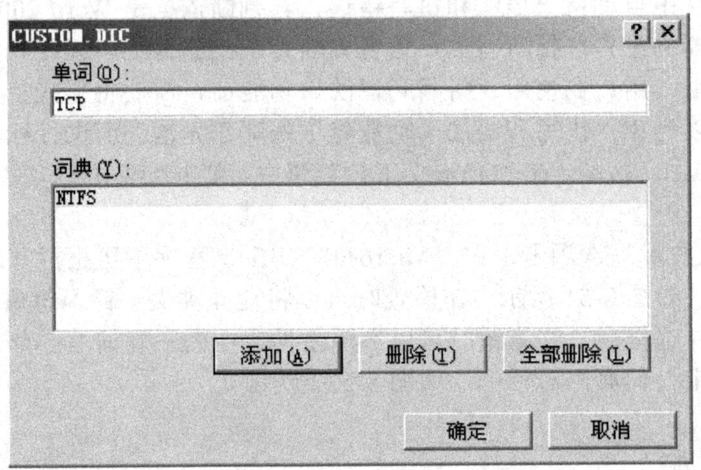

图 8-53 自定义词汇对话框

④ 在“单词”文本框中输入自定义词汇，单击“添加”按钮，即可将其可添加到当前词典中。在“词典”列表框中，选定自定义词汇，单击“删除”按钮，即可删除该词。单击“全部删除”按钮，则删除当前词典中的所有自定义词汇。依次单击“确定”按钮，即可完成设置并退出“Word 选项”对话框。

2. 拼写和语法检查

选定需要进行拼写和语法检查的文本，如果不选择将对整篇文档进行拼写和语法检查。

单击“审阅”选项卡的“校对”选项组中的“拼写和语法”按钮，系统将自动进行检查，检查过程中如果发现有问题，将会弹出提示框，如图 8-54 所示。用户可以选择“更改”或“忽略一次”等操作，之后，系统将继续对文档进行检查，检查完毕后弹出如图 8-55 所示的提示框。

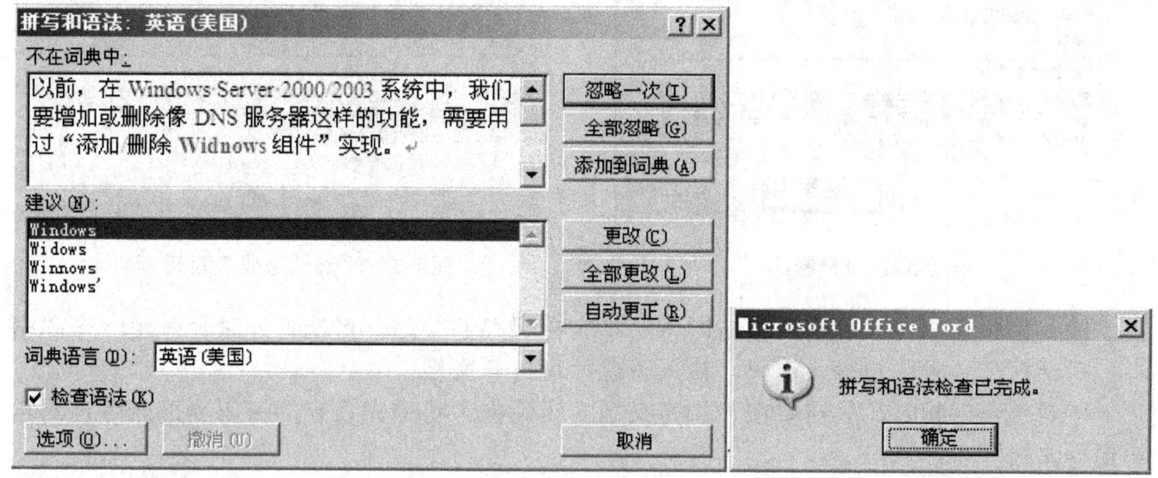

图 8-54　问题提示框　　　　图 8-55　检查完毕提示框

3. 创建文档密码

使用 Word 制作好文档后，为了保障文档的安全性，用户可以为其添加密码保护。

单击“Office”按钮，在弹出的菜单中选择“准备”命令，在其级联菜单中选择“加密文档”命令，如图 8-56 所示。

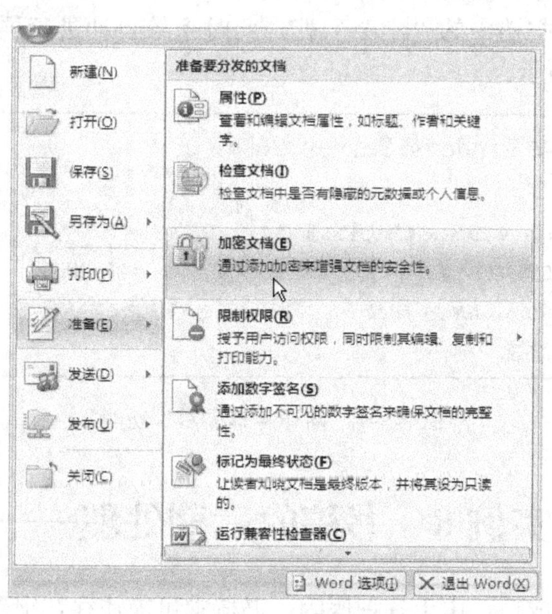

图 8-56　“加密文档”命令

打开“加密文档”对话框，在“密码”文本框中输入要设置的密码，如图 8-57 所示。输入完毕后单击“确定”按钮，打开“确认密码”对话框，在“重新输入密码”文本框中输入新设置的密码，如图 8-58 所示。

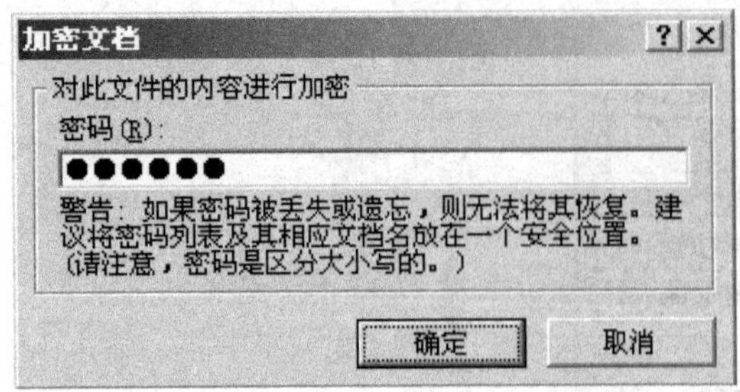

图 8-57　设置密码

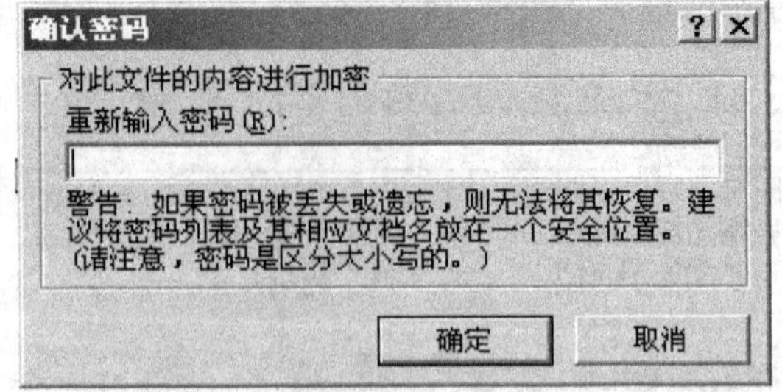

图 8-58　“确认密码”对话框

输入完毕后单击“确定”按钮即可。将文档保存并关闭，再次打开时会弹出一个“密码”对话框，要求用户输入密码，输入正确才可打开文档。

取消密码保护时，只需要在“加密文档”对话框中将原先设置的密码全部删除，再重新保存文档即可。

4. 翻译屏幕提示

Word 2007 为用户提供了“翻译屏幕提示”功能，可启用屏幕取词功能，将光标悬停处的文本翻译为其他语言。

单击“审阅”选项卡 “校对”选项组中的“翻译屏幕提示”按钮在打开的下拉列表中系统提供了 3 个选项，默认为关闭此功能。在打开的下拉列表中选择“英语（美国）”选项，可实现将文档中光标悬停处的文本翻译为英语的功能。

将鼠标指针移动至文档中的“学会”处，此时系统自动进行屏幕取词，然后给出该文本的翻译，如图 8-59 所示。

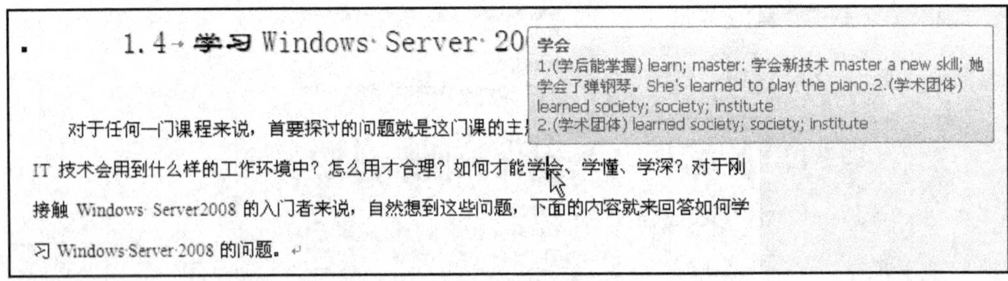

图 8-59　“翻译屏幕提示”功能

综合实例 8　书稿的后期处理——审阅

作者将书稿撰写完成后，由于各种原因，书稿中可能还存在很多的问题，如录入错误、说法欠科学性等，需要请相关的技术人员或行业专家对书稿进行审阅，以查找出其中的问题。

步骤 1：打开书稿的某一章节

在计算机上查找到书稿的相关章节，双击该文档图标，在启动 Word 2007 的同时打开该文档。

步骤 2：插入页码

① 单击“插入”选项卡“页眉和页脚”选项组中的“页码”按钮，打开页码放置位置列表。

② 在该列表中选择页码放置的位置，级联菜单会打开页码样式列表。在页码样式列表中选择一种页码格式，在页面的设置页码的位置处将出现页码，如图 8-60 所示。

图 8-60　插入页码

步骤 3：拼写和语法检查

单击“审阅”选项卡“校对”选项组中的“拼写和语法”按钮，系统将对整个文档自动进行拼写和语法检查，检查过程中如果发现语法有问题，将会弹出提示框，并给出建议，文档中有语法错误的地方，会被添加上底纹以突出显示，如图 8-61 所示。如果是拼写错误，则会给出拼写建议，供用户参考，如图 8-62 所示。根据情况可以选择“更改”或选择“忽略一次”等操作。系统将继续对文档进行检查，检查完毕后，会弹出检查完毕提示框。

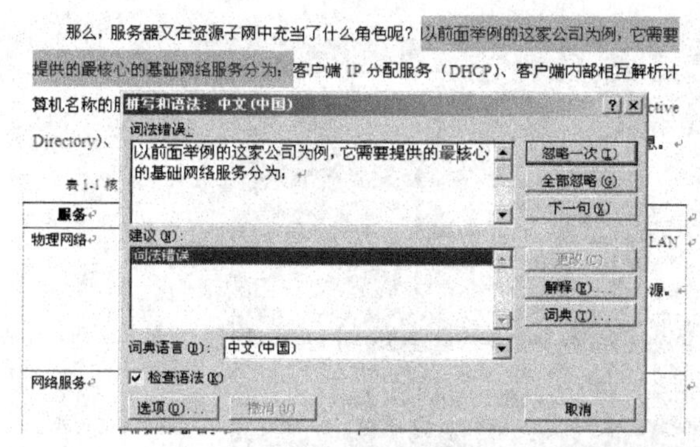

图 8-61　语法错误提示

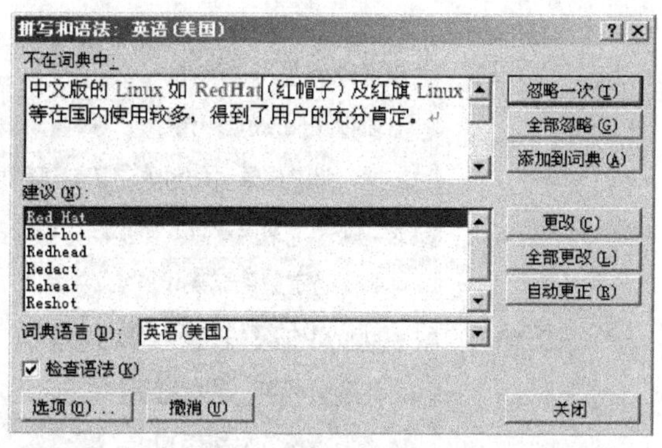

图 8-62　拼写检查的提示

步骤 4：插入目录

将光标定位到长文档中需要放置目录的位置，切换到“引用”选项卡，单击“目录”选项组中的“目录”选项按钮，在打开的下拉列表中单击“插入目录”选项，打开如图 8-63 所示的“目录”对话框。使用系统的默认设置，单击“确定”按钮，目录将添加到插入点的位置，如图 8-64 所示。

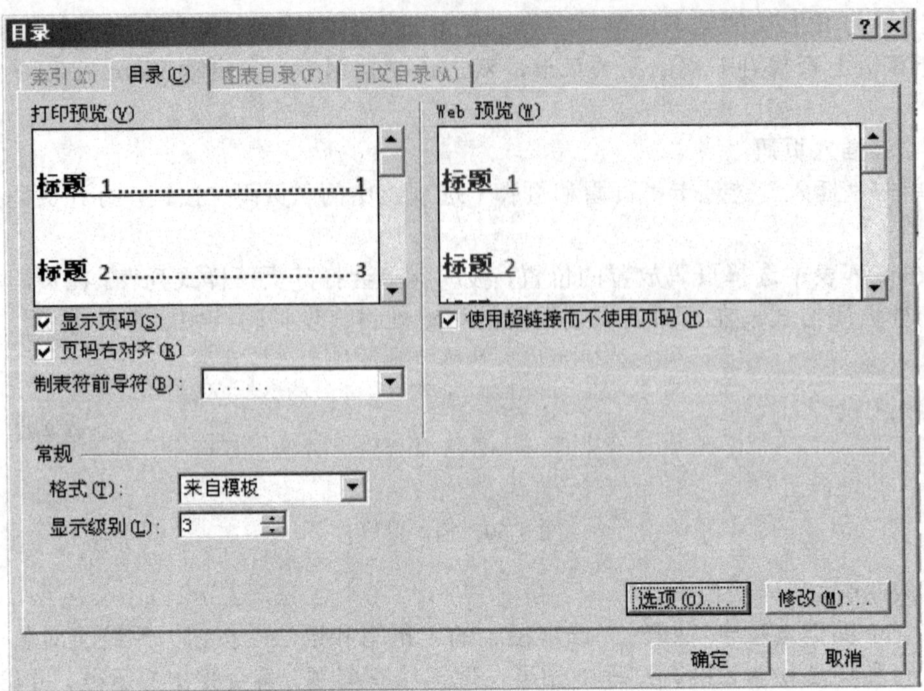

图 8-63 “目录”对话框

第 1 章 WINDOWS SERVER 基础知识与学习建议 2
1.1 服务器的定义与用途 2
1.1.1 通信子网与资源子网 3
1.1.2 企业中服务器的角色与核心基础服务 4
1.1.3 服务器操作系统 6
1.1.4 如何确定服务器操作系统 8
1.2 WINDOWS 的网络架构环境 10
1.2.1 工作组环境下的网络架构 11
1.2.2 域环境下的网络架构 12
1.2.3 理解“工作组”与“域”之间的区别 14
1.3 WINDOWS SERVER 2008 新增功能概览 15
1.3.1 INTERNET INFORMATION SERVICES 7.0 15
1.3.2 服务器虚拟化技术（HYPER-V） 17
1.3.3 集群容错服务（FAILOVER CLUSTERING） 18
1.3.4 WINDOWS POWERSHELL 18

图 8-64 插入到文档中的目录

步骤 5：插入书签

由于书稿的篇幅较长，审稿时不可能一次看完，为了方便下次接着上一次审稿的位置继续向后阅读，可以在文稿中插入书签。

选中要插入书签的文档位置，单击“插入”选项卡 “链接”选项组中的“书签”按钮，打开“书签”对话框。在“书签名”文本框中输入书签名，如“六月五日查看位置”，如图 8-65 所示。

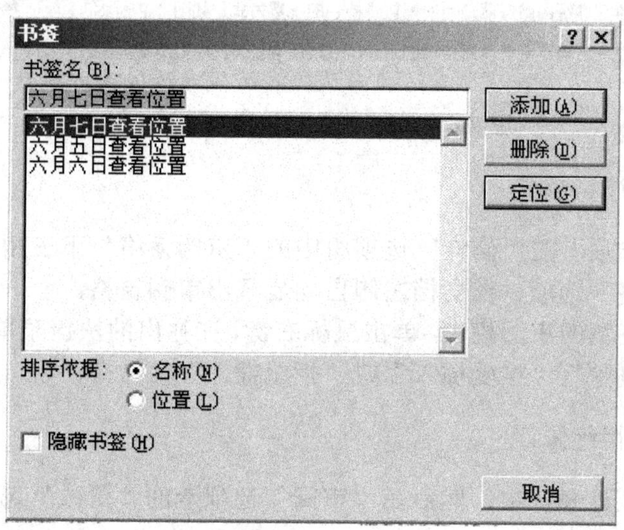

图 8-65 “书签”对话框

再次阅读时，就可以打开“书签”对话框，选中插入的某一个书签名，单击“定位”按钮，则光标将迅速定位到书签位置处。

步骤 6：插入批注

选中需要插入批注的文本内容，单击“审阅”选项卡“批注”选项组中的“新建批注”按钮，此时选中的文本内容会以红色底纹突出显示，在该文本内容右侧的文档空白区域生成一个批注框，且在该批注框与选中的文本之间以红色连接线相连。

将光标定位到该批注框中，此时可以在批注框内输入批注内容，输入完毕，单击批注框之外的其他位置即可完成此处批注的添加，如图 8-66 所示。

若服务器和网络内的客户端没有加入域，则服务器称为独立服务器（Stand-alone Server），而客户端依然是工作组的状态。这些计算机如果要访问域中的资源会受到很大的限制，同时也不受域控制器和策略的管理，这种既有域，又有工作组的状态就成为“混合模式”。

在 Windows 的网络环境下，可以将 Windows Server 2008、Windows Server 2003、Windows 2000 Server 独立服务器升级为域控制器，也可以把域控制器降级为独立的服务器或成员服务器。

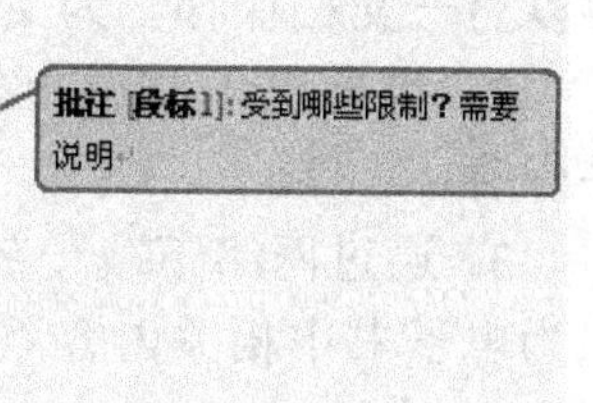

图 8-66 插入批注

步骤 7： 修订

单击“审阅”选项卡“修订”选项组中的“修订”按钮，此时修订功能在文档中开启，用户对文档内容所做的各种编辑都会被显示出来，如图 8-67 所示。

在以往 Windows Server 2003 的配置管理上，~~IT~~人员必须分别通过管理你的服务器（Manage Your Server）、配置你的服务器（Configure Your Server）以及添加或卸载 Windows 程序的方式来完成，如今你只要经由服务器角色的配置或特色的配置方式，如图 1-9 所示，就可以更直觉化的来管理每一台网络服务器所扮演的角色，以及所要安装的功能有哪些了。

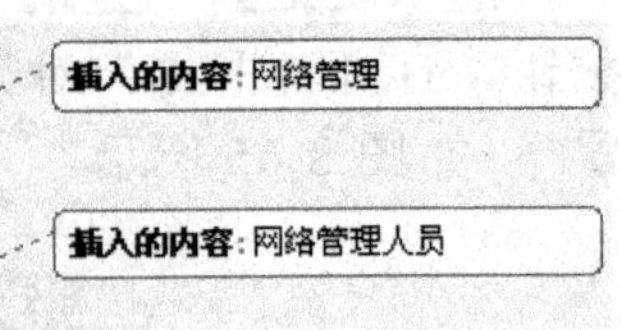

图 8-67　显示对文档进行修订的情况

步骤 8： 审阅批注和修订

单击“审阅”选项卡的“修订”选项组中的“审阅窗格”下三角按钮，在下拉列表中选择“垂直审阅窗格”选项，在文档左侧自动显示出审阅窗格。

将光标定位于左侧的审阅栏中，单击鼠标右键，在弹出的快捷菜单中根据需要选择“接受删除”或“拒绝删除”、“接受插入”或“拒绝插入”等命令。

步骤 9： 接受或拒绝修订

将光标定位在某处修订中，然后在“审阅”选项卡的“更改”选项组中单击“接受”按钮，表示接受此修订。

将光标定位在某处修订中，然后在“审阅”选项卡的“更改”选项组中单击“拒绝”按钮，则拒绝此处的修订，此时显示修订之前的文档状态，同时选中下一处修订。

知识盘点

本章围绕长文档的后期处理，通过 3 个工作任务介绍了 Word 2007 文档的后期处理技巧，包括 Word 2007 视图、书签、超链接的使用，脚注尾注的添加，文档目录项的标注及目录的制作，批注与修订，拼写检查，以及文档密码的设置等。

成果验收

1．通过网络下载辜鸿铭《中国人的精神》一书，为该书编制目录，并收集辜鸿铭的资料以另一文档保存，为文档中的“辜鸿铭”设置超链接。

2．将自己语文课上写的作文录入计算机，请同学对其进行修订，修订后设置密码并保存。

3．通过网络下载一部电子书，对下载的电子书进行修订，修改后根据自己所掌握的知识为电子书中相关内容添加脚注或尾注。

第9章
制作信函与信封——邮件合并

有的群发信件收信人众多，信件内容却大致相同。这时单独编辑每一封信件，会降低工作效率。在Word 2007中设置了邮件合并功能，可以将信件内容和数据源中收件人的信息结合在一起，以方便生成大量的类似信件。

情景再现

年关将至，天宁电器集团为了答谢多年来支持集团事业发展的领导、客户和合作企业，准备举办一个新年迎新酒会，邀请各方面的嘉宾莅临指导，一方面表达公司诚挚的谢意，另一方面也请各位嘉宾为天宁集团今后的发展献计献策。按照每年的惯例，公司的迎新酒会邀请企业相关的领导、客户参加，规模达500人以上。公司除了让相关人员电话邀请外，还要设计制作邀请信，然后通过邮局寄送或请相关人员登门送达，以示诚意。邀请信的设计制作任务又落在了小张所在的部门。

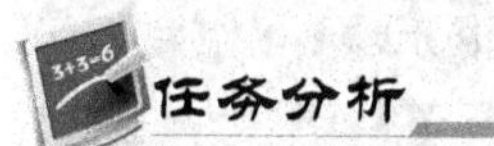

任务分析

小张需要设计制作的邀请信由两部分组成：统一的信封、邀请信。由于需要邀请的人员很多，小张需要将这些人员先统计好，然后再设计信封并将信封制作成与标准信封等大的不干胶以方便粘贴。为了方便，信封和邀请信均使用 Word 来设计，并使用邮件合并功能批量生成。

任务实现

任务1　创建中文信封

1．制作普通信封

Word 2007提供了创建中文信封的功能，用户可以制作自己需要的中文版式信封，包括邮编、收信人、寄信人地址等。

① 新建一个空白文档，单击 “邮件”选项卡的“创建”选项组中的“中文信封”按钮，启动“信封制作向导”，如图9-1所示。

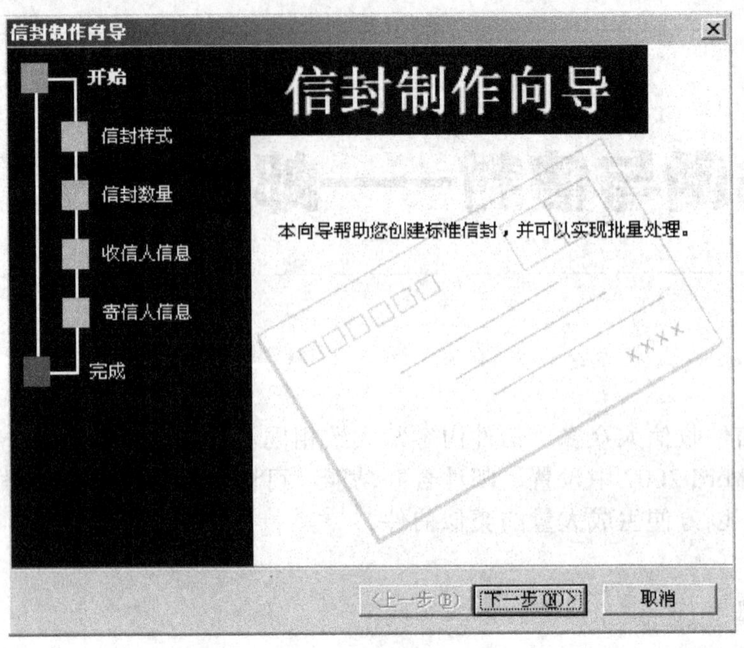

图 9-1 “信封制作向导”对话框

② 单击“下一步”按钮，打开“选择信封样式”对话框，如图 9-2 所示，在“信封样式”下拉列表中选择要创建的信封样式，并选中所有选项的复选框。设置完毕后单击“下一步”按钮，打开“选择生成信封的方式和数量”对话框，如图 9-3 所示。

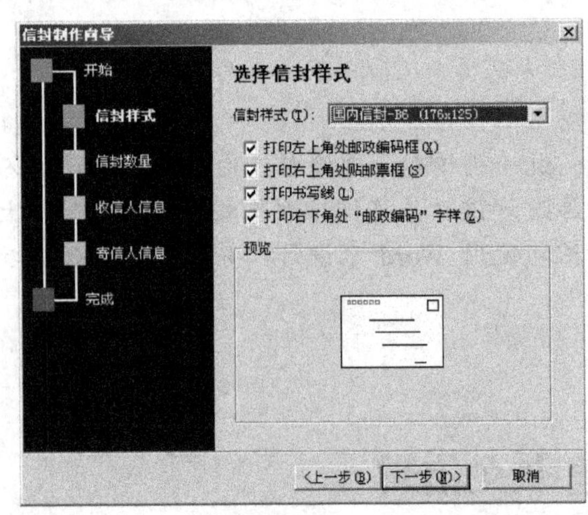

图 9-2 “选择信封样式”对话框

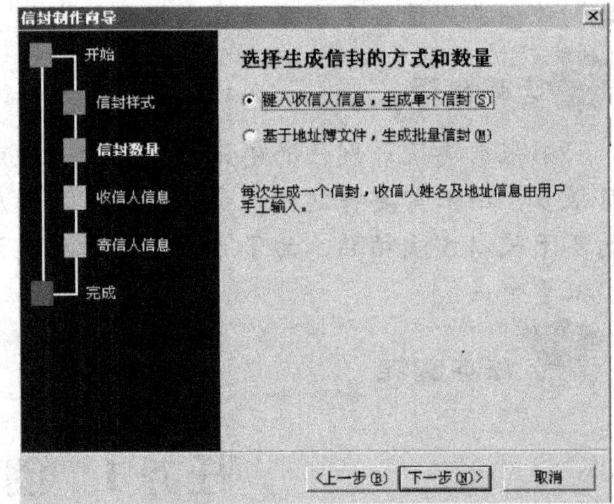

图 9-3 “选择生成信封的方式和数量”对话框

③ 选中“键入收集人信息，生成单个信封”单选项，设置完毕后单击“下一步”按钮，打开“输入收信人信息”对话框。

④ 在“输入收信人信息”对话框中输入收信人信息，如图 9-4 所示，设置完毕后单击“下一步”按钮，打开“输入寄信人信息”对话框。在该对话框中输入寄信人的信息，如图 9-5 所示。

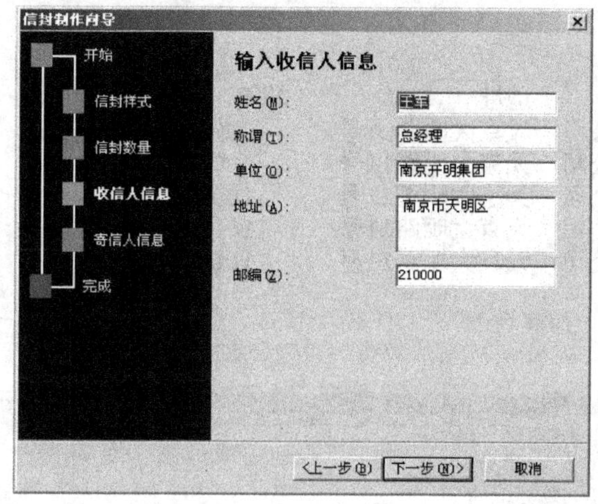

图 9-4　输入收信人信息

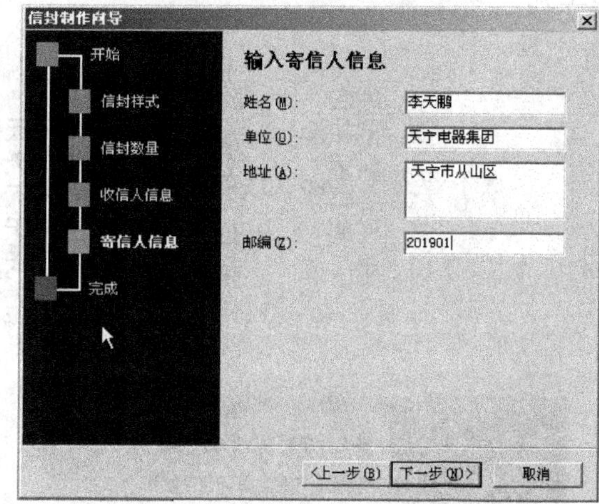

图 9-5　输入寄信人信息

⑤ 单击“下一步”按钮，打开信封制作向导完成对话框，如图 9-6 所示，单击“完成”按钮，此时系统会自动生成一个新的文档，并已将前面所设置的信息插入到文档中，如图 9-7 所示。

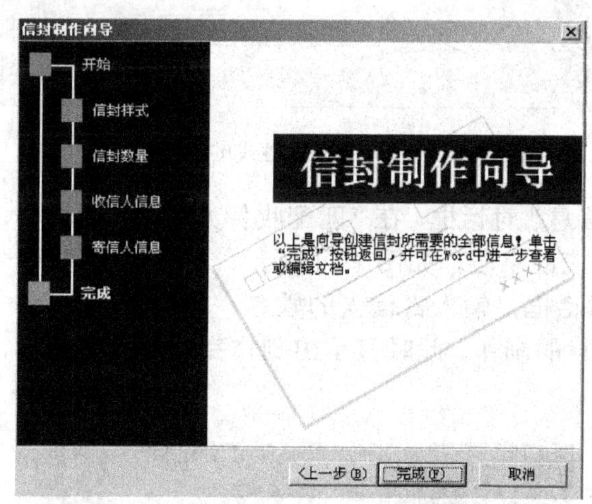

图 9-6　制作完成

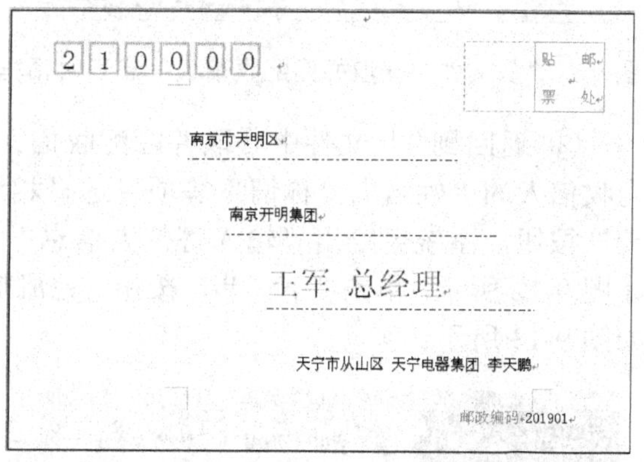

图 9-7　普通信封

2．批量制作信封

批量制作信封通常是单位用户用于组织某项活动发送通知或向客户发送问候信函之用，在制作批量信封之前，用户需要使用 Excel 2007 创建收件人列表，列表的内容、格式如图 9-8 所示。

① 批量制作信封的操作过程与制作普通信封的操作过程基本一致，不同的地方在“选择生成信封的方式和数量”之处。在此处需要选择“基于地址簿，生成批量信封”选项，单击“下一步”按钮后，系统会打开如图 9-9 所示的“从文件中获取并匹配收信人信息”对话框，单击“选择地址簿”按钮，打开如图 9-10 所示的“打开”对话框，从中选择地址

簿文件。

	A	B	C	D	E
1	姓名	职务	单位	地址	邮编
2	范加泽	经理	天京开天公司	天京大明路11号	100000
3	胡强	经理	天京开天公司	天京大明路11号	100000
4	姜军军	经理	天京开天公司	天京大明路11号	100000
5	江明	主任	天京开天公司	天京大明路11号	100000
6	张江	主任	天京开天公司	天京大明路11号	100000

图 9-8　收件人信息列表

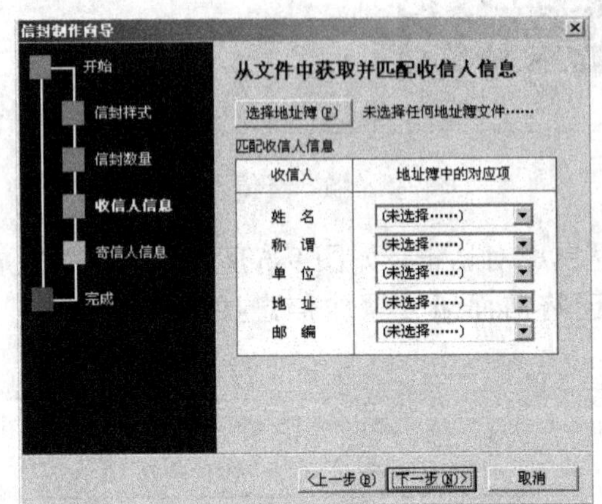

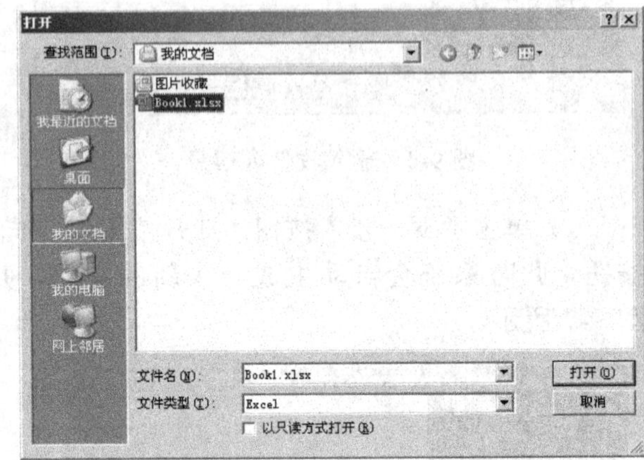

图 9-9　“从文件中获取并匹配收信人信息”对话框　　　图 9-10　选择 Excel 格式的地址簿文件

② 返回到“从文件中获取并匹配收信人信息”对话框，在“匹配收件人信息”列表中，为收信人的“姓名”、“称谓”等项目选择相对应的字段，如图 9-11 所示，然后单击“下一步”按钮，系统会给出“输入寄信人信息”对话框，输入寄信人的姓名、单位等信息后，如图 9-12 所示，单击“下一步”按钮，完成信封的制作，此时显示出制作完成的多个信封，如图 9-13 所示。

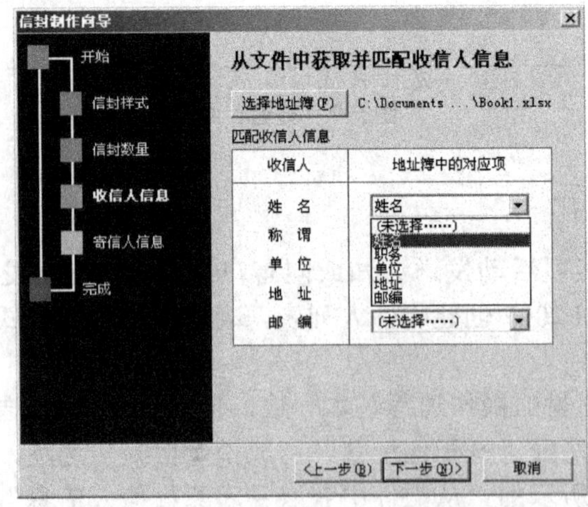

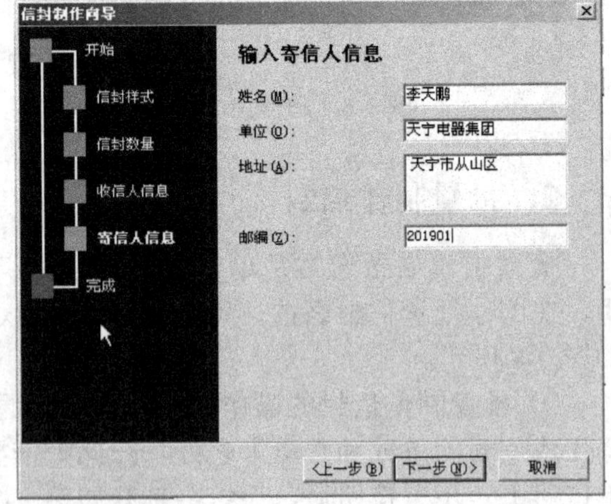

图 9-11　设置“匹配收件人信息”列表　　　图 9-12　“输入寄信人信息”对话框

图 9-13　创建的批量信封

1. 设计标签

为了更好地表达邮件的主题，用户可以在邮件外部添加标签。

① 新建一个空白文档，单击 “邮件”选项卡的“创建”选项组中的“标签”按钮，打开“信封和标签”对话框，切换到“标签”选项卡，在“地址”文本框中输入相应的信息，如图 9-14 所示。

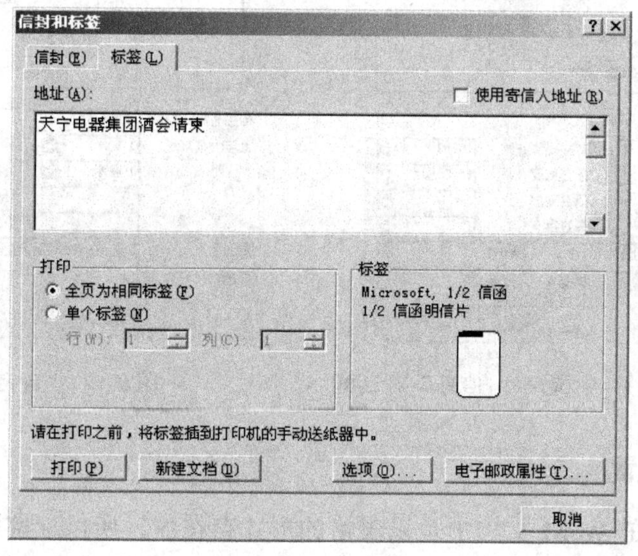

图 9-14　“标签”选项卡

② 设置完毕后，单击“选项”按钮，打开“标签选项”对话框，如图 9-15 所示，从“产品编号”列表框中选择“中国尺寸”选项。

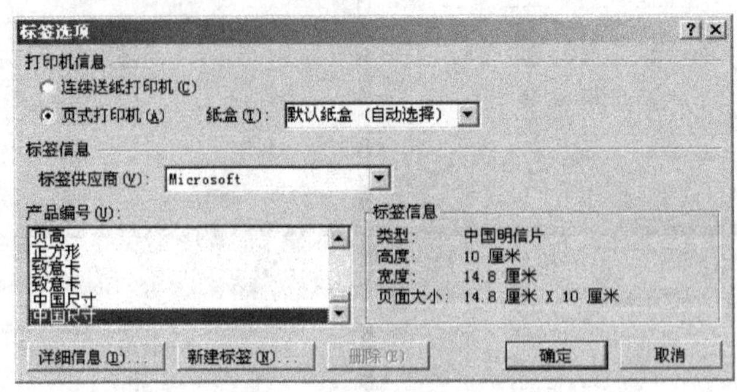

图 9-15 “标签选项”对话框

③ 设置完毕后，单击“详细信息”按钮，打开“中国明信片 中国尺寸 信息”对话框，如图 9-16 所示。根据实际需要设置标签中的各参数，然后从“页面大小”下拉列表中选择“自定义”选项，如图 9-17 所示。设置完成后，单击“确定”按钮返回到“标签选项”对话框，单击“确定”按钮，返回到“信封和标签”对话框，在“地址”文本框中选中文本，单击鼠标右键，在弹出的快捷菜单中选择“字体”命令，打开“字体”对话框，如图 9-18 所示。在该对话框中对文本的字体等进行设置。

④ 设置完成后，单击“确定”按钮返回到“信封和标签”对话框，单击“新建文档”按钮，即可在一个新的文档中插入刚创建的标签，如图 9-19 所示。

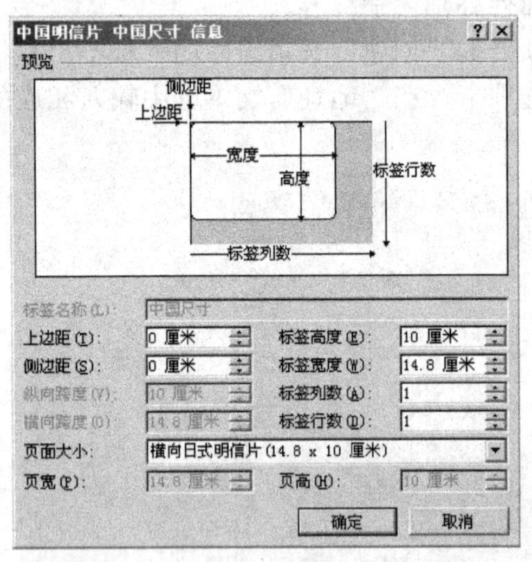

图 9-16 “中国明信片 中国尺寸 信息”对话框

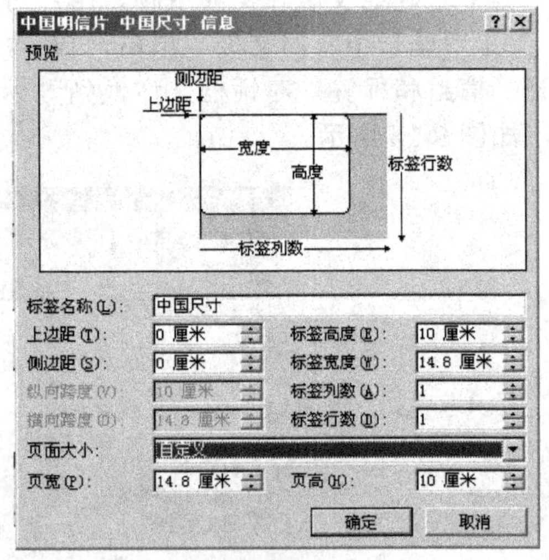

图 9-17 “自定义”选项

2．标签的设置

创建好的标签在 Word 文档中是以表格的形式存在的，所以标签的设置操作与表格中的操作是相同的。可以设置表格的边框、底纹等，并可以应用系统自带的表格样式等项目，

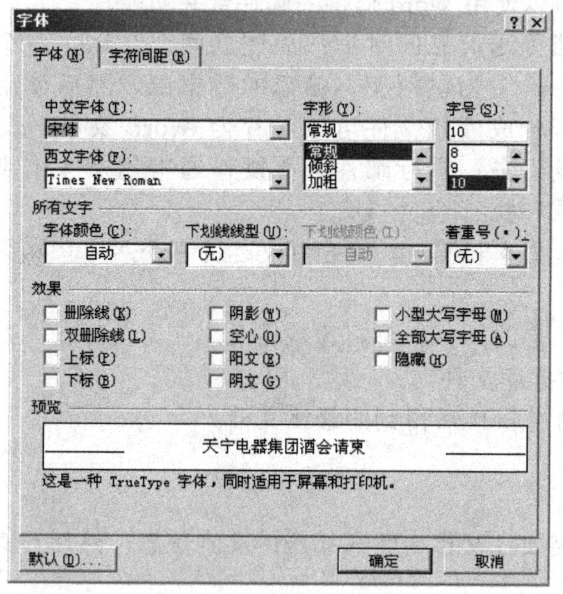

图 9-18 “字体”对话框

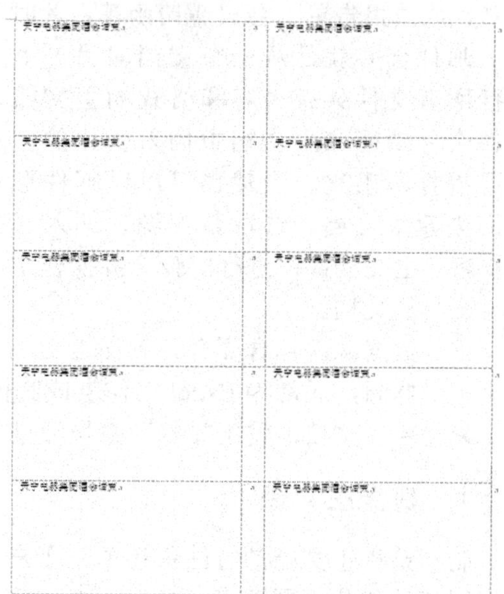

图 9-19　创建好的标签

还可以对表格中的文本内容进行设置，如字体、字号等。由于这些知识均在前面的相关章节做过介绍，此处不再重复介绍。如图 9-20 所示为设置完成后的标签效果。

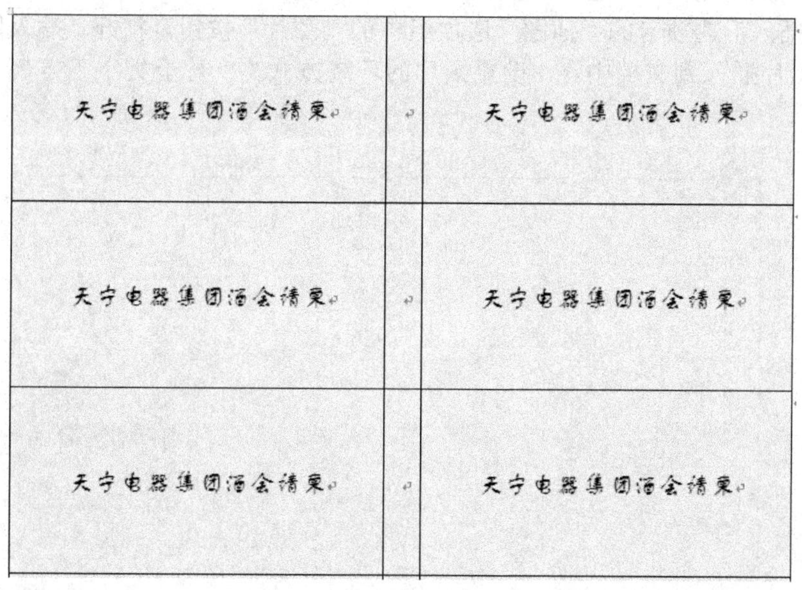

图 9-20　设置完成后的标签效果

任务 2　制作请柬——邮件合并的使用

在实际工作中，用户经常需要处理一些格式相同但内容不同的文件，如学生的录取通知书、成绩报告单、会议邀请函等，此时就可以使用 Word 提供的邮件合并功能。

邮件合并就是从一个文档向另一个文档传送信息的过程：先建立两个文档，一个包括所有文件共有内容和格式的主文档，另一个为包括变化信息的数据源。然后使用邮件合并功能在主文档中插入变化的信息。合成后的文件可以保存为 Word 文档，然后可以打印出来，当然也可以以邮件形式发出去。进行邮件合并操作通常包括 4 个步骤：创建主文档、选取数据源、插入合并域和执行合并操作。

- 主文档：在进行邮件合并操作中所含文本和图形，对合并文档的每个版本都相同的文档。
- 数据源：包含要合并到文档中不同信息的部分，可新建数据源或使用已存在的数据源，通常为 Excel 工作表或其他数据库文件。
- 合并文档：将主文档和数据源进行合并操作后得到的最终文档。

1. 制作主文档

制作请柬主文档的方法很简单，用户只需要在文档中输入相应的文本信息，然后对其进行适当的美化设置即可。

（1）设置页面背景

新建一个空白文档，单击“页面布局”选项卡的“页面设置”选项组中的“纸张大小”按钮，在下拉菜单列表中选择“Envelope C5”选项；单击“页面设置”选项组中的“纸张方向”按钮，在下拉菜单中选择“横向”选项。

单击 “插入”选项卡的“插图”选项组中的“图片”按钮，打开“插入图片”对话框，选择合适的图片插入到文档中，并设置图片的环绕方式为“衬于文字下方”，效果如图 9-21 所示。

图 9-21　在文档中插入图片

此处也可以使用设置文档背景的方法插入图片，但是使用该方式时图片不容易控制，显示的效果不理想，如图 9-22 所示，不建议使用。

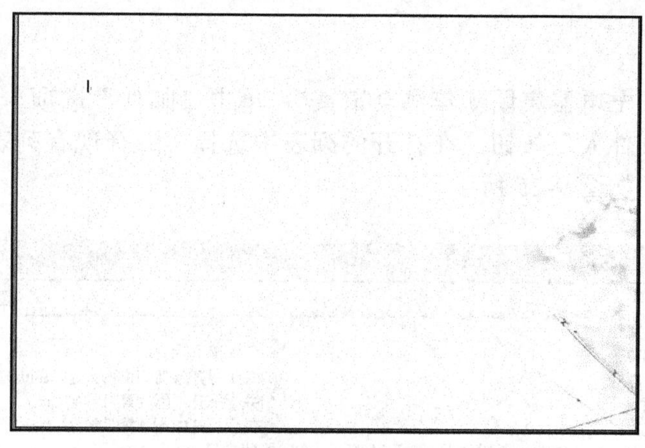

图 9-22　使用背景方式插入图片的效果

（2）设置文本内容

在文档中输入相关的文本内容，并对文本内容的格式进行必要的设置，设置后的效果如图 9-23 所示。

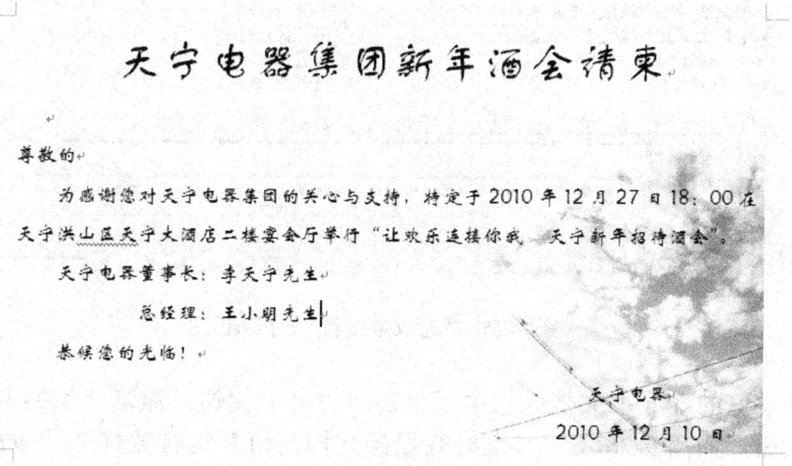

天宇电器集团新年酒会请柬

尊敬的

为感谢您对天宇电器集团的关心与支持，特定于 2010 年 12 月 27 日 18：00 在天宇洪山区天宇大酒店二楼宴会厅举行"让欢乐连接你我　天宇新年招待酒会"。

天宇电器董事长：李天宇先生

总经理：王小明先生

恭候您的光临！

天宇电器

2010 年 12 月 10 日

图 9-23　请柬的效果

2．制作数据源

邮件合并使用的数据源可以是 Excel 文档，也可以是 Word 文档。Word 文档中的数据需要以表格的形式出现，如图 9-24 所示。

姓名	职务	性别	公司
孙小明	总经理	男	
钱亮	销售总监	女	
田小琪	销售经理	女	
李明明	财务总监	女	

图 9-24　在 Word 中以表格形式出现的数据源

3. 邮件合并

打开主文档“天宁电器集团新年酒会请柬”，单击“邮件”选项卡的“开始邮件合并”选项组中的“选择收件人”按钮，在打开的列表中选择“选择现有列表”选项，打开“选取数据源”对话框，如图 9-25 所示。

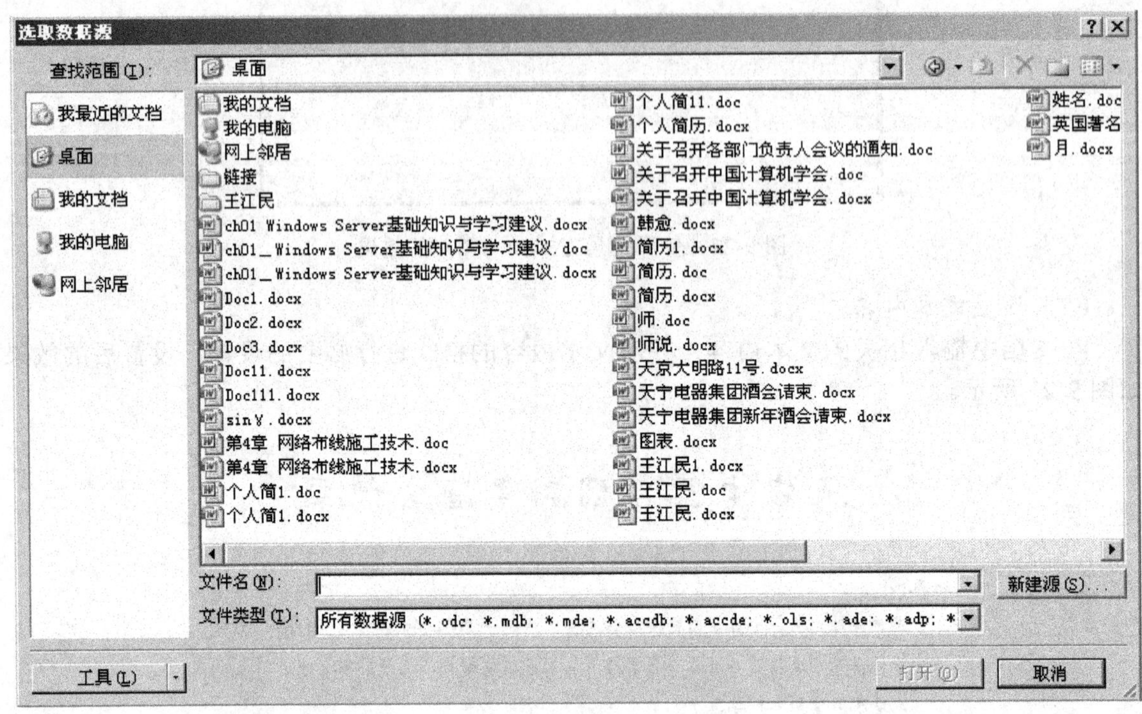

图 9-25 “选取数据源”对话框

查找到准备好的 Word 文档，选中后单击“打开”按钮，激活“编写和插入域”选项组中的相关按钮，如图 9-26 所示。此时数据源文档窗口并没有被打开，即在 Word 编辑窗口中并不能看到该数据源文档。

图 9-26 “编写和插入域”选项组中的相关按钮

将光标定位到需要插入合并域的位置处，单击“邮件”选项卡中的“插入合并域”按钮，在弹出的下拉列表中选择“姓名”域，如图 9-27 所示，这样“姓名”域将被插入到文档的相应位置，如图 9-28 所示。根据需要可以再插入其他合并域。

突出显示合并域
地址块
问候语
插入合并域
规则
匹配域
更新标签
编写和插
姓名_
职务
性别
公司

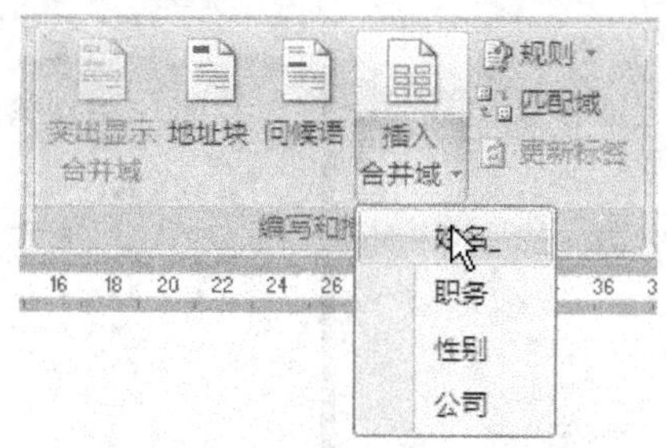

图 9-27 “插入合并域”下拉列表

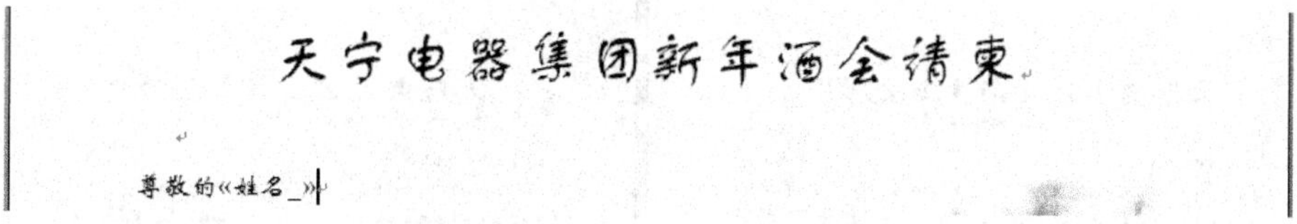

天宁电器集团新年酒会请柬
尊敬的«姓名_»

图 9-28　插入合并域后的文档

此时，在主文档与数据源文件之间就建立起了必要的关联。单击“预览”按钮，可以进行检测，如图 9-29 所示是合并效果的预览，域被实际的数据内容代替了。

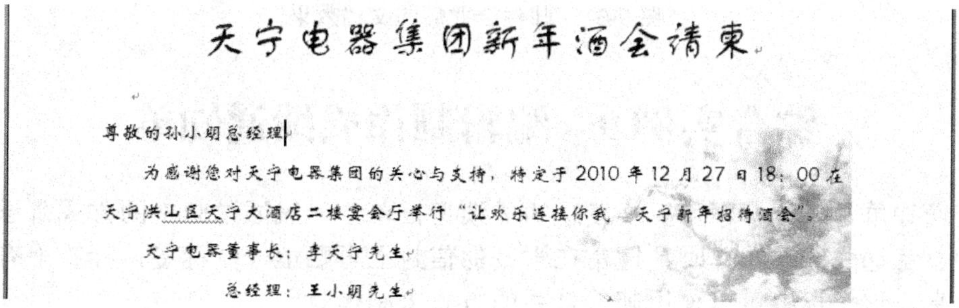

天宁电器集团新年酒会请柬
尊敬的孙小明总经理
为感谢您对天宁电器集团的关心与支持，特定于 2010 年 12 月 27 日 18：00 在
天宁洪山区天宁大酒店二楼宴会厅举行“让欢乐连接你我　天宁新年招待酒会”。
天宁电器董事长：李天宁先生
总经理：王小明先生

图 9-29　合并效果的预览

如果对预览的效果还算满意，就可以进行合并操作，为数据源中的每一个记录创建一个独立的请柬。单击“完成与合并”按钮，在打开的列表中选择“编辑单个文档”命令，打开“合并到新文档”对话框，如图 9-30 所示，在该对话框中选择“全部”单选按钮。

合并到新文档
合并记录
全部(A)
当前记录(E)
从(F):
到(T):
确定
取消

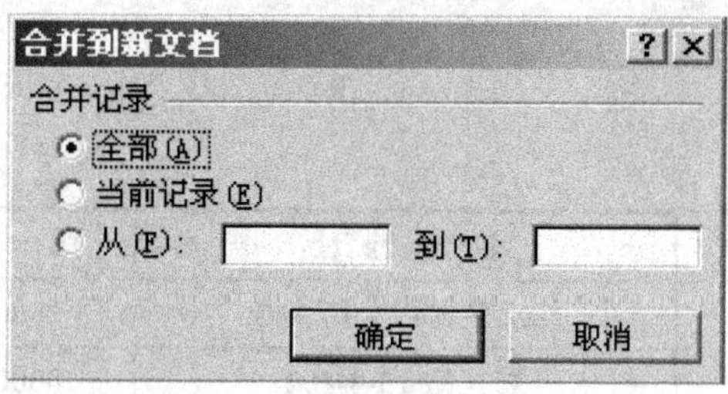

图 9-30 “合并到新文档”对话框

单击“确定”按钮，完成数据合并操作。此时生成一个新的文档“信函 1”，用户可以将其以文件的形式保存下来，也可以通过打印机打印出来，效果如图 9-31 所示。

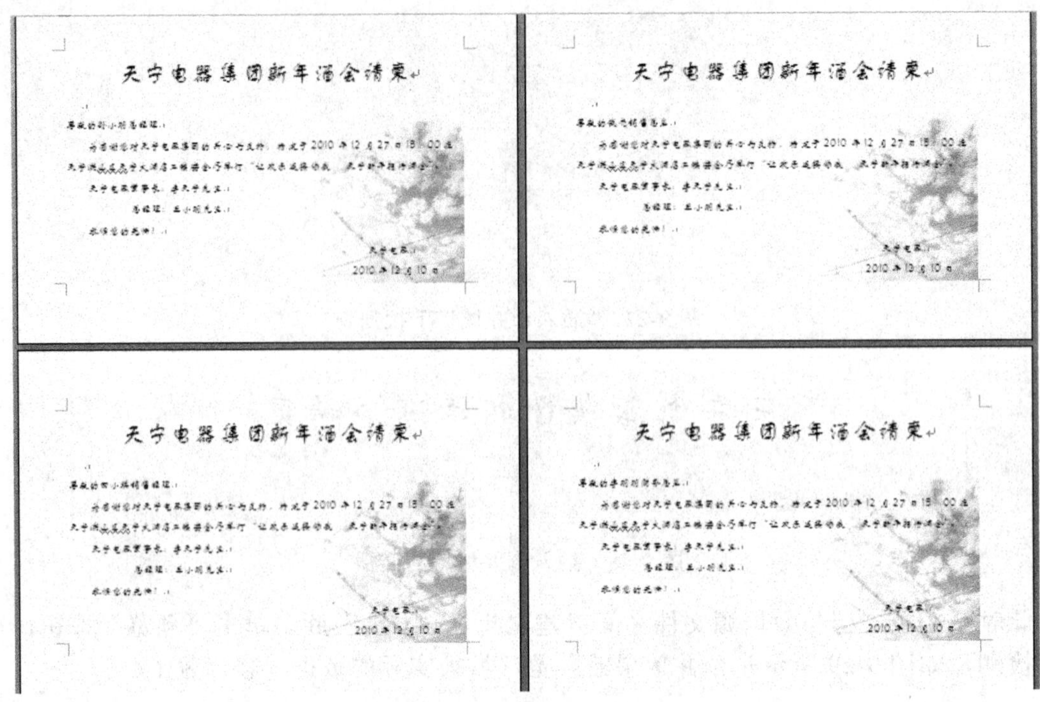

图 9-31　邮件合并后的文档效果

综合实例 9　编辑制作成绩通知单

成绩通知单是学校给学生家长发送的成绩汇报单，一般通过邮寄的方式寄送到学生家长的手中。寄送成绩通知单时，通常在学校的信封上再贴上一个标签，标签上有学生家的地址等信息。这个标签可以使用邮件合并的方式来制作。

步骤 1： 制作标签主文档。

标签主文档的格式如下。

邮编：
地址：
　　　　　收件人：
　　　　　　　　　　　　××××学校教务处

数据源文档格式如下。

学生姓名	家长姓名	家庭地址	邮　　编	电　　话
陈　莉	陈青云	江上区前门大街 1 号	000000	12345678
张小青	张　玲	划天路 13-4-102	000000	12345678
曾　晨	曾伟民	天民里 1 号 4 幢 302 室	000000	12345678
郑　伟	郑琳琳	如意里 32 号 8 幢 111 室	000000	12345678

步骤 2：标签主文档邮件合并。

将光标定位于“邮编：”后，单击“邮件”选项卡的“开始邮件合并”选项组中的“选择收件人”按钮，在打开的列表中选择“选择现有列表”命令，打开“选择数据源”对话框，在“选择数据源”对话框中查找到数据源文档后，单击“打开”按钮，激活“编写和插入域”选项组中的相关按钮。

单击“插入合并域”按钮，打开如图 9-32 所示的下拉列表，在该列表中选择“邮编”选项，在主文档中插入一个合并域，以同样的操作方法将其他的合并域插入到主文档中，如图 9-33 所示。

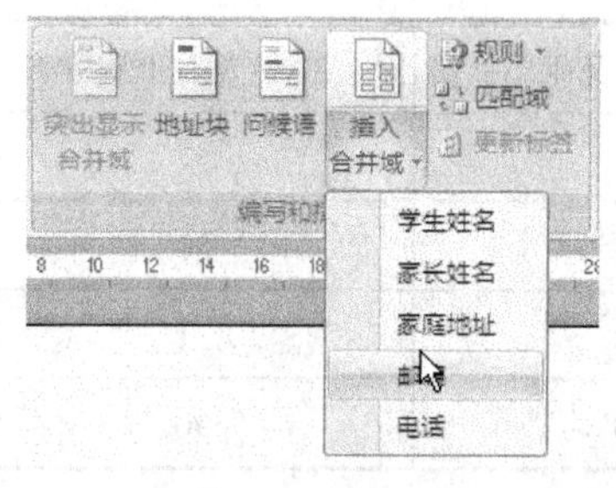

图 9-32 “插入合并域”下拉列表

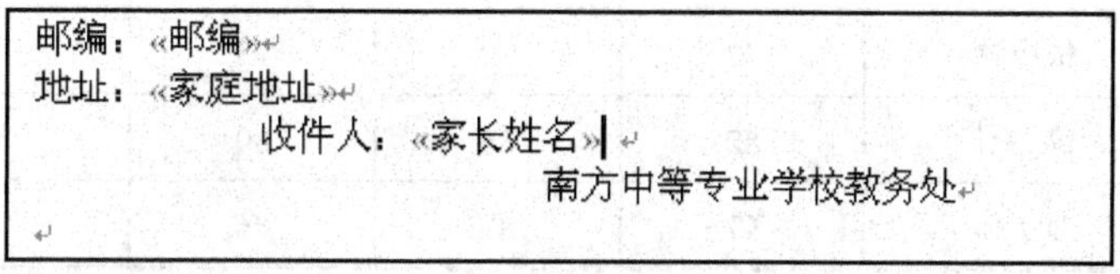

邮编：«邮编»
地址：«家庭地址»
收件人：«家长姓名»
南方中等专业学校教务处

图 9-33　主文档中插入合并域后的效果

单击“完成与合并”按钮，在打开的列表中选择“编辑单个文档”命令，打开“合并到新文档”对话框，在该对话框中选择“全部”单选项，单击“确定”按钮，完成数据合并操作，完成合并操作并经过调整后的文档如图 9-34 所示。

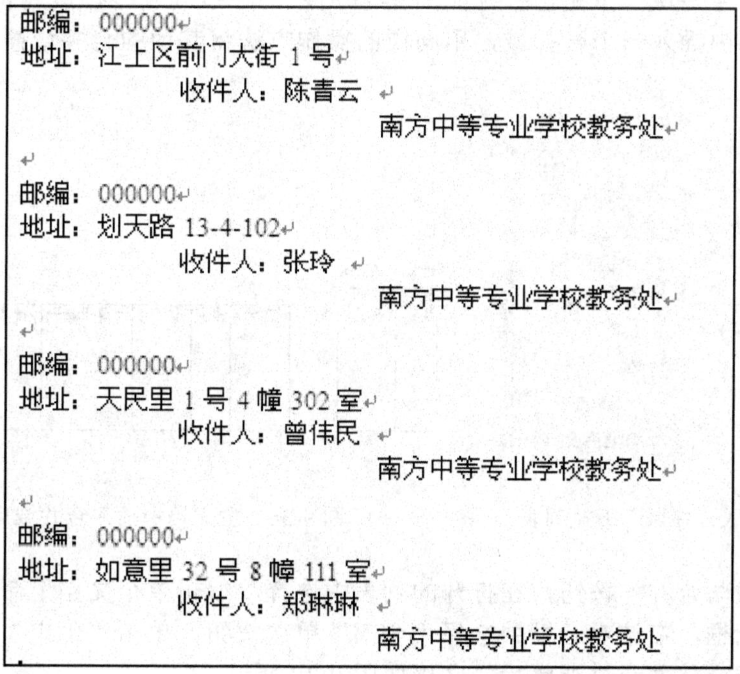

邮编：000000
地址：江上区前门大街 1 号
收件人：陈青云
南方中等专业学校教务处

邮编：000000
地址：划天路 13-4-102
收件人：张玲
南方中等专业学校教务处

邮编：000000
地址：天民里 1 号 4 幢 302 室
收件人：曾伟民
南方中等专业学校教务处

邮编：000000
地址：如意里 32 号 8 幢 111 室
收件人：郑琳琳
南方中等专业学校教务处

图 9-34　邮件合并完成后的效果

步骤 3：制作正文主文档。

主文档格式如下。

同学：

现将本学期成绩通知如下：

英语		数学		语文		计算机基础		VB 程序设计	

教务处

数据源文档格式如下。

姓名	英语	数学	语文	计算机基础	VB 程序设计
陈　莉	50	68	64	64	57
张小青	72	90	93	91	56
曾　晨	82	86	80	98	81
郑　伟	67	83	86	70	90

步骤 4：正文主文档邮件合并。

将光标定位于“同学”前，单击 “邮件”选项卡的“开始邮件合并”选项组中的“选择收件人”按钮，在打开的列表中选择“选择现有列表”命令，打开“选择数据源”对话框，在“选择数据源”对话框中查找到数据源文档后，单击“打开”按钮，激活“编写和插入域”选项组中的相关按钮。

单击“插入合并域”按钮，打开如图 9-35 所示的下拉列表。在该列表中选择“姓名”选项，在主文档中插入一个合并域，用同样的操作方法将其他的合并域插入到主文档中，如图 9-36 所示。

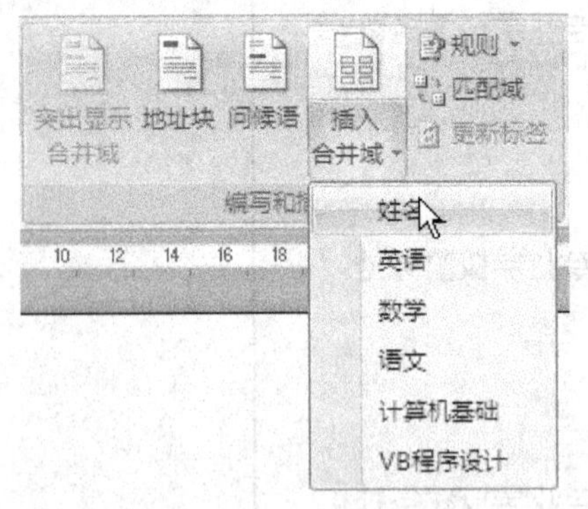

图 9-35 “插入合并域”下拉列表

«姓名»同学：

现将本学期成绩通知如下：

英语	«英语»	数学	«数学»	语文	«语文»	计算机基础	«计算机基	VB 程序	«VB程

教务处

图 9-36　主文档中插入合并域后的效果

单击“完成与合并”按钮，在打开的列表中选择“编辑单个文档”命令，打开“合并到新文档”对话框，在该对话框中选择“全部”单选按钮，单击“确定”按钮，完成数据合并操作，完成合并并经过调整后的文档如图 9-37 所示。

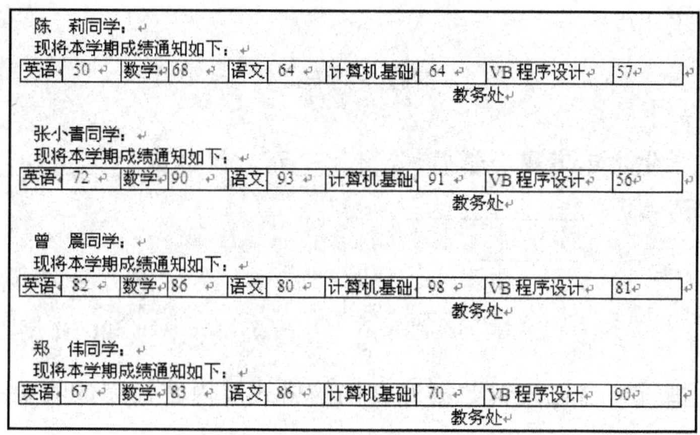
陈　莉同学：
现将本学期成绩通知如下：

英语	50	数学	68	语文	64	计算机基础	64	VB 程序设计	57

教务处

张小青同学：
现将本学期成绩通知如下：

英语	72	数学	90	语文	93	计算机基础	91	VB 程序设计	56

教务处

曾　晨同学：
现将本学期成绩通知如下：

英语	82	数学	86	语文	80	计算机基础	98	VB 程序设计	81

教务处

郑　伟同学：
现将本学期成绩通知如下：

英语	67	数学	83	语文	86	计算机基础	70	VB 程序设计	90

教务处

图 9-37　邮件合并后的效果

知识盘点

本章围绕信函和信封的制作，通过两个工作任务介绍了 Word 2007 中邮件合并的操作方法，包括信封与标签的制作、邮件合并中主文档的制作、数据源的制作。邮件合并操作中需要的数据源可以使用 Word 表格，也可以使用 Excel 表，至于在实际工作中使用什么格式的表格，需根据实际情况来定。

成果验收

步骤 1： 制作家长会通知

主文档格式如下。

家长会通知

同学家长：您好！

兹定于 2010 年 11 月 21 日下午 2:00 分班级召开 09 级、10 级学生家长会，届时请您安排好手头工作准时来我校参加会议，谢谢！

南方中等专业学校教务处

2010 年 11 月 10 日

数据源格式如下。

学号	姓名	性别	电话	家长电话
09010101	王伟	男		
09010102	李大双	男		
09010103	胡明明	女		
09010104	张一凡	女		

步骤 2： 制作收费通知

主文档格式如下。

收费通知

同学家长：您好！

今有　　专业学生本年度需交学费__________元，代办费__________ 元。

合计人民币（大写）：______________

人民币（小写）：______________

南方中等专业学校财务处

2010 年 11 月 10 日

根据主文档的情况，自己设置数据源文档的格式及内容，完成收费通知的制作。

第10章 Word 2007 综合实训

综合实训1　制作求职简历

求职简历又称求职资历、个人履历等，是求职者将自己与所申请职位紧密相关的个人信息经过分析、整理，并清晰、简要地表述出来的书面求职资料。在求职简历中，求职者要用真实、准确的事实向招聘者说明自己的经历、经验、技能、成果等。求职简历是招聘者在阅读求职者求职申请后对其产生兴趣进而进一步决定是否给予面试机会的极为重要的依据材料。对于求职人员来说，制作求职简历并将其投递到招聘企业是谋求职位的一种方式。本节将介绍如何制作简单大方、内容丰富的求职简历。

① 启动 Word 2007 应用程序，新建一个空白文档。单击“Office”按钮，在弹出的菜单中选择“保存”命令，打开“另存为”对话框。

② 在对话框的“保存位置”下拉列表中选择要保存的位置，在“文件名”文本框中输入“求职简历”，如图 10-1 所示。单击“保存”按钮，保存创建的空白文档。

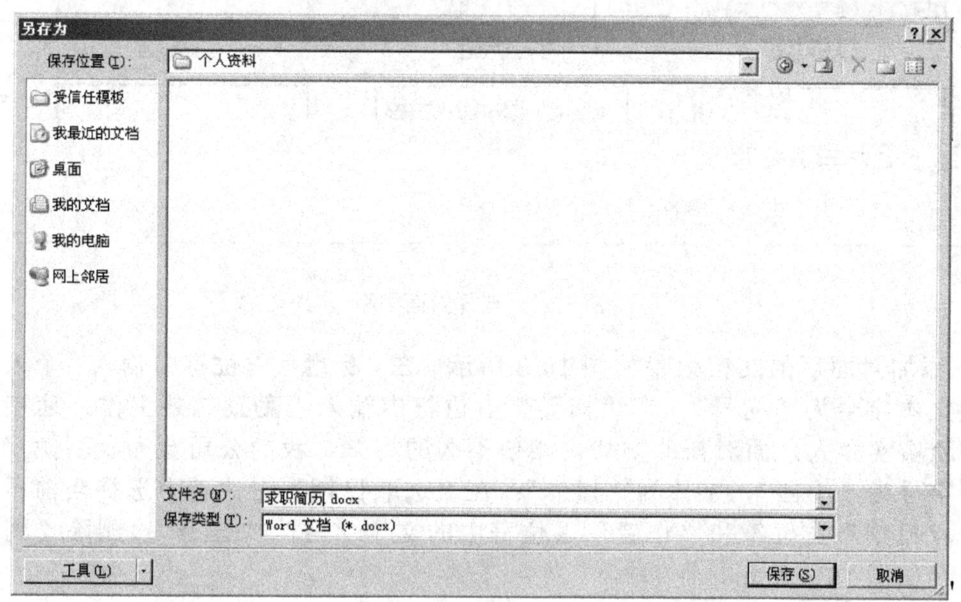

图 10-1　输入文件名

③ 切换到“插入”选项卡，单击“页”选项卡组中的“封面”按钮，在打开的“封面”列表中选择“现代型”封面，如图 10-2 所示。

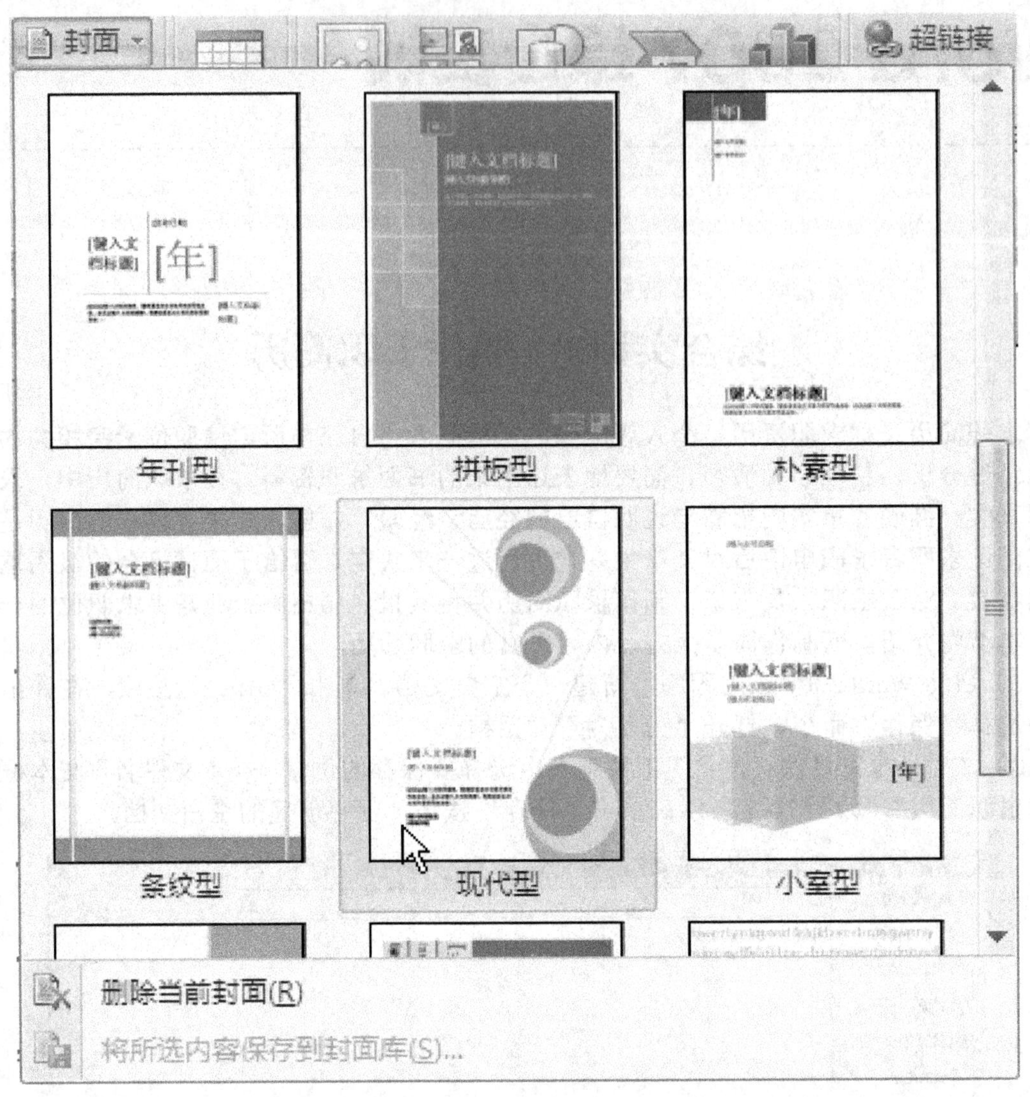

图 10-2　选择封面类型

④ 添加封面后的文档效果如图 10-3 所示。在“标题”占位符中输入“个人简历”，并设置文本字号为“初号”；在“摘要”占位符中输入“勤勤恳恳工作，迎接新的起点；踏踏实实做人，面对新的挑战。相信不久的将来，我的公司会为我骄傲！”文字，并设置字号为“小四”，字体为“黑体”；在“选取日期”占位符中选择当前日期，设置“选取日期”占位符和“作者”占位符中的文字字号为“三号”；删除“副标题”占位符，如图 10-4 所示。

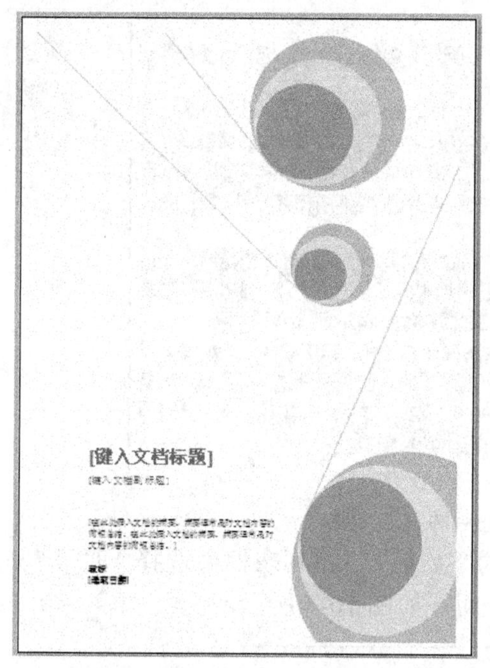

图 10-3　添加封面后的效果

图 10-4　在封面中添加文字

⑤ 将插入点定位到文档第二页页首，并在文档中输入如图 10-5 所示的文字。

尊敬的领导：↵
您好!↵
我是一名计算机专业的毕业生，十分感谢您在百忙之中抽出时间，阅读我这份个人自荐信，给我一次迈向成功的机会。↵
作为一名计算机专业的中专学生，我热爱我的专业并为其投入了巨大的热情和精力。在三年的学习生活中，我所学习的内容包括了从计算机基础知识到运用等许多方面。通过学习，我对这一领域的相关知识有了一定程度的理解和掌握。此专业的知识仅是一种工具，而利用此工具的能力是最重要的。在与课程同步进行的各种相关实践和实习中，使我的技术和能力得到了充分地检验和提升。↵
在学校学习阶段，我锻炼了处世的能力 、学习知识的能力 、自我管理的能力。我正处于人生中精力最充沛的时期，我渴望在更广阔的天地里展现自己的才能，我不满足于现有的知识水平，期望在实践中得到锻炼和提高，因此我期望能够加入贵单位。↵
我会踏踏实实地做好属于自己的一份工作，竭尽全力地在工作中取得好的成绩。我相信经过自己的勤奋和努力，必定会为公司做出应有的贡献。随信附上我的简历，如果有幸成为贵公司的一员，我将从小事做起，从此刻做起，虚心尽责，勤奋工作，在实践中不断学习，发挥自己的主动性、创造性，竭力为公司的发展添一份光彩。↵
最后再次感谢您耐心地阅读了我的求职信！↵

图 10-5　求职信的内容

⑥ 勾选 “视图” 选项卡的 “显示/隐藏” 选项组中的 “标尺” 复选框，在文档中显示水平标尺和垂直标尺。

⑦ 选中除“尊敬的领导：”以外的所有文字，然后按住鼠标左键在水平标尺上拖动“首行缩进”标记到“2”处，释放鼠标，此时的文档效果如图 10-6 所示。

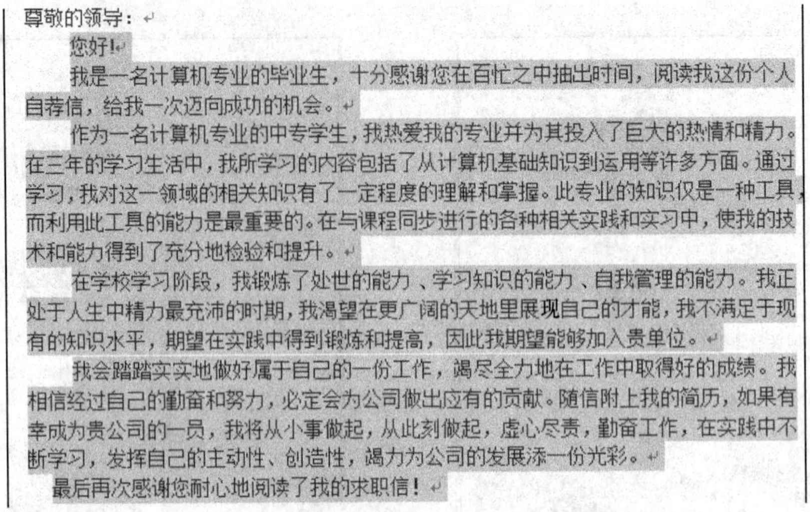

尊敬的领导：

您好!

我是一名计算机专业的毕业生，十分感谢您在百忙之中抽出时间，阅读我这份个人自荐信，给我一次迈向成功的机会。

作为一名计算机专业的中专学生，我热爱我的专业并为其投入了巨大的热情和精力。在三年的学习生活中，我所学习的内容包括了从计算机基础知识到运用等许多方面。通过学习，我对这一领域的相关知识有了一定程度的理解和掌握。此专业的知识仅是一种工具，而利用此工具的能力是最重要的。在与课程同步进行的各种相关实践和实习中，使我的技术和能力得到了充分地检验和提升。

在学校学习阶段，我锻炼了处世的能力、学习知识的能力、自我管理的能力。我正处于人生中精力最充沛的时期，我渴望在更广阔的天地里展现自己的才能，我不满足于现有的知识水平，期望在实践中得到锻炼和提高，因此我期望能够加入贵单位。

我会踏踏实实地做好属于自己的一份工作，竭尽全力地在工作中取得好的成绩。我相信经过自己的勤奋和努力，必定会为公司做出应有的贡献。随信附上我的简历，如果有幸成为贵公司的一员，我将从小事做起，从此刻做起，虚心尽责，勤奋工作，在实践中不断学习，发挥自己的主动性、创造性，竭力为公司的发展添一份光彩。

最后再次感谢您耐心地阅读了我的求职信！

图 10-6　设置首行缩进后的文档效果

⑧ 选中该页中的所有文字，在浮动工具栏的“字号”下拉列表框中选择“四号”选项，并在文档的最后添加“求职者：端木家和”及日期，如图 10-7 所示。

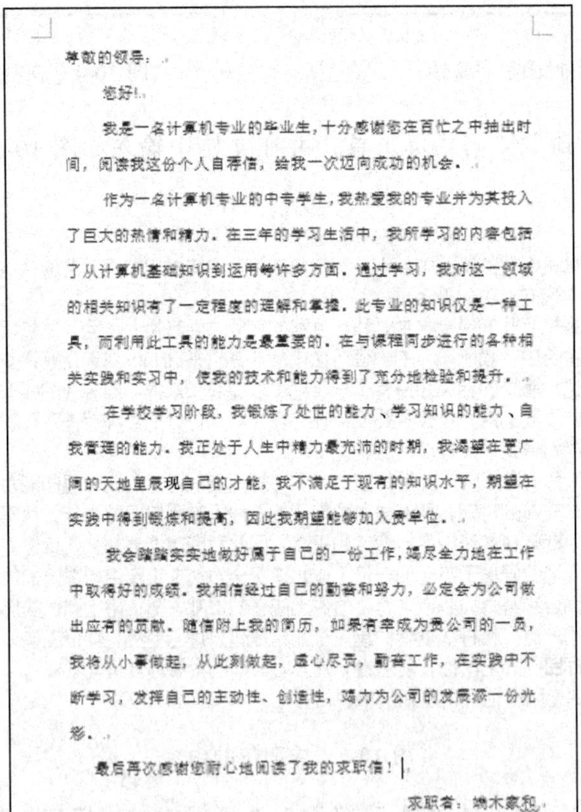

尊敬的领导：

您好!

我是一名计算机专业的毕业生，十分感谢您在百忙之中抽出时间，阅读我这份个人自荐信，给我一次迈向成功的机会。

作为一名计算机专业的中专学生，我热爱我的专业并为其投入了巨大的热情和精力。在三年的学习生活中，我所学习的内容包括了从计算机基础知识到运用等许多方面。通过学习，我对这一领域的相关知识有了一定程度的理解和掌握。此专业的知识仅是一种工具，而利用此工具的能力是最重要的。在与课程同步进行的各种相关实践和实习中，使我的技术和能力得到了充分地检验和提升。

在学校学习阶段，我锻炼了处世的能力、学习知识的能力、自我管理的能力。我正处于人生中精力最充沛的时期，我渴望在更广阔的天地里展现自己的才能，我不满足于现有的知识水平，期望在实践中得到锻炼和提高，因此我期望能够加入贵单位。

我会踏踏实实地做好属于自己的一份工作，竭尽全力地在工作中取得好的成绩。我相信经过自己的勤奋和努力，必定会为公司做出应有的贡献。随信附上我的简历，如果有幸成为贵公司的一员，我将从小事做起，从此刻做起，虚心尽责，勤奋工作，在实践中不断学习，发挥自己的主动性、创造性，竭力为公司的发展添一份光彩。

最后再次感谢您耐心地阅读了我的求职信！

求职者：端木家和

2018 年 5 月

图 10-7　设置文本属性

此时求职简历的效果如图 10-8 所示。

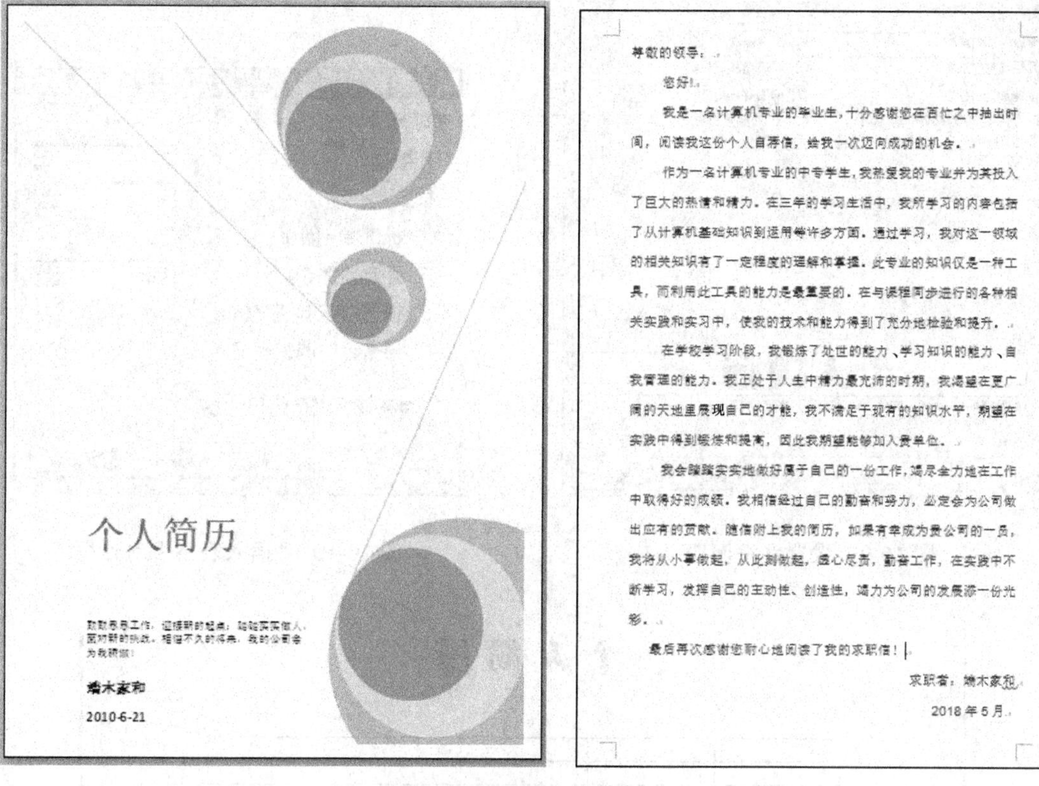

尊敬的领导：

您好!

我是一名计算机专业的毕业生，十分感谢您在百忙之中抽出时间，阅读我这份个人自荐信，给我一次迈向成功的机会。

作为一名计算机专业的中专学生，我热爱我的专业并为其投入了巨大的热情和精力。在三年的学习生活中，我所学习的内容包括了从计算机基础知识到运用等许多方面。通过学习，我对这一领域的相关知识有了一定程度的理解和掌握。此专业的知识仅是一种工具，而利用此工具的能力是最重要的。在与课程同步进行的各种相关实践和实习中，使我的技术和能力得到了充分地检验和提升。

在学校学习阶段，我锻炼了处世的能力、学习知识的能力、自我管理的能力。我正处于人生中精力最充沛的时期，我渴望在更广阔的天地里展现自己的才能，我不满足于现有的知识水平，期望在实践中得到锻炼和提高，因此我期望能够加入贵单位。

我会踏踏实实地做好属于自己的一份工作，竭尽全力地在工作中取得好的成绩。我相信经过自己的勤奋和努力，必定会为公司做出应有的贡献。随信附上我的简历，如果有幸成为贵公司的一员，我将从小事做起，从此刻做起，尽心尽责，勤奋工作，在实践中不断学习，发挥自己的主动性、创造性，竭力为公司的发展添一份光彩。

最后再次感谢您耐心地阅读了我的求职信！

求职者：嫦木家和

2018 年 5 月

图 10-8　求职简历的效果

⑨ 将插入点定位到文档第 3 页页首，输入标题文字“个人简历”，设置字体为“华文琥珀”，字号为“一号”，并设置为“居中对齐”。

⑩ 选中文本“个人简历”，单击“开始”选项卡的“字体”选项组中对话框启动器，打开“字体”对话框，切换到“字符间距”选项卡，在“间距”下拉列表框中选择“加宽”选项，在“磅值”微调框中输入“4 磅”，如图 10-9 所示。

⑪ 单击“确定”按钮，完成字符间距的设置。将插入点移动至标题下方两行的位置处，单击 “插入”选项卡的“表格”选项组中的“表格”按钮，在弹出的菜单中选择“插入表格”命令，打开“插入表格”对话框，如图 10-10 所示，设置表格的“行数”与“列数”均为“5”。

⑫ 单击“确定”按钮，插入表格，如图 10-11 所示。

⑬ 选中要合并的表格，单击“布局”选项卡的“合并单元格”按钮对表格进行必要的单元格合并操作，效果如图 10-12 所示。

⑭ 在单元格中输入文本并设置文本的对齐方式，设置字号为“小四”，字体使用默认字体“宋体”，效果如图 10-13 所示。

⑮ 将插入点定位在表格右上角的单元格，单击“插入”选项卡的“插图”选项组中的“图片”按钮，打开“插入图片”对话框，在对话框中选择需要的图片，单击“插入”按钮，将图片插入到文档中，并调整图片大小，如图 10-14 所示。

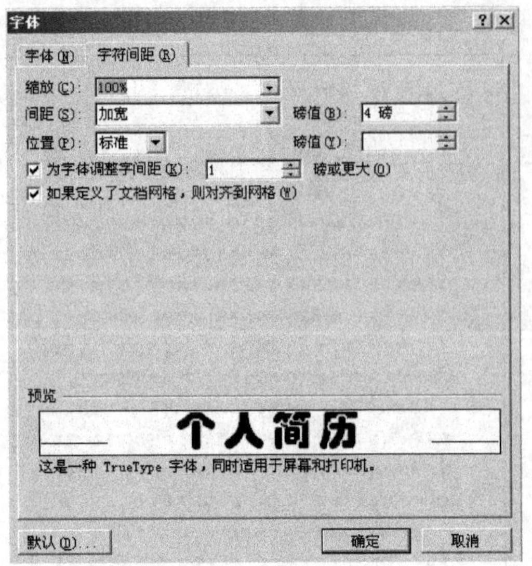

图 10-9　设置字符间距

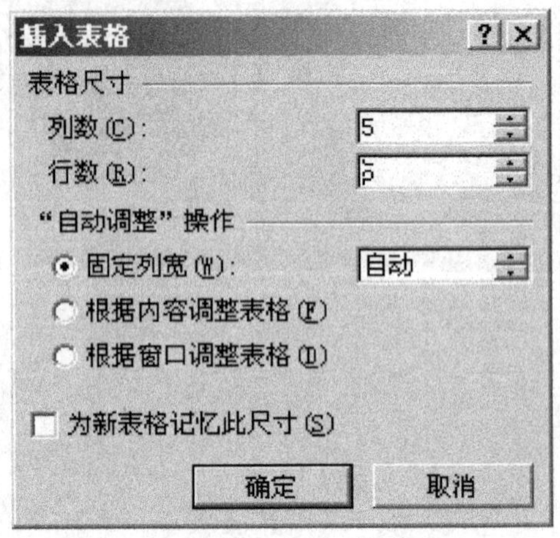

图 10-10　"插入表格"对话框

个人简历

图 10-11　在文档中插入表格

个人简历

<table>
<tr><td></td><td></td><td></td><td></td><td rowspan="4"></td></tr>
<tr><td></td><td></td><td></td><td></td></tr>
<tr><td></td><td colspan="3"></td></tr>
<tr><td></td><td></td><td></td><td></td></tr>
<tr><td></td><td colspan="4"></td></tr>
</table>

图 10-12　合并单元格后的表格

个人简历

<table>
<tr><td>姓　　名</td><td>端木家和</td><td>性别</td><td>男</td><td rowspan="4"></td></tr>
<tr><td>出生日期</td><td>1988.10.24.</td><td>学历</td><td>中专</td></tr>
<tr><td>E-mail</td><td colspan="3">dmjh@163.com</td></tr>
<tr><td>联系电话</td><td>13813813801</td><td>邮政编码</td><td>210202</td></tr>
<tr><td>通讯地址</td><td colspan="4">南方市丰富路 308 号 8 幢 308 室</td></tr>
</table>

图 10-13　表格中的文本设置

个人简历

姓　　名	端木家和	性别	男	
出生日期	1988.10.24.	学历	中专	
E-mail	dmjh@163.com			
联系电话	13813813801	邮政编码	210202	
通讯地址	南方市丰富路 308 号 8 幢 308 室			

图 10-14　在文档中插入图片

⑯ 选中表格，单击“布局”选项卡的“单元格大小”选项组中的“分布行”按钮，将表格中的各行平均分布。

⑰ 选中表格，在“布局”选项卡的“对齐方式”选项组中单击“水平居中”按钮，设置文本的对齐方式。

⑱ 选中整个表格，在“设计”选项卡的“表样式”选项组中单击“边框”按钮，在打开的菜单中选择“边框和底纹”按钮，打开“边框和底纹”对话框。

⑲ 在“设置”选项区域中选择“无”选项，在“宽度”下拉列表框中选择“1 磅”，然后在“预览”选项区域中依次单击“上”“下”“左”“右”按钮，设置表格的外边框线。

⑳ 在“样式”下拉列表中选择“点画线”选项，在“预览”选项区中单击表格中间的横线和竖线，设置表格内边框线，如图 10-15 所示。单击“确定”按钮，完成表格框线的设置。

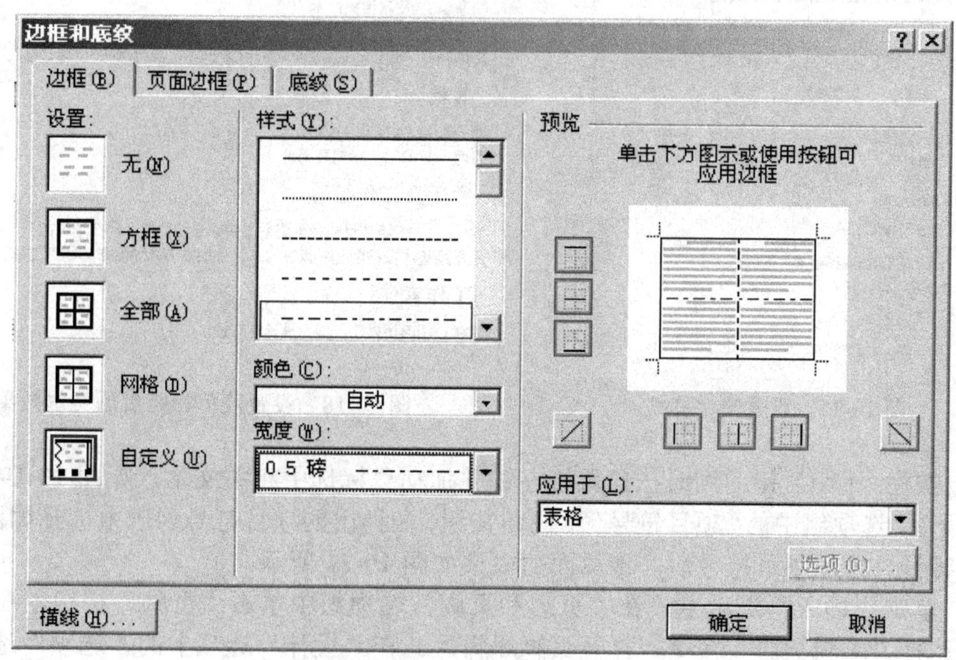

图 10-15　设置表格边框线

㉑ 在表格的下方输入如图 10-16 所示的文本内容。

技能：
精通 ASP 及其相关技术
精通网站设计所需要的数据库技术
熟练掌握 Fireworks 及 PhotoShop CS 技术，具有网站架构的设计能力
其他
有一个月 JAVA 学习经历
有两个月的 C++学习经历

学历及工作经验
学历：2009 年 7 月毕业于南方市中等专业学校，现在本科在读。
工作经验：在校期间一直在×××公司从事网站制作与维护工作。

工作意向：
网络公司网页美工、网站设计与维护

图 10-16　在表格下方输入的文本内容

㉒ 选中“技能”、“学历及工作经验”及“工作意向”文本，单击“开始”选项卡中的“样式”选项组中的“其他”按钮，在打开的样式列表中选择“要点”选项，为文字应用样式，如图 10-17 所示。应用样式后将字号修改为“四号”。

㉓ 选中“技能”、“学历及工作经验”及“工作意向”文本，在“开始”选项卡的“段落”选项组中单击“行距”按钮，在弹出的菜单中选择“2.0”选项，文档效果如图 10-18 所示。

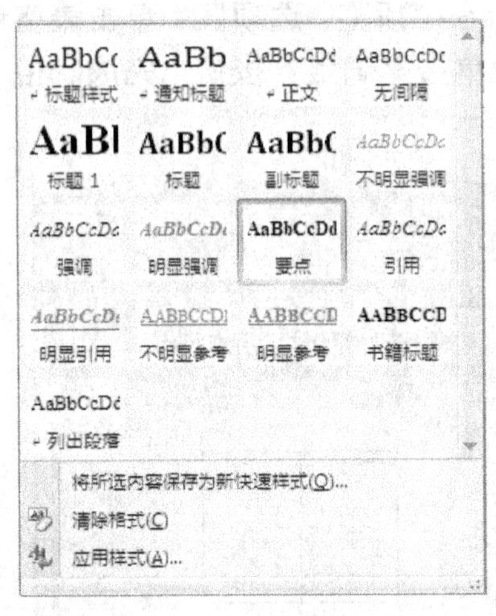

图 10-17　设置文字样式

技能：
精通 ASP 及其相关技术
精通网站设计所需要的数据库技术
熟练掌握 Fireworks 及 Photoshop CS 技术，具有网站架构的设计能力
其他
有一个月 JAVA 学习经历
有两个月的 C++学习经历
学历及工作经验
学历：2009 年 7 月毕业于南方市中等专业学校，现在本科在读。
工作经验：在校期间一直在×××公司从事网站制作与维护工作。
工作意向：
网络公司网页美工、网站设计与维护

图 10-18　设置段落行距后的文本效果

㉔ 按住“Ctrl”键的同时按住鼠标左键并拖动鼠标选中相关文本，如图 10-19 所示。单击“段落”选项组中的“项目符号”下三角按钮，在弹出的项目符号列表中选择如图 10-20 所示的符号。添加项目符号后，该页面的效果如图 10-21 所示。

㉕ 单击“插入”选项卡，在“页眉和页脚”选项组中单击“页脚”按钮，在弹出的菜单中选择“编辑页脚”命令，打开页脚编辑区。在“设计”选项卡的“选项”选项组中勾选“首页不同”复选框，然后在页脚区输入文字“南方中等专业学校计算机系 端木家和”，并在“开始”选项卡中设置文字对齐方式为“居中”对齐，字号为“五号”，效果如图 10-22 所示。单击“关闭页眉和页脚”按钮，退出页脚的编辑状态。在快速访问工具栏中单击“保

存”按钮保存文档。

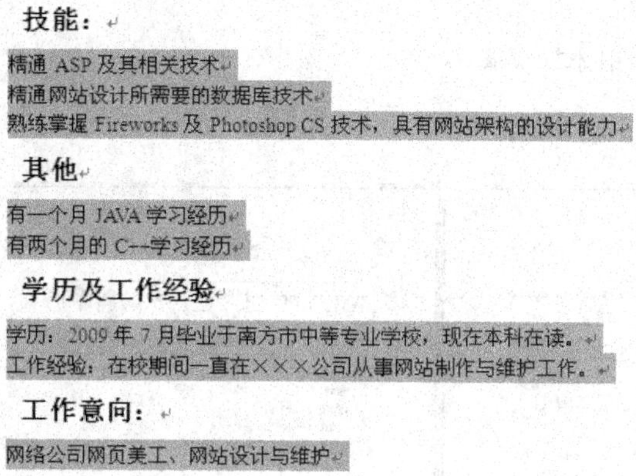

技能：
精通 ASP 及其相关技术
精通网站设计所需要的数据库技术
熟练掌握 Fireworks 及 Photoshop CS 技术，具有网站架构的设计能力
其他
有一个月 JAVA 学习经历
有两个月的 C++学习经历
学历及工作经验
学历：2009 年 7 月毕业于南方市中等专业学校，现在本科在读。
工作经验：在校期间一直在×××公司从事网站制作与维护工作。
工作意向：
网络公司网页美工、网站设计与维护

图 10-19　选中文本

AaBbCcD
项目符号库
无
更改列表级别(C)
定义新项目符号(D)...

图 10-20　选择项目符号

个人简历
姓　名
性别
男
出生日期
1988. 10. 24.
学历
中专
E-mail
dmjh@163.com
联系电话
13813813801
邮政编码
210202
通讯地址
技能：
精通 ASP 及其相关技术
精通网站设计所需要的数据库技术
熟练掌握 Fireworks 及 Photoshop CS 技术，具有网站架构的设计能力
其他
有一个月 JAVA 学习经历
有两个月的 C++学习经历
学历及工作经验
学历：2009 年 7 月毕业于南方市中等专业学校，现在本科在读。
工作经验：在校期间一直在×××公司从事网站制作与维护工作。
工作意向：
网络公司网页美工、网站设计与维护

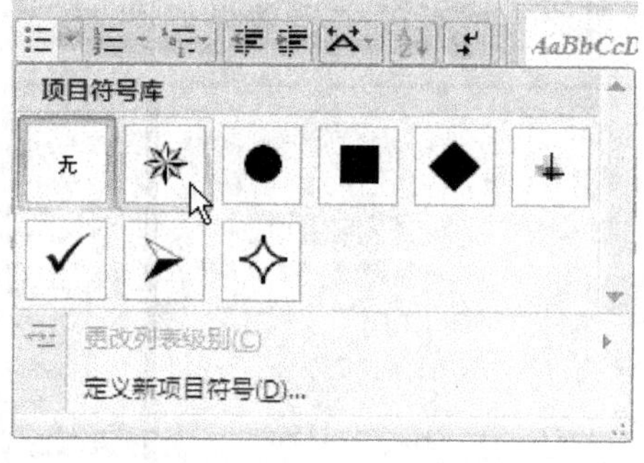

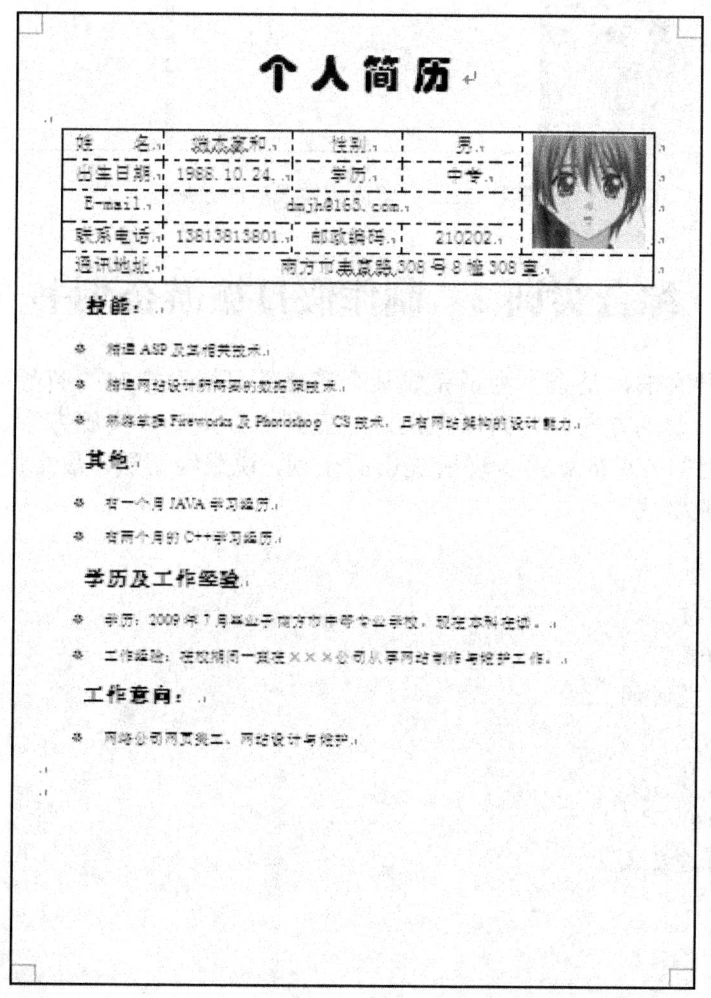

图 10-21　页面效果

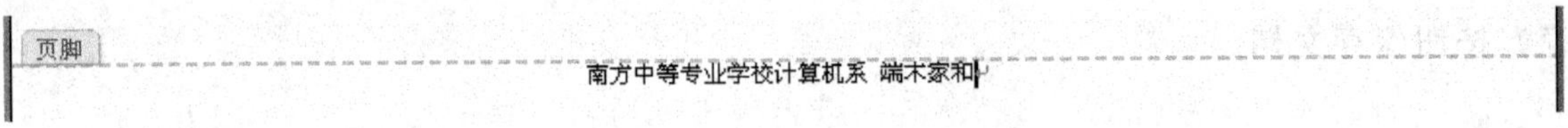

页脚

南方中等专业学校计算机系 端木家和

图 10-22　在文档中添加页脚

最终完成后的文档效果如图 10-23 所示。

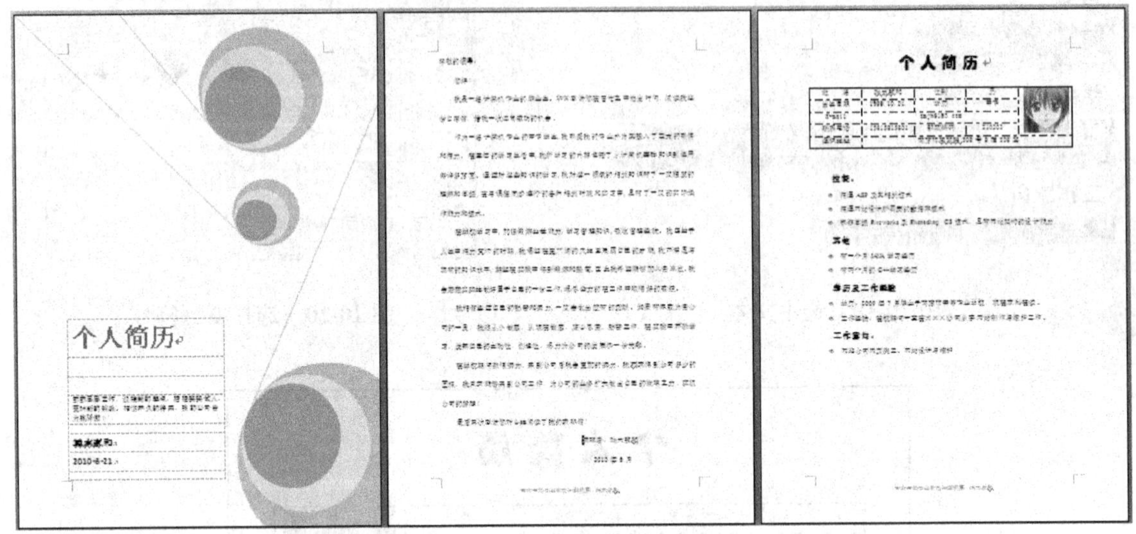

图 10-23　求职简历完成后的效果

综合实训 2　制作假日旅游企划书

企划书是一种文书，是企业为了完成某个策略性目标而拟定的商务文书，包括从构思目标、分析现状、归纳方向、判断可行性，一直到拟订策略、实施方案、追踪成效与评估成果等内容。企划书的目的就是实现所提出的企划，说服经营层，最终使方案能够被采纳。

企划书的一般格式如下。

一、封面

1. 企划书名称

2. 企划者的姓名

3. 企划书完成时间

二、正文

4. 企划的目标

5. 企划的内容

6. 预算表与进度表

三、细化内容

7. 企划场地

8. 预测效果

四、附件

9. 参考文献

10. 其他注意事项

企划书的制作步骤如下。

① 启动 Word 2007 应用程序，新建一个空白文档。单击“Office”按钮，在弹出的快捷菜单中选择“保存”命令，打开“另存为”对话框。

② 在对话框的“保存位置”下拉列表中选择要保存的位置，在“文件名”文本框中输入“假日旅游企划书”。单击“保存”按钮，保存创建的空白文档。

③ 单击“插入”选项卡的“页”选项组中的“封面”按钮，在打开的封面列表中选择“飞越型”封面，效果如图 10-24 所示。

④ 删除文档中的图片，再插入一张旅游图片，并设置该图片的高度为“14 厘米”，设置该图片的文字环绕方式为“衬于文字下方”，并在各个占位符中输入文字，效果如图 10-25 所示。

图 10-24　插入“飞越型”封面

图 10-25　编辑修改后的封面

⑤ 将插入点定位到文档第 2 页页首，单击“页面布局”选项卡的“页面设置”选项组中单击“分栏”按钮，在打开的下拉列表中选择“更多分栏”选项，打开“分栏”对话框，单击“左”选项，勾选“分隔线”复选框，单击“应用于”下拉按钮，在打开的下拉列表

中选项“插入点之后”选项，如图 10-26 所示。

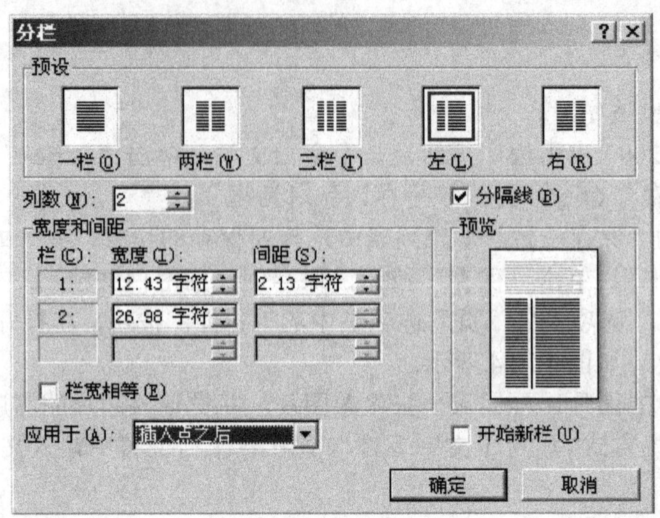

图 10-26　设置分栏

⑥ 单击“确定”按钮，完成当前页分栏的设置。

⑦ 切换到“插入”选项卡，单击“插图”组中的“图片”按钮，打开“插入图片”对话框，在对话框中选择需要的图片，单击“插入”按钮，将图片插入到文档中。采用同样的方法在文档中插入两幅图片，效果如图 10-27 所示。

图 10-27　在文档中插入图片

⑧ 选中插入的图片，切换到“图片工具—格式”选项卡，在“图表样式”列表中单击“映像圆角矩形”选项。插入文档中的图片均使用此种样式。

⑨ 切换到“页面布局”选项卡，单击“页面设置”选项组中的“页边距”按钮，在打开的下拉列表中选择“窄”选项，如图 10-28 所示，对页边距进行调整。

⑩ 选中图片，按下“Ctrl”键的同时拖动鼠标，将图片复制 1 份，并设置原图片的文字环绕方式为“衬于文字下方”，调整两幅图片呈重叠样式。为上层的图片设置图片样式，并旋转一定的角度，效果如图 10-29 所示。

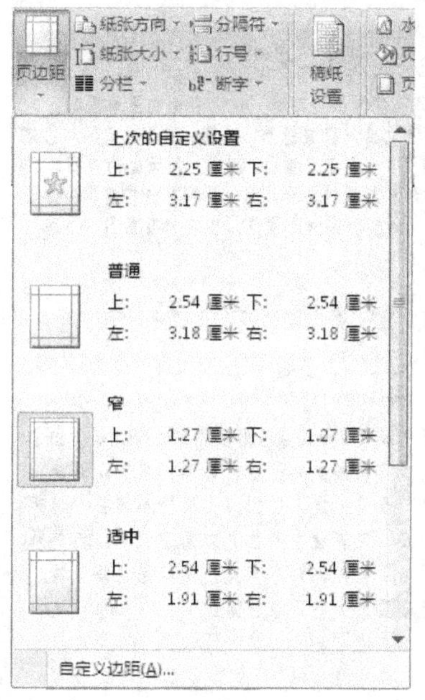

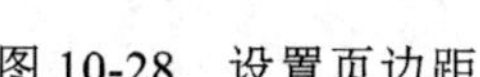

图 10-28　设置页边距

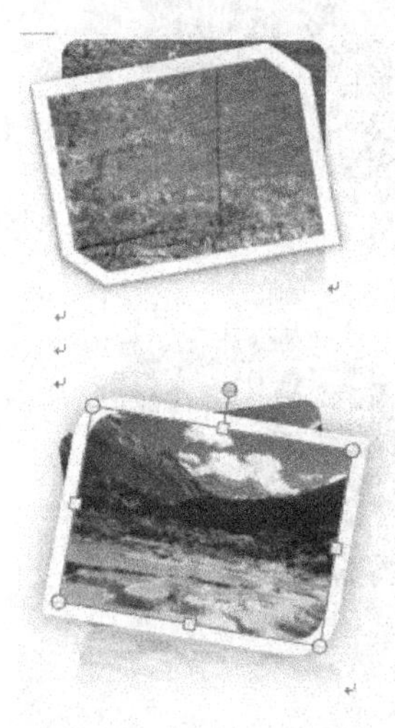

图 10-29　对图片进行调整

⑪ 在分栏文档的右侧输入与图片内容相关的文本内容，并设置标题字体格式，效果如图 10-30 所示。

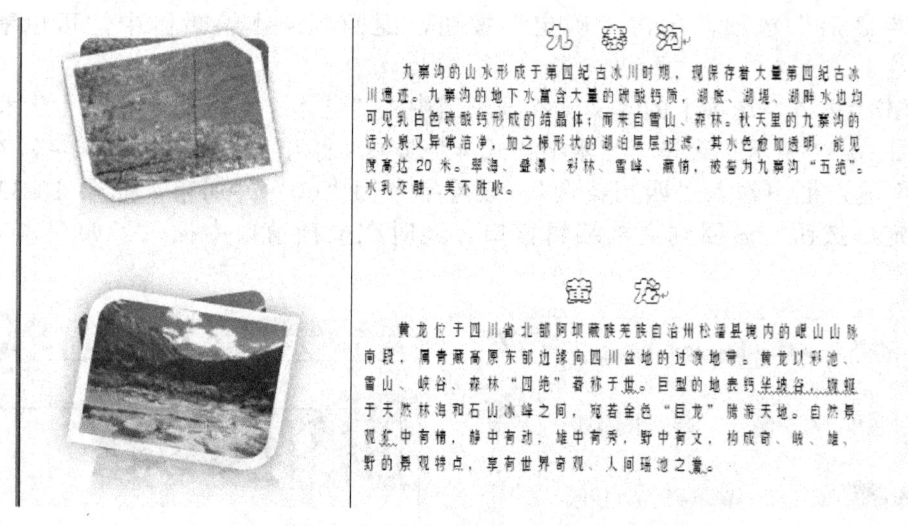

九　寨　沟

九寨沟的山水形成于第四纪古冰川时期，现保存着大量第四纪古冰川遗迹。九寨沟的地下水富含大量的碳酸钙质，湖底、湖堤、湖畔水边均可见乳白色碳酸钙形成的结晶体；而来自雪山、森林。秋天里的九寨沟的活水泉又异常洁净，加之梯形状的湖泊层层过滤，其水色愈加透明，能见度高达 20 米。翠海、叠瀑、彩林、雪峰、藏情，被誉为九寨沟“五绝”。水乳交融，美不胜收。

黄　龙

黄龙位于四川省北部阿坝藏族羌族自治州松潘县境内的岷山山脉南段，属青藏高原东部边缘向四川盆地的过渡地带。黄龙以彩池、雪山、峡谷、森林“四绝”著称于世。巨型的地表钙华坡谷，蜿蜒于天然林海和石山冰峰之间，宛若金色“巨龙”腾游天地。自然景观忧中有楠，静中有动，雄中有秀，野中有文，构成奇、峻、雄、野的景观特点，享有世界奇观、人间瑶池之誉。

图 10-30　输入文本并设置字体与字号后的效果

⑫ 将光标定位到两段文本之间的行首位置，单击“插入”选项卡的“插图”选项组中的“剪贴画”按钮，打开“剪贴画”任务窗格，单击该窗格中的“搜索”按钮搜索所有的剪贴画，选择一幅线条剪贴画并插入到文档中。

⑬ 选中插入的剪贴画，在“图片工具一格式”选项卡的在“大小”选项组中设置剪贴画的宽度为“11.8 厘米”，设置完成后的效果如图 10-31 所示。

九寨沟的山水形成于第四纪古冰川时期，现保存着大量第四纪古冰川遗迹。九寨沟的地下水富含大量的碳酸钙质，湖底、湖堤、湖畔水边均可见乳白色碳酸钙形成的结晶体；而来自雪山、森林。秋天里的九寨沟的活水泉又异常洁净，加之梯形状的湖泊层层过滤，其水色愈加透明，能见度高达 20 米。翠海、叠瀑、彩林、雪峰、藏情，被誉为九寨沟“五绝”。水乳交融，美不胜收。

黄 龙

黄龙位于四川省北部阿坝藏族羌族自治州松潘县境内的岷山山脉南段，属青藏高原东部边缘向四川盆地的过渡地带。黄龙以彩池、雪山、峡谷、森林“四绝”着称于世。巨型的地表钙华坡谷，蜿蜒于天然林海和石山冰峰之间，宛若金色“巨龙”腾游天地。自然景观红中有情，静中有动，雄中有秀，野中有文，构成奇、峻、雄、野的景观特点，享有世界奇观、人间瑶池之誉。

图 10-31　插入剪贴画

⑭ 将光标定位到下一页的页首，单击“页面布局”选项卡的 “页面设置”选项组中的“分栏”按钮，在打开的下拉列表中选择“更多分栏”选项，打开“分栏”对话框，单击“一栏”选项，并单击“应用于”下拉按钮，在打开的下拉列表中单击“插入点之后”选项，单击“确定”按钮，返回到文本编辑区中，可以看到该页显示为一栏。

⑮ 单击“插入”选项卡的“文本”选项组中的“艺术字”按钮，打开“艺术字样式”列表，如图 10-32 所示。选择“艺术字样式 4”选项，打开“编辑艺术字文字”对话框，在“文本”输入框中输入“四川美食”，设置字号为“60”并加粗，如图 10-33 所示，单击“确定”按钮，返回到文档编辑窗口。此时在文档窗口中插入了如图 10-34 的艺术字效果。

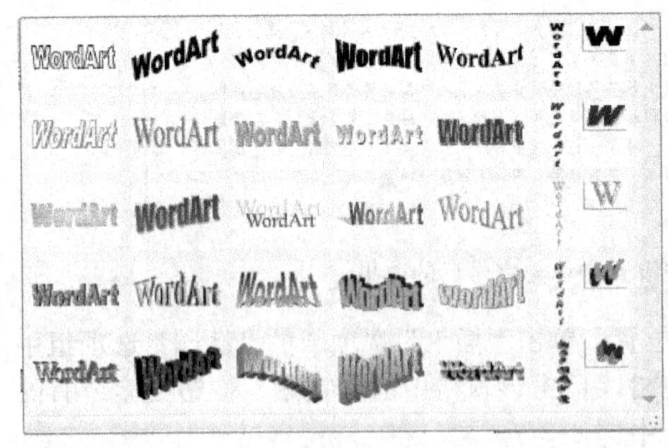

图 10-32　艺术字样式列表

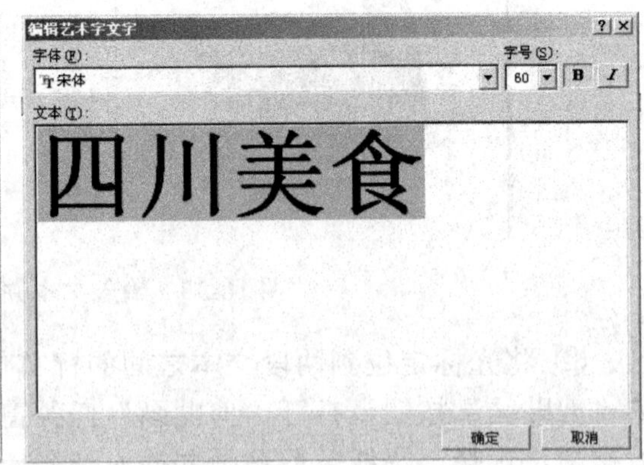

图 10-33 设置艺术字格式

⑯ 设置艺术字为“居中对齐”，单击“艺术字样式”组中的“形状填充”按钮，设置艺术字的填充色为“红色”，单击“形状轮廓”按钮，设置艺术字为“无轮廓”，单击“阴影效果”选项组中的“阴影效果”按钮，在打开的列表中设置艺术字的阴影效果为“阴影样式 5”，设置后的效果如图 10-35 所示。

四川美食

图 10-34　插入到文档中的艺术字

图 10-35　设置阴影效果的艺术字

⑰ 单击“插入”选项卡的“插图”选项组中的“SmartArt”按钮，打开“选择 SmartArt 图形”对话框，如图 10-36 所示，选择“基本矩阵”图形。单击“确定”按钮，在文档中插入一个基本矩形的 SmartArt 图形，效果如图 10-37 所示。

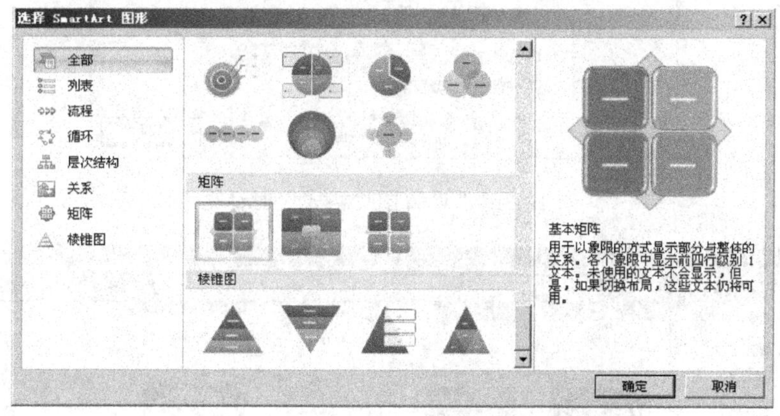

图 10-36　“选择 SmartArt 图形”对话框

⑱ 在“文本占位符”中输入“四川火锅”“特色小吃”“川味零食”“四川泡菜”等文本，效果如图 10-38 所示。

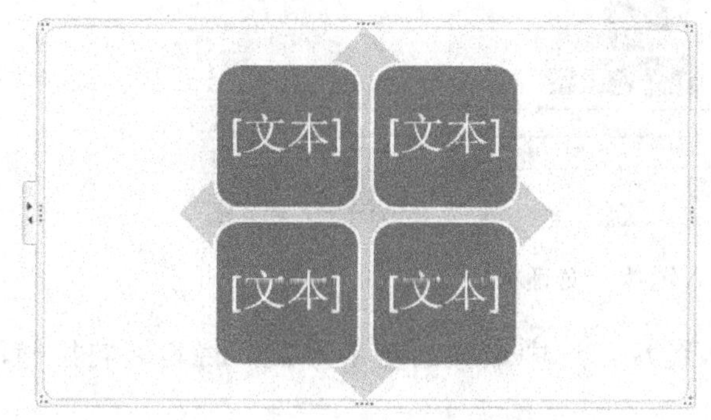

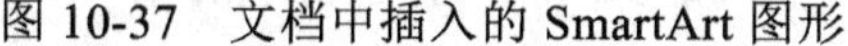

图 10-37　文档中插入的 SmartArt 图形

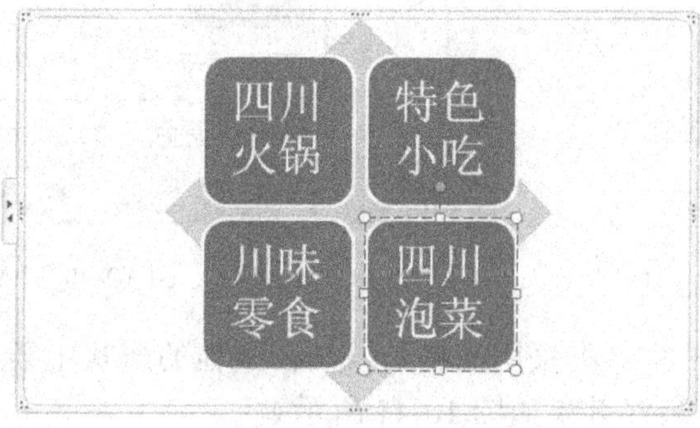

图 10-38　输入文本

⑲ 选中 SmartArt 图形中的一个形状，单击鼠标右键，在弹出的快捷菜单中选择“设置图片格式”命令，打开“设置图片格式”对话框，如图 10-39 所示，在该对话框中选择“图片或纹理填充”单选项。单击“文件”按钮，打开“插入图片”对话框，如图 10-40 所示，选择需要的图片后单击“确定”按钮，最后单击“关闭”按钮，将图片插入到形状中。

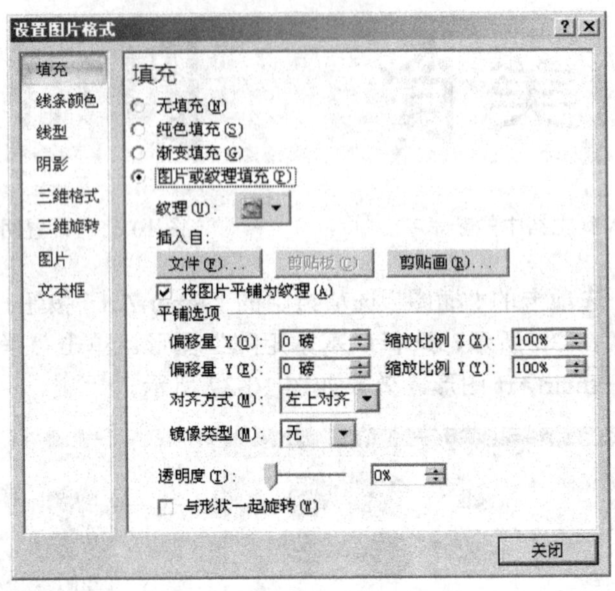

图 10-39 “设置图片格式”对话框

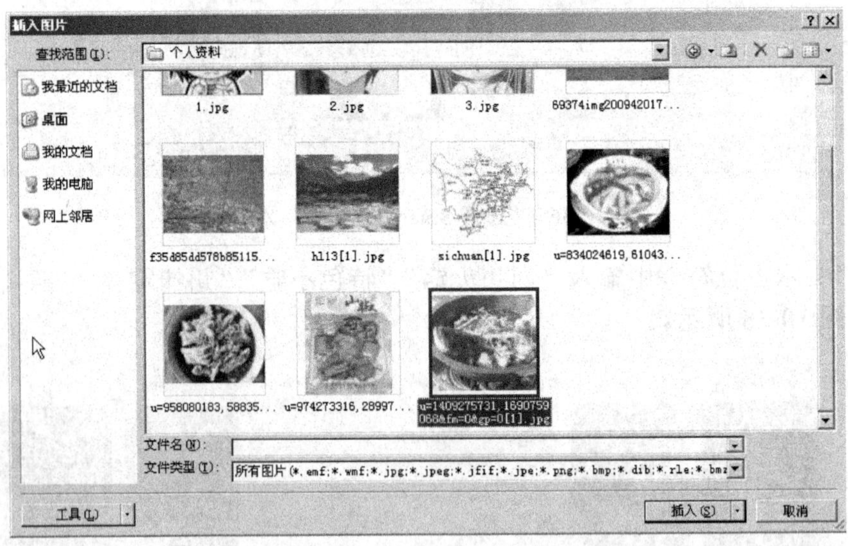

图 10-40 “插入图片”对话框

⑳ 采用同样的方法在其他的形状中插入图片，选中最大的菱形形状，将其横向拉伸，最终效果如图 10-41 所示。

㉑ 将光标定位到 SmartArt 图形的下方，输入相关的文本，并对文本的格式进行必要的设置，效果如图 10-42 所示。

图 10-41　插入图片并调整形状后的 SmartArt 图形

图 10-42　完成后的页面效果

㉒ 完成美食介绍页的制作后，根据需要还可以制作报名表页、景点推荐页、行程安排页等内容。限于篇幅的要求，本节不再详细介绍，请读者自己练习。部分企划书的最终效果如图 10-43 所示。

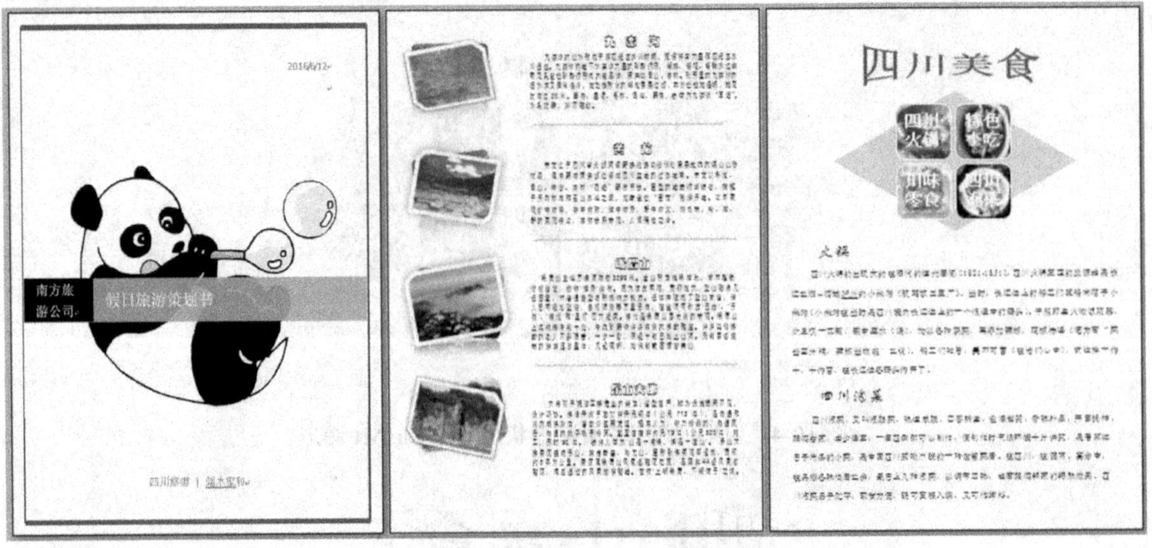

图 10-43 部分企划书的最终效果

综合实训 3 制作告家长的一封信

告家长的一封信通常是学校与家长进行有效沟通的一种手段，信的内容通常根据实际的情况来定，有通报学生成绩的，有通报学生在校表现的，也有通报学校办学情况或工作安排的。下面以通报学生在校表现的为例来讲解 Word 的相关操作。

① 启动 Word 2007 应用程序，新建一个空白文档。单击“Office”按钮，在弹出的快捷菜单中选择“保存”命令，打开“另存为”对话框。

② 在对话框的“保存位置”下拉列表中选择保存文件的位置，在“文件名”文本框中输入“告家长的一封信”。单击“保存”按钮，保存创建的空白文档。

③ 在文档中输入相关的文本内容并设置基本格式，效果如图 10-44 所示。

告家长的一封信

尊敬的　　同学家长：您好！

感谢您将您的孩子送到南方中等专业学校学习，入校一年来，您的孩子不仅只有年龄上的增长，他还学习了一定量的专业文化、专业知识与专业技能。现将您孩子在校的情况向您汇报如下：

一、成绩

语文	数学	外语	计算机基础	计算机组装	工具软件

图 10-44 文档的部分内容

④ 将光标定位到表格的下一行，输入文本“二、专业课成绩分布图”。单击 “插入”选项卡的“插图”选项组中的“图表”按钮，打开“插入图表”对话框，选择“三维簇状柱形图”，如图 10-45 所示，单击“确定”按钮。此时系统会再打开一个 Excel 窗口，该窗口中包含一些系统给出的图表使用的数据，该窗口与 Word 编辑窗口并列排放，在 Word 窗口中会显示一个默认数据产生的图表形状，如图 10-46 所示。

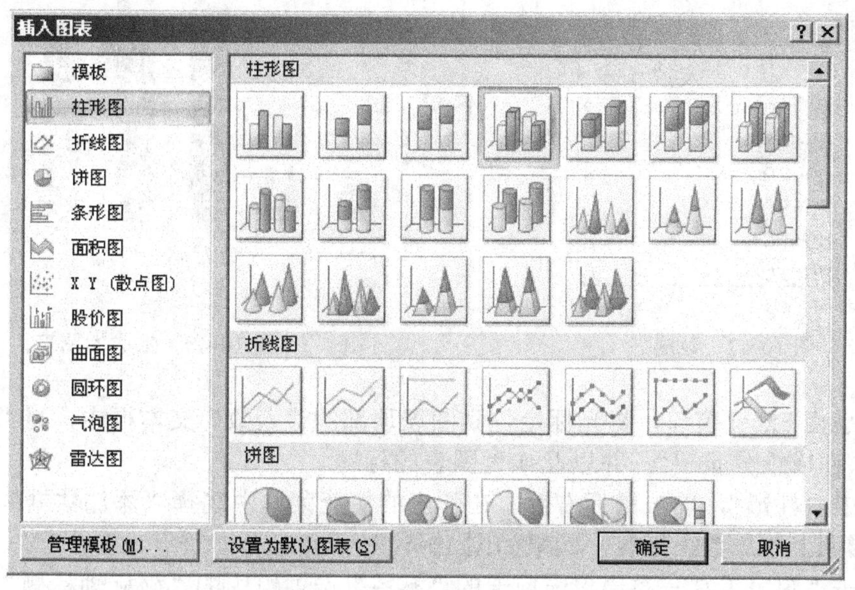

图 10-45 “插入图表”对话框

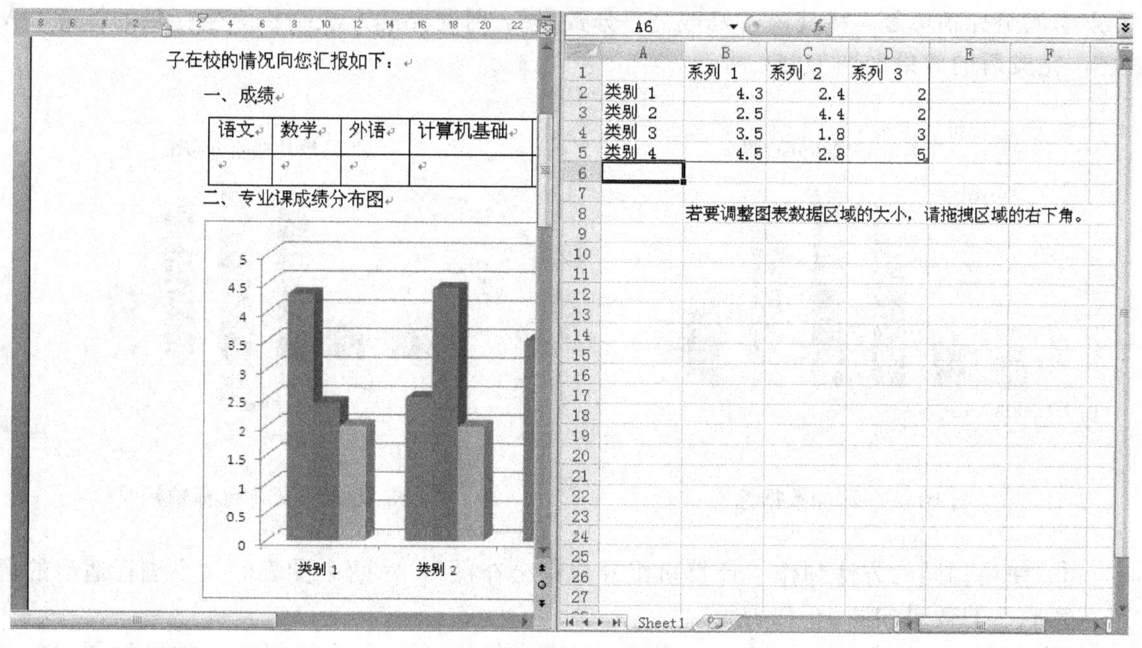

图 10-46　图表编辑窗口

⑤ 在 Excel 文档中对数据进行修改，如图 10-47 所示。数据修改后，Word 文档中的图表会发生相应的变化，效果如图 10-48 所示。

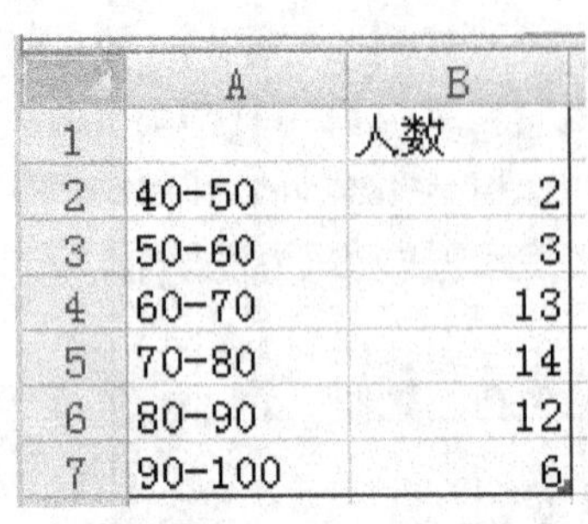

	A	B
1		人数
2	40-50	2
3	50-60	3
4	60-70	13
5	70-80	14
6	80-90	12
7	90-100	6

图 10-47　数据

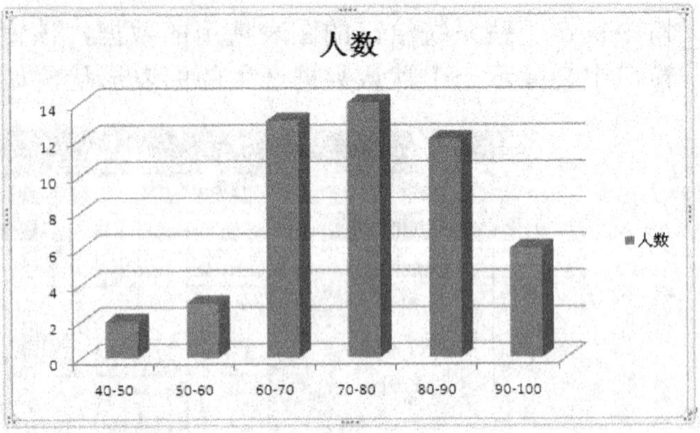

图 10-48　生成的图表

⑥ 最小化 Excel 窗口，将光标定位到图表顶部的“人数”文本框中，将“人数”修改为“工具软件成绩分布图”，并以此作为图表的标题。

⑦ 选中“柱形”，单击鼠标右键，在弹出的快捷菜单中选择“添加数据标签”命令，然后在柱形图上添加数据标签，效果如图 10-49 所示。

⑧ 单击“图表工具—布局”选项卡的“标签”选项组中的“坐标轴标题”按钮，在级联菜单中选择“主要横坐标轴标题”下的“坐标轴下方标题”选项，然后在图表横坐标的下方添加坐标轴标题，将其内容修改为“分数段”。用同样的方法制作纵坐标轴的标题“人数”，完成后的效果如图 10-50 所示。

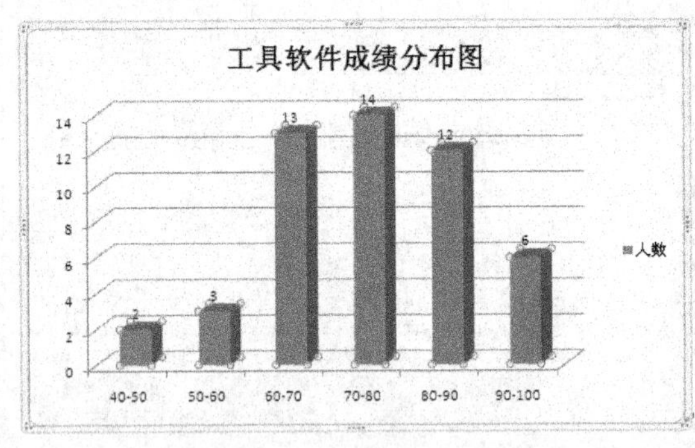

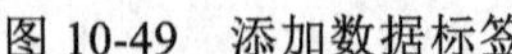

图 10-49　添加数据标签

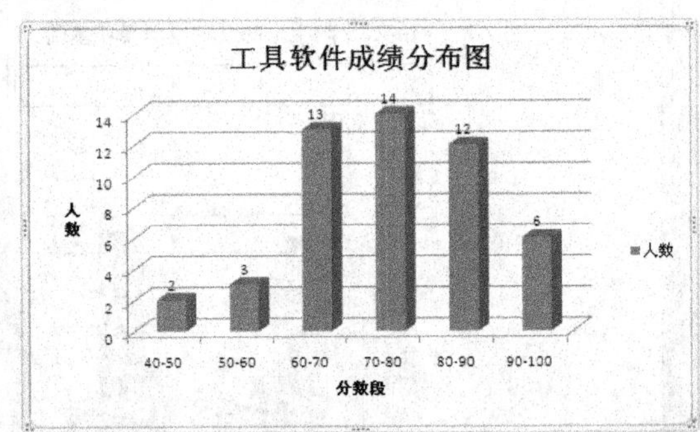

图 10-50　添加坐标轴标题

⑨ 使用相同的方法制作“计算机组装成绩公布图”，对两个图表的大小进行适当的调整，完成后的效果如图 10-51 所示。

⑩ 在图表下输入“三、老师评价”，保存文档完成主文档的制作，效果如图 10-52 所示。

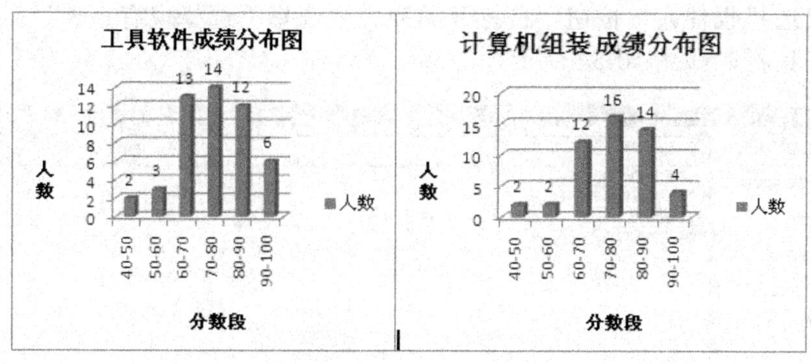

图 10-51　图表完成后的效果图

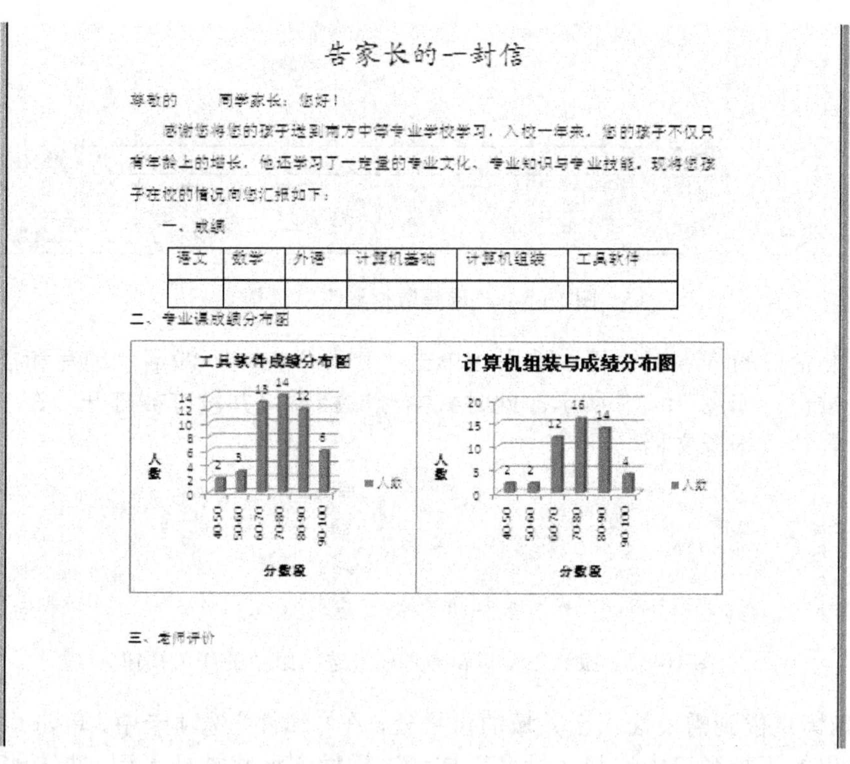

告家长的一封信

尊敬的　　同学家长：您好！

感谢您将您的孩子送到南方中等专业学校学习，入校一年来，您的孩子不仅只有年龄上的增长，他还学习了一定量的专业文化、专业知识与专业技能，现将您孩子在校的情况向您汇报如下：

一、成绩

语文	数学	外语	计算机基础	计算机组装	工具软件

二、专业课成绩分布图

三、老师评价

图 10-52　完成的主文档

⑪ 单击“新建”按钮新建一个文档，并以“学生情况”为文件名保存。设置该文档的纸张方向为“横向”，并在文档中输入相关内容，效果如图 10-53 所示。

姓名	学号	语文	数学	外语	计算机基础	计算机组装	工具软件	教师评价
张玉红	090111	80	87	65	80	78	67	尊师好学，乐于助人，成绩良好，被评为优秀班委
孔德超	090112	79	76	65	94	65	65	热爱劳动、团结同学，工作负责，校文明学生
孔小明	090113	69	83	67	91	67	76	尊师好学，乐于助人，成绩良好，被评为优秀班委
李明	090114	96	87	78	89	78	89	热爱劳动、团结同学，工作负责，校文明学生

图 10-53　数据源的内容

⑫ 将窗口切换到“告家长的一封信”窗口，单击“邮件”选项卡的“开始邮件合并”选项组中的“选择收件人”按钮，在打开的列表中选择“选择现有列表”命令，打开“选择数据源”对话框，如图 10-54 所示。

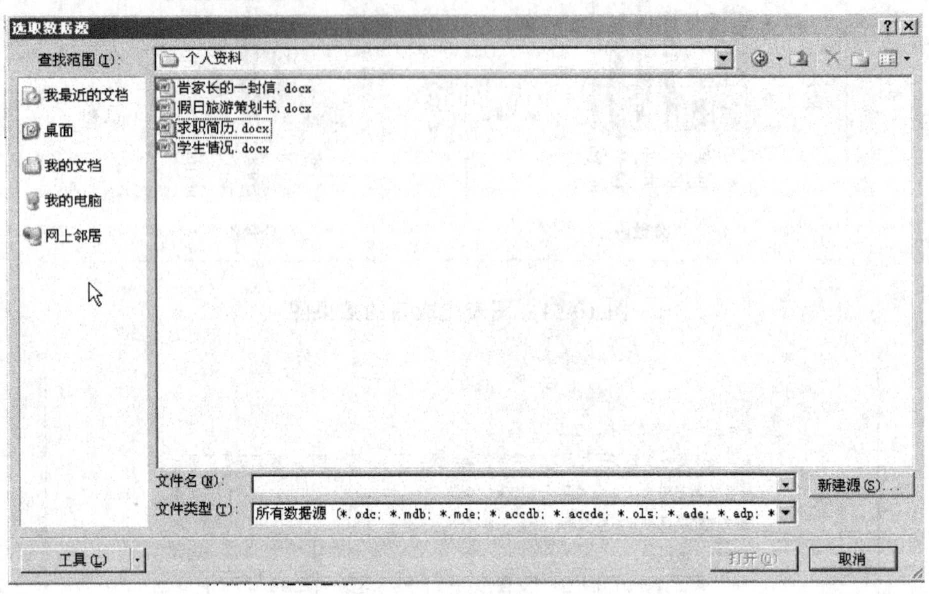

图 10-54 “选择数据源”对话框

查找到准备好的 Word 文档，选中后单击“打开”按钮，激活“编写和插入域”选项组中的相关按钮，如图 10-55 所示。此时数据源文档窗口并没有被打开，在 Word 编辑窗口中不能看到该数据源文档。

图 10-55 激活“编写和插入域”选项组中的相关按钮

⑬ 将光标定位到需要插入合并域的位置处，在“邮件”选项卡中，单击“插入合并域”按钮，在弹出的下拉列表中选择“姓名”域，这样姓名域将被插入到文档的相应位置处，如图 10-56 所示。根据需要可以再插入其他合并域。

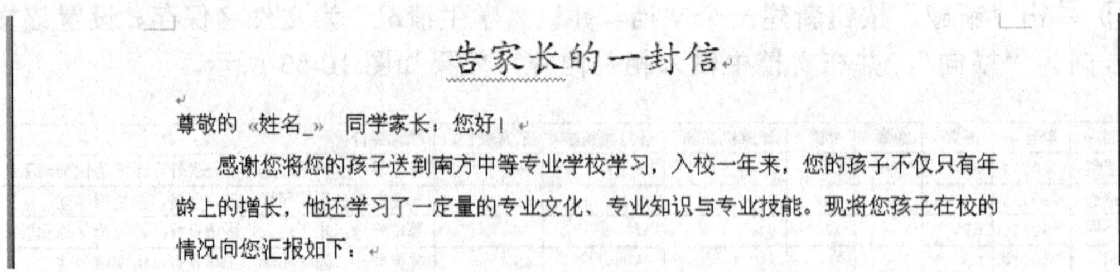

告家长的一封信

尊敬的 «姓名_» 同学家长：您好！

感谢您将您的孩子送到南方中等专业学校学习，入校一年来，您的孩子不仅只有年龄上的增长，他还学习了一定量的专业文化、专业知识与专业技能。现将您孩子在校的情况向您汇报如下：

图 10-56 插入“姓名”域后的文档

⑭ 在主文档的其他位置也进行合并域的插入，完成后，在主文档与数据源文件之间就建立起了必要的关联。单击“预览”按钮，可以进行检测，此时合并域被实际的数据内容代替了。

如果对预览的效果还算满意，就可以进行合并操作，为数据源中的每一个记录创建一个独立的请柬。单击“完成与合并”按钮，在打开的列表中选择“编辑单个文档”命令，打开“合并到新文档”对话框，如图 10-57 所示，在该对话框中选择“全部”单选按钮。

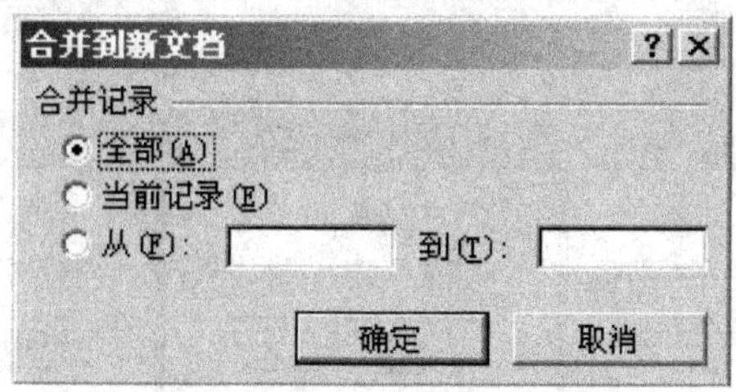

图 10-57 “合并到新文档”对话框

⑮ 单击“确定”按钮，完成数据合并操作。此时生成一个新的文档“信函 1”，用户可以将其以文件的形式保存下来，也可以通过打印机打印出来，效果如图 10-58 所示。

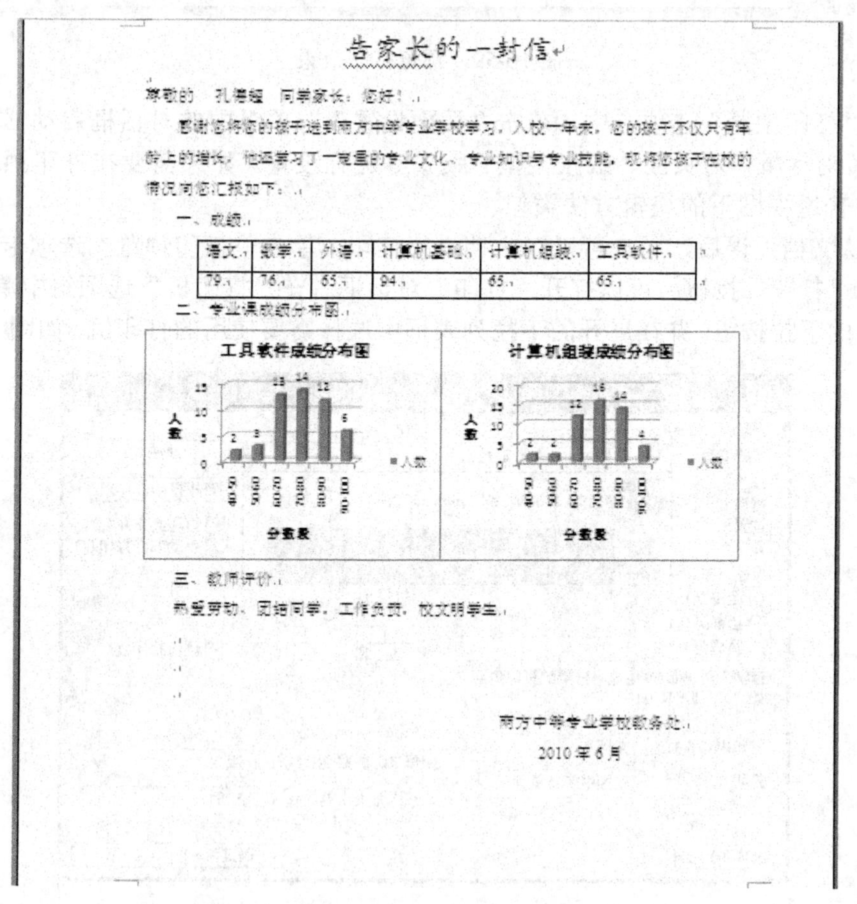

告家长的一封信

尊敬的 [illegible] 同学家长：您好！

感谢您将您的孩子送到南方中等专业学校学习，入校一年来，您的孩子不仅只有年龄上的增长，他还学习了一定量的专业文化、专业知识与专业技能，现将您孩子在校的情况向您汇报如下：

一、成绩

语文	数学	外语	计算机基础	计算机组装	工具软件
79	76	65	94	65	65

二、专业课成绩分布图

三、教师评价

热爱劳动、团结同学，工作负责，做文明学生。

南方中等专业学校教务处

2010 年 6 月

图 10-58　邮件合并后的文档效果

⑯ 单击“Office”按钮，在弹出的菜单中选择“打印”级联菜单下的“打印预览”命令，此时可以切换到打印预览视图中，用户可以预览文件的打印效果，如图 10-59 所示。

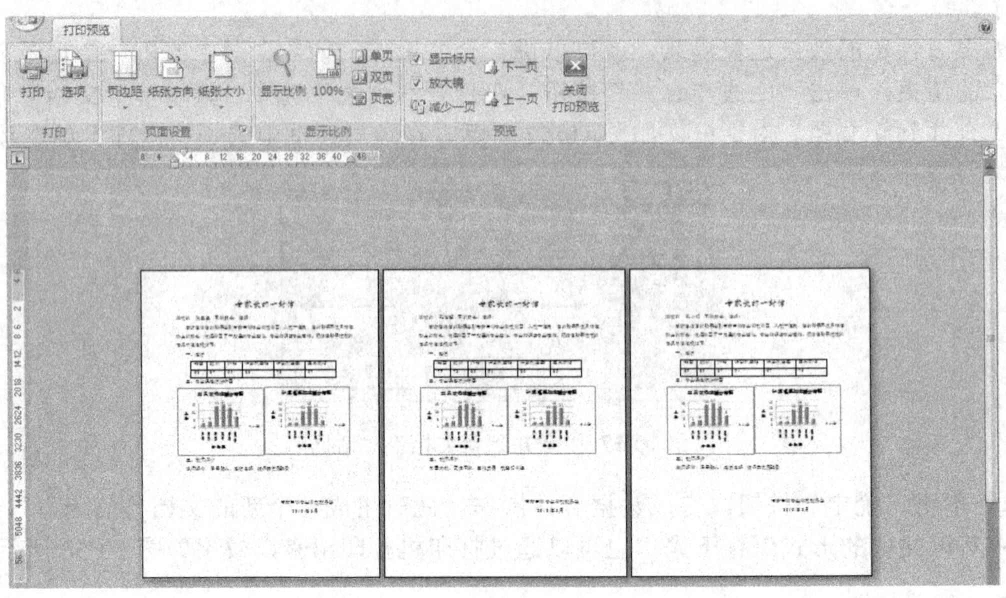

图 10-59　预览打印效果

⑰ 在“打印预览”选项卡中，单击“页面设置”选项组中的对话框启动器，可以打开“页面设置”对话框，对页面、纸张类型、版式等进行设置。如果需要在打印预览视图进行编辑，则与普通视图下的编辑方法类似。

⑱ 确认文档无误后，用户可以对文档进行打印。单击“打印预览”选项卡的“打印”选项组中的“打印”按钮，可以打开“打印”对话框。在“打印机”选项组中单击“名称”列表框右侧的下拉按钮，并在展开的下拉列表框中选择需要使用的打印机，如图 10-60 所示。

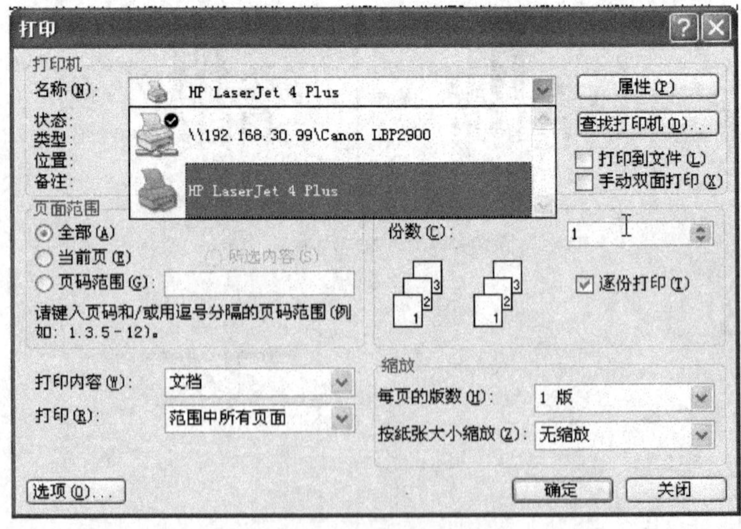

图 10-60　选择打印机

⑲ 选择好打印机后，在此对话框中可以设置打印份数，在“按纸张大小缩放”下拉列表中可以设置缩放参数，设置完成后单击“确定”按钮，即可启动打印机对文稿进行打印。

知识盘点

本章围绕三个综合实训介绍了 Word 2007 相关知识与技能的综合应用。制作求职简历实训中主要应用了文档的建立与保存、封面制作、文档格式的设置、项目符号、表格的设计与制作及页眉和页脚的制作等技术；制作假日旅游企划书实训中主要应用了分栏、图形操作、剪贴画的插入、艺术字的制作及 SmartArt 图形设计与制作等技术；制作告家长的一封信实训中主要应用了图表制作及邮件合并等技术。由于 Word 2007 涉及的知识点非常多，案例不可能包罗万象，很多的知识点与技能点需要用户在实践中自己摸索掌握。

成果验收

1．设计制作一份个人创业计划企划书。

2．设计一张节日贺卡。

3．制作一个班级简介。

4．制作一张图文并茂的电子小报，题目自拟。